江苏省社会科学基金资助项目
江苏高校优势学科建设工程资助项目
江苏高校哲学社会科学基金资助项目

大学生心理健康

理论·案例·自测

编著◎崔诣晨

东南大学出版社
SOUTHEAST UNIVERSITY PRESS
·南京·

内 容 提 要

本书的篇章设计力求内容通俗易懂、信息量丰富，便于读者实际应用；结构新颖简洁、生动活泼，便于课堂教学和课外实践使用。作者凭借其丰富的大学生心理健康教育工作经验，结合社会现状和大学生的心理特点，对他们的心理健康状况、自我意识、人格发展、心理适应、学习心理、情绪管理、人际交往、恋爱与性心理、心理困扰与心理障碍、自我潜能与创新意识等进行了充分详实的论述。

图书在版编目(CIP)数据

大学生心理健康 ：理论· 案例 · 自测 / 崔诣晨编著.
— 南京 ：东南大学出版社，2015. 9
ISBN 978 - 7 - 5641 - 5625 - 1

Ⅰ. ①大… Ⅱ. ①崔… Ⅲ. ①大学生—心理健康—健康教育—高等学校—教学参考资料 Ⅳ. ①B844. 2

中国版本图书馆 CIP 数据核字(2015)第 059273 号

大学生心理健康：理论 · 案例 · 自测

出版发行 东南大学出版社
出 版 人 江建中
社　　址 南京市四牌楼 2 号
邮　　编 210096

经　　销 全国各地新华书店
印　　刷 南京京新印刷厂
开　　本 787 mm×1092 mm 1/16
印　　张 16
字　　数 380 千字
书　　号 ISBN 978 - 7 - 5641 - 5625 - 1
版　　次 2015 年 9 月第 1 版
印　　次 2015 年 9 月第 1 次印刷
定　　价 35. 00 元

（本社图书若有印装质量问题，请直接与营销部联系，电话：025—83791830）

序

Preface

“心之官则思”，过去的传统观念认为，心理的功能就是思想——假如一个人没有正常的思想，那他就与动植物无异。随着哲学思辨向科学探索的转变，人们越来越深刻认识到心理科学研究对于解开意识起源之谜的重要性。究竟理性与感性、主观与客观、先天与后天、意识与无意识、认知与情感之间有着怎样的奥秘？殊途同归，哲学家和科学家在共同寻找着答案。

随着科技的进步，人的认识能力有了极大的提高，对外部世界的掌控力也越来越强，但对于自身内部问题的认识似乎并不那么清楚，以至于行为失控而屡屡犯错。正是这样，心理学的基础研究在大力探寻人类的大脑、心理与行为之间的关系，与此同时，哲学、伦理学和社会科学关于人类自身内部问题的探讨已上升到精神文明建设的高度。精神文明建设的根本涉及人类的素质教育，从哲学意义上讲，人类的素质教育即人性教育。“人性”乃人的根本属性，其核心要素是身心状态。如何使个体的身心处于健康状态？从某种意义上说，需要一个人拥有良好的生理基础，从而培养健康的心态以从事特定活动。我非常欣赏尼采曾说过的一句话：懂得为什么活着的人，无论什么样的生活都能忍受。很难想象，一个心理不健康的人能够进行正常的思维，能有正确的思想，能够进行正常的社会活动。可见，“心理学是一门与人类幸福密切相关的科学”。当它揭开神秘面纱，贴近人类生活，深入社会实践时，可以使人们更好地诠释人性，提高自身全面素质。

近年来，社会对人才素质的要求越来越高，大学生长期生活在无形的压力下，导致部分大学生产生不同程度的心理危机或心理疾病，不时发生的因心理疾病、精神障碍等原因伤害自己或他人的极端事件就是典型。因此，加强大学生心理健康教育与心理危机干预工作，探索一套行之有效的工作机制和方法，以预防学生心理危机事件的发生及恶化，已经成为高校学生工作的重要任务。党和政府十分重视学生的心理健康教育，从《中国教育改革和发展纲要》到《中国妇女儿童发展纲要(2001－2010)》，一直把学生心理健康看作素质教育的核心议题之一，不断要求学校、家庭和社会各界高度关注学生心理健康问题。从一定意义上讲，学生心理健康教育已成为素质教育的中心内容之一，成为中国教育改革和发展的重点之一，也成为当前最受社会关注的教育热点问题之一。我想我的博士生崔诣晨编著这本书的目的，也正是基于以上思考吧。

本书既是作者多年来教学实践和学术研究的经验总结，也是一本心理健康教育的通俗读物。作者以普通心理学知识为基础，根据心理咨询理论和发展心理学的相关理论，结合大学生的身心特点和发展规律，以及大学生心理健康教育研究的最新成果，对他们的心理健康状况、自我意识、人格发展、心理适应、学习心理、情绪管理、人际交往、恋爱与性心理、心理困扰与心理障碍、自我潜能与创新意识等进行了充分详实的论述。本书具有三个方面的特点：

第一，以大学生为主要对象，以知识教育为主要载体，突出应用性。本书的理论构架打破传统理论体系，通过案例分析、自我认知和故事分析等方法导入心理健康知识，并加上课堂练习环节加以巩固提高。知识普及一直是大学生心理健康预防体系的重要环节，构建科学的知识结构将为大学生心理问题的有效预防与干预奠定坚实的理论基础。作者从教学实践出发，广泛搜集整理相关文献，从而保证了本书的理论性和应用推广价值。

第二，知识点丰富，适用面广，突出实践性。本书通俗易懂、信息量大，内容涵盖了大学生活与心理健康、大学生心理健康教育中的一般问题以及大学生心理健康的自我维护等方面，更加贴近大学生的心理世界，文字深入浅出，可适合各级各类高校学生使用。

第三，内容新颖实用，体例设计较为科学，突出教育性。本书在结构体例上进行了一些创新，每章均由一个生动的案例或小故事导入，每个抽象的概念均有相应的实例说明，在规范表述的基础上力求生动活泼，可读性强。例如，导读部分加入案例分析和心理故事等图文材料，增强了对读者的吸引力，便于课堂教学和课外实践使用。

心理健康是毕生的学问，目前，在大学生心理健康教育领域还存在着一些需要探索的普遍性问题。因此，本书作为一本富有新意、具有一定理论深度、联系社会实际的好书，还有进一步完善的空间。我相信，如果读者朋友与作者一道，共同探索书中的奥秘，定会让自己的精神世界变得丰盈而美好。

学生心理健康教育，乃国脉之所寄。当大家读到这本书时，我愿以这句话与大家共勉。是为序。

上海师范大学首批申江学者特聘教授、博士生导师

教育部“新世纪”人才、上海市曙光学者

王沛

前 言

Foreword

近年来，社会对人才素质的要求越来越高。与此同时，人们也越来越多地认识到，心理健康状况与个人的生活品质和工作状态息息相关，是个人获得幸福、成功人生的基本前提与保障。如何对大学生开展切实有效的心理健康教育成为高校面临的紧迫课题。

人的心理是一个复杂的动态系统，一个心理健康的人，其人格健全，知、情、意等心理过程协调发展。大学时期是一个人身心走向成熟的重要发展阶段。对大学生而言，通过了解心理健康常识和自我调适方法来增强心理保健意识、预防心理疾患，无疑具有重要的发展性意义。大学生心理健康教育作为一门综合性学科，包括了青年心理学、学校心理学、教育心理学、健康心理学、心理咨询及心理治疗的理论和技术等多学科的知识，其教育理念既是教育预防性的，也是辅导和治疗性的。可见，大学生的心理健康教育不能只停留在对一些心理调节技巧的学习上，而应该让大学生更加全面和系统地了解自身心理发展的一般规律，学习如何适应大学生活，如何处理人际关系，如何对待挫折，如何理解人生意义，等等。

本书正是秉承上述思想，坚持全面性、针对性和实效性的原则，在认真总结大学生心理健康教育教学实践的基础上编写而成。贴近学校生活，理论联系实际，具有较强的可操作性是本书的一大亮点。书中既有理论阐述，更有实践经验介绍，特别是有鲜活的心理案例和故事可资援引。编者搜集整理了近年来的相关参考文献和资料，增加了有助于师生互动和团体辅导的内容，以提高本书的理论性和应用性。

本书系江苏省社会科学基金资助项目、江苏高校优势学科建设工程资助项目、江苏高校哲学社会科学基金资助项目“生态文明建设中健康社会心态的培育路径研究”(2014SJB034)的阶段性成果。全书由崔诣晨负责编著和统稿，参与部分章节编写和校对工作的有南京林业大学宣传部的袭开国老师、安徽省淮南第二中学心理健康中心的刘春梅老师以及南京师范大学心理学专业的研究生唐佃珍、夏寅、魏冉。在此，对他们的辛勤劳动致以诚挚的谢意。

在本书编写过程中，上海师范大学首批申江学者特聘教授、博士生导师王沛教授给予了我鼓励和鞭策，并在百忙之中欣然为本书作序。南京林业大学学生工作部(处)的杨振华研究员、南京林业大学学生工作部(处)分管大学生心理健康教育工作的副部(处)长姜俊玲给予了我大力支持和指导。东南大学出版社也给予了大力帮助。本书受到国内外很多专家、学者的思想启迪，主要参考文献在书末已经列出，在此一并致谢。由于编者水平有限，书中不足之处恳请批评指正。

大学心理健康教育是一项系统工程。良好的人文环境和心理氛围将对受教育者产生潜移默化的影响。祝愿大学生朋友都能拥有一颗健康快乐、充满活力的心灵，在人生的道路上越走越好！

编者

2015 年元月

目录

Contents

第一章　揭开人类心灵的神秘面纱

——大学生心理健康与心理咨询浸谈

案例介绍

某高校一位心理老师收到一封信，来自一位女学生。信中说："很长时间以来，我一直承受着心理上的困扰和折磨。这已经给我的生活和学习造成了很大的干扰。我真心希望心理老师能帮助我！"她还在信中提出了会见时间，又特意嘱咐道："我不愿这件事让别人知道，我没有勇气前来敲门，请您将咨询室外的门开一小缝，我即可进来。"

她按照约定时间来到老师办公室，紧张且羞怯，进入办公室后立马把门关上了。老师一边招呼她入座，一边和她说明心理咨询的保密原则，让她心理放松。女孩缓缓说道："入学快一年了，却发现自己怎么也融不进大学生活。从小学到中学一直做班干部，老师和同学也都很认可自己，本来以为到了大学也会混得如鱼得水，但情况却越变越糟。首先，学习上问题很多，不懂的题目也找不到老师询问，毕竟大学老师不像高中老师常常来班级辅导，又不好意思向同学请教，怕丢脸。班上同学除了上课平时都见不到面，室友也有自己的活动空间，我经常感到莫名的孤独，常常一个人坐着发呆。报名参加社团却总是不被录用，参加比赛往往初赛就被刷下来。老师，你说我是不是很没用？现在，我干什么事都提不起兴趣，总是感觉不如别人，也不知道怎么改变现状。我经常会觉得焦虑、恐慌、疲惫，上课没有精神，甚至会逃课。您说，我是不是心理有毛病了？我不知道自己怎么会变成这样，再这样下去，我怕自己会成为废人……"一番倾诉后，女孩哽咽了，过了好一会，她轻轻地说："老师，这些话我没有对任何人说过，我怕大家笑话我，瞧不起我。我看了一些心理学方面的书，我的问题很严重，是吧？"

【案例分析】

其实一直以来，诸如上述案例中将生活细节捕风捉影进而自我认定心理有疾病这样的情况困扰了很多人。有的人直接将心理问题与心理不健康、心理咨询与心理疾病画上了等号，认为只有那些心理有问题的人，才需要心理咨询。他们狭隘地理解了心理健康的概念，并误导一些人的行为，使他们害怕心理咨询，害怕别人说自己"有病"，正如女孩的遭遇和心理误区。其实，她的心理问题并不可怕，不少人都曾经历过，但被自己贴上"心理有病"的标签，这才是真正可怕的。因此，正确了解什么是心理健康，怎样才能拥有健康的心理，对于刚步入大学校门的青年人来说，具有深远的意义。在个人的成长过程中，良好的心理素质必不可少，然而受教育水平的高低才是决定心理素质的重要因素。可见，心理健康教育对青年学生的健康成长与成才、思想品德的教育以及社会主义精神文明建设都具有重要的意义。高校实施心理健康教育的有效途径除了开设心理健康教育课、团体心理辅导以外，个体心理咨询、心理治疗也是必不可少的，因为后者对于有相对较严重的心理问题的学生来说更加有针对性，也更加有效。

自我认知：保持良好的心态

心理实验

饥饿的大鱼为何保持静止一动不动

在一个实验室里，一位心理学家把一条非常饥饿的鱼放在鱼缸里，它拼命地在这个有限的鱼缸里找可以吃的东西，但是什么也找不到。后来心理学家在鱼缸中间放了一块透明的玻璃板，把这条饥饿的大鱼隔在一边，在玻璃板另一边放养了许多小鱼，这条大鱼在看到小鱼的瞬间就冲了上去，结果可想而知，被玻璃板撞出个大包，大鱼还是不放弃，它不断地尝试，不断地撞包，不断地留下疼痛，终于，头上的包也越撞越大，它没有勇气再去尝试，只得忍受着饥饿蜷缩在角落里喘息。这时，心理学家轻轻地将玻璃板抽走，奇怪的事情发生了：小鱼在大鱼咫尺之处游动，大鱼却只是眼睁睁地看着，一动不动。

生活体验

学生与老师的一段对话

学生：学习中遇到挫折时，人会变得很消沉，这时我们会说："现在看书没有心情，等心情好了再学习吧。"

老师：面对挫折陷入沮丧是正常的。但是，我们不要总是坐等到心情好了再行动，那会错失良机，而应该在挫折中学习，通过采取有效的行动去解决问题、调整心情，这就是典型的积极心态，与之对应的便是消极心态。具有消极心态的人遇到挫折就情绪低迷，他们容易被消极的情绪所控制，他们会说："我真倒霉，我真没用，我实现不了目标。"最终，他们会放弃自己的目标。而具有积极心态的人遇到挫折反而情绪高涨，他们会控制消极情绪，他们会反问自己："这次挫折对我达到目标有什么好处？我能从这次挫折中学到什么？"最终，他们能迅速从挫折的阴影中走出来，找到解决问题的办法，将坏事变成好事。

学生：有人说面对挫折可以用精神胜利法来调节情绪？

老师：精神胜利法和积极心态是两种截然不同的心理。精神胜利法是自我麻醉，只改变思想不改变行动。阿Q是"精神胜利法"的典型代表。当被人打而丧失了尊严时，他不是尽力去维护自己的尊严，而是以"儿子打老子"的话语来自我安慰，图个精神痛快。积极心态则是自我调节，先改变思想，进而改变行动。被人打了，要反省被打原因。如果是因为自己太软弱，就应当设法使自己强壮起来；如果是自己仗势欺人，则要收敛起来。换言之，精神胜利法只是在头脑中完成；积极心态是先进行积极思考，然后脚踏实地去行动，去改变现实。

通过自我认知的心理实验与生活体验，我们了解到：一个人的成长需要经过一个漫长的过程，这个过程不会一帆风顺，总会遇到各种各样的挫折。刻苦学习但没有理想成绩，屡屡奋战却总是与四级擦肩而过，设法沟通却不能拥有友情，因家事变迁而感觉身心疲惫，幸福的爱情成了如烟往事，经济困窘让生活备尝艰辛等等。这一切都会让我们在一段时间里感到迷惘、失落，甚至痛苦。"不经历风雨，怎么见彩虹，没有人能够随随便便成功。"这句歌词诠释的涵义告诉我们，抱着一种平和的心态应对周围的世界，才能最终超越自我，走向成熟。本章将带领同学们一起揭开心理奥秘，理解和掌握心理健康的涵义、标准，心理咨询的重要性以及如何开展心理咨询服务等。

第一节 心理健康ABC

小故事

谁使她变美

曾经有一位名叫艾米丽的姑娘，她有一个理想，但是她认为自己永远都实现不了那个理想。

其实那个理想也是许多妙龄女孩的理想，就是能够和梦想中的白马王子结婚，过着幸福美满的生活。但是，艾米丽认为这样的生活只会出现在梦里，不会在现实生活中。

有一天下午，艾米丽去找了著名的心理学家。进门后，艾米丽与心理学家握手，手指冰凉。心理学家打量了她一下，发现她的眼神呆滞，声音里也满是绝望。

心理学家请她坐下，交谈后，心里有了些底。

最后，他对她说："艾米丽，我有办法了，但是你必须要按我说的做。明天一早，你去买新衣服，按店员推荐的买。去剪个头，按理发师的主意剪。多听听别人的意见。周二晚上，请你来参加我家的晚会……"

艾米丽听了之后有点担忧，但是心理学家对她说："请你来是想请你帮忙的。参加晚会的人，你认识的不多，要是看见单身的年轻人，你就上前问好，可不要蜡烛似的坐着不动。"

艾米丽还是有些不安，心理学家安慰她："你的任务就是帮我照顾客人，比如说，要是谁没咖啡，你就去端一杯给他。艾米丽，你要帮我一个大忙呢！"

周二晚上，艾米丽衣着得体，顶着漂亮的发型出现了。她按照心理学家的嘱托忙活，她活泼大方，笑容温暖，赢得了大家的青睐。晚会结束后，竟然有三个青年说要送她回家。三个青年都对艾米丽进行了热烈的追求，最终，艾米丽选择了其中的一位，并答应了求婚。

最后，艾米丽结婚了，许多人认为这都归功于心理学家，心理学家笑道："道理很简单，做人不能只是关心自己，也应该关心他人，站在他人的角度上思考问题。艾米丽正是懂得了这些才会得到她想要的一切，是她将自己变得美丽。"

（【美】F. 奥斯勒）

【分享感悟】

一位心理学家曾说："人只有在人群中才会变美，世上最好的镜子就是别人的笑脸。而要得到这面美容镜，你首先要对自己露出微笑。"故事中的女孩不知不觉中按照心理医生的话开始微笑地对待自己，自信地迎接生活的每一天，慢慢地，她越来越美丽，最后终于实现了自己的愿望。一个人拥有美丽的外表会受人欣赏，而拥有美丽的心灵则会令人赞赏。人的心理在很多关键时候决定着人的心态和行为，心理的清澈会让人从内到外散发出自信的光芒。一个人倘若心理是残缺的，哪怕只是消极的，他的人生也定会与幸福相隔甚远。让我们开始给心理"美容"，找到那个真善美的自我。

知识讲堂

一、健康

（一）健康模式的演变

人类对于健康的认识，不仅受到各种历史阶段生产力和生产关系的影响，还会受到科学水平和哲学思想的影响。随着历史的演变，健康模式也在不断演变，其内涵日趋丰富、完善。其演变过程如下：

1. 迷信的健康模式。在古代,受生产力发展及科学技术水平的制约,人们持有"健康由鬼神主宰"的唯心的迷信观点,认为健康一旦出现问题必定是妖魔作祟,人类无力抗争,再加上面对大规模的流行传染疾病束手无策的局势,更使得此种错误的认知在当时的民众心中根深蒂固。这种健康概念忽视了人的自然因素,更是忽视了社会性因素。

2. 机械的健康模式。工业革命后,人们的思想受到了近代社会机械唯物论影响,将保护健康和维护机器视为同等,表面没有疼痛能够正常生活就算是健康。这种观念明显忽视了人的社会性和生物的复杂性。

3. 生物健康模式。到了19世纪末,微生物学、病原学等学科逐渐发展起来,业界某些观念得到了统一,普遍存在这样的认知:病原微生物是导致疾病的因素之一,因此,想要保持健康就要取得病原微生物、人体生理病理和自然环境三者之间的动态平衡,因此医护人员的工作即是保证病人躯体机能的完善。这种健康概念只涵盖了自然因素,忽视了疾病的多元病因。

4. 生物—心理—社会健康模式。20世纪初,微生物学和心理学发展迅速,相关研究也日趋成熟,人们对于健康有了新的认识:疾病的病因具有多元复杂性,又包括生物因素、自然环境和遗传因素等。此外,人所处的社会环境,人们的心理状态都会影响人的健康问题,因而健康的概念还牵涉到社会因素、心理因素和个人行为,成为一种多种因素共同影响相互作用的健康概念,从而产生了新的健康模式:生物—心理—社会健康模式。该模式把人看作复杂的,具有生理、心理和社会属性的个体,强调社会、心理因素在健康与疾病之间的重要关系,强调人际关系、社会压力、个体因素和认知对健康的影响。指出医务工作不单单是治疗躯体疾病,还要帮助个体改善社会适应能力及心理调适的能力,对人的心理、行为方式等方面给予全面关注。F. D. Wolinsdy(1988年)在其所著的《健康社会学》一书中提出"立体健康观",即健康应从心理尺度、医学尺度和社会尺度三个方面来综合评价(见表1.1.1)。这一主张的提出代表着健康的概念已从传统的生物医学模式发展至如今的生物—心理—社会模式。

表1.1.1　生物—心理—社会健康模式:立体健康观

健康状态	类别	医学尺度	心理尺度	社会尺度
1	正常健康	健康	健康	健康
2	悲观者	健康	患病	健康
3	社会疾病	健康	健康	患病
4	忧郁症患者	健康	患病	患病
5	身体疾病	患病	健康	健康
6	自我牺牲者	患病	患病	健康
7	自乐者	患病	健康	患病
8	严重疾病	患病	患病	患病

"假如从生命的起点直至终点,都拥有健康的心理,成功与幸福将伴随您的一生。"这样的命题已逐渐被人们认识和接纳。随着健康模式的演变,由过去机械的健康模式到后来的生物健康模式,再到今天的生物—心理—社会健康模式,人们对健康的理解也在推动着心理科学的发展。

(二) 健康的涵义

社会文明的进步通常会回赠人类自身一份特别的礼物,那就是高质量的生活。但收下这份礼物,并不意味着客观物质条件对人类幸福的决定意义,主观的精神生活水平对人类的生存和发展同样重要。拥有健康的生活是人类幸福和快乐的源泉。因此，时代在进步，健康的定义也在更新，为我们追求高质量生活注入新的活力。

长期以来，在生物健康模式的指导下，人们更多关注的是生理健康。《简明不列颠百科全书》对健康的解释："躯体没有疾病和缺陷，没有营养不良以及虚弱状态。"《辞海》注释："人体各器官系统发育良好，功能正常，体质健壮，精力充沛，并具有良好劳动效能的状态。通常用人体测量、体格检验和各种生理指标来衡量。"随着社会的发展，人们对健康的认识发生了深刻的变化。从 1948 年到 1978 年的 30 年间，世界卫生组织（WHO）对健康概念进行了诠释并先后予以多次修改，使人们的认识得到了深化。

世界卫生组织在 1948 年对健康有了新的定义："健康不仅仅是没有疾病和虚弱的状态，而且是一种在身体上、精神上和社会上的完好状态。"这是对于疾病、自身和生存环境有了深度理解才能概括形成的，意义重大，因而成为至今为止最被认可的健康概念。1968 年，世界卫生组织在研究健康的定义时，着重强调了人的社会属性，因而健康被定义为"身体精神良好，具有社会幸福感"。1978 年，世界卫生组织在《阿拉木图宣言》中对健康的涵义又作了重申，指出："健康不仅是疾病与体弱的匿迹，而且是身心健康、社会幸福的完美状态。"该《宣言》进一步提出"健康是基本人权，达到尽可能的健康是全世界一项重要的社会性指标"。同时，该《宣言》还制定了健康的 10 条标准：

1. 精力充沛，能从容不迫地应付日常生活和工作压力，而不感到过分紧张。
2. 处事乐观，态度积极，乐于承担责任。
3. 善于休息，睡眠良好。
4. 能够随机应变，适应能力强。
5. 自身免疫力高，能够抵御一般性的感冒和传染病。
6. 身材匀称，站立时头、肩、臂的位置协调，身姿挺拔。
7. 反应敏锐，眼睛明亮，眼睑不发炎。
8. 牙齿清洁、无空洞、无痛感、无出血现象，齿龈颜色正常。
9. 头发有光泽、无头屑。
10. 肌肉和皮肤富有弹性，走路轻松有力。

1989 年，健康又有了新的定义。世界卫生组织指出，一个人的健康不能仅仅凭借躯体状况来代表，还应该将心理健康、社会适应良好和道德健康三者一同纳入评估健康的范畴内。因而，健康不仅仅是普通意义上的不生病的状态，健康是建立在生理、心理、社会适应和道德健康的基础之上的。在世界卫生组织的推动下，人们逐渐接受了新的健康概念，追求高质量生活。健康被公认为能促进社会进步，是社会进步的重要标志。所以，保护和增进健康不仅是卫生部门的责任，还是教育部门的责任，更是全社会共同的责任。

二、心理健康

心理健康是大学生成才的基础，良好的心理素质是大学生顺利完成学业、走向成功的前提和保证，使他们对成功与生活的关系抱有正确的态度——学会为生活而成功，而不是为成功而生活是大学生心理健康教育的重要工作内容。

（一）心理健康的涵义和标准

1946 年，第三届国际心理卫生大会定义了健康的概念：身体、智力和个人情绪能够协调发展，相互作用；善于处理人际关系，能够尽快适应环境，常能感受到幸福感；能够在工作职业中显示出自己的能力，做事有效率。根据此定义，心理健康被认为是一种积极而持续的心理状态。

在这种状态下生活的人，心情愉悦，能够和他人、环境、社会协调发展，实现自己的潜能，感受到生命的价值。

具体说来，心理健康大致包括两层含义：一是没有心理疾病，这是心理健康的最基本条件，心理疾病包括所有心理及行为异常的情形；二是具有一种积极发展的心理状态，即从积极、预防的角度对人们提出要求，目的是要保持和促进心理健康，消除一切不健康的心理倾向，使心理处于最佳的发展状态。

事实上，心理健康的概念十分复杂，它因受到社会制度、民族风俗、传统习惯、道德观念、宗教信仰等因素的影响而具有不同的内涵。同时，人的心理和行为随着年龄的增长而不断发展、变化，不同的年龄、性别会呈现出不同的心理行为特征。心理健康的人所具有的心理行为特征与其年龄、性别相符。现代心理卫生学认为，一个人的心理是健康的或是不健康的，很难作出非此即彼的、简单而明确的界定，因为心理健康本身是一个动态的过程：它随着个体自身发展变化，也可能随着个体所处环境改变而变化。因此，在个体自身和环境变化的共同影响下，心理状态能够从健康向不健康转变，同样，存在从不健康向健康转变。如此一来，大量的所谓“亚健康”状态的存在也就不足为奇了。就一般人群而言，真正称得上心理健康的只占10%～15%，真正有心理问题或心理不健康者也只占5%～10%，而八成左右的人都处在亚健康状态（见图1.1.1）。

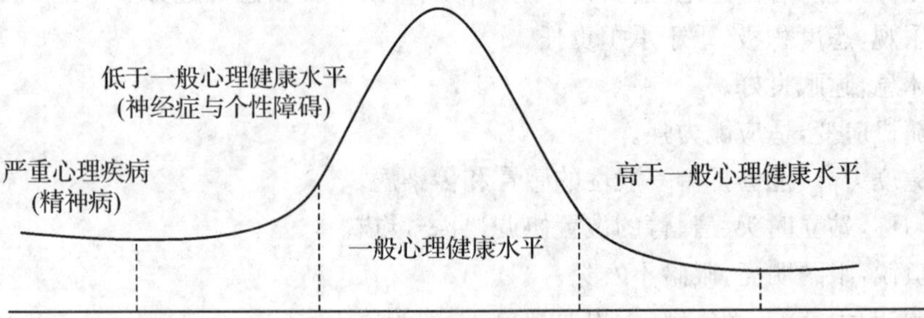

图1.1.1　心理健康常态曲线图

与躯体健康的评价相比较，心理健康的评价更为复杂困难，科学界至今尚未形成一个公认的、一致的、完备的心理健康评价标准。尽管如此，还是有不少心理学者对此进行了积极的探索，提出了各种观点。总结各方观点，心理健康不外乎以下7个方面：

1. 智力正常。人类最最基本的活动离不开智力。心理健康是建立在智力正常的基础之上的。正常的智力能够提供个体正常的认知行为，正确地看待事物，良好地适应环境。在社会上与他人交际的时候，有一定的观察能力，能够理解他人言行所代表的意思。

2. 情绪稳定乐观。良好的情绪是心理健康的基础，心理健康的人能时刻保持积极情绪，忍耐力强，能够自我消化不良情绪，合理地控制情绪。

3. 自我悦纳。心理健康的人具有积极的自我形象，能现实地评价自己的长处与短处，不会过分掩饰自己，不会刻意取悦于人，能够实事求是地看待别人的评价与议论。

4. 人际关系协调。人际关系和谐有利于人们保持心理健康。心理健康的人善于与人交往，能够合作融洽，正确处理人际关系，人际关系范围广而稳定，有知心朋友，亦有亲密家人，宽以待人而不失其独立人格。

5. 自制力较强。自制力是人能动性的体现。心理健康的人学习和工作目标明确，自觉性高，能主动克服困难，有毅力。

6. 人格完整健康。心理健康的最终目标是保持人格的完整性，培养健全人格。人格完整健康的主要标志则包括各个结构要素的全面和谐发展，以及积极进取、具有创造性的人生观。

7. 适应性良好。心理健康的人能够处理自身与周围现实环境的融合，往往不会随便抱怨生活，能够适应环境带来的改变。

参照上述心理健康的标准，可以判断自己的心理或行为是否有些异常，以便及早采取措施，寻求心理咨询的帮助。但是，这些标准只是一个相对的衡量尺度，其关键点在于正常、异常两方面行为发生的频率和程度：只要个人在较长的一段时间内保持良好的心境，就可以认为心理是健康的；相反，若异常行为频频出现，持久而不间断，便足以视作心理健康问题。

（二）心理健康的机理

哪类人群的心理环境处于最健康的状态？经过调查，著名心理学家马斯洛发现那些最成功的科学家、人类学家、心理学家、书画家等心理最健康，因为他们经常具有共同的感受——高峰体验。

“高峰体验”，是指在日常生活、学习、工作、文艺欣赏或投身于大自然时，感受到一种奇妙、着迷、忘我并与外部世界融为一体的美好感觉。这种使人情绪饱满、高涨的高峰体验往往难名其状。在马斯洛看来，大多心理健康的成功者都有过这种高峰体验，而且体验次数越频繁，他们的成就阈值就越高，越有自信心，越少出现抑郁等消极情绪，从而促进他们的心理更加健康，如此一来，便形成一种良性循环。

这里所说的“心理更健康”是指“更有自主性、更具独立性”。正如马斯洛所言：“这些科学家、心理学家、人类学家、书画家等，他们表面上承认习俗，但实际上对这些习俗是漫不经心的、马马虎虎的和超然的，也就是说他们能够接受这些习俗，又能遗弃它们。这是因为他们能够全部地、平静地、幽默地抵制文化的愚蠢和缺陷，用或大或小的努力来改进它们。他们明显地表现出与这些缺陷进行坚决斗争的能力。”所以说，心理健康的人不会为了适应环境而迎合；心理健康的人注重人际关系的协调，但不拒绝合理的对抗；心理健康的人更有独立性，在必要时能够做到真正的自己，成为心理高度自由的一类人。

高峰体验毕竟是一种人生境界，除了领悟之外，更需要一种健康的人格，其主要的典型特征概括为：

积极进取的人生态度，

独立自主的人权意识，

争强好胜的竞争精神，

惜时如金的效率观念，

平等互利的合作习惯，

顺其自然的超越心态。

（三）大学生的阶段特征与心理健康

随着社会竞争的加剧，人们的心理问题日益突出。作为现代社会的重要组成部分，大多数高校学生的心理正处于一个十分敏感的时期，其心理状况不容乐观。许多调查显示，近三分之一的大学生存在不同程度的心理问题，其中15%（或10%以上）的学生存在严重的心理问题。大学生群体也是社会的一个群体，大学生的阶段特征与其心理健康状况主要体现为以下4个方面：

1. 高教育水平

我国当代大学生的年龄在17～24岁之间，处于青年中期且接受高等教育的过程中。在心理特征上有共同性，在影响心理健康的因素上也有共同性。这是一个具有较高文化素养的群体，也是一个更加重视心理健康问题、更加强调自身修养的群体。但大学生的个性千差万别，在遗传素质、行为习惯、文化素养、兴趣爱好、抱负追求等方面都各不相同，因而所遇到的心理健康问题也有很大差异。

2. 高智商

调查研究的资料显示，大学生的平均智商约为110分，高出一般人群约10分。外界普遍认为，在同龄人之中脱颖而出，进入大学的高中生是较为聪明的。同时，一定的智商水平也是心理健康的基础之一。但是，高智商不等于高智慧，有时反而更易产生心理健康方面的障碍。有调查显示，人们的快乐度与智商呈弱的负相关，这可能是因为较高智商者更难为人们所理解，因而更容易体会到“高处不胜寒”的悲凉。

3. 高自我价值感

大学生对自我的评价认知一般高于同龄的其他群体。一般而言，积极的自我观念能够促进心理的健康发展，但如果自我评价过高，一味追求难以实现的目标，内心越容易受挫，严重时则会诱发心理疾病。此外，大学生尚未步入社会，经历和经验较少，缺少接触到挫折并且战胜挫折的机会，如遇到困境便不知所措，不当的解决方式便会影响心理健康。

4. 高压力

大学生承受着来自各方面的压力。首先，升入大学目前仍被认为是佼佼者的一种体现，家庭、学校、社会对他们寄予了厚望，如果家长过分提高对于孩子的要求便会造成孩子内心的压力，失去了原本激励的作用。其次，社会日新月异，在学生毕业之际，各种择业和就业的情况也在发生变化，这让大学生陷入了多重选择的境地，加重了心理负担。再者，生活在校园里的大学生还承受着一些特殊方面的压力，如对新的学习环境与任务的适应问题、对专业的选择与学习的适应问题、理想与现实的冲突问题、家庭经济困难的窘迫、人际关系的处理与竞争、恋爱中的矛盾问题等等，这些问题都会不知不觉给学生带来一定的精神负担。如果不能正确的处理，难免造成心理问题。

大学生应该如何面对自身的“心理问题”？据调查，当“自己遇到心理困惑、不适时”，有近1/5的受访者表示不会寻求心理健康咨询；而当自己的同学、亲友遭遇心理问题时，有一半的受访者表示会动员他们去心理咨询。可见，大学生在对待他人心理问题的态度上比对待自己的更为理性。

【课堂练习】

1. 联系本节所讲的内容，请自我检测心理健康状况。
2. 根据自己的体会，列举3种有效应对挫折的方法。
3. 如果你有消极、愤怒等情绪体验的时候，你是如何化解这些负性情绪的？可以和身边的同学交流一下。

第二节 心理问题与心理障碍

小故事

生命的价值

有一个生长在孤儿院的男孩，常常很悲观，找不到生活的意义。

有一天，院长交给男孩一块石头，说："明早你拿这块石头去卖，但不是真卖。记住，不论别人出多少钱，绝对不能卖。"

第二天，男孩来到市场，在角落蹲着，面前摆着一块石头。来往的人们纷纷问价，将石头的价格一抬再抬。小男孩很激动，回去之后就告诉了院长，院长让他再拿到黄金市场去卖。小男孩来到黄金市场，那里竟有人将价格提高到昨天的十倍。

最后，男孩听从院长的指导将石头带到宝石市场，石头的身价又被抬高了。由于男孩一直不肯将石头卖出去，人们便猜想它一定是稀世珍宝，价值连城。

男孩将石头带回去，将一切告诉了院长。院长耐心地说道："生命就像这块石头，你越是珍惜，它越是显得珍贵，生命越是有价值、有意义。"

【分享感悟】

一个人因为发生的事情所受到的伤害与他对事情悲观的看法相比，其悲观的看法更为严重。我们改变不了既成事实，但可以改变面对事情的态度。面对同样的问题，每个人的心态不一样，产生的结果也不同。生命的质量取决于你每天的心态，心态影响人的能力，能力影响人的命运。

知识讲堂

一、心理问题

（一）心理问题的涵义

心理问题是指正常人在日常工作、学习、生活中受到外界的不良刺激后，不能以健康心态或健康的思维、行为方式处理冲突，导致心理困扰进而产生不良情绪。心理问题是正常心理范围内的心理不健康的情绪症状，区别于异常（病理）心理范围内的精神障碍和精神病。因此，有心理问题的人只是心理健康出现了问题的正常人，而不是精神异常的病人。

心理问题无褒贬之意，既包括积极的，也包括消极的。心理的"正常"和"异常"之间没有精确的划分。普遍认为，人的心理及行为是一种连续动态的过程，在"正常"和"异常"之间相互转化，相互依存。毫不夸张地说，大多数人都具有心理问题，只是每个人心理问题的程度不同。由此可知，人的心理问题是生活在现实社会中，每一个人都存在一定程度的心理问题。即人的心理问题是普遍存在的，只是个体不同、程度不同而已。因而，从狭义上看，心理问题也称心理失衡，是正常心理活动的局部异常状态，而不是病理性变化，具有明显的偶发性和和暂时性。心理问题常与一定的情境相关联，随着情境变化而变化。但是一旦脱离该情境，个体的心理活动则恢复正常。

（二）心理问题的类型及症状表现

心理问题按照程度不同划分为以下三种类型：

1. 发展性心理问题

个体自身没有建立正确的自我认知时，心理素质和心理潜能没有得到相应的发展。想要解决发展性心理问题，就要进行有针对性的教育和训练，提高个体的心理素质，引导个体调节和控制情绪，改善精神状态，树立自信心，塑造健康、完整的人格，使其适应现代社会需要。

2. 适应性心理问题

适应是个体通过不断改变自身状态，使自己能够在现实生活环境中保持良好、有效的生存的过程。由于个体不能很好地适应环境，适应性心理问题由此产生。适应性心理问题常发生在身心发展正常，但带有一定的心理、行为问题的个体，或者说是“在适应方面存在困难的正常人”。适应性心理问题的解决，关注的是个体的正常需要与其现实状况之间的矛盾冲突，旨在帮助个体在认识水平上发掘、利用其潜在积极因素，通过改变自身从而不断顺应环境的变化。

3. 障碍性心理问题

有时也被称为“神经症性心理问题”。此时个体的心理问题已接近神经衰弱或神经症，或者说就是神经症的早期阶段。主要表现为：情绪不稳定，易反复，易怒；常处于不平衡状态，因一些莫明其妙的事情或鸡毛蒜皮的小事大发脾气，对人对事总有不满意的感觉；部分患者感觉注意力不能集中，记忆力下降，或有头痛、失眠等躯体症状；病程持续时间长，情绪痛苦不能自行缓解，社会功能、人际关系受到很大程度的损坏。

以上三种类型是常见的心理问题，也是心理咨询的主要问题。对此作一些粗略的了解，有助于加强心理保健意识，注重心理卫生，及早预防和抵御心理疾病对身心健康的侵袭。如感觉自己或者身边的亲友有反常的情绪，且持续了一段时间无法摆脱，应及时寻求专业心理咨询师的帮助。

二、心理障碍

（一）心理障碍的概念

临床上将范围广泛的心理异常或行为异常统称为“心理障碍”。心理障碍有狭义和广义之分。狭义的心理障碍，是指个体由于生理、心理或社会原因导致的各种异常心理过程、人格特征和行为方式，表现为个体没有能力按照社会认可的适宜方式行动，以致其行为的后果对本人和社会产生危害。其中，“没有能力”可能由于器质性损害导致，或许是功能性损害的结果，或两者兼而有之。不是因为缺乏实际能力，而是由心理因素导致。例如，害怕蟑螂不是因为打不过蟑螂，而是因为心理恐惧；恐高也是如此。

广义的心理障碍是指个人由于特殊的心理活动无法正确按照客观事实行动，造成了对个人和社会的危害。至此，可以看出：心理障碍在狭义和广义上有明显差异，狭义是指是否属于社会常态，广义则是通过客观实际来评判。例如：一般人都会恐惧、生气，从狭义心理障碍来说，这种心理状态没有偏离社会常态，不属于心理障碍。但从广义上讲，恐惧和生气，无论程度多大，都是客观事实不认可的行为，属于认知障碍。再如，从客观上讲黑夜并不可怕，是怕黑夜才觉得可怕；骂人的话都是假话，假话等于什么也没有，因为骂人的话生气也是一种认知障碍。

两者性质一样，只是程度不同，狭义心理障碍程度严重，已经偏离了社会常模，对人对己造成的危害比较严重，广义心理障碍程度较轻，能够被社会认可，对人对己造成的危害很轻，以至不易被人们发觉。可见，狭义心理障碍的治疗着眼于有心理疾病的人，使之恢复正常；广义心理障碍的治疗着眼于正常人，使之心理素养进一步提高。换言之，狭义心理障碍治疗是用于治疗心理疾病的，广义心理障碍治疗则是用于提高人的心理素养的。

心理障碍与心理疾病联系密切，但两者并非同一个概念。在某些程度上，有些心理障碍算不上心理疾病，有些则算是心理疾病的重要致病因素。心理障碍的程度加重，就会造成心理疾病，心理疾病必须存在严重的心理障碍；没有心理障碍的疾病不属于心理疾病。因此，只有彻底消除心理障碍，才算真正治愈心理疾病；不消除心理障碍，只消除症状的治疗方法，不能根除心理疾病。

（二）常见的心理障碍介绍

根据症状和严重程度的不同，心理障碍主要分为以下几种类型（见表 1.2.1）。

表 1.2.1　常见的心理障碍

类型	含义	特点	表现
适应障碍	1. 急性突发事件 2. 慢性持久的精神刺激	属于轻度的、暂时的心理失调，可见于任何正常人。这种不良影响一般不持久，通过调节多能恢复正常	1. 情绪紊乱 2. 品行紊乱 3. 躯体主诉 4. 退缩 5. 学习和工作能力抑制
人格障碍	1. 偏执型 2. 分裂型 3. 戏剧型 4. 违纪型 5. 回避型 6. 自恋型 7. 被动攻击型 8. 性变态	发生率在我国估计不到 1%，以男性多见	1. 固执、心胸狭隘、敏感多疑 2. 行为怪僻偏执，为人孤独而隐退 3. 人格不成熟，情绪也不稳定 4. 时常做出不符合社会要求的行为，不真诚、不坦率 5. 心理自卑，行为退缩 6. 过分自我关心、自我中心和自夸自尊 7. 以被动的方式实现其强烈的攻击倾向，表面上唯唯诺诺，背地里不予合作 8. 同性恋、异装、恋物、窥淫、裸露
神经症	1. 神经衰弱 2. 焦虑症 3. 强迫症 4. 癔症	临床上最常见的心理障碍之一，占精神科门诊的 60%～80%，起发病率城市比农村高，女性比男性多见	1. 精神容易兴奋又容易疲劳，睡眠障碍，兴奋性增高 2. 伴随严重的躯体不适症状，终日紧张敏感，心烦意乱 3. 强迫回忆、强迫联想、强迫思考、强迫计数、强迫检查、强迫洗手 4. 情感爆发，意识糊涂，有运动、感受、反射的植物性神经功能等障碍
精神分裂症	1. 突发性 2. 慢性	最严重的心理障碍，基本个性改变，思维、情感与行为具有非现实性、不易理解性	思维错乱、情感倒错、行为怪异、常有妄想与幻想而不能与环境适应

（三）心理障碍的鉴别与诊断

人的心理活动是看不见、摸不着的，这就给心理障碍的鉴定工作增加了难度。现实生活中，人们大多通过个体的言语和行为推测其心理活动过程。但是，这种推测存在一定风险，主要原因是：心理活动受到诸多因素的影响，其引发的言语和行为变化较大，再加上正常和异常的心理活动之间缺乏明显的分界。因此，部分的心理活动异常并不能断定就是心理障碍。

诊断心理障碍需要符合一定的标准。一般情况下，常用的判断标准如下：

1. 经验判断。一方面靠个体的主观体验。个体自身可以明显感到不同于以往的心理状态，如情绪低落、抑郁，甚至感到痛苦，且持续了一段时间未见好转，则有可能出现心理障碍。另一方面则靠观察者的经验。观察者根据自身的经验察觉到患者不同于以往的行为，从而对被观察者作出心理异常的可能性判断。

2. 心理活动性质发生变化。患者心理活动发生本质改变，存在幻觉或是妄想的状态，语言功能受到损伤等行为，都有很大的可能是患有心理障碍。

3. 社会适应情况。正常情况下，个体的行为受环境影响，主动适应环境变化，能根据社会要求和道德规范行事。如果个体无法正常适应社会，则其心理活动可能出现异常。

4. 统计学标准。通过心理学家的研究，我们可以将个体的测量结果与正常人群测量结果相比较，以确定正常与异常的划分标准。比如，智商低于70被判定为异常，大于90则被认定为正常，那么70～90便是所谓的“临界状态”。此外，临床的量表结果也可供心理诊断参考。

三、心理问题与心理障碍的影响因素

（一）生理因素

1. 遗传因素。虽然人的心理内容不可遗传，但其生理基础却受个人遗传基因的制约。大量研究发现，精神分裂症、躁狂症、抑郁症等精神疾病的发病因素中，遗传因素有较大影响。

2. 脑损伤。经临床观察和专家的研究分析，伤及人脑的疾病或是外界给人脑造成伤害，例如脑震荡、脑动脉硬化、中毒或病毒感染都会造成心理异常，出现意识障碍、智力受损的症状，有些甚至出现人格异常。

3. 躯体疾病。比较严重的躯体疾病，尤其是一些慢性病，容易使人烦躁不安、情绪不稳、自制力减弱、失眠、敏感多疑、人际关系紧张，严重者可引起心理障碍。另外，有身体缺陷的个体容易受到怜悯或伤害，易表现得敏感、自卑和内向。

（二）心理因素

1. 认知因素。认知过程就是信息的获得、贮存、转换、提取和使用的过程。人类个体的认知因素涵盖范围很广，包括感知、记忆、注意、思维、想象、言语等。认知因素之间是相互影响的。倘若某一认知因素发展不正常或某几种认知因素之间的关系失调，就会产生认知的矛盾和冲突，从而会使人感到紧张、烦躁和焦虑。认知因素之间的失调程度越严重，人们减轻或消除失调、维持平衡的需要和期望就越强烈。如果这种期望和需要长时间得不到满足，就可能使人产生心理偏差或心理障碍。

2. 情绪因素。人的情绪对于维持身心健康有重要作用，它能支持个人生存并且适应社会。情绪十分复杂，受到多重因素影响。情绪不稳定且低沉，会使得个体表现缺乏活力，心理压抑烦躁；而稳定积极的情绪能够给人们带来愉悦的心情，同时也对身体健康有促进作用。因此，保持良好稳定的情绪对于人们的身心健康意义重大。

（三）社会因素

1. 家庭环境的影响。越来越多的资料和研究证明，家庭环境包括家庭的人际关系、父母教养方式、父母人格特征等，这些对人的一生会产生重大影响。一个人早年形成的人格结构会在以后的心理发展中打下深深的烙印。根据对恐惧症、强迫症、焦虑症和抑郁症患者的家庭环境调查，患者的父母与常人的父母相比，表现出较少的情感温暖，较多的拒绝态度，或过多、过分的保护。这些父母的教养方式对孩子产生的负面影响，在一定程度上为孩子的心理问题埋下了隐患。

2. 社会环境和学校教育中消极因素的影响。经济的发展，科技的进步，知识的爆炸，生活节奏的加快，价值观的多元化和社会上刺激和诱惑的增多，使大学生面临着心理的考验，也容易产生更多的心理疲劳。学校中紧张的学习生活、对心理素质培养的忽视、人际关系的紧张、文体活动的不足等，都会对大学生的心理产生消极的影响。

上述各种因素既相互独立，又相互联系。由此可见，诊断心理问题或是心理障碍时不能仅仅从单方面考虑，要充分考虑到各种因素之间的相互影响，做到全面分析，以便后续采取适当的方式进行心理调适和治疗。

四、大学生心理健康的常见问题

大学生正处于生理、心理和思想意识趋于成熟的阶段，多方面的变化让他们难以招架，从而产生较多的心理问题。据有关的统计资料表明，近年来大学生因心理问题和精神疾病而休、退学的人数的比例呈上升趋势，几近占到总人数的30%。大学生心理健康问题主要是指其在日常学习、生活中对所发生的有关事件的不良反应，其表现形式是多样化的，主要可以归纳为以下几个方面：

（一）与环境应激有关的心理健康问题

大学校园被人们称为"象牙塔"，一道围墙把大学与社会隔离开来。从一定意义上讲，大学是一种被过滤了的社会。学生们从小学、中学到大学，一直在校园里安稳、规范地学习、生活，与社会保持着距离，这在一定程度上导致了他们的心理脆弱。

（二）与自我有关的心理健康问题

与自我有关的心理健康问题是大学生心理健康问题的核心。大学生是同龄人中的佼佼者，他们容易把未来设计得过于完美，而现实社会中的种种客观条件，会妨碍"理想自我"的实现。大学生如果对这一客观事实认识不足，就会引起认知上的矛盾，从而严重影响他们的心理健康。心理学家认为，确立和形成自我统一性，是青年期的重要课题之一。而这一过程，是一项复杂而艰巨的系统工程。在这个过程中，大学生需要完成职业选择，形成个人终身目标和最终确立人生观、价值观。有的大学生在面临当今社会多样化的价值体系时，难以找到自己的坐标，会感到无所适从，茫然失措，也即失去了自我，结果使自己陷入绝望的境遇中。

此外，大学阶段是大学生在心理上和社会能力上均未成熟的时期。他们在经济上还需要依靠家庭，在学习上还缺乏自主性。这时大学生的自我意识还有待加深，对自己的兴趣和潜能还不完全了解，对自己是一个什么样的人也无法全面认知。这一特殊的时期被心理学家艾里克森称为"延缓偿付期"，处在这一时期的大学生既渴望独立又无法摆脱依赖性，且经常为自己的前途和命运而苦恼、担忧。

（三）与人际关系及人格有关的心理健康问题

与中学生相比较，大学生的人际交往更为复杂、更为广泛，独立性更强，更具社会性。在大学生看来，能够掌握一定的交往能力是衡量一个出色大学生的标准之一。但是往往由于现实因素如学生的认知能力、性格方面的影响，大学生人际关系并非人人和谐。如果在人际关系中不能很好地定位，造成心理偏差，便会陷入焦虑之中，严重的则会因此处于一种困境。因此，人际交往是大学生非常重视但又很容易出现困扰和障碍的问题。处于青春期的大学生，感情丰富且敏感，往往会产生既不愿轻易向人表露自己的心迹，又迫切想要与人交往的心理矛盾。有的大学生以自我为中心，自恋、自负、形单影只、缺少朋友；有的大学生却因自卑不敢与人交往，因认知歪曲和认知缺乏不会与人交往，甚至在交往中惶恐不安。大学生的人际困扰主要有：人际关系紧张、沟通不良和交往恐惧等。

（四）与学习有关的心理健康问题

大学的学习氛围、师生关系、校园管理等都有别于中学。因此，初入大学的阶段存在问题是十分正常的，部分大学生会出现对学习产生厌恶情绪，采取不恰当的学习方式，角色转变有误等。这些问题如果没有及时解决，而是采取躲避之类的不当措施便会带来大学生的心理问题。

大学生在学习方面的心理困扰主要表现在：1. 缺乏学习动力。混日子，缺少规划性，不喜欢自己所学的专业，缺少学习兴趣，没有吃苦精神，遇到困难就退缩。2. 学习压力过大。包括内部和外部两个方面。内部的压力主要是本人学习动机过强，学习目标的制定超越了自己所能承受的限度，导致对失败的担心；外部压力主要来自繁重的学习任务、同学间的竞争等。3. 学习焦虑等情绪明显。学习焦虑主要分为两类：一是由学习中的一些情境性因素（如考试、竞赛等）造成的焦虑；二是没有明确的外在焦虑源，只是自己在主观感觉上过分担忧而形成的神经过敏性焦虑。4. 学习困难。由于对大学的授课方式、学习方法等的不适应，以及自身的一些因素造成心理困扰。由此可能引发学习焦虑、失眠、抑郁等。

（五）与恋爱和性有关的心理健康问题

由于年龄特征和所处的特殊环境，大学生对恋爱与性的问题不容易处理好。通常由此类问题引发的干扰只会带来一定程度的不安和躁动，但是如果达到严重的程度，就会引起心理疾病。

处在青年期的大学生受生理、心理和校园环境的影响，谈恋爱的较多，许多人非常看重恋人间的情感。但存在部分群体由于人格的不成熟，不能较好地处理恋爱与学习、恋爱与成才、恋人间的交往与其他异性交往、恋人间独自的活动与集体活动等的关系，尤其是不能理智地处理恋爱中的矛盾等，因而陷入苦恼与困惑中。大学生恋爱中存在的问题主要表现为：单相思、多角恋、失恋、被异性追逐不得安宁等。有的同学因此学习成绩下降，有的同学失去理智走上犯罪的道路，更甚至有的同学丧失了生活下去的勇气。

（六）与情绪障碍有关的心理健康问题

目前，在大学生中存在着比较严重的情绪障碍。有数据表明，在大学生的各种心理障碍和疾病中，表现为抑郁症、焦虑症、恐惧症等情绪障碍所占的比例较高。情绪困扰和障碍已严重影响了部分大学生正常的生活、学习和健康。

五、促进大学生心理健康的方法和途径

提高大学生的心理素质是个庞大的系统工程，除需要社会、学校、家庭的共同努力外，还离不开以下两点：

（一）最重要的内因：大学生个体的努力

1. 保证健康的生活方式，身体健康是心理健康的基础。

2. 具备一定心理保健的知识和方法。

3. 多方面丰富自己，优化自身人格品质。

4. 积极参加社会实践，锻炼心理承受能力。

（二）维护心理健康的有效途径：寻求心理咨询

在必要时寻求心理咨询，是大学生维护心理健康的重要途径。特别是当自己感到心理压力较大且自我调节效果不明显时，应该积极主动地到心理咨询机构寻求专业人员的指导和帮助。

第三节　直面心理咨询

小故事

痛苦和盐

在印度，有一个师傅对于徒弟不间断的抱怨感到十分非常无奈。于是有一天早上，他派徒弟去取一些盐回来。徒弟取回盐后，师傅让徒弟把盐倒进水杯里喝下去，询问他味道如何。徒弟吐了出来，说："很咸。"师傅笑着让徒弟带着一些盐和自己一起去湖边。来到湖边后，师傅让徒弟把盐撒进湖水里，叫徒弟喝点湖水。徒弟喝了口湖水。师傅问："有什么味道？"徒弟表示很清凉。师傅问："尝到咸味了吗？"徒弟说："没有。"

师傅坐在这个总爱怨天尤人的徒弟身边，握着他的手说："人生的苦痛就如同这些盐一样有一定数量。我们不能决定苦痛的数量但是能决定承受苦痛的容积的大小，而容积的大小又决定了痛苦的程度。因此当你感到痛苦无奈的时候，就把你的承受的容积放大些，不是一杯水，而是一个湖。”

【分享感悟】

人生的苦痛是一定的，放大我们用来承受苦痛的心胸，那么感受到的苦痛的程度也就随之大大减小了。

在人生的道路上，应该尽可能把烦恼看得小一些。你的心胸越宽广，你承受的容积就越大，你的痛苦就越少，幸福就越多。有一个人彩票中奖得到了一部跑车，他爱车如命，整天开着兜风。有一天他的跑车被盗，朋友们都担心他受不了这个打击，他却嘿嘿一笑：“不就是丢了两元钱吗?”珍视你所拥有的，遗忘你所没有的，才能获得幸福，其实幸福快乐就在那里，等着我们去发现。每个个体都具有使自己变得幸福成功的资源，例如合作精神、积极的生活态度等，只是很多人没有发现或是没有好好地利用起来。

知识讲堂

一、心理咨询的涵义

“咨询”一词，译自英文 counseling，也有人译为“咨商”“辅导”。咨询的实质是一种职业性的帮助。心理咨询是咨询者运用心理学的知识、理论和技术，通过与求询者的交谈、协商和指导，帮助求询者认识自己，接纳自己，进而欣赏自己，克服成长障碍，发展个人潜能。简单地说，心理咨询是一个“助人自助”的过程。

那么，我们什么时候需要进行心理咨询呢？不用考虑产生心理问题的原因，如果出现超过两周以上的压抑的不良心理，并且这种心情仍在持续，影响正常的学习、工作和生活，那么就需要寻求心理咨询。

二、心理咨询的原则

（一）保密性原则

咨询人员须严格保守来访者的秘密，妥善保管来往信件、测试资料等材料。如因工作需要不得不引用咨询事例，对引用的材料适当处理，做好来访者个人信息的保密措施。

（二）理解支持原则

作为咨询人员，要充分理解访者的言行或是情绪，要帮助来访者分析原因并寻找解决的方法，而不是一味的用道德的眼光批判对错。

（三）积极心态培养原则

咨询人员的目的是要帮助来访者解决心理的问题，树立积极的态度面对事情，促进来访者的心理健康。

（四）时间限定原则

心理咨询必须遵守一定的时间限制。咨询时间一般规定为每次 50 分钟左右(初次受理时咨询可以适当延长)，咨询间隔时间一般不超过一个星期，原则上不能随意延长咨询时间或间隔。

（五）“来者不拒、去者不追”原则

来访者来到心理咨询室求助时处于自愿是资访关系建立的基础。只有自己主动愿意去心理咨询室的寻求心理援助，问题才能从根本上得到解决。当然，只要存在咨询愿望想要解决心理问题，都可以到咨询室寻求帮助。

（六）感情限定原则

正确的资访关系能够拉近咨询者和来访者的心理距离，促进心理咨询的展开。但是私下里不宜和咨询者接触过多，以防不能公正评判事物。即使是来访者好意的邀请咨询者也是应当拒绝的。

（七）重大决定延期原则

心理咨询期间，由于来访者情绪过于不稳和动摇，原则上应规劝其不要轻易作出诸如退休、调换工作、退学、转学、离婚等重大决定。咨询结束时，来访者能够心情平复做出的决定往往后悔的可能性较小，这一点应当在咨询者前来咨询时就告知。

三、心理咨询的类别

在心理咨询中，根据咨询的性质，可分为发展咨询和健康咨询；根据咨询的规模，可分为个体咨询和团体咨询；根据治疗的时程，可分为短程、中程和长期的心理咨询；根据咨询的心理学理论依据，可分为精神分析的、行为主义心理学的、认知心理学的和人本的心理咨询；根据咨询的方式，可分为门诊面询、电话咨询和互联网咨询。下面，重点介绍三种分类的心理咨询形式：

（一）按咨询性质区分

1. 发展咨询：涉及一切如何才能发展得更好的问题的心理咨询形式。如：智慧妈妈（如何才能有利于孩子的身心发展）、成就动机与自我实现性问题、性心理知识咨询、社会适应问题、人际关系、择业等等。

2. 健康咨询：因某些社会刺激而引起的心理状态紧张，并且明确体验到躯体或情绪上的困扰所进行的心理咨询。即凡是在生活、工作、学习、家庭、疾病、婚姻、育儿等方面所出现的心理问题，一旦体验到不适或痛苦，都属于健康心理咨询，如各种情绪障碍：焦虑、恐惧、抑郁悲观、强迫症状等等。

（二）按咨询规模区分

1. 个体咨询：指一对一、面对面的咨询，为最安全的心灵释放的形式。

2. 团体咨询：指有共同需求的人集合在一起，以大家的需求为主题提供心理帮助与指导的一种心理咨询形式。通过共同探讨、训练、引导，解决成员共有的发展课题或心理问题。

（三）按咨询形式区分

1. 门诊咨询：是心理咨询中最常见、最主要也是最有效的形式。门诊咨询针对性强，能够全面了解到咨询者的精神状态和动作神情，提出更加具体和正确的建议。门诊咨询能够带给来访者亲切感，能够为来访者做好保密工作，从而消除来访者的担忧，便于更加深入咨询活动。此外，咨询者和来访者都可以随时提出问题，并根据对方的反馈信息，随时调整对策。目前，国内一些精神病院、综合医院、大专院校、科研机构和社区都设立了心理咨询门诊或心理健康教育机构。

2. 电话咨询：是咨询者通过电话给来访者提供劝慰、帮助的一种较方便、迅速的咨询形式。尤其对于处在危急状态（如自杀）或不愿暴露自己的来访者，电话咨询是一种较好的形式。在20世纪50年代，一些发达国家开始开展电话咨询，它在由于心理危机而酝酿的自杀与犯罪方面起到了良好的防护作用。现在，我国许多城市也开设了电话心理咨询服务，服务范围不仅涉及心理危机干预，更扩展到为心理困扰者排忧解难。但是，电话咨询也有不利之处，由于通话时间有限，通过电话传递的信息也有限，因此要求咨询者反应敏捷，能给对方以信任感，能控制局面；否则，咨询很难有实效。

3. 互联网咨询：是随着网络技术的发展而逐渐开展起来的网络化心理咨询。对于那些由于个人躯体条件、地域环境的限制不能直接而方便地寻求心理咨询者，以及由于个人生活风格或生活习惯，不愿意面对心理咨询者的人们来说，互联网咨询显示出其独特的优势。此外，互联网咨询还有许多优点:可以凭借行之有效的软件程序,进行心理问题的评估与测量;可以方便地将咨询过程全程记录,便于反复思考和温习,以及进行案例讨论;在一个付费咨询体系中,协议的具体化和程序化将使得人们更容易接受。但是,网络心理咨询也有其不足,例如,双方真实身份不易识别以及咨询者如何弥补不在现场所造成的影响作用的不足,如何避免因信息交流不充分而引起的误会、投射作用等问题,这些都需要进一步研究和思考。

四、走出心理咨询的误区

有病才看医生,花钱吃药打针,多年来人们心中的“求医问药”模式可谓根深蒂固。心理咨询在我国是新兴学科,人们对它心存一种神秘感,虽说心理咨询业务正在被人们接受,但其中不乏认识上的误区存在。

误区一:心理咨询=有精神病、不光彩。目前,人们对心理咨询虽有所了解,但仍有人认为“心理咨询是治疗精神病”的,或者只有到了精神病的程度才会去看心理医生,还有一些人认为看心理医生是极其不光彩的事,往往是偷偷摸摸地来到心理门诊,生怕被别人发现。然而由于文化的差异,在有些国家人们对心理咨询的理解正好与我们相反。例如,美国小伙子在与女友约会时,为因提前看过心理医生而向女友炫耀,而他的女朋友也会为之感动,因为她觉得男友一来对他们的约会很重视,二来认为他很注重生活质量。

误区二:心理咨询=讨教、传授处理问题良策。心理咨询并不是简单的说教。对于部分来访者而言,他们认为心理咨询就是咨询者(或心理医生)帮自己拿主意。一些来访者甚至把咨询者当成“救世主”,把自己所有的心理“包袱”丢给他们,自然而然地把传统的医患模式带到心理咨询室。然而事实上,咨询者只是帮助来访者发现其个性中的不足,并通过咨询提出解决和完善这一不足的一些建议,最后还是由来访者找出解决问题的办法。如果咨询者直接替来访者在某类问题上拿定主意,一来违背了心理咨询的原则,二来容易使来访者对咨询者形成心理依赖,不利于根本性的治疗。

误区三:心理医生=万能算命者。有些来访者不愿或羞于把自己的内心活动吐露出来,认为心理医生能够猜得出。还有些来访者将心理医生神化,认为他们无所不会、无所不能,什么样的“心结”一下都能打开。这些来访者通常来诊一两次,在没有达到希望的“晴空万里”的心境下,便没了下文。其实,心理咨询是一个连续的过程。心理医生并不是算命先生,也没有什么特异功能,他们只是利用医学心理学原理,以来访者提供的问题作为基础对其在心理上的困惑提出一些指导性建议。

那么,心理咨询从业者应具备什么样的素质?首先,应该精通与医学相关的医学心理学、精神医学;其次,要有医学、哲学、心理学及社会学等相关学科的知识体系。只有这样,才能全面了解躯体疾病与精神疾病的联系,进而发现那些以躯体不适为主的患者的心理社会根源。

什么是正规的心理咨询?有学者总结出了一定的特点,它能帮助我们进一步理解心理咨询的任务,走出心理咨询的误区。这些特点概括起来如下:

咨询不是说教,而是聆听;

咨询不是训示,而是接纳;

咨询不是教导,而是引导;

咨询不是控制,而是参与;

咨询不是制止,而是疏导;

咨询不是做作,而是真诚;

咨询不是改造,而是支持;

咨询不是解答，而是领悟；

咨询不是包办解决问题，而是协助成长；

咨询不是令人屈服，而是使人内心悦服。

【课堂练习】你认为，一个人在什么情况下需要心理咨询？

知识链接

马斯洛和他的"高峰体验"

亚伯拉罕·哈罗德·马斯洛(Abraham. Harold Maslow，1908—1970)，美国社会心理学家、人格理论家和比较心理学家，人本主义心理学的主要发起者和理论家，心理学第三势力的领导人。1908年出生于纽约市布鲁克林区一个犹太家庭。父母是从前苏联移民到美国的犹太人，他是家中七个孩子中的老大，父亲酗酒，对孩子们的要求十分苛刻，母亲极度迷信，而且性格冷漠暴躁。马斯洛童年时体验了许多的孤独和痛苦。不仅如此，作为犹太人，他们住在一个非犹太人的街区，上学后又是学校少有的几个犹太人之一，这一切使马斯洛成为一个害羞、敏感并且神经质的孩子，为了寻求安慰，他把书籍当成避难所。上学后的马斯洛由于天赋极高，学习成绩十分优秀。在低年级学习美国历史时，托马斯·杰斐逊和亚伯拉罕·林肯就成了他心中的英雄。几十年后，当他开始发展自我实现理论时，这些人成了他所研究的自我实现者的基本范例。

马斯洛于1926年进入康乃尔大学，三年后转至威斯康星大学攻读心理学，1930年获学士学位，次年获得心理学硕士学位，1934年获心理学哲学博士学位，之后留校任教。他的博士论文非常出色，给行为主义心理学家桑代克留下了深刻印象。次年，受桑代克的邀请，马斯洛在哥伦比亚大学任桑代克学习心理研究工作的助理。1951年，马斯洛应马萨诸塞州新成立的布兰代斯大学之聘担任心理学系主任和心理学教授，开始对健康人格或自我实现者的心理特征进行研究。1954年，他首次提出人本主义心理学的概念，但当时行为主义思想盛行。直到1961年创办《人本主义心理学》期刊，第二年正式成立美国人本主义心理学会(后成为美国心理学会第32分会)，人本主义心理学思想才获得一席之地。马斯洛于1967年当选为美国心理学会主席，并任《人本主义心理学》和《超个人心理学》两个杂志的首任编辑。1970年国际人本主义心理学会成立，1971年美国心理学会设置人本主义心理学专业委员会，这两件事标志着人本主义心理学思想获得美国及国际心理学界的正式承认。遗憾的是，马斯洛本人未能亲眼看到倾其毕生精力所获得的成果。《纽约时报》评论说："马斯洛心理学是人类了解自己的一块里程碑"。

马斯洛所推动和发展的人本主义心理学是在批判精神分析和行为主义的基础上建立的。他反对在心理学研究中把人当作动物和机器，反对盲目照搬自然科学研究方法的机械主义心理学方法论，倡导"以问题为中心"而不是"以方法为中心"，以"整体动力论"消除还原主义的弊端，消解科学与价值的矛盾，使心理学成为"价值科学"，提倡性善论和对健康人格的研究，重视人的潜能、自由、责任和尊严，强调人性与社会价值的统一，建立起以人为中心的"人本主义"心理学方法论。

马斯洛的人本主义心理学思想，主要载于他1954年出版的《动机与个性》一书。动机像一棵大树的种子，在长成大树之前，种子之内已蕴藏了将来成长为一棵大树的一切内在潜力。人类的动机也就是个人从出生到成长发展的内在潜力。因此，马斯洛的动机理论可以看作人格发展理论。马斯洛在该书中，将动机视为由多种不同性质的需要组成，故而称为需要层次理论。

该理论将人的动机分为5层:生理需要、安全需要、爱与归属的需要、尊重需要、自我实现的需要。1970年新版书内将其扩展为7个层次:即生理需要,指维持生存及延续种族的需求;安全需要,指希望受到保护与免于遭受威胁从而获得安全的需求;隶属于爱的需要,指被人接纳、爱护、关注、鼓励及支持等的需求;自尊需要,指获取并维护个人自尊心的一切需求;知的需要,指对己对人对事物变化有所理解的需求;美的需要,指对美好事物欣赏并希望周遭事物有秩序、有结构、顺自然、循真理等心理需求;自我实现的需要,指在精神上臻于真善美合一的人生境界,亦即个人潜力得到充分发展的需求。自我实现的人格特质中,马斯洛特别强调高峰体验的概念。高峰体验(peak experience)指自我实现者在人生历程中曾有过体验到欣喜感、完美感及幸福感的经验。高峰体验多在人生领悟、至爱授受、苦尽甘来或宗教悟道等情境下产生,是人生难得的经验,只有实际经历过的人才会有此体验。高峰体验是人类的共同感受,每个正常人都可能在生活中得到这种体验。自我实现者的高峰体验频率较高且程度较深。

第二章　人，认识你自己

——大学生自我意识及青年期心理特点

案例介绍

（一）李某，男，21岁，某大学三年级学生。他身体瘦小，皮肤黝黑，眼睛近视，身体素质差，体育成绩经常处于全班最后一名，性格内向，很少参加班级活动，因此人际关系不和谐。同学们都认为他十分敏感，不好相处。一天，全班上体育课，老师要求两人一组跑100米。由于男生的人数是奇数，而他又排在最后，于是他被安排和一名女生一组，结果那名女生跑赢了，这种场面引得在场同学哄笑。从这以后，他变得更加沉默和孤僻。一天夜晚他外出未归，第二天早晨便发现他已在学校的后山上自杀了。

（二）2002年1月16日，当某大学本科生黄某在家中跳楼自杀的消息传到学校，几乎所有认识黄某的同学都感到难以置信。黄某性格外向，与同学相处融洽，学习成绩在班里也名列前茅，连续两年都获得了一等奖学金。自杀前不久，她还曾向班主任咨询过报考研究生的有关事宜，并表示去中山大学读研将是自己未来规划的重要一步。"太突然了，我想象不出这样一个人有什么自杀的理由。"然而，在黄某自信开朗的外表下，因过度好强的心理导致的焦虑和脆弱一直隐隐存在。据有关同学反映，黄某对自己要求很高，非常要强，从来不把自己的困难向别人说，什么事情都自己承担，即使在产生巨大压力时也不愿寻求支持和帮助。第七学期末，黄某所在班级在1月9日至14日期间共要考6门功课，这使下定决心英语六级一定要考高分的黄某压力陡增。在遗书中，她提到自己已连续失眠7天，英语六级和某一门课考得不好，担心要重修，并因此而终日惶惶。1月16日，黄某在家从楼上跳下，死时手腕处还留有先前割脉自杀缝针的痕迹。

【案例分析】

透过这两个案例，我们可以看出：一个是过分低估自己，另一个是过分追求完美。我们每个人都会体验幸福时的激动、顺利时的欢畅、委屈时的苦闷、挫折时的悲观、选择时的彷徨，这就是自我意识。人生的幸福美满其实是人的一种感觉、一种体验。外部世界是一回事，我们的内心又是一种境界。有自知之明的人会为自己制定现实的目标，客观地衡量自己，能够勇敢地面对失败，挖掘自身潜能，并最终达到自我实现的境界。

自我认知：从认识自我到超越自我

寓言故事：天生的优胜者

有一天，一个国王去后花园散心，意外发现花园里的花和树木都枯萎凋谢了。后来经过调查，国王知道了原因。橡树认为自己没有松树挺拔，松树嫉妒自己没有像葡萄一样多的果实，葡萄羡慕桃树那美艳的花朵，牵牛花又想要紫丁香的芬芳，园内的植物因为认为自己过于平凡，一个个都无精打采的，除了墙角一丛丛的小草。

国王对这渺小得几乎不能再渺小，平凡得不能再平凡的安心草充满了好奇："小小的安心草啊，别的植物全都枯萎了，为什么你这小草却这么乐观坚强，毫不沮丧？"

小草回答说："国王，因为我知道如果您想要一株榕树、一些葡萄、一棵桃树、一株牵牛花或一棵紫丁香什么的，您就会叫园丁把它们种上，而我只要安安心心做好我自己就可以了。"

生活体验

俄罗斯心理学家建议的自我心理保护十原则：

1. 每天早上都要抱着这样一个信念起床：一切都会很好！应该精神抖擞地走出家门，要充满自信地准备好应付即将发生的事，并相信自己能游刃有余地处理好任何事。

2. 养成先处理最不愉快的工作的习惯。摆平后，称赞一下自己。这样一天都会过得很轻松。

3. 保持自己的精力集中。聚精会神地处理现下手头上的事而不去烦心周边还未做的事。

4. 在任何情况下都应表现得举止得体，文质彬彬。

5. 不要太过自责。如果你确实做错了，那就承认错误，努力挽回错误带来的损失。一味地自我鞭挞和贬低，只会是忧郁症和精神病的温床。

6. 认真地观察和对待自己身边的人。时刻明确知道自己什么话不该说，什么事不该做。

7. 努力用乐观的态度对待任何事，哪怕是最棘手的事。虽然这件事办起来不会变得更容易，但一旦你的态度改变了，好的解决办法一定比之前更容易找到。

8. 不要遇到什么事都思前想后、畏首畏尾的，应该行动起来。只有行动才能快速地解决一切。

9. 别去抱怨别人，宽容的心态和鲜明的个性更能赢得尊重。

10. 晚上回到家，一定要用乐观幽默的眼光分析一下即将过去的这一天，别把委屈和疑虑带到明天。完全放松下来之后，头脑里就只会剩下那些令人愉快的事。

遗传学家阿蒙兰·辛费特曾说过："在世界的全部历史上，从来没有别人和你完全一样，在那无限遥远的将来也绝不会再有另一个你的。"他的思想和奥格·曼狄诺的"我是自然界最伟大的奇迹"如出一辙。通过自我认知的寓言故事和生活体验，我们认识到：其实平凡中也含有一些伟大的道理，或者说平凡即伟大。一位古代哲人说："没有大烦恼与灾祸的日子，就是天大的幸福。"古希腊的大哲人伊壁鸠鲁说："幸福，就是身体的无痛苦和灵魂的无纷扰。"快乐来自平凡的心态，在自己的能力范围内做自己想做的事，快乐自己，愉悦他人。

第一节　自我意识概述

小故事

斯芬克斯之谜

在希腊神话故事里，有一个狮身人面的怪兽，名叫斯芬克斯。它用一个谜语，也称作最难解的斯芬克斯之谜，询问每一个路过的人："什么东西早晨用四只脚走路，中午用两只脚走路，傍晚用三只脚走路。"如果没有给出正确答案，便会因此失去生命，英雄少年俄狄浦斯的出现才结束这场噩梦。

俄狄浦斯的谜底是“人”。他解释说：“在生命的早晨，人是一个娇嫩的婴儿，用四肢爬行。到了中午，也就是人的青壮年时期，他用两只脚走路。到了晚年，他是那样老迈无力，以致他不得不借助拐杖的扶持，作为第三只脚。”斯芬克斯听到这样的回答，十分惊讶，于是在悬崖边纵身一跃。所谓斯芬克斯之谜，其实就是人的生命之谜。

小故事

和尚与差役

从前，有一个官府的差役押解一个犯罪的和尚向府城走去。天快黑了，他们就投宿到了一个客店里。犯罪的和尚一路都在寻找逃跑的机会，他觉得今晚是一个好机会。他买来酒菜，与差役对饮，不久，差役就被灌得烂醉如泥。和尚先是将差役的头发剃光，接着将自己的衣服和差役的衣服互换。趁着夜色，和尚穿着差役的衣服逃之夭夭。

第二天，差役醒来一看，惊讶地发现和尚不见了。于是他在屋里屋外四处寻找，均无结果。这时他看到一面大镜子中的影像，看见了剃着光头，穿着和尚服的自己的形象，立即大喜道：“谢天谢地，原来和尚在这里！”可是转而一想，又迷惑起来，“不对呀，那么我去哪儿了？怎么不见我了呢？”

【分享感悟】

上面两则故事，向人们提出了“我是谁”这个永恒的话题。也许在没有阅读本章之前，大家都曾思考过“我是谁？”“我上大学是为了什么？”等一系列形而上的问题。那么再次思考一下，你认为自己的首要特征是什么，是个性、外表特征还是社会类别呢？其实，大多数人会用简练的语言对自己做一个总体的评价“我是一个有理想的大学生”“我是有抱负但自制力弱的人”等。这些都是自我意识的真实体现。

知识讲堂

一、自我意识的涵义

自我意识(self-consciousness)也称自我，包含自我认知、自我评价和自我控制。通俗而言，即为对自己存在的认识，对个体生理、心理、社会特征等方面的认识。自我意识的获得需要通过多种途径，从而构建一个复杂多维的心理系统。

（一）自我概念的演变

早在古希腊时期，哲人苏格拉底就提出了“认识你自己”的口号，这标志着人类自我意识的觉醒，人类开始关注现实人生，开始将目光从神的光彩转投至人类自身。人类对自我意识的真正研究始于文艺复兴运动，人文主义者针对中世纪神学对人性的扼杀、对个性自我的否定进行了尖锐地批判，并喊出了“我是凡人，我有凡人的要求”的人性解放之声。此后，法国哲学家笛卡尔最先使用了“自我意识”这一概念，提出了“用心灵的眼睛去注意自身”的精辟论断，揭示了对自我意识的发现的途径。笛卡尔之后，有关自我的研究开始得到空前的发展。

（二）自我概念的心理学界定

自我是心理学的重要内容。精神分析学派创始人弗洛伊德(S. Freud)提出的人格动力结构理论从人格的三个维度上研究自我的发展，即本我(id)、自我(ego)和超我(superego)。意识是人脑对客观事物的主观反映，它既是心理学研究的重点，也是难点。与意识相对应的是“潜意识”，弗洛伊德曾用冰山比喻：意识只是冰山浮出水面的尖峰，而潜意识则是潜藏于海底的冰体，蕴藏深厚，但不被看到。在他的理论中强调了潜意识对人发展的重要性。美国心理学家詹姆斯(W. James)提出：凡属于我或与我有关的事物都是自我的内容，如身体、品质、能力、愿望、家庭等。自我从物质自我、精神自我和社会自我三个层面发挥作用。

社会心理学家库利(C. H. Cooley)指出：自我是一面镜子，它从别人那里反映自己的行为，自我是经历无数次他人评价而形成的社会产物。米德(G. H. Mead)则认为：自我分为主体我(I)和客体我(Me)。主体我代表每个人的自然特性，而客体我代表自我社会化的一面；自我意识的发展包含主体我与客体我的不断对话；主体我先于客体我形成，客体我形成需要很长时间。

(三) 自我意识的心理功能

1. 决定个体行为的持续性与目标性。人是社会性的，每个人的现实行为与其所处情境或自我意识有密切联系。当一个人认为自己声名不佳时，他通常会放松对自己行为的约束。事实证明，自我意识积极的学生在学习状态和学习成绩方面都比意识消极的同学优秀。

2. 决定个体对经验的解释。面对同样的遭遇，不同的人对其反应或是从中取得的收获都是各不相同的(见图 2.1.1)。解释经验的方式取决于一个人的自我意识。例如在一次考试中，两类同学获得同样的分数，自认为能力一般的学生，会感到十分满足；而那些自认为能力优秀、应当获得出众成绩的学生，则会受到极大的挫折。

3. 影响个体的期望水平。自我意识不仅影响到个体现实的行为方式和个体对过去经验的解释，而且还影响到个体对未来事情发生的期待。美籍物理学家钟致榕教授在回顾他中学时代的经历时，强调了自我意识对一个人成长的重要作用。他说，当时所在的学校风气不好，学生们不求上进。为此，老师决定从 300 人中挑选出 60 人组成“荣誉班”，并告知“荣誉班”的学生，他们是因为有发展前途才被选上的，因此，这些学生都对前途充满了信心，学习努力，严于律己。结果奇迹出现了，若干年后，这个班的学生大多数都成了有成就的人。后来，钟致榕先生见到这位老师问起当年的往事，才知道 60 名学生是老师随意抽签决定的，并没有经过专门的挑选。只是因为得到老师的鼓励，学生们便激起了自尊、自爱和自强的心理效应，并最终走向成功。心理学家所做的类似研究，同样证实了这一观点。

二、自我意识的结构和内容

(一) 自我意识的结构

自我意识是种复杂的心理现象，它包括自我认识、自我体验和自我控制。三种心理成分有机组合，相互制约，形成了自我意识。自我认识包括自我感觉、自我分析、自我评价等方面；自我体验，即为个体的内心感受，具体表现为自尊、自爱、自卑、责任感等方面；自我控制，即为个体的意志体现，具体表现在自立、自强、自律等方面。

1. 自我认识，是指主体我对客体我的认知和评价，即自我认知和自我评价。自我认知是自己对自己身心特征的认识；自我评价是在自我认知的基础上对自己作出的某种判断。自我认知主要解决“我是一个什么样的人”的问题，比如有人观察自己的体形，认为属“清瘦型”；分析自己的品性，认为自己是个诚实的人；用批评的眼光审视自我时，觉得自己脾气急躁，容易冲动。

进行客观的自我认知并在这一基础上对自己作出正确的自我评价是一个极为复杂的过程。社会比较理论认为，这一过程是一个社会比较的过程，是个体通过对自己的价值和他人的能力及条件的比较来实现的。个体生活在社会群体中，要想与他人和睦相处，适应周围环境，完成社会化，就必须十分清楚周围的社会环境，知道自己所处的社会地位和所产生的社会作用。如果个体对周围的社会环境不了解，就会无所适从，会感到紧张不安，甚至产生焦虑。个体在进行自我认识时，同时还要受到个体本身的需要、愿望、动机等许多心理因素的影响。因此，个体对自己身心的自我认识总是或多或少存在着一定的误差。当个体发现自己对自己的评价与社会对自己的评价一致时，个体就会有安全感，对自我评价充满信心；反之，当个体发现自我评价与社

心理学的漫画——幸与不幸

心理学的漫画——自信

图 2.1.1　心理学的漫画

会对自己的评价相距甚远时，个体则会与周围人的关系失去平衡，产生矛盾，而丧失安全感。长此下去，就会导致个体自满或自卑，不利于个体心理的健康成长。

2. 自我体验，是个体对自己怀有的一种情绪体验，即主体我对客体我所持有的一种态度。客体我满足了主体我的要求，就会产生积极肯定的自我体验，即自我满足；反之，客体我没有满足主体我的要求，则会产生消极否定的自我体验，即自我责备。自我体验主要涉及"对自己是否满意""能否悦纳自己"这类问题。比如，有人感到自卑，因为自己长得不好看，所以对自己感觉不满意，甚至不愿接受这个丑陋的我。

客体我能否满足主体我的要求，往往与个体的自我认知，自我评价和个体对社会规范、价值标准的认识有关。自我体验的内容十分丰富，比如自尊心与自信心、成功感与失败感、自豪感与羞耻感等。如何恰当地处理自我体验，对个体的身心发展具有重大的意义。

3. 自我控制，是个体对自己行为、思想和言语等的控制，即主我对客我的制约作用。自我控制有两个方面的表现，其一是发动作用，其二是制止作用。人们在克服困难的过程中，个体强制使自己的言语器官和运动器官进行种种活动，这就是自我控制所起的发动作用。例如，学生克服贪睡的欲望，晨起跑步早读。而主体我根据当时的情境，抑制客体我的行动和言语，则为自我控制所起的制止作用。例如，身患感冒的学生，在上课时强行压制自己避免咳嗽。自我控制主要解决"如何有效地调控自己"、"如何改变现状，使自己成为一个理想的人"之类的问题。

上述三个方面整合一致，便形成了完整的自我意识。

（二）自我意识的内容

从心理活动内容来看，自我意识又可分为生理自我、心理自我与社会自我(详见下表 2.1.1)。

1. 生理自我，是个体对自己身体、生理状态(如身高、体重、容貌)的认识和体验。生理自我是与生俱来的，在自我意识生长时，我们对生理自我的认识也在不断地明确。尤其是青春期、青年初期的男女对生理自我十分重视。例如，女生开始关注自己的外貌身高和胖瘦，男生关注自己的体型和身高甚至生理器官、声音的吸引力等。

2. 社会自我，是个体对自身与外界客观事物关系的认识、体验和愿望，包括个人对自己在客观环境及各种社会关系中的角色、地位、权利、义务、责任、力量等的意识。青年男女常用"我已经长大了"来表达自己的社会自我，期望社会给予积极的肯定与认可。

3. 心理自我，是个体对自己的心理活动、个性特点、心理品质的认识、体验和愿望，包括对自己的感知、记忆、思维、智力、能力、性格、气质、爱好、兴趣等的认识和体验。随着心智的不断成熟，个体抽象思维能力越来越发达，逐渐发展出自己的价值体系，进而对外界事物有了自己的看法，开始由依赖转向自我独立，自我认同的形成与对未来目标的思索都会随之出现。

生理自我、社会自我与心理自我是密切联系、相互影响的，它们都包含着不同的自我认知、自我体验与自我控制，但由于比例和搭配的不同，构成了个体对个体自我意识之间的差异，也使得每个人都有自己对人、对己、对社会的独特的看法和体验。(见表 2.1.1)

表 2.1.1 自我意识的分类

	自我认知	自我评价	自我控制
生理自我	对自己身体、外貌、衣着、风度、家属、所有物等的认识	英俊、漂亮、有吸引力、迷人、自我悦纳	追求身体的外表、物质欲望的满足，维持家庭的利益等
社会自我	对自己的名望、地位、角色、性别、义务、责任、力量的认识	自尊、自信、自爱、自豪、自卑、自怜、自恋	追求名誉地位，与他人竞争，争取得到他人的好感等

（续表）

	自我认知	自我评价	自我控制
心理自我	对自己的智力、性格、气质、兴趣、能力、记忆、思维等特点的认识	有能力、聪明、优雅、敏感、迟钝、感情丰富、细腻	追求信仰，注意行为符合社会规范，要求智慧与能力的发展

三、自我意识的发生与发展

随着个体生理和心理的成熟，个体的自我意识也在各种社会因素的影响下逐渐发展起来。许多社会因素对自我意识的形成和发展起着重要作用。

（一）生理自我时期

自我意识发生或形成主要有物—我知觉分化、人—我知觉分化和有关自我的词的掌握三个标志。在最初的意识发生和发展中，主体意识是先于自我意识而发展的，主体意识是自我意识发生和发展的基础。婴儿刚出生时多处于自我封闭的状态，尚无法区别外界与自己，认为母亲与自己是一体的。5个月后的婴儿能对他人微笑，7、8个月后听到自己的名字会有反应，开始逐渐了解自己和外界是分开的、自己与他人是不同的。不过在3岁以前，儿童对自己的认识是以躯体为主。例如，在晃动双手与抚触的过程中会察觉到手是自己的一部分，看着地上的球被脚踢开也就了解到了自己的身体对外在环境的影响力，看到自己镜中的长相会知道那就是自己等，都是生理自我逐渐成熟的证明。特别是后来随意性动作与言语的掌握，婴儿能逐步意识到活动本身的进程和结果，能够意识到自己的主观力量时，主体意识就同自我意识完全融为一体了。总之，自我意识发生、发展与生理的发展密切相关，离开了生理及其相应的心理能力的发展，自我意识就不可能发生、发展。

（二）社会自我时期

自3岁到青春期，个体生理自我仍然继续发展，同期社会化也开始萌芽。在这个时期，个体与他人有越来越频繁的互动，开始学习性别角色、社会规范，价值观与信念也开始形成。然而此时期的价值体系是以社会规范为主的，称为社会自我。例如，小孩子会以“爸爸说男孩子要勇敢”“老师说撒谎的是坏小孩”来表达自己的想法。学校的团体生活也会教导个体如何与他人互动、自己应承担的责任与义务等，个体不断将社会的要求内化。

心理学家库利指出，自我观念是在与他人交往过程中，个体根据他人对本人的反应和评价而发展的，由此产生的自我观念称为“镜中我”。米德指出，我们所属的社会群体是我们观察自己的一面镜子。他对社会互动中自我意识产生的机制和过程作了深入研究，认为自我意识是在社会中通过扮演他人的角色，把自己置于互动对方的位置上而逐步形成的。影响自我意识形成与发展的社会因素有社会经济地位、社会文化环境、家庭、他人的评价、参照群体等。青年时期自我意识的转变包括：从依靠别人的评价转向独立评价；从评价别人转向自我评价；从具体行动的评价转向运用个性品质评价；从单纯依靠表面现象与行为的效果评价转向动机与效果统一的评价。

（三）心理自我时期

从青春萌动期到青春后期，是自我意识发展的关键期，这期间自我意识逐渐趋于成熟。个体对自己的内心世界有了深入的了解，重视内在体验，喜欢用自己的眼光和观点去认识和评价外部世界，强烈要求独立，产生了自我塑造、自我教育的紧迫感和实现自我目标的驱动力。

第二节　大学生自我意识及其特点

小故事

天行健，君子以自强不息

德国天文学家开普勒从小多灾多难，七个月早产，天花使他变成麻脸，猩红热毁了他的眼。但是身体的缺陷并没有阻止他前进，凭借自身顽强的毅力发奋读书，成绩总是遥遥领先，即使被迫辍学依然坚持自学，研究天文学。之后，他又面临良师和妻子相继离世、自己多病的打击，却从未放弃，而是化悲痛为动力，终于在59岁高龄时发现天体运动三大定律，摘取了科学桂冠。

【分享感悟】

同是沙漠里的半瓶水，自信者庆幸“还有半瓶”，而自卑者抱怨“只剩半瓶”。太多的事例告诉我们，只有相信自己，你的才华才能充分施展，抱负才能实现；也只有相信自己，你才会敢于挑战自我、超越自我。

知识讲堂

大学时代正处于青年中期，或者说处于大学时代的青年正处于“延缓偿付期”。在初中、高中阶段，个体常常被紧张的学习、考试所追逐，进入大学阶段，开始从三个角度关注自我：一是由于身体成熟，他们开始注意、关心自己的身体、内驱力及内部欲求；二是由于人际关系的扩大，他们将自己的内在能力与他人进行比较，从而对自己的素质、天赋等问题进行关心；三是由于认识能力的发展，他们开始对自己行动的原因、结果以及自己的存在价值和人生意义进行思考。

一、大学生自我意识形成的信息来源

自我意识并非生来就有，是要靠后天在社会环境中与他人的交往逐渐形成的，是人特有的心理标志。一般来说，通过以下四个方面大学生可逐步形成对自己的认识：

（一）他人的反馈

通常，别人会对我们的品质、能力、性格等给予清晰的反馈，从而增强我们对自己的了解。当老师告诫我们要更加大胆、更加主动、更加勤奋一些时，我们便会从中获取这样一些信息：自己有些害羞，不够主动，不够勤奋。特别是当许多人的看法一致时，我们就会相信这种看法是正确的，从而确定自己是这样的人。“优秀的学生是夸出来的”，诸如这种肯定性评价对成长中的大学生非常重要，而当否定性评价过多时，学生便会产生“习得性无助”。这是由马丁·西格曼(Martin Selgman)研究提出的，它是指对环境失去控制的一种信念。当一个人拥有这种信念时，他感到不能从环境中逃脱出来，便会放弃脱离环境的努力。“无论我如何努力，我也不会成为受大家欢迎的人”，这句话成为一些人的心理写照。实际上，“习得性无助”后天形成过程中极易受到环境的影响。它是一种严重的自我意识障碍，使得人改造与影响环境的能力遭到抑制，顺从甚至屈从的信念得到强化。

（二）反射性评价

那些与我们生活无关紧要的人有时并不会给予我们清晰明确的反馈，但我们可以从他们的态度与反应中了解自己。符号互动学者库利提出“镜中我(looking-glass self)”的理论，认为我们感知自己就像别人感知我们一样，镜子中的我或别人眼中的我就是我们感知的对象，我们常常依据别人如何对待我们来了解自己，这一过程称为反射性评价。大学生在与同学、老师交往

中可得到一些反射性评价。一位与同学交往受挫的大学生谈到："我感到非常孤独，宿舍的同学都不喜欢我。常常我在宿舍外面听到里面在热烈地谈论一个问题，而我一进入宿舍，谈话经常就中断了，大家的表情也显示出冷淡与不在乎。我不知道自己做错了什么，得不到大家的认同，这使我非常痛苦。在来自不同家庭背景的同学中，我的家境略好些，可这不是我的过错，我一直很想与同学们相处好，为此做了一系列努力，却都得不到大家的认可。以前在中学时，我一直非常受人欢迎，可我现在不知道该如何是好。"可见，反射性评价对自我的形成起着重要作用。

（三）依据自己的行为判断

贝姆(D. J. Bem)的自我知觉（self-perception）理论认为：在内部线索微弱或模糊的情况下，人们常常依据外在行为来推断自己的特征，如性格、态度、品质、爱好等。例如，有的学生在参加公益事业时，会认为自己是一个高尚的人。在大多数情况下，人们常通过想法、情绪等内部线索了解自己，这要比易于伪装且易受外在压力影响的外显行为更为准确。

（四）社会比较

费斯廷格的社会比较（social comparison）理论认为，人们非常想准确地认识自我、评估自我。为此，在缺乏明确标准时，人们常常习惯拿自己和与自己相似的人作比较，此即社会比较。大学时代是人生目标、职业理想、生活态度等形成的重要且特殊发展时期。在这一时期，社会比较为大学生提供了认识自我的重要标尺。通过社会比较，大学生能更好地发展自我，实现自我的优化。此外，自我比较包括三种策略：向上比较、向下比较与相似比较。当个体的目的与动机不同时，采用的社会比较策略也不同。例如，自我美化的动机促使学生与那些不如自己幸运、生活美满的人相比；而自我成功动机强的人则更倾向于向上比较，与那些比自己更成功的人比较，促使自己更加成功。

二、大学生自我意识的独特性

与同龄群体相比，大学生特殊的学习环境与生活经验决定了大学生自我意识的独特性，主要体现在以下三个方面：

（一）时间上的"延缓偿付期"

大学并非人生必经时期，对大学生而言，思想上的独立与经济上的依赖，生理上的成熟与心理社会性成熟的滞后存在着深刻的矛盾。大学生本已到了应该独自承担社会责任的年龄，但是相对单纯的校园学习生活使得他们独立承担社会责任的时间向后延续，这也为大学生提供了广泛细致地思考自我的可能性，但是这并不能减轻大学生尤其是经济困难学生的心理压力。很多学生表示："每当自己坐在教室里读书时，常常不自觉地想到家中的白发父母，本应当挑起家庭的重担，为父母分忧解难，却还要花父母的血汗钱，想来觉得非常难过，感到很不忍心。一种负罪感悄悄地袭上心头。"

（二）空间上的"自主性"

象牙塔为学生提供了一个多元文化背景下的学习环境。一方面，一群来自不同家庭背景、拥有不同地域文化和人生追求的大学生，在相互包容与影响中共同学习、生活，形成自我的价值体系，并在与他人的心灵沟通与碰撞中尝试新的自我；另一方面，大学生在多种价值体系与文化的冲撞下，使得自己原有的价值、观念受到强烈冲击，甚至怀疑自己。尤其对新生来说，进入新环境后这种冲击力更强，更需要调整与反思。

（三）自我意识发展的"不平衡性"

大学生的主观自我与客观自我往往表现出不一致，特别是高年级学生，一直处于较高的自我意识水平，但紧随毕业而来的就业压力常常使他们长期建立的"高自我意识"与"自我概念"变得摇摇欲坠。一位毕业生说："长期以来，一直心存优越感，尽管从多种渠道了解到大学生已不再是天之骄子，但在就业市场上的冷遇还是让人受不了。"影响大学生自我意识发展水平的主要是主观与客观自我发展的不平衡、生理心理与社会自我发展的不平衡。造成这种不平衡的主要原因有三点：第一，大学生的人生观、世界观尚未成熟，对自我的认识易受环境的影响；第二，大学生尽管已步入成年期，但自我概念尚未定性，仍在不断的发展变化之中；第三，高考之后，大学生迎来新的环境、新的人际关系，这些变化引起了发展着的自我意识与自我概念的一度失衡。

三、大学生自我意识的发展

在个体发展过程中，从童年期到少年、青年期再到成年期也是人格从开始形成到初步形成并定型再到成熟的时期。人格发展的核心要素是自我意识，它也在自我认知、自我体验与自我控制三者相互影响、相互作用的过程中实现逐步成熟，经历了"分化→矛盾→整合"。

大学生自我意识的发展，需要经历一个特别明显且典型的过程。这个过程表现为：大学生能以更为客观的眼光和更清晰的标准不断观察自己，更主动细致地关注自己的内心世界，进行着更为复杂的自我沉思、自我反省等内心认识活动，并更理智地进行自我控制，同时带来诸如喜悦、激动、焦虑、失望等更为丰富的情感体验。

当代大学生自我认识的迫切性、主动性、自觉性，与大学生对自己所扮演的社会角色和对自身责任的认识程度有关。大学和中学相比，带有较高层次的职业定向性，随着社会的各种媒介对当前社会形势的介绍，以及大学生深入社区和农村进行服务咨询和社会调查等多种活动的开展，大学生对自己将来所要从事的职业的特点以及素质要求有了清晰的认识。同时也明确意识到，想要在竞争中立于不败之地，必须在校做好准备，这使大学生迫切要求进一步认识自我，找出自己现状与将来职业要求的差距，这是大学生的社会责任，也是大学生胜任未来社会角色的必然要求。在这一过程中，大学生品尝了酸甜苦辣，付出了艰辛代价，并为解决内心的矛盾冲突进行了不懈的努力。其发展规律要经过以下三个阶段：

1. 自我意识的分化——最主要的一种分化便是打破了原来笼统的"我"，出现了"主体我"和"客体我"。英语中的"I"与"Me"恰能很好地区分这一含义，前者是"I"，用来表示我是什么、我做什么；后者作为宾语使用，是"Me"，表示怎样看待我、给我什么。"主体我"是一个人对社会情境做出的反应，是自我中积极主动的一面。由于每个人所处的社会环境存在很大的差异，"主体我"与"客体我"并不总是统一的。另外一种分化就是出现"理想我"和"现实我"。这种分化使大学生主动迅速地关注自己的内心世界和行为，带来了激动、焦虑和不安的种种情绪，自我考虑过多，要求有自由空间，不受人打扰，渴望得到理解和关怀。

2. 自我意识的矛盾——分化带来了"主体我"与"客体我"的矛盾斗争，使"理想我"和"现实我"的矛盾加剧，产生了独立心理与依附心理、交往需要和自我闭锁、自负与自卑、理智与情感、上进与消沉等冲突现象。自我意识的冲突，会给大学生的心理造成不安和痛苦，他们往往通过自我探究来缓解和摆脱这种不安和痛苦。因此，自我分化和矛盾是个体迈向成熟所必需的一步。

3. 自我意识的整合——在自我意识的矛盾冲突中，大学生的自我意识也在不断调整、发展。期间，他们努力寻找新的方向，寻求自我意识的统一与整合。由于自我意识存在多维性和复杂性，大学生逐渐学会在多个方面审视自我、调整自我、塑造理想的自我。在很多方面，自我同一性越高，大学生自我意识发展得越好，人格也越完善。但是，由于大学生的家庭背景、社会地位、个人志向、职业目标不同，他们自我意识合成的结果和类型也不尽相同。

从自我意识的性质看，整合大学生的自我意识通常有三种途径：(1) 努力改善现实自我，逐渐接近理想自我；(2) 修正理想自我中某些不切实际的过高标准，使之与现实自我趋近；(3) 放弃理想自我而迁就现实自我。

按照心理健康的标准，不管用什么方法，只要统一后的自我是完整的、协调的、充实的、有力的，就是积极健康的统一。自我意识的发展是终生的，只是在青年期以后不再那么突出，开始走向稳定平和。大学生自我意识的分化→矛盾→整合的过程并不是绝对的，由于种种因素的不同，统一的早晚、模式也完全不同。

【课堂练习】

1. 问问父母和周围人，请他们评价一下他们眼中的你，并与你对自己的认识相比较。
2. 比较一下"理想的我"和"现实的我"之间的差距。
3. 认识自己的独特之处和不足。

第三节　大学生自我同一性的确立

小 故 事

黑木炭白衬衫

8 岁的帕科放学以后愤怒地回到家里，进门后不停地用力跺脚。他的父亲在院子里干活的时候发现了帕科生气的样子，就把他叫过来想问问他发生了什么。帕科不情愿地对他爸爸说："爸爸，我现在非常生气。华金以后甭想再得意了。"

帕科的父亲一边做着事情，一边在旁默默地听儿子诉说。

帕科继续道："华金让我在朋友面前丢脸，我现在特别希望他遇上几件倒霉的事情。"他父亲走到墙角，找到一袋木炭，对帕科说："儿子，你把前面挂在绳子上的那件白衬衫当作华金，把这个塑料袋里的木炭当作你想象中的倒霉事情。现在，你用木炭去砸白衬衫，每砸中一块，就象征着华金遇到一件倒霉的事情。我们看看你把木炭砸完了以后，会是什么样子。"

帕科觉得这个游戏很有趣，就把木炭往衬衫砸去。可是衬衫和他的距离太远，只有几块木炭砸中了衬衫。

父亲问帕科："你现在觉得怎么样？"他说："累死我了，但我很开心，因为我扔中了好几块木炭，白衬衫上有好几个黑印子了。"显然，儿子并没有明白父亲的用意，于是父亲便让帕科去照照镜子。镜中的男孩满身黑黑的，只能看到白色的牙齿。

父亲语重心长地说："你看，白衬衫并没有变得特别脏，而你自己却成了一个'黑人'。你希望别人身上发生很多倒霉事情，结果最倒霉的事却落到自己身上了。有时候，我们的坏念头虽然在别人身上兑现了　部分，但在我们身上同样留下了难以消除的污迹。"

【分享感悟】

境由心生，人们感到不快乐是因为现实与预期的不符，自己的要求得不到满足，可是人生没有完美的，快乐是靠自己决定的。如果你对生活的期望值过高，你就永远不会感觉到幸福。心态是人生非常重要的因素，热爱生活的人应该有一个好的心态。人的心态不仅影响他事业能否成功，而且很大程度上还影响着生活的质量。好的心态会让你时时刻刻处在幸福之中，而不好的心态则会让你经常处在烦恼之中。有句格言说："幸福不过是好的身体和坏的记忆力。"一个宽宏大量的人，要学会原谅别人，更要学会原谅自己，不要为自以为是的缺点一直苦恼，要相信自己理应活得健康幸福。

知识讲堂

自我同一性，也称自我认同，是指个体寻求内在合一及连续的能力。大学生在身心两方面发生重大变化后，开始关注自我，开始思考关于自我的问题。因此，自我同一性对大学生人生价值的选择、理想信念的树立有着积极的意义。下面先让我们从埃里克森的人格发展八阶段理论来了解自我同一性的概念。

一、埃里克森的人格发展八阶段理论

埃里克森认为，青年期的发展课题是自我同一性的确立。他率先提出自我意识发生和发展的重要理论，并详尽论述了每个阶段特定心理、社会发展课题，并称之为“心理社会危机”。埃里克森认为，一旦每个阶段的危机解除、课题完成，就会产生积极的品质，不然就会产生消极的品质。

1. 婴儿时期：信任—不信任（0～1岁）。这是获得信任感、克服不信任感阶段。所谓信任，是当婴儿的需要与外界对他需要的满足保持一致时产生的一种心理状态。这个阶段的婴儿是否得到了充满爱的照料、他们的需要是否得到了满足、他们的啼哭是否得到了注意，都是他们人格发展中的首要转折点。需要得到了满足的儿童，会产生基本的信任感。对受到适当的爱和关注的婴儿来说，世界是美好的，人们是充满爱意的，是可以接近的；相反，他就会对外界特别是对周围的人产生害怕与怀疑的心理，以致影响到下一阶段的顺利发展。

2. 婴儿后期：自主—羞怯、怀疑（2～3岁）。这是获得自主感、避免怀疑感与羞耻感阶段。个体在第一阶段依赖性很强，什么都由成人照顾。到了第二阶段，儿童开始有了独立自主的要求，如想要自己穿衣、吃饭、走路、拿玩具等，他们开始去探索周围的世界。这时候，如果照顾他们的成人，允许他们独立地去干一些力所能及的事情，并且表扬他们完成的工作，就能培养他们的意志力，使他们获得一种自主感。相反，如果成人过分爱护他们，处处包办，什么也不需要他们动手，或过分严厉，这也不准那也不许，稍有差错就粗暴地斥责，甚至采用体罚，就会使孩子产生自我怀疑与羞耻之感。

3. 幼儿期：首创—内疚（4～5岁）。这是获得主动感受、克服内疚感阶段。个体在这个阶段的肌肉运动与言语能力发展很快，能参加跑、跳、骑小车等运动，能说一些连贯的话，还能把自己的活动扩展到超出家庭的范围。除了模仿行为外，个体对周围的环境充满了好奇，知道自己的性别，也知道动物是公是母，常常问问这，动动那。这时候，如果成人对丁孩了的好奇心以及探索行为不横加阻挠，让他们有更多机会去自由参加各种活动，耐心地解答他们提出的各种问题，而不是指责，那么孩子的主动性就会得到进一步的发展，表现出很大的积极性与进取心。反之，如果父母对儿童采取否定与压制的态度，就会使他们认为自己提出的问题是笨拙的，自己在父母面前是被讨厌的，致使孩子产生内疚感与失败感，进而影响下一阶段的发展。

4. 儿童期：勤奋—自卑（6～11岁）。这是获得勤奋感、避免自卑感阶段。儿童的智力不断地得到发展，特别是逻辑思维能力发展迅速。他们提出的问题更加广泛，而且有一定的深度，他们的能力也日益发展，参加的活动已经扩展到学校以外的社会。这时候，对他们影响最大的已经不是父母，而是同伴或邻居，尤其是老师。他们很关心物品的构造、用途与性质，对于工具、技术也很感兴趣。这些方面如果能得到成人的支持、帮助与赞扬，便能加强他们的勤奋感，使之进一步对这些方面产生兴趣。

5. 青少年期:同一—混乱(12～18 岁)。这一阶段的核心问题是自我意识的确立和自我角色的形成。青少年通过周围世界,从他人对自己的态度,和自己在社会中扮演的角色来对自我有更深层次的认识。此时,他们渴望摆脱父母,更加青睐于来自同伴的友谊,从而进一步认识自己,对自己的过去、现在、将来产生一种内在的连续认知,也认识到自己与他人在外表与性格上的相同与差别。所以,青少年期的主要任务是建立一个新的同一感或了解自己在别人眼中的形象,以及自己在社会集体中所占的情感位置。这一阶段的危机是角色混乱。

6. 成人前期:亲近—孤独(19～25 岁)。这是建立家庭生活的阶段,也是获得亲密感、避免孤独感阶段。亲密感建立在与他人的亲密关系之上的,包括友谊与爱情。亲密的社会意义,是个人能与他人同甘共苦、相互关怀。亲密感在危急情况下往往会发展为一种互相承担义务的情感,它是在协同完成任务的过程中建立起来的。如果一个人不能与他人分享快乐与痛苦,不能与他人进行思想与情感的交流,不能与他人相互关心与帮助,就会变得孤单寂寞。

7. 成人中期:创造—停滞(26～60 岁)。这是获得创造力、避免"自我专注"阶段。这一阶段有两种发展的可能性:一种可能是向积极方面发展,个体除了关心自己的家人,还会扩展到关心他人与社会。在事业上敢于创造追求卓越,而不是仅仅停留在个人需求方面;另一种可能是向消极方面发展,即所谓的"自我专注",个体只顾自己及家庭的幸福,不顾他人的困难与痛苦,即使有创造力,其目的也完全是为了自己的利益。

8. 成人后期:成人后期:自我完善—悲观失望(60 岁以上)。这是获得完美感、避免失望感阶段。如果在前面七个阶段积极的成分多于消极的成分,就会在老年期汇集成完美感,收获人生的价值。相反,如果消极成分多于积极成分,就会产生失望感,觉得自己的一生失去了许多机会,走错了方向,想要重新开始又感到为时已晚、悔恨交集,于是产生一种绝望的情绪,精神萎靡不振,马马虎虎地混完人生。(见表 2.3.1)

表 2.3.1　埃里克森的人格发展八个阶段

期别	年龄	心理危机(发展关键)	发展顺利	发展障碍
婴儿时期	0～1 岁	对人信赖←→对人不信赖	对人信赖,有安全感	怕与人交往,时常焦虑不安
婴儿后期	2～3 岁	活泼自主←→羞愧怀疑	能自我控制,行动有信心	自我怀疑,行动畏首畏尾
幼儿期	4～5 岁	自信←→退缩内疚	有目的方向,能独立进取	畏惧退缩,无自我价值感
儿童期	6～11 岁	勤奋进取←→自贬自卑	具有求学、做事、待人的基本能力	缺乏生活基本能力,充满失败感
青少年期	12～18 岁	自我统合←→角色混乱	自我观念明确,追求方向肯定	生活缺乏目标,时感彷徨迷失
成人前期	19～25 岁	友爱亲密←→孤独疏离	成功的感情生活,奠定事业基础	孤独寂寞,无法与人亲密相处
成人中期	26～60 岁	精力充沛←→颓废迟滞	热爱家庭,栽培后进	自我恣纵,不顾未来
成人后期	60 岁以上	完美无憾←→悲观绝望	随心所欲,安享天年	悔恨旧事,徒呼负负

二、大学生自我同一性的建立

随着年龄的增长,大学生们越来越会思考一些有关人生哲理的问题:我是谁?我从哪里来?我要到哪里去?对于这类问题的自我剖析与探索,大学生如果完成得好,就能够适应与化解生活中的境遇与危机，达到自我同一性；否则，容易出现自我同一性危机，表现为迷失方向，与自己的角色不相适应，最后甚至出现退缩、自卑等不良人格特征。研究发现，大学生存在以下六个方面的自我认同问题：

一是混淆的时间观。有的大学生不想承受成长带来的压力，希望时间快速流逝，以为面临的困难也会随之消散；相反，有些大学生则希望时间停滞不前，希望能长久留住少年时光，不愿意承担责任，害怕长大。显然，这两种心理都是不成熟的表现。

二是自我怀疑。观察自己多方面的特性，了解自己的天赋、智力、身心和发展，对成功和失败的认识，都在大学生的自我认知上起着举足轻重的作用。有的大学生过分看重别人对自己的评价，有的则对一切都漠不关心。

三是缺乏目标定位。大学生学业的重要归宿是职业生涯规划和职业预期，这是一个非常实际的问题。大学生通过职业生涯规划肯定自己能力，从而坚持学习并发挥自己的潜能。许多有才能的大学生由于缺乏毅力而无所建树，有的却因沉迷网络游戏而荒废了学业。

四是性别角色认同与两性混淆。大学生应当对性别角色的社会规范和责任有所认同，接受自己的性别角色和表现，与同性或异性相处要自在，否则容易因两性关系发生危机。

五是服从与领导的认同。大学生既要培养自己领导团队的能力，同时也要重视服从团队的能力，要培养自己的团队协作精神，既不盲目服从又能归属于团队。

六是价值观的形成。大学生自我同一性的最高境界是逐步形成自己的人生观、价值观和生活理念，这也是自我同一性最为重要的任务。

三、大学生的发展任务

不同的发展阶段具有不同的发展任务，青年期的发展课题颇受学者的关注。哈维格斯特(1952)将青年期的发展课题列为十项，此处又在十项的基础上将其大致分为三类：

(一) 青年期的同龄集团

1. 学习与同龄男女之间新的熟练的交际方式；
2. 学习作为男性或女性的社会任务和角色。

(二) 独立性的发展

1. 认识自己的身体构造，有效地使用自己的身体；
2. 从精神上独立于父母或其他成人；
3. 具有经济上的自立自信；
4. 选择职业及其准备；
5. 为结婚及家庭生活做准备；
6. 发展作为社会一员所必须具备的知识和态度；
7. 追求并完成负有社会性责任的行动；
8. 学习作为行动指针的价值观和伦理体系。

(三) 人生观发展

针对我国实际，我们认为，大学生人生发展的重要课题主要有以下十个方面：

1. 对因身体的发育，特别是性成熟引起的诸多变化的理解与适应；
2. 逐渐完善各人为男或为女的性别角色；
3. 从精神上脱离父母并走向独立，经济上亦应如此；
4. 对新的人际关系特别是异性关系的适应；
5. 正确认识自己的社会角色，通过各种方式完善自己；

6. 树立作为社会一员所必需的人生观和价值观；

7. 掌握作为社会一员所必须具备的知识和技能并付诸社会实践；

8. 适应学习与工作等各方面环境；

9. 完成学业并选择适合自己的职业；

10. 成熟感的获得及自我的实现。

【课堂练习】

1. 在白纸上写下关于自我描述的10个句子，如“我是……”。

2. 请男女各一名同学与大家分享对自己的描述。

第四节　大学生自我意识的完善

小故事

自我暗示的神奇魔力

有一个死刑犯，当他被绑起来蒙上眼睛后，有人对他说：“你要接受的刑罚是缺血死亡。”然后用叶子在他手腕上轻轻地划了一下，当然，这不可能造成任何伤口。这个犯人的手腕旁边有一个容器向下“啪嗒啪嗒”地滴着水。一天后，这个犯人竟然死了——缺血致死。但事实上他并没有流血。他在心理暗示的作用下，以为自己的动脉已被割开，身体里的血液在流淌，时间一长，他便真的死了。

贴标签效应

在第二次世界大战期间，美国兵力不足，而战争又的确需要充足的军人，于是国防部就组织关在监狱的犯人上前线战斗。为此，美国特地派了一批心理专家对犯人进行战斗前的训练和动员。

训练期间，心理专家并没有对他们进行过多的说教，而是让犯人每周给自己最亲的人写一封信，信的内容由心理专家统一拟定，主要叙述的是犯人在监狱表现良好。专家们要求犯人认真抄写后寄出。三个月后，犯人们开赴前线，专家们又要求犯人在给亲人的信中写自己在战场上英勇战斗来表现。结果，这批犯人在战场上的表现与正规军队相比毫不逊色。

【分享感悟】

许多生机勃勃的人，一旦知道自己患了某种疾病后(特别是“不治之症”，如癌症等)，立刻萎靡不振、忧心忡忡、不思饮食，由此导致病情迅速加重，甚至在短期内死去。其中主要原因就是他们的自我暗示在起作用，就像第一个故事中的死刑犯一样。要想破除自我暗示的“魔咒”，化消极暗示为积极暗示，可以像第二个故事中心理专家对犯人的训练一样，不断强化自己的信心与意志，从而使自我意识指导行动，使行动内化为一种习惯，进一步修炼出积极的心理状态。

知识讲堂

大学生自我意识的发展与完善，始终昭示着一条通往未来的光明大道。正如古希腊哲学家苏格拉底说的“认识你自己”。自我意识的完善也是一个不断进行自我认知、自我评价、自我改造、自我完善的过程，就如雕琢一件工艺品，真正的匠人为了心中的追求，即便穷其一生，也是终生不悔。

一、健全的自我意识的标准

健全的自我意识是衡量心理健康的重要标准，亦是人类自身内在的一种成功机制，在人才发展中发挥着重要作用。健全的自我意识有如下标准：

1. 自我意识健全的人，应该是一个有自知之明的人，既知道自己的优势，也知道自己的劣势，能正确评价自我和发展自我。

2. 自我意识健全的人，应该是自我认识、自我体验与自我控制协调一致的人。

3. 自我意识健全的人，应该是积极自我肯定、独立且与外界保持一致的人。

4. 自我意识健全的人，应该是理想自我与现实自我统一的人，有积极的目标意识和内省意识，进取上进、永无止境。

二、自我意识完善的途径

（一）全面认识自我

全面认识自我是形成自我意识的基础，如果一个人能够全面、客观地认识和评价自己，就能够量力而行，确立合适的奋斗目标，并为实现这一目标而不懈努力。因此，大学生必须打开自我，积极参加活动，进行社会实践，拓宽生活范围，扩大人际交往圈，增加生活阅历，这样才能多方面多角度地认识自我，发挥最大作用，实现自我的人生价值。我们可以通过 6 条途径来认识自我：

1. 通过对他人的认识来认识自我；
2. 通过分析他人对自己的评价来认识自我；
3. 通过与他人的比较来认识自我；
4. 通过自我比较来认识自我；
5. 通过自己的活动表现和成果来认识自我；
6. 通过自我反思和自我评价来认识自我。

“关注自我成长”，这是一位即将告别学校生活的大学生的内心独白。人生不可复制，青春不可逆转。因此，珍视自我，开掘心灵的宝库尤为重要。20 世纪 50 年代，Kuhn 和 McPartland 两位心理学家运用 WAI 技法（WAI technique；也被称为 20 句测验，Twenty Statements Test）测量一个人的自我意识。方法很简单，他们通过“我是谁?”（英文“who am I”，简称 WAI）这样自问自答的方法，让被测者自由书写 20 种不同的回答。同学们如果有兴趣的话，不妨在课后一试。

人对自己的认识是一个不断探索、不断发展的过程。美国心理学家 Joseph Luft 和 Harry Ingham 共同提出了关于自我认知的窗口理论，称为“乔哈里窗口（Johari Window）理论”（见图 2.4.1）。他们认为人对自己的认识是一个不断探索的过程，每个人的自我都有 4 部分：公开的自我（别人和自己都看得到）、盲目的自我（别人看得到，而自己毫无知晓）、秘密的自我（因为本性害羞或隐私，没有公之于众）和未知的自我（神秘莫测，为潜意识或无意识）。通过与他人分享秘密的自我，通过他人的反馈减少盲目的自我，人对自己的了解就会更多更客观。

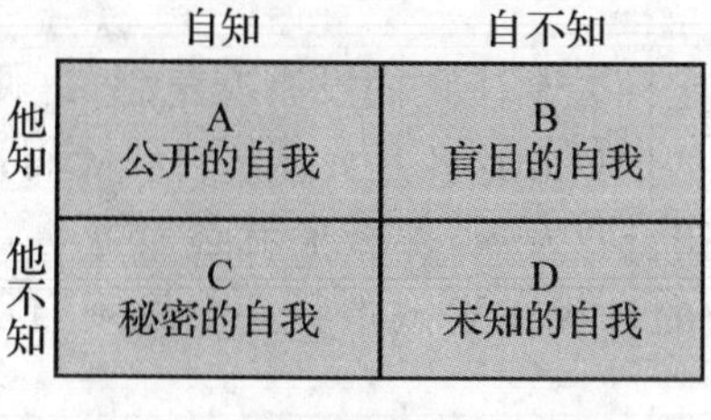

图 2.4.1

（二）积极认可自我

自我悦纳是自我意识健康发展的关键所在。自我悦纳首先要接纳自己，喜欢自己，欣赏自己，体会自我的独特性，并在此基础上体验价值感、幸福感、愉快感与满足感；其次要理智、客观地对待自己的长处与不足，冷静地看待得与失。

1. 积极而准确地评价自我

大学生如果以积极的态度认可自己，便会形成自尊；如果以消极的态度拒绝自我，便形成自卑。自卑者往往片面地夸大自身的缺点、短处，甚至否认自我存在的价值，从而极大地阻碍正确自我意识的形成；而自尊感正是来源于人们对于自我积极而准确的评价。一般来说人的短处有两种：一种是可以改变的，如习惯不良、脾气不好、缺乏毅力等，对此要有闻过则改的精神；另一种是无法补救的，如其貌不扬、身材矮小、四肢残疾等，对此要面对现实，敢于直面自己的不足之处，同时注意提高自身的内在修养，在学问上狠下工夫，培养内在的心灵美，以“内秀”补“外丑”，相信“我很丑，但我很温柔”的道理。

2. 正确对待挫折和失败

一个人在成长过程中，失败在所难免，我们所能够做的就是直面挫折，吸取教训，做到“吃一堑，长一智”。因此，大学生应正确对待学习、生活中的种种困难与挫折，善于从困境中走出来，总结教训，吸取经验，提高自己的能力，认可自己的能力，最终实现自己的理想。

（三）努力完善自我

自我完善是个体在认识自我、认可自我的基础上，自觉规划行为目标，主动调节自身行为，积极改造自己的个性，使个性全面发展，以适应社会要求的过程。

1. 自我提升

提高自我效能感是个体在一定情境下对自我完成某项工作的预期。一般而言，自我效能感越高的人，学习期望也越高。因此，面临挑战或是困难的时候，他必定会倾尽全力、坚持不懈地想出解决方案。由此，我们便可以得出自我效能感与成就动机呈正相关的结论。

著名的罗森塔尔效应正揭示了这一观点。1968 年，美国心理学家罗森塔尔等人做过一个著名的“预测未来发展的测验”的实验：他们在小学选取了三个班的儿童并将认为有“优异发展可能”的学生名单告知老师。

8 个月后，智能测验的结果表明，名单上学生的成绩普遍提高，教师也给予了他们良好的品行评语。其实，当时的名单只是随机抽取所得。然而，这份其实随意的名单却用其“权威性”影响了老师的决定从而调动了教师对名单上学生的某种期待心理。人们把这种现象，称为“罗森塔尔效应”。另一著名的有关心理暗示的神话传说便是“皮格马利翁效应”，皮格马利翁是古希腊神话中塞浦路斯国王，因一次偶然的机会，他对一尊少女塑像产生爱慕之情，长期且强烈的渴望最终使塑像变为一个真人，最后，两人终成眷属。

2. 自我克服

对于自我能力大小的不确定性会常让我们没有安全感，这便是一种自我障碍。大考前夕，有人会以身体抱恙为考试失利的借口。这便是典型的自我障碍，为自己不理想的成绩找到适当的借口。因此，若是一个人渴望自我发展，那么他就必须主动克服自我障碍，进行积极的自我提升与自我尝试；而且，在积极的自我在尝试中我们会发现自己的新的支点从而促进自我的发展。

3. 自我探究

当然，自我的发展并不仅仅是尝试就可以达到的，它还需要不断地自我反思以及自我监控。

成长是一条贯穿于人一生的线索，整理自己的成长轨迹显得尤为重要。因此，要想做到深刻了解和把握自己，就必须要时刻参照过去，对现在以及未来进行整理。我们所要掌握的便是：自我体验永远是一种个体的经历，当他人向我们分享自我成长的硕果时，这对我们自己的成长也是一种促进。

【课堂练习】

1. 制定一项自我完善的计划，内容包括“我的优势有哪些”“如何发挥我的优势”“我的限制在哪里”“如何突破我的限制”等。
2. 请写出 3 件让你引以为自豪的事情（对你来说自豪的事，不一定很大但肯定是让你高兴、让你满足的事，例如：我 7 岁时身高才 1 米 1，但竟能在深水池连续游 200 米，成为全班游泳最好的人）。

知识链接

自我和谐量表（SCCS）

下面是一些个人对自己看法的陈述，填答时，请看清每句话的意思，然后选一个数字（“1”代表该句话完全不符合您的情况，“2”代表比较不符合您的情况，“3”代表不确定，“4”代表比较符合您的情况，“5”代表完全符合您的情况）以代表该句话与您现在对自己的看法相符合的程度，每个人对自己的看法都有其独特性，因此答案没有对错，如实回答即可。

题　　目	符合程度				
1. 我周围的人往往觉得我对自己的看法有些矛盾	1	2	3	4	5
2. 有时我会对自己在某些地方的表现不满意	1	2	3	4	5
3. 每当遇到困难，我总是首先分析造成困难的原因	1	2	3	4	5
4. 我很难恰当地表达我对别人的情感反应	1	2	3	4	5
5. 我对很多事情都有自己的观点，但我并不要求别人也与我一样	1	2	3	4	5
6. 我一旦形成对事物的看法，就不会再改变	1	2	3	4	5
7. 我经常对自己的行为感到不满意	1	2	3	4	5
8. 尽管有时候做一些不愿意的事，但我基本上是按自己意愿办事的	1	2	3	4	5
9. 一件事好是好，不好是不好，没有什么可含糊的	1	2	3	4	5
10. 如果我在某件事上不顺利，我就会怀疑自己的能力	1	2	3	4	5
11. 我至少有几个知心朋友	1	2	3	4	5
12. 我觉得我所做的很多事情都是不该做的	1	2	3	4	5
13. 不论别人怎么说，我的观点决不改变	1	2	3	4	5
14. 别人常常会误解我对他们的好意	1	2	3	4	5
15. 很多情况下我不得不对自己的能力表示怀疑	1	2	3	4	5
16. 我朋友中有些是与我截然不同的人，这并不影响我们的关系	1	2	3	4	5
17. 与朋友交往过多容易暴露自己的隐私	1	2	3	4	5
18. 我很了解自己对周围人的情感	1	2	3	4	5
19. 我觉得自己目前的处境与我的要求相距太远	1	2	3	4	5

（续表）

题　　目	符合程度				
20. 我很少去想自己所做的事情是否应该	1	2	3	4	5
21. 我所遇到的很多问题都无法自己解决	1	2	3	4	5
22. 我很清楚自己是什么样的人	1	2	3	4	5
23. 我能自如地表达自己所要表达的意思	1	2	3	4	5
24. 如果有足够的证据，我也可以改变自己的观点	1	2	3	4	5
25. 我很少考虑自己是一个什么样的人	1	2	3	4	5
26. 把心里话告诉别人不仅得不到帮助，还可能招致麻烦	1	2	3	4	5
27. 在遇到问题时，我总觉得别人都离我很远	1	2	3	4	5
28. 我觉得很难发挥出自己应有的水平	1	2	3	4	5
29. 我很担心自己的所作所为会引起别人的误解	1	2	3	4	5
30. 如果我发现自己某些方面表现不佳，总希望尽快弥补	1	2	3	4	5
31. 每个人都在忙自己的事，很难与他们沟通	1	2	3	4	5
32. 我认为能力再强的人也可能遇上难题	1	2	3	4	5
33. 我经常感到自己是孤独无援的	1	2	3	4	5
34. 一旦遇到麻烦，无论怎么做都无济于事	1	2	3	4	5
35. 我总能清楚地了解自己的感受	1	2	3	4	5

计分方法与结果解释：

本量表经因素分析得到三个分量表："自我与经验的不和谐""自我的灵活性"及"自我的刻板性"。各分量表的得分为其所包含的项目分直接相加。三个分量表包含的项目分别为：

自我与经验的不和谐	1、4、7、10、12、14、15、17、19、21、23、27、28、29、31、33，共16项
自我的灵活性	2、3、5、8、11、16、18、22、24、30、32、35，共12项
自我的刻板性	6、9、13、20、25、26、34，共7项

"自我与经验的不和谐"反映的是自我与经验之间的关系，包含对能力和情感的自我评价、自我控制等，它所产生的症状更多地反映了对经验的不合理期望；"自我的灵活性"与敌对和恐怖的相关性显著，可能预示了自我改变的僵化；"自我的刻板性"同质性信度较低，仅与偏执显著相关，这一分量表的含义有待进一步解释。

计算三个分量表总分的方法是将"自我的灵活性"项目反向计分，再与其他两个分量表得分相加，得分越高自我和谐程度越低。在大学生中，74分以下为低分组，75～102分为中间组，103分以上为高分组。

第三章 独立、坚定、充满朝气地走上自己的生活道路

——大学生的人格发展与完善

案例介绍

屈某,男,23岁,师范院校外语系三年级学生。矮小的身材,平凡的外貌,使他充满自卑,他一直希望自己是个英俊的高个子。屈某不喜欢别人评判自己的身材,所以他到处收集矮小身材的伟人事迹,以此向大家说明矮个子聪明,并声称大个子四肢发达、头脑简单等。他自以为很聪明,十分固执。

他上中学时,有一次,老师家访告诉他母亲他在学校打坏玻璃,要求赔偿。母亲告诉了父亲,结果他受到了父亲狠狠的惩罚,他因此对母亲怀恨在心。于是,他将母亲和一个乡镇干部不轨的事情告诉了父亲,这导致了父母离婚,家庭破裂。他认为世上没有可以相信的人,只能够相信自己。他嫉妒宿舍其他五人互相帮助,总是怀疑自己被孤立。一天,感冒的他回到宿舍准备吃药时却发现自己的暖瓶没有水了,而其他的五个暖瓶都是满的。于是,他认为其他同学在欺负自己,为了报复他们,他将那些同学的暖瓶的内胆都打破了。

【案例分析】

小屈属于偏执型人格障碍。这种人敏感多疑,以猜疑和固执为主要特点,狭隘、嫉妒心重,过于自尊,固执己见,对他人怀有戒备心理,人际关系紧张。小屈在青少年时期,处于父亲管教过严、母亲出轨、家庭破裂的不幸环境之中。这使他对所有的人都产生了怀疑,埋下了悲观、冷漠、敌视、固执的阴影。

自我认知:

艾森克人格问卷(EPQ)(成人版)

指导语:在这张卷上印有88个问题,请你按自己的实际情况依次回答。不要写字,只要求在每一题前面的题号上打"√"或"×"。这些问题无对错之分,作答时不要花时间去想,在看懂题意后快速、仔细答题。在开始回答前,先在问卷上填好你的性别、出生年月日,以及答题日期。问卷无时间限制,但不要拖得太长,也不要有题遗漏。

1. 你是否有许多不同的业余爱好?	*2. 你是否在做任何事情以前都要停下来仔细思考?
3. 你的心境是否常有起伏?	*4. 你曾有过明知是别人的功劳而你去接受奖励的事吗?

（续表）

5. 你是否健谈？	*6. 欠债会使你不安吗？
7. 你曾无缘无故觉得“真是难受”吗？	*8. 你曾经贪图过分外之物吗？
*9. 你是否在晚上小心翼翼地关好门窗？	10. 你是否比较活跃？
11. 你在见到一小孩或一动物受折磨时是否会感到非常难过？	12. 你是否常常为自己不该做而做了的事、不该说而说了的话而紧张吗？
13. 你喜欢跳降落伞吗？	14. 通常你能在热闹联欢会中尽情地玩吗？
15. 你容易激动吗？	*16. 你曾经将自己的过错推给别人吗？
17. 你喜欢会见陌生人吗？	*18. 你是否相信保险制度是一种好办法？
19. 你是一个容易伤感的人吗？	20. 你所有的习惯都是好的吗？
*21. 在社交场合你是否总不愿露头角？	22. 你会服用有奇异或危险作用的药物吗？
23. 你常有“厌倦”之感吗？	*24. 你曾拿过别人的东西(哪怕是一针一线)吗？
25. 你是否常爱外出？	26. 你是否从伤害你所宠爱的人中得到乐趣？
27. 你常为罪恶之感而苦恼吗？	*28. 你在谈论中是否有时不懂装懂？
*29. 你是否宁愿去看些书而不愿去多见人？	30. 你有要伤害你的仇人的想法吗？
31. 你觉得自己是一个神经过敏的人吗？	32. 对人有所失礼时你是否经常要表示歉意？
33. 你有许多朋友吗？	34. 你是否喜爱讲些有时确能伤害人的笑话？
35. 你是一个多忧多虑的人吗？	36. 你在童年是否按照吩咐要做什么便做什么，毫无怨言？
37. 你认为你是一个乐天派吗？	*38. 你很讲究礼貌和整洁吗？
39. 你是否总在担心会发生可怕的事情？	*40. 你曾损坏或遗失过别人的东西吗？
41. 交新朋友时一般是你采取主动吗？	*42. 当别人向你诉苦时，你是否容易理解他们的苦衷？
43. 你认为自己很紧张，如同“拉紧的弦”一样吗？	*44. 在没有废纸篓时，你是否将废纸扔在地板上？
*45. 当你与别人在一起时，你是否言语很少？	46. 你是否认为结婚制度过时了，应该废止？
47. 你是否有时感到自己可怜？	*48. 你是否有时有点自夸？
49. 你是否很容易将一个沉寂的集会搞得活跃起来？	50. 你是否讨厌那种小心翼翼地开车的人？
51. 你为你的健康担忧吗？	*52. 你曾讲过什么人的坏话吗？
53. 你是否喜欢对朋友讲笑话和有趣的故事	*54. 你小时曾对父母粗暴无礼吗？
55. 你是否喜欢与人混在一起？	*56. 你如果知道自己工作有错误，这会使你感到难过吗？
57. 你患失眠吗？	58. 你吃饭前必定洗手吗？
59. 你常无缘无故感到无精打采和倦怠吗？	*60. 和别人玩游戏时，你有过欺骗行为吗？
61. 你是否喜欢从事一些动作迅速的工作？	*62. 你的母亲是一位善良的人吗？
63. 你是否常常觉得人生非常无味？	*64. 你曾利用过某人为自己取得好处吗？
65. 你是否常常参加许多活动，超过你的时间所允许？	66. 是否有几个人总在躲避你？
67. 你是否为你的容貌而非常烦恼？	68. 你是否觉得人们为了未来有保障而办理储蓄和保险所花的时间太多？

（续表）

69. 你曾有过不如死了为好的愿望吗？	*70. 如果有把握永远不会被人发现，你会逃税吗？
71. 你能使一个集会顺利进行吗？	*72. 你能克制自己不对人无礼吗？
73. 遇到一次难堪的经历以后，你是否在一段长时间内还感到难受？	74. 你患有“神经过敏”吗？
75. 你曾经故意说些什么来伤害别人的感情吗？	76. 你与别人的友谊是否容易破裂，虽然不是你的过错？
77. 你常感到孤单吗？	78. 当人家寻你的差错、找你工作中的缺点时，你是否容易在精神上受挫伤？
*79. 你赴约会或上班曾迟到过吗？	80. 你喜欢忙忙碌碌和热热闹闹地过日子吗？
81. 你愿意别人怕你吗？	*82. 你是否觉得有时浑身是劲，而有时又是懒洋洋的？
83. 你有时把今天应做的事拖到明天去吗？	84. 别人认为你是生气勃勃的吗？
85. 别人是否对你说了许多谎话？	86. 你是否对某些事物容易冒火？
87. 当你犯了错误时，你是否常常愿意承认它？	*88. 你会为一动物落入圈套被捉拿而感到很难过吗？

注：题前加“*”的为反向计分题。

分量表条目构成：

P量表：	2 6 9 11 18 22 26 30 34 38 42 46 50 56 62 66 68 72 75 76 81 85 88
E量表：	1 5 10 13 14 17 21 25 29 33 37 41 45 49 53 55 61 65 71 80 84
N量表：	3 7 12 15 19 23 27 31 35 39 43 47 51 57 59 63 67 69 73 74 77 78 82 86
L量表：	4 8 16 20 24 28 32 36 40 44 48 52 54 58 60 64 70 79 83 87

性格分析：

性格类型	主要表现
典型外向(E分特高)	爱社交、朋友多、喜欢冒险、追求刺激、不甘寂寞、好谈笑、冲动行事，不爱做研究工作，喜欢实际的工作，反应迅速，随和，但情绪容易失去控制，做事粗心，从外表看似乎是一个不太可靠的人
典型内向(E分特低)	保守，交际不广，但有挚友，好静，做事瞻前顾后，行为不易受冲动的影响，不喜欢刺激，喜欢有秩序的生活和工作，极少发脾气，做事有计划，情绪倾向于悲观审美，喜欢浅色
典型的情绪不稳(N分特高)	焦虑、紧张，易怒，往往又有抑郁，对各种刺激的反应都过于强烈，情绪被激发后很难平复下来，好抱偏见，常患有多种身心障碍
情绪极稳(N分特低)	情绪反应缓慢，不强烈，而且容易平复，很难生气，在一般人难以忍耐的刺激下也有所反应，但不强烈
精神质(P分高)	独身，不关心人，常到哪里都觉得不合适，有的可能表现为残忍、不人道、缺乏同情心，对人常抱有敌意，攻击性强，喜恶作剧
精神状态好(P分低)	随和顺从，关心他人、乐于与他人交往，容易适应外部环境，对他人和环境要求不高，表现出随遇而安

小结：通过自我认知小测验，你了解自己的人格类型了吗？心理学领域中对人格的研究从来没有中断过，人格理论、人格评估、人格健康以及人格的研究方法等都是心理学对人格的研究

内容。在这些研究内容中，大学生人格健康引起了人们广泛关注。社会生活的快速变革，就业竞争的日趋激烈，都对大学生造成了很大的压力。对待同样的问题，不同的人处理的方法也不同，影响这个问题的主要原因在于人格的不同。因此，健康的人格对于大学生来说是非常重要的。人格的涵义是什么？大学生常见的人格障碍有哪些？怎样塑造健全的人格？这是本章要解决的问题。

第一节 人格概述

小故事

有位美国记者采访美国投资银行的一代宗师老摩根，问："您认为决定您成功的条件是什么？"

老摩根斩钉截铁地说："性格。"

记者又问："您认为资本和资金哪个更重要？"

老摩根毫不犹豫地答道："资本比资金重要，但最重要的还是性格。"

他成功地在欧洲发行美国公债；采纳无名小卒的建议，大搞钢铁托拉斯计划；费尽千辛万苦推行全国铁路联合。以上的成功都是因为他具有刚毅和敢于冒险的性格。否则，恐怕有再多的资本，也无法做出这一系列伟大的创举来。老摩根用他的奋斗史向我们完美解释了性格的重要性。

1998年5月，华盛顿大学350名学生有幸请来世界巨富沃伦·巴菲特和比尔·盖茨演讲。当学生们问到"你们怎么变得比上帝还富有"这一有趣的问题时，巴菲特说："这个问题非常简单，原因不在于智商而是在于习惯、性格和脾气。"盖茨表示赞同："无论是在工作和生活中，都是性格决定命运，性格好比是水泥柱子中的钢筋铁骨，而知识和学问则是浇筑的混凝土。"

【分享感悟】

可以说，性格对老摩根的成功有着决定性的作用。性格对于沃伦·巴菲特和比尔·盖茨同样也起着重要的作用。性格有好坏之分。良好的性格，会使一个人把自己的聪明才智用到正道上，给自己和他人都带来好处；不良的性格则可能把一个人的聪明才智引上歧途，甚至做出伤害他人的事。大学生应努力了解自己，认识自己是一个什么性格的人，自己的性格具有哪些长处、哪些短处。好的性格让它进一步巩固，不足的性格要努力改造。

知识讲堂

一、人格的定义

在日常生活中人们经常使用"人格"这个词。许多外行人通常是从社会吸引力来定义人格的。如说"某某有良好的人格"，这通常是指这个人能与他人和谐相处，给人留下好的印象。有人说"在选美比赛上考官给选手打分通常不只看选手的天资和外貌，还要看选手的人格是否有魅力"，这里所讲的人格其实是指选手的受欢迎程度及其沉着和成熟老练的水平。学生们也在议论人格，如说"某某很虚伪，人格卑鄙""某某其貌不扬，但人格高尚"，这里所讲的人格大概是指一个人的品德。这些说法与心理学上所谓人格的含义是不同的。

"人格"一词，源于古希腊语，即舞台上演员戴的面具，不同的面具体现了角色的特点和任务性格。京剧——红脸代表忠义；白脸代表奸诈；黑脸代表刚强。心理学沿用其含义。这里所说的人格，亦称个性，是一种心理现象，它反映了一个人总的心理面貌，是相对稳定、具有独特倾向性的心理特征的总和，同时也显示出个人的思想、情绪和行为的独特模式。这种独特模式产生于个体社会化，但同时又对个体与环境的交互作用有着重要影响。这种影响包含气质、性格、能力、兴趣、爱好、需要、理想、信念等方面内容。

二、人格的特性

每个人的人格特征虽然各有不同，但是对于每个人来讲，人格都具有独特性、稳定性、统合性和功能性四个基本特征，下面分别进行解释。

（一）独特性。个体的人格在遗传、成熟、环境、教育等因素的影响下形成。不同的遗传、成长及教育环境使个体的心理状态各不相同。我们经常所说的"人心不同，各如其面"就是指的这个意思，如有的人开放自然，有的人顽固保守，有的人沉默寡言，有的人豪爽，有的人谨慎等。同一人格品质在不同人身上被赋予不同的含义，如：独立性这一人格特质，作为缺乏父母爱护的家庭中成长的孩子，独立带有靠自己努力的含义；而在一个民主型家庭成长的孩子，独立则作为健全人格培养的重要部分。

（二）稳定性。人格的稳定性是指那些经常表现出来的特点，是一贯的行为方式的总和。正如我们所说："江山易改，本性难移"。一个人的某种人格特质一旦稳定下来，要改变是较为困难的事，这种稳定性还表现在人格特征在不同时空下的一致性。例如一个性格外向的大学生，无论是在家还是参加班级活动都会表现得积极活泼，在老师面前同样也能自然地表现自己，不仅大学四年如此，即使毕业若干年再相逢，这个特质依旧不变。

（三）统合性。人是极其复杂的，人的行为表现出多元性、多层次的特点。人格的组合千变万化，并非死水一潭。各种人格结构的组合千变万化，因而使人格表现得色彩纷呈。在每个人的人格世界里，各种特征并非只是简单堆积，它如同宇宙世界一样，是依据一定的内容、秩序与规则有机组合起来的动力系统。人格的有机结构具有内在一致性，并受到意识的调控。当一个人的人格结构的各方面相互协调、保持一致的时候，人们呈现出人格特征就是健康的；相反，若是人格结构出现不协调的情况，就会出现各种心理冲突，导致"人格分裂"。

（四）功能性。人格是一个人生活成败、喜怒哀乐的根源。正如人们常说的"性格就是命运"。人格决定了一个人的生活方式，甚至有时会决定一个人的命运。人们常常使用人格特征来解释某人的言行举止。不同的人面对相同的挫折与失败时不同的表现方式也就决定了他们今后的不同景象：勇敢的人最终在失败的废墟上重建人生的辉煌；而怯懦的人一蹶不振，失去了奋斗的目标。当人格功能发挥正常时，表现出健康而有力的态度，支配着人的生活与成败；当人格功能失调时，人就会表现得懦弱、无力、失控，甚至变态。

三、气质和性格

人格是一个含义非常丰富的概念，它包括气质、性格等稳定的心理特征。气质、性格这两个是人格的核心内容。

（一）气质

1. 气质的概念

人格中的气质（temperament）是个人在生活早期就表现出来的稳定的个性差异，即那些由遗传和生理决定的心理与行为特征。气质是指个体所具有的典型而稳定的心理活动的动力方面的特性，它是人格中最基本的成分，是个人心理活动的动力特征。心理过程的速度、强度、指向性、稳定性是气质的基本特性。这个概念与我们平常说的"禀性""脾气"近似。日常生活中，人们性格各异，有些活泼，有些安静，有些做事急躁马虎，有些做事细腻仔细。我们常说张三气质好，李四没有气质，从心理学的角度讲，这些说法是不正确的。而这些特点，我们似乎从他们刚出生时就可以观察到，一生中少有改变。

2. 气质学说

(1) 体液说气质是一个很古老的概念。早在古希腊医学家恩培多克勒(Empedocles，约公元前495—前435)的四根说中，就已经有了气质学说的萌芽。古希腊医生希波克拉底(Hippocrates，公元前460—前377)把四根说进一步发展为四液说。他认为，人体内有四种体液，即血液、黏液、黄胆汁和黑胆汁，不同的人体内占优势的体液不同。后来古罗马医学家盖伦(Galen，129—199)用这种体液学说来解释气质，认为某种占优势的体液决定一个人的气质。后人在这一理论的基础上，逐步形成了气质类型学说。根据这一学说，每一种体液都具有热—寒、干—湿两种性质，不同的人体内占优势的体液不同，因而有四种气质类型：多血质(sanguine temperament)，血液占优势，血液具有热而湿的性质，因而这种人像春天一般热情；胆汁质(choleric temperament)，黄胆汁占优势，黄胆汁具有热而干的性质，因而这种人像夏天一般暴躁；抑郁质(melancholic temperament)，黑胆汁占优势，黑胆汁具有寒而干的性质，因而这种人像秋天一般忧伤；黏液质(phlegmatic temperament)，黏液占优势，黏液具有寒而湿的性质，因而这种人像冬天一般冷漠。尽管用体液说还远远不能解释个体间气质类型的差异，但是体液的化学成分的确对人的心理和行为有一定的影响，如肾上腺发达的人，情绪激动的程度比他人强烈。随着内分泌物理学的发展，该学说直到现在仍有一定的影响，关于四种气质类型的概念，一直沿用至今，不过其内涵已发生了很大的变化。

(2) 高级神经活动类型说

用高级神经活动类型来解释气质，是由巴甫洛夫提出来的。1935年巴甫洛夫在其《人和动物的高级神经活动的一般类型》一文中提出，决定气质特点的是大脑皮层的三个神经特性：①强度，指神经细胞接受强烈刺激的能力或持久工作的能力和耐受力；②平衡性，指兴奋过程和抑制过程之间的相对均势或优势；③灵活性，指兴奋过程和抑制过程相互转换的速度。根据这三个维度，他把动物和人类的高级神经活动类型划分为四种：兴奋型、活泼型、安静型和抑制型，与之相对应的是胆汁质、多血质、黏液质和抑郁质(见表3.1.1)。这三个神经特性在个体身上存在着差异。因此，这三个基本神经特性的独特组合就形成了四种基本的神经类型，并且相当于四种气质类型。

表3.1.1　高级神经活动类型及特征

神经类型	强度	均衡性	灵活性	行为特点
兴奋型(胆汁质)	强	不均衡	惰性	攻击性强，易兴奋，不易约束，不可抑制
活泼型(多血质)	强	均衡	灵活	活泼好动，反应灵活，好交际
安静型(黏液质)	强	均衡	惰性	安静，坚定，迟缓，有节制，不好交际，抑制型
抑制型(抑郁质)	弱	不均衡	惰性	胆小畏缩，消极防御反应强

巴甫洛夫认为，这四种高级神经活动类型与气质类型相对应。气质是心理现象，高级神经活动类型是生理现象。高级神经活动类型是气质的生理基础，气质是高级神经活动类型的心理表现。

3. 气质的类型

把人区分为多血质、胆汁质、黏液质和抑郁质四种传统的气质类型，是心理学流行和普遍使用的分类法，在这方面前苏联心理学家的工作很有特色。气质类型的划分多种多样，从古希腊沿袭下来的4种气质类型的划分最有生命力。在这里主要介绍4种气质类型及其表现。

（1）胆汁质

胆汁质的人，在情绪方面，无论是高兴还是愤怒，体验都非常强烈，反应迅速，感情明显外露，言语激烈、动作有力而又不易控制。他们在智力方面能力较强，但是对于问题的理解上面就显得粗心马虎。他们大多行动迅速，工作或平常的活动活力四射、顽强有力，美中不足的是容易急躁。概括地说，精力旺盛、易于冲动、反应迅猛是胆汁质的人的重要特征。他们的心理活动都体现着迅速而突发的特点，具有外倾性。

（2）多血质

多血质的人，情绪易表露也易变化，体验较强。他们大多思维灵活、反应迅速，对新鲜事物认识能力强，对于环境的变化能够适时地调整，但有时候表现得略显轻率。概括地说，多血质的人以活泼好动、敏捷善感、灵活多变为特征，具有外倾性。

（3）黏液质

黏液质的人情绪兴奋性不强，心理比较平衡，变化缓慢，善于克制自己，情绪不易外露。他们喜爱沉思，有稳定的注意力并且很难转移，对任何问题都需要较多的考虑时间，对已经习惯的工作具有很高的热情和毅力，但是却不易适应新环境。概括地说，黏液质的人以安静稳重、忍耐沉着、反应迟缓为特征，具有内倾性。

（4）抑郁质

抑郁质的人，情绪体验深刻，有高度的敏感性，很少表露自己的感情，但对生活中遇到的波折容易产生忧郁的情感，而且持续时间较长。相比于一般人，他们善于观察和体验事物的细微差别。但是他们不爱表现，不喜欢与人交往，有孤独感。概括地说，抑郁质的人以情感深刻稳定、细致敏感、缄默迟疑为特征，具有内倾性。

具有上述四种气质类型典型特征的人称为“典型型”；近似其中某一类型者称为“一般型”；具有两种或两种类型者称为“混合型”或“中间型”。在全国人口中，一般型和两种类型的混合型气质的人占多数，典型型和两种以上类型混合型气质人占少数。因此，在测定某一个人的气质时，不要硬性地把人划为某种典型型中，而更主要的是测定气质特征和神经过程的基本特性，据此来推测一个人的行为。通过本章一开始的测试，你知道自己的气质是哪个类型了吗？

前苏联心理学家达维多娃描述了四种基本类型的人，在同种情况中的不同行为表现。四个不同气质类型的人去看戏，但都迟到了，表现出不同的行为：胆汁质的人与检票员争吵，企图闯入剧院，他说，戏院里的钟快了，他进去看戏并不会影响他人，企图推开检票员进入剧院；多血质的人立刻明白，检票员不会放他们进剧场的，但通过楼厅很容易就跑到楼上去了；黏液质的人看到不让他们进剧场，就自我安慰地想：“第一场戏总是不太精彩的，我可以在小卖部等一会，在幕间休息时再进去”；抑郁质的人会说：“我运气不好，偶尔看一次戏，那么倒霉，还不如回家算了。”

4. 大学生的气质

人的气质有多血质、胆汁质、黏液质和抑郁质四大类型。此外，还有一些混合型气质的人（如多血-胆汁质型、抑郁-黏液质型等）。那么大学生的气质类型有哪些特点呢？研究发现：多血质和黏液质的女生多于男生，胆汁质和抑郁质的男生多于女生；大学生气质以多血质为主，抑郁质最少。

气质各种各样，但没有好坏之分。气质只表明一个人心理活动的动力特征，不涉及心理活动的方向和内容，每种气质类型都有积极的和消极的方面。因此，我们每个人需要了解自己的气质类型，努力做到扬长避短。例如，多血质的人情感丰富、活泼、亲切，但容易多变、精力分散甚至轻浮，这样的大学生与同学们搞好关系显得很容易，但耐心还不够；胆汁质的大学生生气勃勃、热情、勇敢、动作迅速有力，但缺点是暴躁、易冲动；黏液质的大学生自制力较强、坚毅、冷静，但有对周围事物冷淡、固执等消极的一面；抑郁质的大学生情感深刻、观察力敏锐、办事认真，但过度沉默、孤僻。气质对人的职业有影响，并在一定程度上影响人们的工作效率。因此，各种气质的大学生要注意自身的不足之处：胆汁质的大学生要努力培养自己的耐心，多血质的大学生要警惕急躁，抑郁质的大学生要力争主动，黏液质的大学生要锻炼自己的演讲能力等。

气质测验（15～20 **分钟完成**）

每个人对这些问题都会有自己的看法，回答自然也是不同的，因而答案并没有“对”“错”之分，请不要有所顾忌。你完全应该根据自己的真实体验和实际情况来回答，不要花费太多的时间去思考，应顺其自然，根据第一印象作出判断。注意：测验中的每一个问题都要回答，不要遗漏，以避免影响测验结果的准确性。

记分方法：很符合，记 1 分；比较符合，记 2 分；介于符合与不符合之间，记 3 分；比较不符合，记 4 分；完全不符合，记 5 分。

1. 做事力求稳妥，不做无把握的事	2. 遇到可气的事就怒不可遏，想把心里的话全说出来才痛快
3. 宁肯一个人干事，不愿很多人在一起	4. 到一个新环境很快就能适应
5. 厌恶那些强烈的刺激，如尖叫、噪音、危险镜头等	6. 和人争吵时，总是先发制人，喜欢挑衅
7. 喜欢安静的环境	8. 善于与人交往
9. 羡慕那种善于克制自己感情的人	10. 生活有规律，很少违反作息制度
11. 大多数情况下情绪是乐观的	12. 碰到陌生人觉得很拘束
13. 遇到令人气愤的事，能很好地克制	14. 做事总是有旺盛的精力
15. 遇到问题常常举棋不定，优柔寡断	16. 在人群中从不觉得过分拘束
17. 情绪高昂时，觉得干什么都有趣；情绪低落时，又觉得干什么都没有意思	18. 当注意力集中于一事物时，别的事很难使我分心
19. 理解问题总比别人快	20. 碰到危险情景，常有一种极度恐怖感
21. 对学习、工作、事业怀有很高的热情	22. 能够长时间做枯燥、单调的工作
23. 符合兴趣的事情，干起来劲头十足；否则就不想干	24. 一点小事就能引起情绪波动
25. 讨厌做那种需要耐心、细致的工作	26. 与人交往不卑不亢
27. 喜欢参加热烈的活动	28. 爱看感情细腻、描写人物内心活动的文学作品
29. 工作学习时间长了，常感到厌倦	30. 不喜欢长时间谈论一个问题，愿意实际动手干
31. 宁愿侃侃而谈，不愿窃窃私语	32. 别人说我总是闷闷不乐
33. 理解问题比别人慢些	34. 疲倦时只要短暂的休息就能精神抖擞，重新投入工作
35. 心里有话宁愿自己想，不愿说出来	36. 认准一个目标就希望尽快实现，不达目的，誓不罢休
37. 学习、工作同样一段时间后，常比别人更疲倦	38. 做事有些莽撞，常常不考虑后果
39. 老师或师傅讲授新知识、技术时，总希望他讲慢些，多重复几遍	40. 能够很快忘记那些不愉快的事情
41. 做作业或完成一件工作总比别人花的时间多	42. 喜欢运动量大的剧烈体育活动，或参加各种文艺活动

（续表）

43. 不能很快地把注意力从一件事转移到另一件事情上去	44. 接受一个任务后，就希望把它迅速解决
45. 认为墨守成规比冒风险强些	46. 能够同时注意几件事物
47. 当我烦闷的时候，别人很难使我高兴起来	48. 爱看情节起伏跌宕、激动人心的小说
49. 对工作抱认真严谨、始终如一的态度	50. 和周围人们的关系总是相处不好
51. 喜欢复习学过的知识，重复做已经掌握的工作	52. 希望做变化大、花样多的工作
53. 小时候会背的诗歌，我似乎比别人记得清楚	54. 别人说我"出语伤人"，可我并不觉得这样
55. 在体育活动中，常因反应慢而落后	56. 反应敏捷，头脑清楚
57. 喜欢有条理而不甚麻烦的工作	58. 兴奋的事常使我失眠
59. 老师讲新概念，常常听不懂，但是弄懂以后就很难忘记	60. 假如工作枯燥无味，马上就会情绪低落。

评分方法：

（1）把每题得分按下面题号相加，计算各栏总分。

胆汁质	2，6，9，14，17，21，27，31，36，38，42，48，50，54，58
多血质	4，8，11，16，19，23，25，29，34，40，44，46，52，56，60
黏液质	1，7，10，13，18，22，26，30，33，39，43，45，49，55，57
抑郁质	3，5，12，15，20，24，28，32，35，37，41，47，51，53，59

（2）判定方法：

①如果某一栏得分超过20分，其他三栏得分较低，则为典型的该气质。

②如果这一栏在10分～20分之间，其他三栏得分较低，则为一般气质。

③如果有两栏的得分显著超过另两栏的得分，而且分数比较接近，则为两两混合型气质。

④如果一栏的得分低，其他三栏都不高，但很接近，则为三种气质的混合型。

（二）性格

1. 性格的内涵

日常生活中，有的人勤奋，有的人懒惰；有的人正直，有的人自私；有的慷慨大方，有的人吝啬小气；有的人谦虚谨慎，有的人骄傲狂妄；有的人赤胆忠心、见义勇为；有的人心术不正、见利忘义等。这些不同的心理特征正是人的性格的差异。那么什么是性格呢？"性格（character）"一词源于希腊语，意为雕刻的痕迹或戳记的痕迹。这个概念强调个人的典型行为表现和由外部条件决定的行为。性格是一个人在对现实的稳定的态度和在习惯了的行为方式中表现出来的人格特征；它表现一个人的品德，并受人的价值观、人生观、世界观的影响。这些具有道德评价含义的人格差异，我们称之为性格差异。性格是在后天社会环境中逐渐形成的，是人的核心的人格差异。性格有好坏之分，能最直接地反映出一个人的道德风貌。

2. 性格的分类

性格的类型是指在一类人身上所共有的性格特征的独特结合。目前对性格进行分类主要有以下几种：

（1）根据优势心理机能划分性格类型

英国心理学家培因等根据智力、情感和意志三种心理机能在性格中何者占优势，把人分为理智型、情绪型和意志型三种。

属于理智型的人以理智来衡量一切并支配行动；属于情绪型的人，情绪体验深刻，举止受情绪左右；意志型的人具有较明确的目标，行动主动。

(2) 按个体心理活动倾向于外部或内部来划分性格类型。心理活动倾向于外的为外倾型，心理活动倾向于内的为内倾型。

外倾型的总的特点是，心理活动倾向于外部，开朗、活跃、善于交际；内倾型的人与此相反，心理活动倾向于内部，一般表现为沉静、反应缓慢、顺应困难。

(3) 按照个体独立性程度划分性格类型

属于顺从型的人，独立性差，易受暗示，容易不加批判地接受别人的意见，照别人的意见办事，在紧急困难情况下表现张皇失措；而属于独立型的人，他们的主要特点是善于独立地发现问题和解决问题，不易为次要因素所干扰，在紧急困难情况下不慌张，易于发挥自己的力量。

3. 大学生的性格

一个人的性格会经常地、习惯性地表现在自己的言行、表现、工作等方面。某大学生一向稳重，但有一次却一反常态向工作对象发了脾气。这位学生的性格还是稳重的，而急躁是偶然表现出来的，不能算作他的性格。一个人的性格是在社会实践中逐渐形成的，性格一经形成就比较稳固，但也不是不可以改变的。生活中某些重大打击会使一个人的性格变得判若两人，如当某人得知自己患癌症，性格变得沉默寡言了。一个大学生的性格也会通过各种态度、意志、情绪、认知等表现出来，如对待同学、班级、学校的态度，包括是否善于人际交往、人际关系的亲疏、独立性、目的性、组织性、纪律性、冲动性、盲目性、主动性和自制力，等等。

大学生的性格处于性格发展阶段的成熟期(19～30岁)。在初期，可塑性比较大，因而对某些有不良性格的大学生可以采取调适方式，改变其不良成分。大学生不良性格的调适应注意如下三点：第一，要靠自我修养。首先是对自己应有正确的自我评价，明确自己性格的优点，调动自己性格积极的方面；同时要明确自己性格的缺点，找到努力的方面，并自觉地进行改正。第二，要靠老师、同学、家长的热情帮助。第三，要靠良好的社会舆论的影响。

内外向性格测验

请根据自己实际情况，做“是”“不知道”或“不是”的回答。

A卷

1. 当你站在大庭广众面前时，你会感到不好意思	2. 你愿意一个人独处
3. 与陌生人打交道，你感到不容易	4. 当你遇到不快乐的事情时，你能抑制感情，不露声色
5. 你不喜欢社交活动	6. 你不会把自己的想法轻易告诉别人
7. 对问题，你喜欢刨根问底	8. 你凡事很有主见
9. 会议休息时，你宁肯一个人独坐也不愿同别人聊天	10. 当你遇到难题时，你非弄懂不可
11. 你不善于和人辩论	12. 你时常因为自己的无能而沮丧
13. 你常常对自己面临的选择犹豫不决	14. 你喜欢把自己拿去和别人比较
15. 你容易羡慕别人的成绩	16. 你很在意别人对你的看法
17. 在发现异常现象时，你容易产生丰富的联想	18. 你总是把家里收拾得干干净净
19. 你做事很细心	20. 你十分注意维护自己的信用形象

（续表）

21. 你信奉"不干则已，干则必成"这一格言	22. 拿到一本书，你可以反反复复看几遍
23. 你做事情大多有计划	24. 你在学习时，不容易受外界干扰
25. 读书时，你的作业大多整洁、干净	26. 一旦对人形成一种看法，你不会轻易改变这一看法
27. 你不喜欢体育活动	28. 在买东西前，你总要比较估量一番
29. 遇到不愉快的事情，你会生气很长时间	30. 你常常担心自己会遭遇失败

B卷

1. 你总是对人一见如故	2. 你喜欢表现自己
3. 开会时，你喜欢坐在显眼的地方，以便更容易被人注意到	4. 你在众人面前总是能爽快地回答问题
5. 你愿意经常和朋友在一起	6. 逛商店时，你只要认为是好东西立即就会买下来
7. 对别人的意见，你很容易接受	8. 你喜欢高谈阔论
9. 决定问题时，你是一个爽快的人	10. 常常不等别人把话讲完，你就觉得自己已经懂了
11. 当遇到挫折时，你不轻易丧气	12. 碰到高兴事时，你极容易喜形于色
13. 对别人的事情，你不太注意	14. 你喜欢憧憬未来
15. 你相信自己不比别人差	16. 你不太注意外表
17. 即使做了亏心事，你也会很快遗忘	18. 你自己放的东西，却常常不知在哪里
19. 对于别人的请求，你总是乐于帮助	20. 你总是热情来得快，消退得也快
21. 你做事情更注意速度而不是质量	22. 你不习惯于长时间看书
23. 你的兴趣广泛，但经常变换	24. 在开会时，你喜欢同人交头接耳
25. 答应别人的事情经常会忘记	26. 你容易和人交朋友
27. 对电视中的球赛节目，你非常感兴趣	28. 你不看重经验，不惧怕从来没做过的事情
29. 当你做错了事，你很容易承认和改正	30. 你容易原谅他人

计分方式：

A卷题，答"是"计为0分，"不知道"计1分，"不是"计2分；

B卷题，答"是"计为2分，"不知道"计1分，"不是"计0分；

请你以最快速度统计A、B卷合计总分。

评定方法：

得分相加得到总分，总分含义如下：

总　分	性格倾向性	总　分	性格倾向性
0—19	内向	60—79	偏外向
20—39	偏内向	80—100	外向
40—59	中间型（混合型）		

内外向性格的特征：

外向	具有较高的反应性和主动性。脾气暴躁、不稳重、好挑衅，但态度直率、精力旺盛。能以极大的热情工作并克服前进道路上的障碍，但有时会表现缺乏耐心。当困难太大而需要特别努力时，有时显得意志消沉、心灰意懒。他们可塑性差，但兴趣较稳定
偏外向	会对一切吸引他注意的东西，作出主动的、兴致勃勃的反应。行动敏捷，有高度的可塑性。容易适应新环境，善于结交新朋友。易动感情，姿态活泼，表情生动，言语具有表达力和感染力。精力充沛，坚定、有毅力。但在平凡和持久的工作中，热情易消退，表现出萎靡不振
偏内向	不易动感情，情绪也不易外露，态度持重、交际适度，对自己的行为有自制力。心理反应缓慢，遇事不慌不忙。可塑性差、不灵活，但有条理、冷静持久地工作。因循守旧，缺乏创新精神。性格一般表现为内向，对外界的影响很少作出反应
内向	具有较高的感受性和较低的敏感性，他们的心理速度缓慢，动作迟钝，说话慢慢吞吞。多愁善感，易动情感，但表现微弱而持久。不善于与人交往，在困难面前优柔寡断，在危险面前表现出恐惧和畏缩，在受挫折以后常心神不安，不能迅速地转向新的工作，主动性较差。不能把事情坚持到底。富于想象，比较聪明，对力所能及的事情表现出较大的韧性，并克服重重困难

（三）性格与气质的关系

性格与气质是容易混淆的两个概念，二者之间既有区别，又有联系。

1. 性格与气质的区别

首先，气质主要是先天的，更多地受人的生理特点（主要是神经过程）的制约；而性格主要是后天的，更多地受社会环境（包括教育）的制约。其次，气质表现的范围狭窄，局限于心理活动的强度、速度等方面；而性格表现的范围广泛，它几乎囊括了人的心理的社会方面的特点。最后，气质可塑性小，变化较慢；而性格特征可塑性较大，变化较快。

2. 性格与气质的联系

第一，气质对性格的影响。首先，一般地说，某种气质可以有利于促进某些性格特征的发展。如胆汁质和多血质比黏液质更容易形成果断性和勇敢性等性格特征。其次，在性格表现上常常会有各自的气质特色。例如，同样乐于助人的性格，不同气质的助人表现是不同的：胆汁质的人带有满腔热情的特点；抑郁质的人则带有怜悯的特点。

第二，性格对气质的影响。首先，人的气质的动力特征，如热烈或冷静等，被认为是优良品质时，这种气质特征受性格的意志特征制约，甚至变成与性格难以区分的品质。其次，性格还可以在一定程度上掩盖和改造气质。例如，从事精细操作的外科医生一旦形成了沉着的性格，就有可能改造胆汁质的冲动和不可遏制的气质特点。

虽然，气质对性格的形成与表现产生一定的影响，但它并不决定一个人最终形成什么样的性格。研究表明，气质不同的人形成相同的性格品质是可能的，而同一气质类型的人也可能形成不同性格。

【课堂练习】

1. 某班学生准备举行一场辩论会，现有以下工作准备分配：

   公关、宣传、接待、联络、选手签到、资料准备。

   你如何将这些工作分配给具有多血质、胆汁质、抑郁质、黏液质等不同气质类型的工作者呢？即如何分配才能人尽其才？

2. 你的气质与性格如何？你将如何努力使自己的气质和性格向更好的方向发展？

第二节　大学生常见的人格障碍与调适

小 故 事

一位名叫麦克的人失业后,心情极为糟糕。为了排解心中的苦闷,他找到了小镇上的牧师。牧师听完了麦克的诉说,把他带进一间古旧的小屋,小屋里唯一的一张桌上放着一杯水。牧师微笑着说:“你看这只杯子,它已经放在这儿很久了,几乎每天都有灰尘落在里面,但它依然澄清透明。你知道,这是为什么呢?”

麦克认真思索,像是要看穿这杯子。他忽然说:“我懂了,所有的灰尘都沉淀在杯底了。”牧师赞同地点点头:“年轻人,生活中烦心的事很多,有些你越想忘掉越不易忘掉,那就记住它们好了。就像这杯水,如果你厌恶地振荡自己,会使整杯水都不得安宁,混浊一片,这是多么愚蠢的行为。如果你愿意慢慢地、静静地让它们沉淀下来,用宽广的胸怀去容纳它们,这样,心灵并未因此受到污染,反而更加纯净了。”

【分享感悟】

正如那位小镇牧师所言,当我们正承受外界压力或遭遇挫折时,最好的办法是沉淀自己的心灵。沉淀心灵,是一种人格砥砺、一种美丽、一种形而上的境界、一种厚积薄发的能量蓄势。外部环境固然对个体人格的养成有着很大的影响,但通过自我调适,个体的不良人格将得以改善并健康成长。

知识讲堂

一、大学生人格的形成和发展

一般认为,人格的形成由遗传和环境两个因素共同起作用:其中,遗传是人格的自然前提。在此基础之上,环境对人格的形成和发展起决定作用。大学生的人格就是在同环境相互作用的过程中形成和发展起来的。在诸因素中,尤其以家庭、学校、社会化等因素对大学生的影响最为重要。

(一) 家庭

家庭是社会最小的基本单位,是制造个人适应环境所必需的心理能力的第一个场所。家庭对人格形成产生的重要而深远的影响主要通过两方面显示出来:

1. 家长对子女的教育态度

西蒙兹(Symonds S.)认为,在父母和孩子之间有两个基本要素:一是接受—拒绝,要么给孩子以爱,要么就拒绝孩子的爱;二是支配—服从,要么随心所欲地去支配孩子,要么服从孩子的要求。父母与孩子的互动都基于以上两种基本要素,但最理想的方式还是居于两者之间,即对于孩子爱护和严厉有度,不随意支配孩子,也不完全随孩子支配。父母只能给孩子适中的爱,才能为孩子人格的健康发展提供良好的环境。

2. 家庭的气氛

一个家庭中,父母相敬如宾,兄弟姐妹之间相亲相爱,与邻里和睦相处,往往易使个体形成谦虚、礼貌、随和、诚恳、乐观、大方等良好的人格特征。反之,家庭成员之间如果经常吵闹打骂,邻里之间纠纷不断,则易使个体形成粗暴、蛮横、孤僻、冷漠等不良的人格特征。

大学生入学之前,主要生活在家庭的天地之中,而这一时期正是人一生中成长的关键时期。

大学时期，学生开始离开家庭独立生活，无疑降低了家庭的影响，但因家庭成员的关系比较稳定而持久，成员之间的互动频率也较高，家庭仍然对大学生继续发挥其特有的作用。例如，家庭的经济状况、家庭的文化背景、家庭的压力与期望等都对大学生的方方面面产生影响。

（二）学校

在现代社会中，学校是家庭之外影响个体人格的第一个机构，是将个体从家庭引向社会的第一座桥梁。当个体进入学龄期之后，学校取代家庭上升到首要地位，成为最重要的影响因素。

大学生在学校，一方面学习专业化的内容，培养思维习惯、开阔视野；另一方面也接受大学独特特征的潜移默化的影响。大学生生活、学习都在集体里，这对培养他们集体主义的性格、组织性、自制性、独立性等特征都有重大意义。一个在班集体中得到关心爱护、受到尊重信赖、感到温暖快乐的学生的情绪是积极稳定的，行动是自信大胆的，与人相处是团结友好的，对集体是关心维护的。反之，则容易形成冷漠、孤独、自卑、消极、敌对情绪等不良的特征。大学生在校接受系统的教育，教师不仅在教学中影响着学生，而且也以其全部行为和人格来影响学生。

（三）社会化

大学生人格的形成和发展也取决于个体加入的社会生活，取决于个体所经历的社会化进程。个体社会化对人格形成和发展的影响主要体现在两个方面，即宏观的社会文化层次上和微观的个体生活情境层次上。

社会文化层次是个体人格形成和发展的宏观背景，包括一定的社会物质生活条件、社会制度、价值观念、行为规范、风俗习惯等。经由宏观上的共同文化的熏陶，每一社会成员都具有某些共同的人格特征，它们形成了个体之间基本相似的人格丛，这就是基本人格，或社会性格、民族性格。所以，我们看到，每一个时代的大学生都具有那个时代的特点。但是，文化决定的只是社会成员的基本人格类型，它不等同于每个成员的具体人格。个体的具体人格还要受到微观的具体生活情境的影响。

个体生活情境层次是大学生人格形成和发展的微观机制。大学生在实际的社会生活中，会结成其独特的人际关系，经历不同的生活事件，这就形成了大学生人格的千差万别的方面。

二、大学生的不良人格和调适

所谓人格发展缺陷是介于健康人格与病态人格（即人格障碍）之间的一种人格状态，也可以说是一种人格发展的不良倾向，或是说某种轻度的人格障碍，表现为人格发展的不良倾向。大学生中有相当一部分人存在着不同程度上的人格发展缺陷，常见的主要有自卑、懒惰、拖拉、粗心、鲁莽、急躁、悲观、孤僻、多疑、抑郁、狭隘、冷漠、被动、骄傲、虚荣、焦虑、自我中心、敌对、冲动、脆弱等。这些不良的心理因素不仅会降低学习和工作效率，还会妨碍正常的人际交往，同时，会给人蒙上一层消极、阴暗的色彩。

大学生常见人格缺陷的特征及矫正方法：

（一）自卑

自卑是心理咨询中的常见问题，其实质是一种消极的自我评价或自我意识。自卑者常对自己的形象、能力品质评价较低，只关注别人的优点和自己的缺点之间的差距，认为做事不如他人，自惭形秽，从而缺失自信，失望悲观。矫正应从认识上、情绪上、行为上同时入手。可以从以下几方面避免自卑：

1. 相信自己。这是一种信念，每天默念数遍。

2. 找出自卑源，理性分析其合理性。

3. 欣赏自我。悬挂自己最满意的照片。注重自己的外表形象能够帮助你看重自己。

4. 调整理想自我。

5. 乐观面对生活。建立乐观的生活态度，使自我形象提升，继而建立自信。

6. 敢于面对错误与挫折。

7. 经常使用自我鼓励与自我暗示。常常对自己说："我可以的，我能行""我很放松，我能做好""再加把劲儿，离目标不远了""我感觉不错"。

（二）羞怯

羞怯在大学生中并不少见，如不敢在公共场合发表意见，害怕与陌生人打交道，路上见到异性同学会手足无措，见到老师便难为情，说话感到紧张等。一般而言，害羞之心人皆有之，但是过于害羞便会影响人际交往，阻碍人的才能正常发挥，还会导致压抑、孤独、焦虑等不良心态。

羞怯是自我防御心理过强的一个结果，其特点表现为：

1. 过于胆小被动，过于谨小慎微。羞怯者说话时，往往不能清晰地表达自己的观点，说话、做事总担心出错，害怕被人议论、讥笑。因此每想说一句话，总要在喉咙口反复多次；做事总要思前想后，犹豫不决，把自己搞得神经紧张、坐立不安，而且常常为错过说话、做事的机会而感到后悔、沮丧、自责。

2. 过于关注自己。羞怯者特别在乎自己在别人心目中的形象，认为自己总是处于目光之中，所以经常感到拘束，内心十分敏感。

3. 自信不足。羞怯者对自己的社交能力、表达能力、做事能力乃至自我形象缺乏信心，因而使本来可以做到、做好的事难以如愿。

虽然羞怯的人格特征与神经类型有一定的联系，但更多地还是后天因素所致，所以通过有意识的调节可以改变。可以从以下几方面着手：

1. 正视自我，找到自己的长处和不足，扬其所长增强自信，来弥补不足之处。

2. 放松思想。怕羞心理普遍存在，只是个人调节和锻炼的程度不同罢了。金要足赤、人要完人是不可能的，一个人说错话、办错事没什么可怕，也不必难为情，错了改正就是了。

3. 做好自己。走自己的路，让别人说去吧。不要过于在意别人的看法而放弃自己想说的想做的。事实上，没有人能够得到所有人的赞美。

4. 有意识地锻炼自己。良好的胆量和能力都是可以通过锻炼得到的。有时候，只要敢于迈出第一步，剩下的就会变得异常简单。一旦这样做了，会发现自己不仅有能力把事情干好，而且有潜力把事情干得更好。20 世纪 70 年代的日本首相田中角荣在学生时代是一个严重的口吃患者，他发现自己越是在众人面前说话就越口吃，但是这并没有使他退却，反而使他下决心克服它。于是他索性参加了学校的话剧团，迫使自己背台词，并要背得滚瓜烂熟，否则无法登台演出。就这样，他通过百折不挠的锻炼，最终战胜了口吃。后来他不但话剧演得很成功，还参加了竞选演讲，并成功当选日本首相。可见锻炼是克服人格缺陷的一个好办法。

（三）懒惰

大学生本应是充满朝气和活力、开拓进取的群体，但事实并不总是如此。大学校园内曾经流行着这样的打油诗："人生本该 happy，何必整天 study，只要考试 pass，拿到文凭 go"。懒惰让部分大学生感到苦恼又难以改变，极大地影响了大学生积极进取、活力四射的生活方式。在瞬息万变的时代，若不能够改掉懒惰的坏习惯，你可能就是下一个淘汰者。

克服懒惰，是对自己负责。从日常小事做起，对自己的懒惰行为不能原谅，要克服自己的偷懒心理、好逸恶劳的思想。古语有云："今日事，今日毕"。除此之外，多与外部接触，参加实践活动，使自己变得忙碌起来。一个坚定并且有价值的理想能够让我们成功做到以上几点。

（四）猜疑

所谓猜疑，一猜二疑，疑是建立在猜的基础上，因而往往缺乏事实根据，有时也缺乏合理的思维逻辑。好猜疑的人往往对人对事敏感多疑，看到同学背着自己说话，便疑心是在说自己的坏话；某人没和自己打招呼，便猜他（她）对自己有意见等。

猜疑是很有害的人格缺陷，它会导致人际关系紧张、伤害他人感情、无事生非等；自己则会陷入庸人自扰、苦恼、惶惑的不良心境中。培根在《论猜疑》一文中指出，疑心“是迷陷人的惘，混淆敌友，破坏人和事业”。

当出现了猜疑心理时，你可尝试运用以下的方法加以调整：

1. 当产生猜疑时先不要外露，可留心观察所疑的人和事。若猜疑被证实，不会因此感到震惊；当猜疑不成立，应打消疑心，且由于不曾外露也不会伤害他人。

2. 加强沟通。猜疑常常是由于误会或他人搬弄口舌引起的，因此，碰到这种情况应主动地和被猜疑者沟通交流，这样有助于消除误会，增进彼此的信任感。

3. 抛弃成见和克服自我暗示。学会全面、发展地看问题，学会与外界沟通，改变封闭式思维方式。

4. 胸怀宽广。和朋友坦诚相待，做人坦荡，不用过分在意别人的看法，相信“日久见人心”。

总之，要克服摆脱猜疑的心理首要是自己做人要正，“身正不怕影子斜”；对他人宽厚为怀，即使被别人误会也不必去计较；充分驾驭好“语言”这个工具，出现了误会或彼此不信任、猜疑时，通过沟通思想、说明情况进行化解。只有这样，你才会生活得愉快。

（五）狭隘

凡事斤斤计较、耿耿于怀、好嫉妒、好挑剔、容不得人等，都是心胸狭隘的表现，即常说的“气量小”。心胸狭隘对人际关系有着很大的影响，不但会伤害他人感情，同时也常给自己带来烦闷、苦恼，影响自己的情绪和在他人心目中的形象，因此，于人于己有百害而无一利。狭隘人格多见于内向者，尤其是女性。

克服狭隘，一要胸怀宽广坦荡，一切向前看。正如歌德所言“比海洋更广阔的是天空，比天空更广阔的是心灵”。二要丰富自己，开阔眼界。一个人的视野越开阔，就越不会陷入狭隘之中，这就是所谓的“站得高，看得远”。三要学会宽容，宽以待人。

（六）急躁

急躁是一种常见的不良人格品质，表现为：碰到不称心的事情马上激动不安；做事缺乏充分准备，没准备好就盲目行动急于达到目的；缺乏耐心、细心、恒心。性情急躁之人说话办事快、竞争意识强、容易冲动、心情常常处于紧张状态。日常生活中急躁特点的人为数不少。他们常常什么都想学，且急于求成，生怕比别人落后，但实际效果常常达不到期望的目标，因此会泄气、发怒。这样既影响自己的健康和效率，又妨碍人际关系。

怎样克服急躁的缺点呢？

1. 思先于行。首先要加强自我涵养，自觉地养成冷静沉着的习惯。在学习、生活中，对非原则性问题，尽量避免与人发生矛盾以致激化，把精力用到积极思考之中。

2. 改变行为，细心、认真行事。吃饭时间不得少于 20 分钟，细嚼慢咽；说话控制语速，想好了再说，不随意打断别人谈话；看书要一字一句细读，边读边想；走路骑车有意不超过别人；工作中改掉冲锋陷阵式的习惯，不着急，有条不紊地完成。

3. 控制发怒。性格急躁的人容易发怒，应把制怒格言“能忍则自安；退一步则海阔天空”铭记在心，时时提醒自己遇事冷静。即使输了，也要甘拜下风。

4. 采用松弛疗法，坚持静养训练。在工作学习之余，常听轻松、幽雅、恬静的音乐，赏花悦心、书画静神、打太极拳、练练气功闭目养神，使肌肉、神经都处于完全放松状态。

（七）拖拉

拖拉是不少大学生的通病。拖拉是指可以完成的事而不及时完成，今天推明天，明天推后天，正是："春天不是读书天，夏日炎炎正好眠，秋多蚊虫冬又冷，一心收拾待明年。"导致拖拉的原因主要有三点：一是试图逃避困难的事，二是目标不明确，三是惰性作用。拖拉一方面会耽误学习、工作，另一方面并没有使人因此而轻松些，相反往往总觉得有事情没完成，加大心理压力，引起焦虑，干别的事也难以安心，还会贻误时机。

改变拖拉，首先要充分认识其危害性，找到自己拖拉的原因，从而下决心改变。其次要科学地安排时间，凡事有轻重缓急，要一件件地完成，此外，还要讲究科学的学习和工作方法提高效率。再次要敢于挑战不合心意或者需要花大力气的工作，对于那些必须完成的事，早点动手干，完成后不光会有一种如释重负的感觉，还会有一种欣喜感、满足感、成就感，而拖拖拉拉只会带来疲软、松垮及焦虑。

（八）自我中心

随着自我意识的发展，大学生越来越感到自己内心世界的独一无二，他们越来越多地把关注的重心投向自我，尤其是那些有较强自信心、自尊心、优越感、独立感的学生就更容易出现自我中心倾向。当这种倾向与一些不健康的思想意识（如个人主义、自私自利思想）和心理特征（如过强的自尊心、唯我独尊等）结合时，就会表现出过分的、扭曲的自我中心。过分以自我为中心的人，往往对于接手的事情首先想到的便是从自己出发，不能够客观地思考问题，对于别人的批评指正也不能虚心地接受。这种性格的人大多会躲避困难，认为自己永远是对的，因此在人际交往中往往饱受差评。克服过分自我中心的途径包括：

1. 树立健康的人生观。自觉地将自己和他人、集体结合起来，走出自己的小天地。

2. 恰当地评价自己。评价时应既不低估也不高估，既不妄自菲薄，也不自高自大。

3. 尊重他人。只有尊重和信任才能获得友谊。

4. 设身处地地从他人的角度思考问题。将心比心，真诚地关爱他人，从而做到"我爱人人，人人爱我"。

三、常见的人格障碍及其矫正

（一）人格障碍的内涵及特点

人格障碍，是指人格发展的内在不协调，指在没有认知障碍或智力障碍的情况下，个体出现的情绪反应、动机和行为活动的异常。大多数心理学家认为，病态人格也是正常人格的变异，不属于精神病，是介于精神病和正常人格的一种状态。不同的人格障碍者行为问题的程度有所不同。问题较轻的人在社会生活中能与正常人一样生活，但在家庭生活中，由于他的怪僻而难以与家人相处；严重的人则表现为明显的社会适应障碍，无法正常地学习和生活。值得重视的是：人格障碍与精神病在一定情况下是会相互转化的，所以必须对有严重的人格障碍者进行及时有效的矫正，以免成为精神病的高发人群。

人格障碍常形成于早年，原因除了有较明显的遗传因素及大脑发育不成熟外，童年的精神创伤、不和睦的家庭及不良社会环境、教育方式不当等都是促使人格障碍形成的外在因素。人格障碍一旦形成，矫正便十分困难，所以早期的发现及预防十分重要。要注意儿童的早期教育，让他们生活在健康的环境中。如发现儿童性格有偏离正常的现象，必须尽早去专科医院矫正、治疗。年龄愈小，人格的可塑性愈大。精神病学界公认，18 岁以后才能诊断人格障碍。

（二）常见的人格障碍类型

精神病学家把人格障碍分成若干类型，但应说明的是典型的人格障碍并不多见。所见到的大多是不典型或者不典型表现为下述类型的中间形式或混合形式。在人群中，常见的人格障碍主要有以下几种：

1. 偏执型人格障碍

偏执型人格障碍又称妄想型人格。其行为特点常常表现为：感觉过敏极其厉害，对侮辱与伤害他的人耿耿于怀；思想固执、行为死板，小肚鸡肠，疑心重，嫉妒他人的成就或荣誉；自我认知极度不客观，过高估计自己，过分要求他人，自傲又自卑，内心阴暗，总是疑心他人；不能正确、客观地分析形势，有问题易从个人感情出发，主观片面性大；如果建立家庭，常怀疑自己的配偶不忠等。这种人格的人在家不能与家长和睦相处，在外不能与朋友、同事融洽相处。

按照《中国精神疾病分类方案与诊断标准》，偏执型人格障碍的主要特征如下：

(1) 广泛猜疑，常将他人无意的、非恶意的，甚至友好的行为误解为敌意或歧视，或无足够根据怀疑会被人利用或伤害，因此过分警惕与防卫。

(2) 将周围事物解释为不符合实际情况的"阴谋"，并可成为超价观念。

(3) 易产生病态嫉妒。

(4) 过分自负，若有挫折或失败则归咎于人，总认为自己正确。

(5) 好妒恨别人，对他人过错不能宽容。

(6) 脱离实际地好争辩与敌对，固执地追求个人不够合理的"权利"或利益。

(7) 忽视或不相信与患者不相符合的客观证据，因而很难以说理或用事实来改变患者的想法。

患者的症状至少要符合上述项目中的三项，才可以诊断为偏执型人格障碍。偏执型人格者从不承认自己的偏执行为，缺乏自知之明。偏执型人格障碍患者中以男性较多见，且以胆汁质或外向型性格的人居多。

2. 分裂型人格障碍

一般来说，分裂型人格障碍患者的人际关系很差，而且大多数都独自一人，不会维系婚姻、友情甚至于亲情。因为他们缺少温情，不懂得如何享受人间的情感乐趣以及表达人类的细腻情感。有些人即使有业余爱好，也多是阅读、欣赏音乐、思考等一些安静被动的活动。即使有部分人会在某种专业中沉醉，做出较高成就，但总的来说，他们生活无趣，思维刻板，缺乏创造性与独立性。他们总是在天马行空的胡思乱想，却无情无欲，故步自封。他们不能正视现实，只是一味逃避，但内心却极其焦虑与痛苦。

按照《中国精神疾病分类方案与诊断标准》，分裂型人格障碍的特征如下：

(1) 有离奇的信念，或者与文化背景不相称的信念，如相信透视力、心灵感应、特异功能和第六感官等。

(2) 奇怪的、反常的或特殊的行为或外貌，如服饰奇特、不修边幅、行为不合时宜、习惯或目的不明确。

(3) 言语怪异，如离题、用词不妥、繁简失当、表达意见不清楚，并非文化程度或者智能障碍等因素所引起的。

(4) 不寻常的知觉体验，如有过度的错觉、幻觉，看见不存在的人。

(5) 对人冷淡，对亲属也不例外，缺少温暖体贴。

(6) 表情淡漠，缺乏深刻或生动的情感体验。

(7) 多单独活动，主动与人交往仅限于生活或工作中必需的接触，除一级亲属外无亲密友人。

患者的症状至少要符合上述项目中的三项，才可以诊断为分裂型人格障碍。

一般来说，分裂型人格障碍的形成与人的早期心理发展关系密切。人类在出生后的一段不能独立的时间里，必须接受父母的照顾，也极易受到父母及周围环境的影响。这会影响到儿童早期人格的建立。在成长过程中，如果儿童能感受到周围人的爱，心理上就不易产生偏差。但是如果终日遭受打骂批评，甚至受到父母的区别对待，就会造成儿童内心的自我贬低以及不正常的是非观和焦虑心理、敌对情绪。甚至于有的儿童还会因此分离、独立，逃避一切人与事，极易形成分裂型人格。

3. 反社会型人格障碍

反社会型人格障碍也称精神病态或社会病态、悖德型人格等。在人格障碍的各种类型中，反社会人格是心理学家所最为重视的。患者的共同心理是：情绪的爆发性，行为的冲动性，对社会和他人冷酷、仇视，缺乏好感和同情心，缺乏责任感，缺乏愧疚悔改之心，不顾社会道德法律准则和一般公认的行为规则，经常出现反社会行为，不能从挫折与惩罚中吸取教训，缺乏焦虑感和罪恶感。

心理学家克莱克在其《正常的假面》中对反社会型人格的特征做了系统的阐述，提出了下列16个明显性：

(1) 外表迷人，具有中等或中等以上智力水平。初次相识给人很好的印象，能帮助别人消除忧烦、解决困难。

(2) 没有通常被认为是精神病症状的非理性和其他表现，没有幻觉、妄想和其他思维障碍。

(3) 没有神经症性焦虑；对一般人心神不宁的情绪感觉不敏感。

(4) 他们是不可靠的人，对朋友无信义，对妻子(丈夫)不忠实。

(5) 对事情不论大小，都无责任感。

(6) 无后悔之心，也无羞耻之感。

(7) 有反社会行为但缺乏契合的动机；叙述事实真相时态度随便，即使谎言将被识破也是泰然自若。

(8) 判别能力差，常常不能吃一堑长一智。

(9) 病态的自我中心，自私，心理发育不成熟，没有爱和依恋能力。

(10) 麻木不仁，对重要事件的情感反应淡漠。

(11) 缺乏真正的洞察力，不能自知问题的性质。

(12) 对一般的人际关系无反应。

(13) 做出幻想性的或使人讨厌的行为。对他人给予的关心和善意无动于衷。

(14) 无真正企图自杀的历史。

(15) 性生活轻浮、随便，方式与对象都与本人不相称。有性顺应障碍。

(16) 生活无计划，除了老是和自己过不去外，没有任何生活规律，没有稳定的生活目的。他们的犯罪行为也是突然进行的，而不是在严密计划和准备下进行的。

产生反社会型人格的主要原因有：早年丧失父母或双亲离异，寄养，先天体质异常，恶劣的社会环境、家庭环境和不合理的社会制度，以及中枢神经系统发育不成熟等。

一般认为，家庭破裂、儿童被父母抛弃和受到忽视，从小缺乏父母在生活和情感上的照顾和爱护，是反社会型人格形成和发展的主要社会因素。儿童被父母抛弃和受到忽视有两种含义：

一是指父母对孩子冷淡，情感上疏远，这就使儿童虽然在形式上学习到了社会生活的某些要求，但其理解和分担他人情感的能力得不到应有的发展。二是指父母的行为或父母对孩子的要求缺乏一致性。父母对孩子喜怒无常、赏罚不定。儿童对同伴的引诱缺乏抵抗力，对过错缺乏内在愧疚等现象都是由于他人赏罚的不一致性，本人对善恶价值的判断自相矛盾而造成的。

4. 攻击型人格障碍

攻击性人格障碍是一种以行为与情绪都有明显冲动性为主要特征的人格障碍，又称为爆发型或冲动型人格障碍。其特点主要如下：

(1) 情绪急躁易怒，存在无法自控的冲动和驱动力。

(2) 性格上常表现出向外攻击、鲁莽和盲动性。

(3) 冲动的动机形成可以是有意识的，亦可以是无意识的。

(4) 行动反复无常，可以是有计划的，亦可以是无计划的，行动之前有强烈的紧张感，行动之后体验到愉快、满足或放松感，无真正的悔恨、自责或罪恶感。

(5) 心理发育不健全和不成熟，经常导致心理不平衡。

(6) 容易产生不良行为和犯罪的倾向。

上述表现是主动攻击型的表现。而被动攻击型主要是以被动的方式表现其强烈的攻击倾向。这类人虽然外表被动，但内心却充满攻击性，总在故意找茬制造障碍，阻碍他人行动。主动攻击型人格障碍与反社会型人格障碍相似，但主动攻击型人格呈现出较为持久的攻击言行，缺乏自控能力，主要表现为对他人的攻击冲动。反社会型人格主要表现为对他人和社会的反抗言行，而且明知故犯，屡教不改。总之，主动攻击型人格的行为特点是自控能力低，而反社会型人格则以行为不符合社会规范为特征。

攻击型人格障碍主要是由以下几个原因导致的：

(1) 生理原因：一些心理学家认为攻击性行为发生可能是由于人的小脑发育不成熟，阻碍了传递快感的神经通道的发育，从而对愉快和安全难以感受和体验。有人报告，暴力犯罪者中脑电波异常多见，特别是颞叶的慢波活动与正相尖波。另外，攻击行为还与人体内分泌腺和雄性激素分泌过多有关。

(2) 心理原因：对男性角色的片面理解，强调男子汉的果敢、义气、力量、善攻击等特征；因自卑心理而以冲动、好斗为补偿方式；自尊心受挫折。

(3) 家庭原因：对儿童过分溺爱会使他们的个人意识过强，很难管制，极易“还击”；对儿童过分专制会压抑他们的心理，使他们极易选择过于激烈的行为宣泄愤怒。

(4) 社会原因：宣扬暴力的各种传媒工具和不良社会风气的影响。

5. 癔症型人格障碍

癔症型人格又称表演型人格或歇斯底里人格。最突出的特征就是心理发育的不成熟，尤其是情感过程的不成熟，其表现一般有以下几个方面：过分以自我为中心；情感多变，通过损害他人来满足自己；情绪多变具有戏剧性，渴望引人注意。而且，这类患者的性心理也发育不成熟，有的性冷淡或有的过分敏感。而女性患者则往往天真地表现性感，以过分娇羞来引诱他人。具有这种人格的人的最大特点是做作、情绪表露过分，总希望引起他人的注意。此类型人格障碍多见于女性，尤其以中青年女性为常见，一般年龄都在25岁以下。

按照《中国精神疾病分类方案与诊断标准》，癔症型人格障碍患者至少具有以下项目中的三项：

(1) 表情夸张像演戏一样，装腔作势，情感体验肤浅。

(2) 暗示性高,易受他人的影响。

(3) 自我中心,强求别人符合他的需要或意志,不如意就给别人难堪或表示出强烈不满。

(4) 经常渴望表扬和同情,感情易波动。

(5) 寻求刺激,过多地参加各种社交活动。

(6) 需要别人经常注意,为了引起注意,不惜哗众取宠、危言耸听,或在外貌和行为方面表现得过分吸引他人。

(7) 感性大于理性,不能客观地对事物的好坏进行判断,情感总是占据主导地位。

(8) 说话不切实际,过分夸张,掺杂个人想象。

目前对癔症型人格障碍产生原因的研究尚少,但一般都认为与早期的家庭教育有关。父母的溺爱使得孩子心理发展滞后,与生理发展极不同步,甚至心理发展停滞。此外,这类人格产生也可能是患者心理暗示和依赖的原因。

一般来说,这种类型的患者的人格障碍症状会随着年龄的增长、心理的成熟而减轻。

6. 强迫型人格障碍

强迫型人格障碍者往往表现为固执己见、不苟言笑。强迫型人格障碍者的特点是,无论对什么人什么事都表现出一种广泛的、相对稳定的求全与固执,即使是对自己。在生活中这种人总是过分要求自己,不能容忍自己犯一点点错,更不能容忍某一既成模式有任何变化。他们行为刻板,缺乏想象力。在决断事情时往往需要思虑再三,有时则因此而误事。在家庭和个人生活上,这些特点也较为显著,他们表达情感的能力较差,对一些小节却投入太多的精力,如桌椅的摆设等。有些人还有洁癖,容不得一丝纤尘。有的则如"葛朗台"一样吝啬,明知无用的东西也不愿扔掉。

按照《中国精神疾病分类方案与诊断标准》,强迫型人格障碍的症状表现如下:

(1) 做任何事情都要求完美无缺、按部就班、有条不紊,因而有时反而会影响工作的效率。

(2) 不合理地坚持并要求别人也要严格地按照他的方式做事,否则心里很不痛快,对别人做事很不放心。

(3) 犹豫不决,常推迟或避免作出决定。

(4) 常有不安全感,穷思竭虑,反复考虑计划是否得当,反复核对检查,唯恐疏忽和差错。

(5) 拘泥于细节,甚至生活小节也要"程序化",不遵照一定的规矩就感到不安或要重做。

(6) 完成一件工作之后常缺乏愉快和满足的体验,相反,容易悔恨和内疚。

(7) 对自己要求严格,过分沉溺于职责义务与道德规范,无业余爱好,拘谨吝啬,缺少友谊往来。

患者状况至少要符合以上项目中的三项,才可诊断为强迫型人格障碍。

强迫型人格障碍患者的早年家庭环境一般较好,但其父母对子女的教育往往过分严厉、苛刻,动辄责备、训斥。幼年时期受到较强的挫折和刺激,也可能产生强迫型人格。

7. 回避型人格障碍

回避型人格障碍又称逃避型人格,其最大的特征是行为退缩、心理自卑,面对挑战多采取回避态度或无力应付。美国《精神障碍的诊断与统计手册》中对回避型人格的特征描述如下:

(1) 很容易因他人的批评或不赞同而受到伤害。

(2) 除了至亲之外,没有好朋友或知心人(或仅有一个)。

(3) 除非确信受欢迎,一般总是不愿卷入他人事务之中。

(4) 行为退缩,对需要人际交往的社会活动或工作总是尽量逃避。

(5) 心理自卑，在社交场合总是缄默无语，怕惹人笑话，怕回答不出问题。

(6) 敏感羞涩，害怕在别人面前露出窘态。

(7) 在做那些普通的但不在自己常规之中的事时，总是夸大潜在的困难、危险或可能的冒险。

只要满足其中的四项，即可诊断为回避型人格。

回避型人格障碍的行为退缩性与分裂型人格障碍的行为退缩性不同。前者并不安于或欣赏自己的孤独，不与人来往并非出于自己的心愿。

回避型人格形成的主要原因是自卑心理。心理学家认为，自卑感起源于人的幼年时期，由于无能而产生的不胜任和痛苦的感觉，也包括一个人由于生理缺陷或某些心理缺陷（如智力、记忆力、性格等）而产生的轻视自己、认为自己在某些方面不如他人的心理。自卑感产生的原因主是对自己认识不足，过低地估计自己，或是因为不能承受挫折的打击，变得消极悲观而自卑。

8. 自恋型人格障碍

对自恋型人格障碍的诊断，目前尚无完全一致的标准。一般认为其特征主要如下：

(1) 对批评的反应是愤怒、羞愧或感到耻辱（尽管不一定当即表露出来）。

(2) 喜欢指使他人，要他人为自己服务。

(3) 过分自高自大，对自己的才能夸大其辞，希望受人特别关注。

(4) 坚信他关注的问题是世上独有的，不能被某些特殊的人物了解。

(5) 对无限的成功、权力、荣誉、美丽或理想爱情有非分的幻想。

(6) 认为自己应享有他人没有的特权。

(7) 缺乏同情心。

(8) 渴望持久的关注与赞美。

(9) 有很强的嫉妒心。

只要表现其中的五项，就可诊断为自恋型人格。

自恋型人格者与癔症型人格者的表现有很多相似之处，如感情的多变性，偶尔进行的性挑逗等。两者的不同之处在于癔症型人格者善于交际、热情大方，而自恋型人格大都不善交际、自视甚高、冷漠无情，无法接受别人不好的评价，过于敏感等。他们一听到别人的赞美就沾沾自喜，反之则暴跳如雷。他们对别人的才智非常嫉妒，在与他人的相处之中很难做到换位思考，很少顾及他人的情感与需求；而且为人冷漠、自恃过高，所以交际圈狭窄，易孤独抑郁及遭受失败。

除了上面所介绍的八种较为常见的人格障碍类型外，还有很多其他类型的人格障碍：如焦虑型人格障碍、依赖型人格障碍等。它们的主要特征是：焦虑型人格障碍者一贯感到紧张、提心吊胆、不安全和自卑，总是希望自己被接纳，受不了来自他人的批评和冷落；依赖型人格障碍对于一些潜在的危险有明显的回避行为，常常喜欢依赖他人，不能够独立自主。

（三）大学生人格障碍的自我矫正方法

矫正人格障碍虽然有一定的难度，但也不是什么“不治之症”。在临床实践中发现，有相当一部分人格障碍者，在精神科医生和心理学家的指导下，通过自身的努力，在可能的限度内，在人格障碍的矫正方面取得了令人满意的效果。下面简要介绍几种人格障碍自我矫正的方法：

1. 反向观念法

人格障碍者往往会产生歪曲的认识，运用反向观念法其实是反其道而行之，恰恰成为一种有效的矫正方法。从以自我为中心，到向着他人考虑的方向改变；从偏爱极端，到中庸的思路，多方面考虑问题。反向观念法主要在于对自己的错误观念进行反向分析，得到正确的观念，努力按照正确的新观念办事。这种自我分析可以以周期的形式进行，以几天或是一个星期为一个单位，也可以在心情不好或遭受挫折时进行。通过自我分析，可以将之前歪曲的认识从一种无意识的状态变成一种有意识的认识层次，这样一来就有助于人格障碍者发现并且改进自己的不良人格状态。

2. 习惯纠正法

对人格障碍者而言，其行为大多成为一种习惯，成为生活的一部分。要想矫正人格障碍必定要改变其不良习惯。具体有三个要点：首先，要清楚地知道自己通常依赖他人和独立处理事情的大致种类和数量，这些可以通过表格记录下来。其次，对于自主意识很强的事情，要学会主动去做；对于自我意识较差或者偏离自己想法的一类事情，要学会提出改进方法，从而在以后的过程中得以实施。例如，在制定某一计划的时候，你听从了朋友的意见，但是在某些观点上存在分歧，这时候应当将自己的想法说出来，这样，在计划中便渗透了你自己的意见。随着你的意见的增多，你便能从依赖别人意见逐步转为完全自主决定。再者找一个你信赖的人做监督者，并与监督者订立双边协议：当你有良好表现时，予以奖励；当你违约时，予以惩罚。

3. 行为禁止法

人格障碍者可能出现许多不良行为，可以采取这种方法矫正。例如，一个偏执型人格障碍的人遇到某件事无法解决快要爆发的时候，就要在心中默念"我现在必须要将自己冷静 10 分钟，不能再继续刚才的反击行为了，我要用 10 分钟的时间来思考究竟是什么引起了不恰当的反击行为"。运用过行为禁止法之后，在以后面对此类事件的时候，用理性观念加以分析，在几分钟内怒气会减少很多，不少你认定极具威胁的事，在忍耐了几分钟后，你会发现灾难并未降临，不过是自己的一种无谓担忧罢了。

4. 情绪调整法

人格障碍者往往会有情绪障碍。例如，戏剧型人格的人常常会将自己的情绪夸张表达，令旁人一时难以接受。采用此法首先要做到的便是向你的亲朋好友作一番调查，听听他们对你的看法。对他人提出的看法，你应持全盘接受的态度，千万不要反驳，然后你扪心自问一下：上述情绪表现哪些是有意识的，哪些是无意识的；哪些是别人喜欢的，哪些是别人讨厌的。对别人讨厌的坚决予以改进，对别人喜欢的则在表现强度上力求适中。对无意识的表现，你将其写下来，放在醒目处，不时地自我提醒。此外，请你的好友在关键时刻提醒一下，或在事后对自己的表现作一评价，然后从中体会自己情绪表达的过火之处。这样坚持下去，你的情绪表达就会越来越得体和自然了。

【课堂练习】

1. 讨论分析

星期天上午 10 时，我去某大学找学生小张。一进宿舍门，嗬，8 个学生还有 6 个在睡大觉！我在小张屁股上拍了一下，他才爬了起来。他说昨晚他们玩到深夜，难怪要睡到日上三竿了。

试分析造成这种现象的原因是什么？谈谈你对上面案例中的大学生生活习惯的看法。

2. 在你身上存在哪些人格发展缺陷？它们对你的生活、学习有什么影响？如何改变这些缺陷？

第三节　大学生健康人格的塑造

小故事

老教授有三个事业有成的学生，他们分别在官场、商场和学术界都很有名气。于是有人询问教授："他们之中究竟是谁会更有出息？"老教授摇摇头说："现在我还看不出来。人生有三个层次，最低层次是技巧的较量，其次为智慧的较量，而最高层次为人格的较量。他们三人正处于人生的较低阶段。"

【分享感悟】

通过这个故事，我们可得知在人的素质结构中，人格有重要的作用。心理卫生学认为，人类的幸福生活与人类自身的人格健康有着很大的关联，二者之间相互促进、相互影响。人格素质是大学生综合素质的重要组成部分，人格素质的发展和提高对综合素质的发展、提高有关重要的促进作用。因此，建立健全的人格是大学生需要树立的目标之一。

知识讲堂

一、健康人格的特征（标准）

（一）健康人格的含义

健康人格是指各种良好人格特征在个体身上的集中体现。心理学对人格的研究重点曾经是"人性的疾病"（心理疾病）方面，但现在更关心"人性的健康"（心理健康）方面。研究人性健康的目的是要打开并释放人的潜能，以实现和完善我们的能力。

健康的人格，不仅是人类应该追求的价值目标，也是人们充分发展所能达到的一种境界。具有健康人格的人，其最显著的特点是，他们能够有意识地控制自己的生活，掌握自己的命运。他们正视自己、正视过去、面对现实、注重未来，渴望迎接生活的挑战，在实践中充分发挥自己的潜能并实现自己的价值。

（二）健康人格的具体特征

从具体特征上讲，健康人格应具有以下标准：

1. 人际关系和谐

人际关系和谐的人往往都是人格健康的人。拥有健康人格的人善于与他人交往，正面的态度要多于嫉妒、怀疑等消极态度。因此，他们诚恳待人、谦虚谨慎、公平尊重，同样也能得到来自他人的尊重与接纳。

2. 社会适应力良好

社会适应能力反映了人与社会的协调程度。拥有健康人格的人能够融入社会，能够主动地关心、了解社会，改造自己以适应社会、适应新环境。

3. 自我意识正确清晰

具有健康人格的人对自己有着清晰准确的评价，精神面貌充满自信，知道利用自己的长处，能够很好地适应周围的环境。自我意识薄弱的人常会出现自我矛盾，有些自恃过高，有些则是自卑自轻。

4. 生活态度积极向上

乐观的人生态度往往能让人类在社会实践中获得本质力量。乐观的人往往用积极的目光看待生活。在他们眼中，世界永远都是美好的。他们喜欢自己所从事的工作或学习，并发挥自身的智慧和能力去完成它们。他们能在危机中看到每个机会，即使在遇到困难和挫折时，也能知难而进，勇攀高峰。现代大学生的主要生活内容离不开学习，所以对学习的兴趣爱好程度往往反映对生活的热爱程度。

我们清楚一个拥有健全完善的人格的学生，应当热爱学习，不断拓展自己的知识领域，有坚定的信仰、健康的心理、正确的思维、坚忍的意志、奋斗的精神、合作的品格、创新的能力，有与时俱进适应环境和社会生活的能力，有美好生活情趣和高尚人生追求，应当心胸豁达、思维敏捷、敢于担当、明辨是非，追求幸福人生。相反，一个对学习和生活缺乏兴趣，整天萎靡不振，无所事事的学生的人格很难是健康的。

5. 良好的情绪调控能力

人格的成熟程度往往体现在一个人的情绪控制上。人格健康的人情绪调节能力比较强，无论遇到什么情况，都能调节自如，保持轻松愉悦的情绪，永远拥有一种积极向上、对生活抱有希望和信心的态度。即使偶尔出现消极情绪，也能寻找适当的方法让自己的不良情绪得到宣泄，让自己的身体充分解压。

健康人格的判断依据往往是多方面的。具有体验丰富的情绪和良好的情绪调控能力，具有健康的价值观和高尚的道德情操，能通过自身的能力满足自身基本需要，拥有紧跟时代潮流的学识和孜孜不倦的求知欲，可以牢牢把握当下的生活，会调整自己的生活节奏保证自身的健康发展，建立良好的交际圈并与朋友真诚相待。这些标准既可以作为衡量个体人格健康的标尺，也可以给当代大学生完善自身人格提供参照。

二、当代大学生理想人格的特征

作为人本主义运动最杰出的代表人物，马斯洛对理想人格问题进行了最为系统的研究。马斯洛认为自我实现是人生追求的最高境界。他列举了历史上 38 位最成功的名人，包括富兰克林、林肯、罗斯福、贝多芬、爱因斯坦等，并从他们的人生历程中归纳出如下 15 种理想人格“自我实现者”的心理特征：

1. 全面和准确地知觉现实。自我实现者对世界的知觉是客观的、全面的和准确的，因为他们在感知世界时，不会掺杂自己的主观愿望和成见，或带有自我防御，而是按照客观世界的本来面貌去反映。与此相反，心理不健康者则是以自己的主观方式去知觉世界的，他们试图使世界与自己的主观愿望、焦虑和担心相吻合。

2. 接纳自然、自己与他人。自我实现者能够接受自然、自身及他人的不足与缺陷，而不会为这些缺陷而忧心忡忡。当然，对于可以改造或可以调整的不足与缺陷，他们会以积极的态度来对待；而对那些不可改变的不足与缺陷，他们能顺其自然，不会自己跟自己、跟他人和自然过不去。

3. 对人自发、坦率和真实。在人际交往中，自我实现者具有流露自己真实感情的倾向，他们不会装假或做作，他们的行为坦诚、自然。一般而言，他们都有足够的自信心和安全感，这就使得他们足以真实地表现自己。

4. 以问题为中心，而不是以自我为中心。自我实现者热爱自己所从事的工作，献身于某种事业或使命，并能全力以赴。与常人相比，他们工作起来更刻苦、更专注。对他们来说，工作并非真正的劳苦，因为快乐恰恰寓于工作之中。

5. 具有超然于世和独处的需要。自我实现者以自己的价值和感情指导生活，不依靠别人来求得安全和满足，他们依靠的只是自己。他们一般都喜欢安静独处，这样做并不是因为害怕别人，也不是要有意逃避现实，而是为了在减少干扰的条件下，更好地深思，更全面地比较，以便去寻求更为合理的解决问题方案。他们平静安详，保持冷静，安然地度过或顶住各种灾难和不幸。

6. 具有自主性，在环境和文化中能保持相对的独立性。自我实现者行为的动力主要来自于自身内部发展和自我实现的需要，而不是来自于因缺少某种物质或精神上的东西需要外部的补充，因而他们更多依赖自己而不是外部环境，能够抵制外部环境和文化的压力，独立自主地发挥思考的能力，自我引导和自我管理。

7. 具有永不衰退的欣赏力。自我实现者能够对周围现实保持奇特而经久不衰的欣赏力，充分地体验自然和人生中的一切美好东西。他们不会因事物的重复出现而习以为常，失去敏感，相反，他们对每一个新生儿、每一次日出或黄昏，都像第一次见到时感到那样新鲜，那么美妙。

8. 具有难以形容的高峰体验。"高峰体验"是人感受到的一种强烈的、心醉神迷的狂喜或敬畏的情绪体验。当它到来时，人会感觉到无限的美好，具有极大的力量、自信和决断意向，甚至连平凡的日常活动，也可以被提升为压倒一切的、妙不可言的活动。马斯洛认为，所有人都具有享受高峰体验的潜在能力，但只有自我实现者更有可能、更常得到这种体验。

9. 对人充满爱心。自我实现者所关心的不仅局限于他们的朋友、亲属，而是扩及全人类。他们把帮助穷困受苦的人视为自己的天职，具有同所有的人同甘苦、共患难的强烈意识，千方百计为他人着想。在自我实现者看来，他人的快乐就是自己的快乐，他们已经把自己从满足自身狭隘需求的牢笼中解放了出来。

10. 具有深厚的友情。自我实现者注重与朋友间的友谊，他们交友的数目虽然不多，但友情深切而充实。就对爱的理解来说，他们认为爱应当是全然无私的，至少应当是给予爱和得到爱同等重要。他们能够像关心自己一样，关心所爱者的成长与发展。

11. 具备民主的精神。自我实现者谦虚待人，尊重别人的权利和个性，善于倾听不同的意见。对他们来说，社会阶层、受教育程度、宗教信仰、种族或肤色，都是不重要的，重要的是他们是否掌握真理。自我实现者极少偏见，愿意向一切值得学习的人学习。

12. 区分手段与目的。自我实现者的行为几乎总是表现出手段与目的界限。一般说来，他们强调目的，而手段必须从属于目的。自我实现者常常将普通人看成是达到目的的手段，把活动经历当作目的本身，因而比常人更能体验到活动本身的乐趣。

13. 富于创造性。这是马斯洛研究的所有对象共同的特征之一，他们每个人都在某个方面显示出独到之处和创造性。虽然、他们中某些人并不一定是作家、艺术家或发明家，但他们具有同儿童天真想象相类似的能力，具有独创、发明和追求创新的特点。

14. 处事幽默、风趣。自我实现者善于观察人世间的荒诞和不协调现象，并能够以一种诙谐、风趣的方式将其恰当地表现出来；但他们绝不把这种本领用于嘲笑他人，而是对不幸者寄予同情。

15. 反对盲目遵从。自我实现者对随意应和他人的观点和行为十分反感，他们认为人必须具有自己的主见，认定的事情就应坚持去做，而不应顾及传统的力量或舆论的压力。他们这种反对盲目遵从的倾向，显然不是对文化传统或舆论的有意轻视，而是他们自立、自强的人格的反映。

马斯洛同时也认为自我实现者并不一定能完全做到以上 15 条；在他们身上也存在不少缺点：如这些人有时笨拙糊涂、浪费和不细心，以及厌烦、激动和固执己见等。但总体来说，马斯洛所描述的自我实现者的形象是十分理想且健康向上的。

三、当代大学生理想人格的塑造

从上文的内容中我们知道，人格的形成是以一定的遗传因素为自然前提的，但环境因素和自我努力在人格的形成和完善中起决定性作用。大学生的自我意识已趋于成熟，因此，自我塑造是培养健全人格的主要途径。

（一）认识自我，优化人格整合

生活中的许多事例告诉我们，人格系统中存在着一种基本的动机，它是个体的一个中心能源。要想更好地完善自己的人格，首先要了解自己的人格状况，方能对症下药。接着探明自己改造人格的原因，以及塑造健康人格的标准、方法、目标。只有对自身的人格状况有深刻的认识，才能如期地进行人格改造。

优化人格整合所必不可少的一步是人格塑造。人格整合的基本含义是：随着个体心理的成熟，人格的各个方面逐渐由最初的互不相关，发展到和谐一致状态的过程。优化人格整合的两个主要方面可以归结于两点：择优和汰劣。择优就是借鉴别人的一些优秀品格来完善自我，像豁达、奉献、孝顺、自强、细心、谦虚等；汰劣就是改善自己不良的品格部分，如自私、骄傲、贪婪、暴怒、粗心、逃避等。当然，择优和汰劣往往是同步进行的。

（二）学会自我教育

塑造健全人格的一个重要途径就是帮助大学生学会自我教育，因为自我教育是其他教育和环境影响的内化和深化，是人格形成中由被动变为主动的过程。其主要内容和方法包括以下几个方面：

1. 学会反省

在自我教育的过程中，大学生要学会自我反省，即经常地反省自己的思想和言行。孔子曾讲过："见贤思齐；见不贤，而内自省也。"即为看到优秀的人或行为就想要去学习，看到不好的行为或事情就要反省自己是否也有同样的行为。自我反省的首要条件便是客观全面地评价自己，善于发现自己的优点，勇于承认自己的不足之处。

2. 培养自我调控能力

大学生的主体意识表现为强烈的内在的心理需求与外部行为方面的主动性。自我调节是指通过主动按照自己的实际情况与社会的要求，对自己的思想、道德、学习及行为提出具体的奋斗目标，并对自己的活动进行有意识、有目的的调控。自我调节体现了大学生的自觉性、自信心和主体意识；它能激发大学生的内在潜能，充分调动其主观能动性，使其自身的成长与社会要求相适应，从而获得最佳的成长环境。在自我调节的具体过程中，大学生应从自己的实际情况出发，在学习、活动、性格发展等实践方面，不断学会自己教育自己，自己管理自己，从而增强自我调控能力。

学习自我控制，还要对环境的影响保持自己相对的独立性。不论对人对事情都应该有自己的主见，按照自己的信念去行动，而不是随大流，别人怎么看，我也怎么看，别人怎么做，我也跟着去做。特别应该指出的是，在当前这个社会变迁、价值多元化、各种思潮的涌现以及各种生活方式竞相呈现在人们面前的时代，大学生应接受环境中积极的影响，经受住各种不良的诱惑，提高自己抗拒不良诱惑的能力。只有如此，才能使自己的观念、价值观等不受干扰，使自己的个性健康发展。

3. 保持良好心境

在自我教育中，要学会保持自己良好的心境。在日常的学习生活中应该学会发展一些健康良好的生活情趣或者兴趣爱好，学会在不同的环境中合理地平衡自己的心情。当遇到一些烦心事的时候，寻找合适的方法发泄出来，不应经常为一些鸡毛蒜皮之事大发脾气、暴跳如雷。如若不然，久而久之，容易形成神经过敏、暴怒、武断的性格。所以，当代青年应学会合理调节自己的情绪。凡有一得必有一失。应学会从容，应保持一颗健康向上的心、一种怡然自得的度、一个活出真性的意、一种活得潇洒的容、一片泰然自若的情；始终保持独立的人格，守卫心灵的一方净土。淡定于心，从容于行，踏实做事，方正为人，面对困难的时候，要冷静下来，心平气和，不埋怨他人，要有坚毅不屈、不畏艰难的品质；要通过大大小小的磨难提高自己的抗压能力。

（三）增强应对挫折的承受力

挫折是指人们在某种动机的驱动下想要达到目标而受到阻碍，因无法克服而产生的紧张状态和情绪反应，如沮丧、焦虑等。挫折承受力则是指个体遭到挫折时，能摆脱困扰而免于心理与行为失常的能力，也就是个体经得起打击或经得起挫折的能力。

大学生往往对生活、对未来充满幻想，远大激昂的理想常常令他们无法看清现实的残酷性，对未来无限向往却没有对现实中的磨难做好充分的准备。而且，现代大学生往往认为自己在知识面上高人一等，被寄托着家庭、社会乃至国家的希望。然而，自身的阅历和社会经验往往与自身的优越感不成正比关系。当真正地步入社会时，心中的理想国与现实的残酷形成巨大的落差，他们往往就会因为自身能力的不足产生一种深深的挫败感，对未来失去信心和希望，甚至开始轻视自己。

因此，加强挫折教育、增强挫折承受力，对健全人格的培养有着重要的意义。具体做法如下：

1. 确定合适的抱负水平

人要有理想和抱负，但理想和抱负不可漫无边际。在现实生活中，有相当多的挫折是自己造成的，其主要原因之一就是自我评价和自我期望太高，预期的抱负水平超出了自己的能力而无法实现，久而久之会产生“习得性无助感”，最终放弃自己的努力。因此，应学会客观、全面地评价自我，并经常将自己的优缺点与社会的要求进行综合分析，以确定合适的抱负水平，量力而行，从而增加成功的机会，恢复自信心。

2. 调整认知，改变归因

所谓归因是指人们把自己的行为或结果加以解释或推测的过程。通常影响人们工作成败的原因主要有四个方面，即能力高低、努力程度、任务难易、运气好坏。如果将失败归因于外在的可控制因素，则有助于增强自我效能感。

3. 接受自我，悦纳自我

心理学实验研究表明，自我认识同其本身实际情况愈接近，个体所表现的自我防御行为就越少。同样，个体自我接受的态度与防御行为的关系也极为密切，当一个人对自己的能力开始怀疑，对自己的存在表示轻视时，往往会对一些否定自己人格的因素敏感甚至反感，使自己深受打击。所以，首要的是学会如何了解自己，明白自身能力如何，然后试着承认并接受自己的不足，并寻求正确的方法改善自己。

基于这一点，学会接受自我，清楚地明白自己的生存状态，从而制定相应的目标与理想。与此同时，学会扬长避短，与自己的优点和缺点和谐相处。总之，要使“理想的我”和“现实的我”之间的差距尽可能缩小，进而愉快地接受现实中的“我”。另外，大学生都有强烈的自尊感，但要注意避免过分追求完美的倾向。过分追求完美常常表现在两个方面：一是对自己提出过高要求，一味地追求完美而忽略实际情况，增加了适应困难；二是对自己苛求，希望自己完美无缺，对于自己的不足之处甚为苦恼，对他人所遭遇的事情认为都是自己造成的，从而影响了自己的情绪和自信心。应该承认，每个人都希望自己是完美的，也不同程度地追求完美，但在追求完美的过程中，应允许自己有一点“不完美”的表现。

4. 以积极的态度对待挫折

在人生经历的漫长道路上，不论是功绩显赫的伟人，还是一事无成的普通市民，在其成长过程中，往往会遇到大大小小的曲折和挑战。失败乃成功之母，当遇到困难的时候，选择逃避与放弃，无疑选择了失败；但是如在失败后还能勇于面对挫折、勇往直前，终会成功。要学会用辩证的眼光看待挫折的两面性：一方面挫折带给人困苦、挣扎和绝望，另一方面，人又能在挫折的烈焰中铸造自己坚毅的性格。所以，当遇到困难时，要勇于面对、沉着应战，在磨难中升华自己，以积极的态度对待挫折，并及时总结失败的经验教训，不断提高自己对挫折的承受力。

（四）积极参与社会实践，培养良好习惯

实践是人格发展的必由之路。实践是获取知识，形成、提升能力的表现，甚至还能磨炼意志。许多人格特征如勤奋、乐观等都是与长期的锻炼息息相关的。大学生应积极参加各种有益身心健康的实践活动，如近年来校园内兴起的青年志愿者活动对于大学生人格的发展与塑造就很有意义。

人格的外化往往体现在人们的言行之中，换而言之，一个人的言行举止成为一种习惯就是人格。因此，从小事做起，做好每件小事，才能积沙成塔，最终构建良好的人格。

（五）扩大社会交往，建立良好的人际关系

众所周知，不良的个性品质对个体社交的影响很大。一个开朗热情、为人诚恳、尊重他人、富于同情心的学生，大多能很好地适应各种社会交往，能比较容易得到群体和他人的接纳。相反，具有为人虚伪、自私自利、不尊重他人、猜疑、报复、固执等不良性格倾向的人，会使他人在与之交往中产生不安全、紧张、不信任等不良反应。因此，在大学生的心理健康条件中，和谐的人际关系不可或缺，它对健康人格的塑造有着莫大的帮助。同时，大学生在与他人交友时要应注意下面几点：

1. 真诚热情

在人际交往过程中，一个人的热情往往是对他人交往意愿的表达。热情待人，让别人感受到你的温暖，促进双方心与心的交流表达。双方在交往时如若不能坦诚相待，久而久之，就会产生一道看不见的隔阂，给交流带来障碍。所以，在与他人交往时应满怀热诚，表明自己的原则和利益，让别人可以放心地接受自己。

2. 彼此信任

美国哲学家和诗人爱默生说过：“你信任他人，他人才对你重视”。在人际交往中，胡乱猜疑往往会导致双方关系的破裂。信任就像一张纸，弄皱了之后很难再复原。对于他人的真诚要坦诚接受，不以小人之心度君子之腹，以积极的想法考虑他人的言行。

3. 肯定对方

在人类的各种特性中，自尊心的满足尤为重要，在与别人交往时，要学会肯定对方，一味地否定别人，不考虑当事人的自尊心很可能引起别人的反感，在保护他人的自尊心的条件下提出合理的意见，更能让人愉快地接受。

大学生的自尊心较强，想要成功交往，首要条件就是肯定、尊重对方。

（六）在业余爱好活动中培养健全的人格

历史上，那些在科学上有重大建树的科学家们也并非整天埋在书堆里：爱因斯坦喜欢拉小提琴；居里夫人爱好旅行、游泳、骑自行车；苏步青爱好诗词，喜欢音乐、戏曲和舞蹈。可见，丰富多彩的兴趣、爱好不仅不会妨碍人们的事业，相反，业余爱好可以培养人们的高尚情操，潜移默化地作用于我们的学习、生活和工作。对大学生而言，在保证自己的学习和社会工作完成的前提下应该去发展健康、高尚、有益于知识的增进和性格培养的兴趣。例如，可以选择音乐、舞蹈等业余爱好，培养自己开朗活泼的性格；也可以选择游泳、足球、武术等运动项目，培养自己勇敢的性格；此外，还可以通过参加棋类、绘画、书法等活动，培养自己耐心细致的个性品质。

（七）防止“过犹不及”

凡事都有“度”，人格发展和表现的“度”是十分重要的，人格塑造过程中应把握辩证法，掌握好度，否则就会“过犹不及”，适得其反。具体说来，应该是：充满自信却不骄傲自满，谦虚却不自贬，勇猛却不武断，干脆却不冲动，沉稳却不多虑，细心而不胆小，豪放却不低俗等。

在人格“度与量”中合理把握，做到刚与柔两者的平衡，取长补短，填补缺漏，保证人格结构协调发展。此外，还要因人因时因地地表现人格特征，有时表现“刚”比表现“柔”好，有时表现“柔”比表现“刚”好，有时应多表现自信，有时应多谦恭，即所塑造出的人格应有韧性，有较强的应变、适应能力。

（八）努力学习科学文化知识

荣格有句名言：“文化的最后成果是人格”；培根也有名言：“知识就是力量”。在不断汲取知识源泉的过程中，优化人格整合过程也在进行，可以说，科学知识对人格的完善有着举足轻重的作用。知书方能达理，充足的知识储备让人更加自信。同时，在拓展自己知识面的同时，要注意各科的全面平衡发展。各科的知识处于一个庞大的体系中，彼此紧密联系，一方的疏漏可能造成多方的空白。所以，人格的完善和发展要有知识作为基本储备。对此，培根的论述很深刻：“读史使人明智，读诗使人灵秀，数学使人周密，科学使人深刻，伦理学使人庄重，逻辑修辞之学使人善辩，凡有所学，皆成性格。”在普遍的应试压力之下，文理学科的学生均存在发展不平衡的现象。理工科大学生人文知识缺乏，文科学生则是科学知识掌握不够，此类现象不利于人格的健全发展，当代大学生应做好科学和人文的平衡掌握。

如果能够按照上述途径，脚踏实地，一步一个脚印，大学生们会逐渐塑造起自己的健全人格。此处，如果有心理问题或困惑，可以到学校的心理咨询中心寻求帮助，那里的老师会结合你的实际情况给你切实可行的建议。

【课堂练习】

1. 如何塑造大学生的健全人格?
2. 案例研讨：

女大学生小王总是处理不好和同寝室同学的关系，她为此感到非常苦恼。

原来当她和同寝室同学相处时，她总觉得别人都在故意和她过不去。比如，当她在寝室睡觉时，她觉得别人总是故意弄出声音把她吵醒；当她看到寝室的同学凑在一起窃窃私语时，她就会认为别人正在说她的坏话；当她心爱的布娃娃被别人无意弄脏时，她就会认为别人是故意这样做让她伤心；当寝室同学去上课时没有喊她，她又会想到别人是在故意冷落她……

你能运用本章所学知识，帮助她处理好和同寝室同学的关系吗?

知识链接

于丹：孩子成长比成功更重要

“家庭就是一个让我们从小酝酿牵挂的地方。家庭的行为方式本身就是一种重要的教育。”

“所有时间中，最重要的就是当下；所有权利中，最重要的就是成长。”

从前大家用家教来称赞一个孩子，如今大多数家长认为孩子有更多的才艺便是优秀。现代的社会，越来越用社会人格的成功标准评价孩子，有时候就忽略了孩子天真的本性。对于中国人而言，孩子最初的价值观就来自于家庭教育。我喜欢“家教”这个词，其体现出长期的人格特征。孔子认为，一个人的学习有三个阶段：第一个阶段是家庭教育，第二个阶段是社会教育，第三个阶段是学习文献知识。然而，现在的教育制度只是重视学生掌握文献知识的能力，经过学校多年培养之后才接受家庭教育和社会教育。

农耕文明养育了一代又一代子孙。春天孩子在地里玩耍，夏天在河里游泳，秋天收获田里的粮食，冬天放鞭炮、贴春联。四季的循环，在农耕文明里清晰展现。崇尚子孙多福的文化，传统家庭都是大的拉扯着小的，刚出锅的馒头每个孩子都围过来 ，每人分一点，这便是分享。

现在的孩子，没有以前的孩子那样懂得“分享”的含义。

我们现在的孩子，远离了“分享”这个词。家里的水果，都是爷爷奶奶剥好了、切成块、用叉子喂到孩子小嘴里，说：“多吃两块，你还得练琴去呢！”从一人捧着一块馒头在阳光下玩耍，到现在的锦衣玉食、叉子叉在水果上送到嘴边，我们究竟是进步了还是倒退了？

进步有社会标准也有心灵标准，收获知识的时候，也同时会牺牲掉孩子相应的快乐时光。因此，得到东西的时候往往也会失去一些东西。

我的童年和女儿的童年就有天壤之别。20 世纪 70 年代，那时候，我住在北京的胡同里。往胡同里一喊，就有好多小伙伴出来跳皮筋，从脚踝到腿弯到大腿再到腰间最后到肩膀，可以一直跳到“大举”。虽然那个时候没有多少钱，但是我们玩得都很公平，不允许有谁耍赖，谁跳坏了谁就得下来撑皮筋。游戏规则就是这样，参与就要遵守。

如今，孩子们在小区里骑着滑板车，踩着轮滑鞋，聚到一起不一会儿又快速散开了。也许滑板车和轮滑鞋给了他们一种自由奔跑的速度，却缺少了大家都必须服从的规则。为什么现在的小孩子长大了容易耍赖？因为他们小时候处于规则之中的时间越来越少了。我们跳皮筋、砍沙包都是和同龄人一起，你要是耍赖，人家就不和你一块儿玩了，所以我们会自己解决规则认同的问题。再来看我们的孩子，他们也是好孩子、乖孩子，但他们在玩的时候就缺失了这种规则的协商和认同。当所有的孩子都踩着滑板车在速度中独往独来时，他们怎么能懂得牺牲和谦让？

家教是一种伦理的认同，也是一种规则的认同。家庭教育是让孩子从小就找到一种生命的自觉，一种建立在服从基础上的自觉。这种服从是伦理的服从，规则的服从，个人对集体的服从。为什么很多考上大学的高材生，却总是磕磕碰碰、与人有那么多冲突呢？到了念大学时你再告诉他们什么叫做“规则”，已经晚了。

家庭教育输出的终端产品，是“态度”。

我们都懂得“无以规矩，不成方圆”，但是我们的观念和行为往往很混乱。一方面我们教孩子要尊重老人，另一方面老人却在伺候孩子；一方面我们告诉孩子要尊重他人、服从规则，另一方面，在绝大多数独生子女家庭中，孩子依然唯我独尊；我们嘴上告诉孩子要艰苦朴素，但在行为方式上，还在给孩子买很多奢侈品。

“言传不如身教”，相对于行为的强大，思想和语言往往是苍白的。我的女儿也是独生女，她两岁时，我们就告诉她，姥姥有糖尿病，每顿饭前都要吃药。所以她养成了习惯，每次吃饭前刚拿到筷子，她就说："姥姥，吃药！"她会明白她对姥姥是有责任的，有了责任会觉得很光荣。我们以前带她出去玩时，她都会带一个布娃娃，说那是她"妹妹"。但是到了4岁，出去玩她就不带她的"妹妹"了。我们问她为什么，她说："我要腾出手来扶我姥姥啊！"

今年春节我带她去丽江玩，女儿第一次去养鸡场捡鸡蛋，感觉特别新鲜。回来后她一手握着一只鸡蛋，吃饭时也攥着不放。我们都笑她，"你那鸡蛋都快孵出小鸡来了"。在机场过安检的时候，她也舍不得放下。就这样，两只鸡蛋颠沛流离地跟着她回了家，一进门还没来得及换鞋，她就扑到姥姥怀里说："姥姥，我给你带回来两只鸡蛋！"那一刻我心里挺惭愧的，因为我顶多想到给我妈妈买些土特产，但没想过不花钱还能给她带回来什么。那时我就在想，孩子做了什么事情本身并不重要，重要的是她心中有没有牵挂。

一个从小懂得牵挂别人的人，长大了才可能被别人牵挂。家庭就是一个让我们从小酝酿牵挂的地方。从这种意义上来说，家庭的行为方式本身就是一种重要的教育。今天的我们常感到人越来越像工业流水线上生产出来的标准产品，越来越失去了属于每个家庭的烙印。"烙印"这个词的英文是"brand"，它还有一个意思就是"品牌"。企业要有品牌，其实人也需要有品牌。人的品牌不是指你拥有几亿资产，拿到了多么高的学位，或是有多么显赫的地位，而是我们带着什么样的家族烙印融入社会，我们用一种什么样的个人印记去对抗过于规范化的"流水线"。

家庭教育输出的终端产品，是"态度"。我女儿4岁时，在手工课上做了一个花篮。有一天她"哐当"一声把花篮摔了，花篮的一个角摔出了一个三角口子，她"哇"地哭了。我说："我们试试，看看能不能让花篮比没摔破时更漂亮！"我们又是剪又是贴，她还用彩笔画上颜色，最后，我们做出来一个非常漂亮的花篮。她和我说，"妈妈，我懂了，哭是没用的"。我听了很欣慰。让我郁闷的是，后来家里每逢打坏什么东西，她都特别高兴，说："我们试试，看能不能让它比没坏的时候更好看！"

当然，不是所有的东西都能再做成比它没坏的时候更好，我们的底线只能是不让它更坏。这是一种生命的修复能力。一个人一辈子会遇上什么事情，我们无法左右，但是修复生命的能力，却在我们自己的掌握之中。

我们做父母，要培养孩子掌握自我修复的能力，要传递给孩子一种态度，让他们明白该怎样去面对挑战。如果你告诉孩子："我会把你呵护得好好的，你这一辈子都不会打破花篮。"这就是谎言了。孩子不仅会打破花篮，还会打破他们自己，会撞得头破血流。这时候就要看他们有没有一种能力，像修复花篮一样把自己修复得更好，这种能力，我觉得在4岁时告诉他们，并不算太早。

一切努力都是为了提升尊严、延展自由。

现在，社会上关于成功学的教育太多了，我们几乎把成功作为人生的终极目标。但我始终认为，成长比成功更重要。

成长是一个过程，成功是一个结论；成长是相关于生命的评价，成功是相关于社会的评价；成长是一个内在的系统，成功是一个外在的体系。我更希望孩子注重心灵、注重自我、注重人格，而并不是那么在乎外在的标签。

我非常喜欢"成长"这个词。一个人的生命要成长，两个人的爱情要成长，一个群体的建设、一个社会的发展，都要成长。从一个人到一个国家，"成长"是最健康的力量，也是最恒久的力量，它不依附于外在，而是你自己内心的一种状态。儒家讲"君子日三省乎己"，是在"反省"中不断成长。道家讲的"道"是"寂兮寥兮，独立而不改，周行而不殆"。一个人的生命，难道不应该保持这样一种状态吗？一个人过分热闹了，就被社会的标准绑架了；一个人不独立了，就放弃了自由；一个人失去了周行不殆的能力，就停滞了。

中国人说“人过三十不学艺，人过四十天过午”。但是在今天这样一个知识快速更新的时代，人到六七十，难道就不要学习新的生活方式吗？如果一位80岁的老奶奶，能够跟孙子学着玩游戏，能够试试孙女的新裙子，能够跟孩子出去郊游，我相信这个老人一定是幸福、快乐的，因为她仍然保持着成长的力量。

那么在孩子的成长过程中，家长应该看重什么呢？我觉得有两个特别重要的指标，就是尊严和自由。其实人这一辈子，一切努力都是为了提升尊严、延展自由。无论多好的职业、多好的爱情，一旦侵犯到尊严和自由，就会产生冲突，甚至出现新的选择。作为父母，我们不应该用任何好的名义去剥夺孩子的尊严和自由。

我相信尊严与生俱来，它不是被父母赋予的，也不是可以向任何人乞求的，一个人的尊严是他（她）自己的选择。我记得女儿5个多月就在选择玩具这件事上，表现出了一种强烈的个人取向。她的周围堆着各种玩具，但是她爱玩的只有一样——空药瓶子，她喜欢“咔啦咔啦”起劲地拧瓶盖。我们家的阿姨就从她小手里抢过瓶子说：“这个不好玩，你还是玩电动娃娃吧！”可是我女儿把电动娃娃推到一边，顽强地去抓那个瓶子，继续痴迷地拧瓶盖。我后来去咨询儿童心理学专家，他说那个阶段正是孩子的手指开始学习精细化动作的时候，拧瓶盖这个动作对孩子小肌肉的发育大有益处，可比玩电动娃娃好多了。所以，我们认为昂贵的电动娃娃更好，这只是成年人的标准。孩子的尊严是与生俱来的，不该粗暴地剥夺它。

除了尊严，还有一个很重要的成长指标是“自由”。很多人问我，你这么主张自由，那你教你的孩子背诗词吗？我说我当然教。可我不是让她手放在背后一本正经地背诵，而是她在踩着滑板车跑时，我们俩大声地背诵；是她在浴缸里泡着、打着水花时，突然饶有兴趣地提议说：“妈妈，我们背首诗吧！”

她背诗，我从不限制她如何使用和想象。我清楚地记得，她第一次使用诗词是在两岁多的时候，有一次我出差回来，问她：“你想妈妈吗？”她冷不丁地说了句：“路上行人欲断魂。”她背诗居然能“活学活用”！她喜欢把我们的大床当蹦床，有一回她爸爸说：“你别蹦了，都把我们的床单蹦破四条了！”谁知她一边蹦，一边高声说：“人生得意须尽欢！”把她爸爸噎得瞠目结舌。

后来她竟然开始给人讲诗了。杜甫的《春望》，我听她给别人讲过一个特别“雷人”的解释。她说：“‘国破山河在，城春草木深’，这说的是杜甫他们那儿地震了。国还在，但是震破了；山河也在，但是走样了。为什么‘感时花溅泪，恨别鸟惊心’呢？因为地震太厉害了，大家很伤心。”听着她这个地震版《春望》，我想我没有办法纠正她。她3岁时在电视上看到汶川大地震的惨景，4岁时看到玉树地震，后来她又看到日本海啸地震，她知道地震是一种苦难。所以我想，那就让她这样解读吧，长大了老师会给她讲“安史之乱”的。

女儿从小就在解构经典。但是我没有纠正过她一次，因为我觉得，她可以胡说八道的年华还有多少呢？我很留恋她可以胡说八道的自由。她不知道什么是权威，她认为她有阐释的权利，而这种权利可能到她读小学时就要被剥夺了。我认为小孩子在思想上的自由期持续得越长越好，这样等他们长大了，还可以保留一些突破常规的思维能力。

让一个人有尊严、自由地成长，是我们的一种期许。有时我看着女儿练琴、跳舞或者画画，我就很欣慰。我一点都不求她在专业上能有多大成绩，她只要能在里面找到一种快乐的能力，就够了。我们这一代人，小时候缺少艺术方面的训练，所以我们感到压力很大、疲惫不堪的时候，总是找不到寄托。我女儿酷爱画画，碰上别人过生日、送礼物，她都说：“我给你画幅画吧！”口气就跟齐白石似的。她现在还不会写作文，但是外出旅游的时候，她可以用绘画记录旅游日记。我觉得这个挺好，因为她有自己的表达，拥有让自己快乐的能力。这种能力不会因为没钱而被剥夺，一个人只要一息尚存，就有本事让自己快乐起来。

“山坡上开满了鲜花，但在牛羊的眼里，那只是饲料。”我们今天并不是鲜花少了，而是牛羊的眼光多了。我们越来越失去了一种审美的眼光，而把这个世界看成是同一种功利标准的筛选。我们越来越成功了，但是我们失去了成长的力量，失去了那种在漫山遍野的鲜花中漫步时心灵上的愉悦。

“成功”，或许是一个评判人的标准，但只是成长中的一部分标准。成长的过程中，有一套综合、多元的标准体系。一个人，只要生命能成长，就一定有未来。有这样一个故事，一个年轻人对料事如神的老酋长很不服气，有一天他捉了一只刚孵出来的小鸟放在身后，问老酋长：“我手里的小鸟是生还是死？”他想，你要说它是活的，我手指一捻就掐死它；你要说是死的，我手心一张就让它飞起来。凭什么你说的都是对的？我一定让你错一回！结果，那位睿智的老人只是宽容地一笑，他说：“生命就在你的手中！”

这是一个好故事，它关乎生命的成长。所有时间中，最重要的就是当下；所有权利中，最重要的就是成长。

第四章　从学会包容与改变开始

——大学生的心理适应与调适

案例介绍

一年前，我如愿以偿进入了一所著名学府，所有的期待都写在满面春风里。然而，在最初的兴奋过去之后，清闲的日子反而让我很不适应。以前时间从来都不够用，现在一抓一大把。早晨一般从10点开始，过不了多久就要开始吃中饭，随后再午休一下，和舍友娱乐一番；晚饭后没多久就又到了睡觉时间。周末按照老规矩来到网吧上网，QQ头像一亮就是好几个小时。玩累了回宿舍，又被舍友叫去玩八十分。

每天睡前总想着“明天一定要早起”“这个星期要看三本经济类的书”；然而每次闹钟响起的时候总是被我不耐烦地摁掉，一时兴起去图书馆借的书原封不动地还回去，还蒙着一层厚厚的灰。

说实在的，我们的课程并不难，想混是容易的；但如果能深入研究，也会收获颇丰，可没有动力，似乎无法勤奋。于是，我参加了学校的一个社团，定期的例会和活动让我似乎变得充实起来。我花了一个多月的时间拉成一笔赞助；但同时，我很久不去教室和图书馆了，将近一个学期都忙于贴海报、借场地、招收新团员……夏天期末考试结束后，我的成绩不理想，先前进校时拿着奖学金的我和现在的我巨大的落差让老师担忧。虽然社团工作锻炼了自己的能力，但是使我没有时间花在学习上面了。

有一种遗憾，从心底蔓延，感觉虚无却又具体体现在曾经的一幕幕，难以向他人倾诉。大学第一年，抱着许多遗憾过去了，许多事情还没有来得及做，只能开始懊悔当初。

【案例分析】

案例的主人公不知道该如何利用大学里骤然增多的时间，也意识到挥霍时间是不对的，然而用在学习上的时间太少了。因此，大学生首先要了解大学的特点和规律，制订学习计划，以学习为主，然后在搞好学习的前提下合理安排课余生活，从而能既锻炼能力，又充实地度过大学生活。切勿再让许愿池中的一枚枚硬币轻轻叹息，切勿再让类似的遗憾再次发生。

自我认知：

你的环境适应能力如何？下面这套题，就是测试你的环境适应能力的，对于每个问题请用“是”“不一定”和“否”三种情况来作答，开始做吧。

序号	问　　题	是	不一定	否
1	我都不敢想象自己可以在国外生活，因为我每到一个陌生的环境里就感到很紧张			
2	每到一个新班级我都会交一大批朋友，所以我从不感到孤单			
3	我很害怕在大街上或者商场等非课堂的地方遇见自己的任课老师，那样会使我既难受又紧张			

（续表）

序号	问　　题	是	不一定	否
4	我喜欢出远门去旅游，因为旅游能给人以刺激感和新鲜感			
5	我不喜欢几何学，无论怎么努力总是学不好			
6	零花钱的多少对我来说无所谓，多了多花，少了少花			
7	我不喜欢参加讨论会，人太多了，真不自在，我喜欢独处			
8	和某位同学发生矛盾时，我能很快化解			
9	班上转来新同学时，我总是在几个月之后才能跟他聊天			
10	我考试时总能比平常发挥得更好			
11	有人到我寝室做客时，我总是不太习惯，想要避开			
12	擅长倾听的人很容易交到朋友，这是我的经验之谈			
13	一紧张我就要做错题，所以，我总是寻找一个自己熟悉的、安静的环境做作业			
14	遇到大事时，我总能很镇静地做完自己要做的事			
15	老师要提问时，只要还没确定要谁起来回答问题，我的心总是跳得厉害，尽管我知道答案			
16	在外面过夜时，我的作息时间不会受很大的影响，在固定的时间总能按时入睡			
17	我不喜欢绘画，我的绘画也不好，再努力都无济于事			
18	嘈杂的环境，对我影响不大，即使在走路我都能边看书			
19	即使是上台领奖状，我也感到有些不自在，毕竟要面对台下那么多人			
20	班上每位同学过生日，我都尽量去参加，有时还会送小礼物给他（她），我认为这有助于关系的发展			

评分方法：

1. 单数号的题：回答“是”记（－2分），“不一定”记0分，“否”记2分；
2. 双数号的题：回答“是”记2分，“不一定”记0分，“否”记（－2）分；
3. 将各题得分相加得总分。

测试报告及指导：

得　分	性　格　特　点
35～40分	你的环境适应能力很强。你能很快地适应新的学习、生活环境，与人交往轻松、大方，给人的印象极好。无论进入什么样的环境，你都能应付自如，建议你多帮助其他同学，使自己的能力更强
29～34分	你的环境适应能力良好，但仍需勇于接受新的挑战。你应该多和同学朋友交流，增加自己适应能力
17～28分	环境适应能力一般。当进入一个新的环境，你要经过一段时间的努力，才能基本上适应，你需要更多的机会锻炼自己
6～16分	环境适应能力较差。你依赖于较好的学习、生活环境，一旦遇到困难则怨天尤人，甚至消沉。如果是这样，建议你多给自己一些压力，锻炼自己
5分以下	你的环境适应能力很差。在各种环境中，即使经过一段相当长时间的努力，也不一定能适应。你常常因感到与周围事物格格不入而十分苦闷，在与他人的交往中，你总显得拘谨、羞怯、手足无措。建议你求助于你的心理老师。试着敞开心扉，接纳新环境和朋友

小结：你的环境适应能力怎么样呢？对于每一位初入大学校园的新同学来讲，所面临的都是与中学时代相比十分不同的世界。他（她）面对的生活环境、交往对象、学习内容、学习方法较之以往都发生了巨大变化。从相对单纯、熟悉的环境一下子进入到更加复杂、要求更高而又陌生的环境里，个体必须在各方面做出相应的改变才能与新环境保持协调；反之，个体自身与周围环境变化相脱节，就必然出现适应上的问题，就会影响个体正常的学习和生活。你又将怎样去提高自己适应新环境的能力呢？本章主要介绍在大学生活中，大学生常见的适应问题，并提出

应对策略。大学生活伊始，对广大学子而言，当务之急的任务是尽快适应大学生活的新变化。但学子们在适应大学生活的过程中，出现问题是不可避免的，做好心理预防，可缩短适应期，使学习早日走上正轨，更有利于自身的健康成长。

第一节　大学生活的特点

小故事

弗罗伦丝·查德威克是一位34岁的美国妇女。她是横渡英吉利海峡的第一位女性，在这个壮举之后，她将要横渡卡塔林纳海峡，而这个海峡比她原来横渡的英吉利海峡还要宽，也就是要从加利福尼亚海岸以西21英里的卡塔林纳岛游向加州海岸。那么要是成功了，她就是第一个游过这个海峡的妇女。

在1952年7月4号的早晨，加利福尼亚海岸及附近的太平洋洋面，笼罩在浓雾中。那天早晨，海水冻得她身体发麻，最主要是雾也很大，她就连护送她的船几乎都看不到。她一个人坚定地游着。千万人在电视上看着。时间一小时一小时地过去，经历了15个小时后，她仍然在游。终于她感觉到自己又累又冻，她知道自己不能再游了，于是她就请求随船的教练以及她的母亲把她拉上船。但他们告诉她不要放弃，只要再坚持一下就到了。可是这个时候由于她看不到加州海岸的方向，所以她这个时候决定放弃，随船的教练及她的母亲都告诉她海岸很近了，不要放弃。但她朝加州海岸望去，浓雾弥漫，什么也看不到！最后，在她的再三请求下人们把她拉上船，而这个时候她已经游了15小时55分钟，离加州海岸只有半英里！后来她总结道，令她半途而废的不是疲劳，也不是寒冷，而是因为在浓雾中看不到目标。“说实在的，”她对记者说，“我不是为自己找借口，如果当时我能看到陆地，也许就能坚持下来。”迷茫的目标，动摇了她的信念。两个月后，她成功地游过同一个海峡，仍然是游过卡塔林纳海峡的第一位女性，且比男子的纪录快了大约两小时。

【分享感悟】

看不到目标的前行会让人失去动力。要想更好地完成学业，实现自我价值，对于我们大学生来说，不仅要有良好的自我认知能力，更要有远大的理想和脚踏实地的奋斗精神。与高中生活不同的是，大学生活需要我们重新定位人生，转变学习态度，提高环境适应能力，协调人际关系……对此，让我们首选从了解大学生活开始。

知识讲堂

跨入大学的校门，踏上了人生新的旅程，莘莘学子满怀着希望和憧憬来到大学。在这里，我们可以实现人生的理想，发展毕生的事业，创造美好而又光明的未来。面对崭新的世界、陌生环境，青年学生既充满新奇和兴奋，又容易产生困惑和迷惘，因此，怎样尽快地完成从中学到大学的过渡，适应大学生活的节奏，是大学新生面临的主要问题。大学和中学毕竟是两个不同的阶段，不论在思想上、学习上还是生活上，大学都有着不同于中学的特点。这就需要我们每一个人尽快地完成从中学到大学的过渡，以适应今天的新环境、新情况和新要求。了解掌握大学生活的规律和特点对大学生的大学生涯有重要的意义。大学和中学相比，有许多不同于中学的新情况、新特点。新入学的大学生，只有了解和掌握了这些情况，才能更好地开始大学生活。

一、大学的内涵

大学是一个闪光的字眼，也是一个神圣的地方，被人们称为“象牙塔”“精神的家园”“永恒的校园”等,不仅是学生求学的神圣之地,也是传播人类文明、散播智慧的摇篮。世界上具有近代意义的大学(如一些古老大学)的历史可以追溯到900多年前(12世纪)。无数的思想巨人和学界泰斗从世界各地的著名学府向世人昭示生命的真谛、人生的价值、科学的光辉、艺术的魅力,用他们的双手一次次地推动人类历史向着更理性、更健康的方向发展。大学历来以其儒雅的风格、深沉的内蕴,令人油然生敬;它以一种清高的姿态、深厚的城府张扬着它的个性、扩散着它的影响。一个个普通稚嫩的青年,经由这里走向成熟、走向成功之路;一代代的青年学子从四方八方走来,然后,又将从校园中走出。

(一) 有关何为大学的经典论述

大学是研究和传授科学的殿堂,是教育新人成长的世界,是个体之间富有生命的交往,是学术勃发的世界。

1912年,马相伯成为北京大学校长之初,发表了就职演说,他谈到:“大学者,非校舍之大之谓,非学生年龄之大之谓,亦非教员薪水之大之谓,系道德高尚,学问渊深之谓也。”

1917年,蔡元培出任北京大学校长,提出了“大学者,研究高深学问者也”的教育理念。

1931年,梅贻琦出任清华大校长提出的:“所谓大学者,非谓有大楼之谓也,有大师之谓也。”近年广为流传。

总之:

大学之大,在于其兼容并包,有容乃大;在于其思想深刻,精神伟大;在于其继承创新,发扬光大;在于其服务社会,贡献巨大。

大学之大,在于它拥有“大师”“大楼”,在于它的大气,更在于它有一批又一批绵绵不断的“大学生”。

大学的支柱:大师,大楼,大气,大学生。

(二) 大学的内涵

1. 大学之“大”,因有“大家”而谓大。这里所指的“大家”,是指有大家气度、有远见卓识的大学校长,他们是学校发展的引路人。大学校长,起码是个教育家,不单是个大教授,要有全局意识,大学校长要成为政治家、教育家。各地的大师都会集聚在校园中,学生谦逊有礼,争前恐后地同大师一起寻求真知。大学里涌现了许多掀起时代惊涛骇浪的划时代的英雄人物。如:牛津的培根,波隆那的但丁,北大的蔡元培、马寅初、吴树青、陈佳洱、许智宏,清华的梅贻琦、王大中、顾秉林,南大的曲钦岳,南开的毋国光,华中科技大学的朱九思、杨叔子、周济、樊明武,浙大的竺可桢、潘云鹤,武大的刘道玉、侯杰昌、顾海良、刘经南,人大的李文海、纪宝成。

2. 大学之大,因有“大师”而谓大。大学是否学术繁荣昌盛主要取决于大师的能力和数量。莘莘学子可以从大师身上学习到知识的财富和智慧的灵光。竺可桢曾说过:“教授是大学的灵魂,一个大学学风的优劣,全视教授人选为转移。”原哈佛大学校长科南特曾说:“大学的荣誉不在于它的校舍和人数,而在一代代教师的质量”。一所大学,博士点的申报,重点学科、重点课程的申报均需教授。一所大学的名气,主要是靠大师。如北京大学:五四时期成为新文化运动中心,汇集了胡适、李大钊、陈独秀、鲁迅、周作人、刘半农、高君宇、许德衔等;新中国成立后,有李四光、冯友兰、宗白华、朱光潜、翦伯赞(历史)、曹靖华(翻译)、王力(语言学)等;现代有费孝通、雷洁琼、陈岱孙、季羡林、张岱年、黄楠森、胡代光、肖灼基、厉以宁、赵敦华等。

3. 大学之大,因有馆藏丰富的图书馆,设备先进的教学大楼,实验室和浓郁的校园文化氛围而谓大。它们不仅满足大学生的物质需求,还在潜移默化中丰富了学生的精神世界。

4. 大学因对知识探究的高深与博大而谓大。所以,蔡元培说:“大学者,研究高深学问者也”。此乃大学的“正大宗旨”。由此，大学生才能在大学探索知识、砥砺品行，养成健全的人格；同时，大学之大正是在于百家争鸣、百花齐放，在这样的环境下才会有学术的自由，才能激发学生的求知欲和创造力。

5. 大学有“大学生”而谓大。大学首先要有一流的生源，集聚优秀青年进行教育。其次，大学要培养出一流的人才，尤其是大师级的学生。如：

剑桥大学：62 人获诺贝尔奖，被称为世界政治家的摇篮。

牛津大学：英国前 50 位首相中，29 位出自该校。

哈佛大学：35 人获诺贝尔奖，6 位总统，美国前 500 强大企业的老板有三分之二在该校学习过。

东京大学：18 位首相，4 位诺贝尔奖，日本四分之一的大企业家。

清华大学：多位国家领导人，200 多位部长级人物。

大学里，知识得到了创新、传播和运用，创新精神得到了发展，人文和科学的精神熏陶了一代又一代莘莘学子。引领学术风气，促进思想交流，陶冶品德操守，建设精神文明，是大学的灵魂之所在。同学们可以在大学里学习专业知识，通过各种渠道了解最新的科学思想和学习成果，发展提高自身素质，开拓创新、加强实践，建立正确的世界观，努力学习，成为国家栋梁。

（三）大学的理想和精神

大学的精神是大学的一种办学理念和价值追求，它是在长期的办学实践中逐步形成并不断发展的。大学是思想最活跃、最富有创造力的学术殿堂，是新知识、新思想、新文化的发源地。作为人类神圣的精神家园，大学应有崇高的理想和追求。科学的大学精神是建立在对教育本质、办学规律和时代特征深刻认识的基础上的，能够正确地指明大学前进方向的一种人文精神和科学精神，其灵魂是对大学理想的追求。大学的理想是大学的灵魂，大学的理想和精神决定了大学的教育内容和教育模式，也决定了大学将为社会培养什么样“理想的人”。大学的理想是人们寄予大学的教育目的和功能的一种理想。什么是未来大学的理想呢？未来大学的理想，说到底，就是追求真理和造福人类。台湾省中原大学校长张光正教授精辟地指出，中原大学的使命是“传启文化，服务社会”，这与追求真理和造福人类是一致的。“传启文化”指的不仅是传递文化，还要创新文化，其实质是追求真理；“服务社会”是现代大学自主办学的根本目的，其最高目标是造福人类。所以，追求真理和造福人类是未来大学的理想，大学应当承担伟大的历史使命，这也是大学的科学和人文精神的灵魂。总结现代大学的理想和精神为：追求真理、完善人格、服务社会、造福人类。

1921 年，北大校长蔡元培在美国柏克利大学中国学生会演说，具体阐述其“大学理想”——中国传统的孔墨精神，加上英之人格教育、德法之专深研究、美之服务社会。可以说，蔡元培先生对现代教育的影响之深在于他奠定了北京大学乃至中国大学兼容并蓄、学术独立、思想自由的精神。从那时起，学术独立、思想自由与文化创新成为在中国大学占主流地位的理念。这对中国的教育影响深远。

纵观西方和我国大学精神发展、变化的历史，可以看出，在这个发展、变化的过程中有一点是永恒的，那就是贯穿于这个全过程的大学的科学和人文精神，其灵魂是对未来大学理想的追求。这正是大学精神的核心和灵魂。有了这种科学和人文精神以及对未来大学理想的追求，大学就充满生机和活力，就永远朝气蓬勃，就会成为促进和推动人类社会不断前进的强大力量。反之，如果扼杀了这种科学和人文精神以及对未来大学理想的追求，大学就必然失去生机和活力，就会僵化，就不可能为人类社会的进步事业做出应有的贡献。

1. 科学精神

什么是大学的科学精神呢？大学科学精神的核心是崇尚学术、追求真理，是求真。要追求真理，就必须实事求是、独立思考，不唯书、不唯上，只唯实；要追求真理，必然要勇于创新，既继承前人，又突破陈规，不断开拓认识的新境界。日本京都大学校长鸟养利三指出："大学是一个特殊的社会部分，这一大学社会，其宗旨是以探索真理为其神圣事业"。美国耶鲁大学校长小贝诺·施密特德也强调："大学的意义及价值在于追求真理"。

2. 人文精神

大学人文精神的核心是健全人格、造福人类，是求善。正如哲学家费希特指出的，大学的根本任务就是培养人，即以人为本。"以人为本"也即坚持人的自然属性、社会属性、精神属性的辩证统一。大学教育的首要任务就是培养学生的主动性、归纳力和理解力，使他们能在未来独当一面。传授知识和技术是大学教育的基础，更重要的是培养人文精神。人文精神具体体现在人与人、人与社会、人与自然、人与宇宙世界之间应建立起怎样合理、健全的关系这样一些根本问题上，进而建立起自己的精神信念、信仰。同时大学生要开阔视野，陶冶情操，发展个性，铸造品格，发展自己的想象力、审美力、思维能力与创造力，成为能够感受到真、善、美的人。

我国古代儒家教育哲学思想要求把道德教育渗透到知识教育中去。《大学》开宗明义地道出了大学的理念："大学之道，在明明德，在亲民，在止于至善"(《礼记》)。"明明德"是指通过教育发扬人性中本来的善，培养健全的人格；"亲民"是指通过教与学的统一，达到修己立人，推己及人，化民成俗，更新民众，改良社会风气；"止于至善"则是指教育的终极目标，即通过教育，使整个社会达到古之谓"至善"的理想境界。《大学》而后，"修身、齐家、治国、平天下"成了知识分子的做人准则和理想追求，也成为大学教育的社会责任和终极追求目标。大学教育的目的是使人人成为仁人君子，使社会得以实现仁爱太平，即"止于至善"。德国著名教育家威廉·冯·洪堡早就指出："大学是社会的道德灵魂"。

现代大学的根本任务是培养社会所要求的、具有健全人格的、理性与专业和谐发展的高素质人才。社会发展要求现代大学承担巨大的社会责任，伟大的历史使命，用新思想、新理论和新文化引导社会前进。

大学里的科学精神和人文精神总是相辅相成的，灵魂是对未来大学理想的追求。

二、大学生活新变化

与中学生活相比，大学生活的显著变化是：

（一）学习要求的变化

大学的学习特点与中学时代相比已发生了明显的变化：学习内容相对深奥，学习方法由"学什么"转变到"怎么学"，学习态度由"要我学"转到"我要学"，培养自学能力就成为关键。

大学阶段的学习，专业性强，所学习知识的广度和深度也增加了。这就更加需要大学生的自主学习，利用课余时间广泛了解相关知识，掌握科学的学习方法，能够独立分析解决问题。

首先，大学实行的是学分制，除了必修课之外，学生可以根据自己的爱好选择学校开设的公共课程。

其次，大学学习中，老师讲课时间仅仅占用一小部分，学生能够有充足的时间进行自主学习，自我深造。

第三，大学老师所讲内容信息量大，常常与最新的研究结果联系到一起，会留给学生一定的思考空间。因此，仅仅靠书本上的知识是不够的，学生还要主动学习课本外的延伸知识。

第四，教师一般都会布置大量课外阅读书目，期末复习没有范围和重点。

第五，大学图书馆内容丰富，同学们应当充分利用资源，丰富自己的学习生活，掌握学习技能。

（二）生活环境的变化

进入大学，同学们开始独立生活，许多同学离乡别亲，衣、食、住、行、学等问题，都得自己安排。宿舍是日常生活的重要活动场所，大家要对集体生活有所适应。宿舍里的同学们来自五湖四海，兴趣爱好、生活习惯各异，这时候便需要大家的相互理解包容。有问题就要及时沟通，同时要尊重他人，学会自我管理，遵守基本的公共道德和行为规范，这样才能形成和谐欢乐的氛围，同学们才能找到归属感，把宿舍当成一个家。大学生活是集体生活也是独立生活。

大学生活要求的是大学生的自主独立精神。学习、交友、衣食住行、进行社会活动等都需要依靠大学生自己的知识和能力去思考解决。大学的生活环境和之前初高中的生活环境有很大的不同，涉及生活方式、生活习惯等各个方面。从生活方式看，中学生的饮食起居都由父母安排，在家里有一个相对独立的生活空间；而大学生活中吃饭都要靠自己解决，并且都是统一的集体生活，这样的一种变化让依赖性强的学生不能很好地适应。此外，大学里饮食习惯、气候环境、语言文化和自己的家乡可能有较大的差异，这些都会造成适应难题。大学生活中，所接触的生活区域大大拓宽，人际交往也大大增加。来自全国各地的学生素昧平生，来到一个宿舍、一个班级，难免会存在一定的相互适应问题。与中学教学不同，大学教师有时只能够在课堂上见到，和老师的交流不够充分。由于部分学生离家较远，和父母的交流也渐渐减少，难诉衷肠。面对种种新鲜环境和事物，大学生要积极主动和陌生人交流，加速自身社会化，和谐地融入与他人的交流沟通。同学间互相理解和关心成为一种需要。管理体制也发生了变化，管理方式上，由“封闭型”向“松散型”转变。大学教室不固定，作息时间也不固定，没有像中学一样常举行集体活动。对此，自理能力强的同学能够尽快适应，而自理能力弱的同学可能会在短时间内陷入困境。大学生要求自我管理、自我教育、自我约束。

（三）社会活动的变化

大学生的交往由“一元化”向“多元化”转变。所谓“一元化”是指中学阶段的重点大都集中在学业上的相互督促、共同进步。而大学生活比较多元，学生面临着各种各样的挑战与机遇。社团组织是微观的社会，如果在社团里能够充分锻炼到自己，就能为将来进入社会打下良好的基础。社团活动在大学校园是非常活跃的，如果在大学期间没有参加过社团活动应该是一个遗憾。社团是一个舞台，它可以让你充分展示自己的魅力；社团是一个预备役学校，让你在踏入社会前对自己的能力进行提高。

党团组织、学生会、班委等活动对大学新生有极大的好处，都应积极参加。大学新生们应在政治上积极要求上进，对国家大事加以关心，不忘关注世界风云，“风声雨声读书声，不吭一声，家事国事天下事，关我啥事”这种观念不能持有。正确的观念应是“风声雨声读书声，声声入耳，家事国事天下事，事事关心”。大学生在发扬中国文化的同时，还要学会放眼世界。

大学生还应该参加一些文娱体育类的活动。在活动过程中，能够正确地认识自己，锻炼提升自己的个人素质和社交能力对大学生的思想转变乃至人生观的社会化过程均是历练的机会。

卢梭曾经说过：“生活本身没有任何价值，它的价值在于怎样使用它。”大学中丰富多彩的课余活动为大学生提供了充实的课余生活及充足的发展自我的条件。因此，参加一两个社团的活动和校园比赛还是很有意义的，我们可以根据自己的特点和爱好来进行选择，这样既能丰富自己的课余生活，也能锻炼组织和交往能力，另外，收获同学间的良好友谊也是一大好处。

大学生朋友们，罗曼·罗兰曾经说过：“世界上只有一种英雄主义：看清世界的本来面目，并且热爱它。”愿大家都有这样的一种态度和勇气，完善人格，适应社会，拥抱生活。

【课堂练习】

看材料，互动讨论。

一念之间　海阔天空

——给妹妹的一封信

妹妹：

大学生活如何？

刚进入大学，一切都是新鲜的吧？社团、舞会、寝室联谊、学校周边小吃，姐姐刚来大学时也一样，都觉得玩不够。

你说你有些不开心，并不是所有的事情都顺从你的心意。和舍友相处并不是想象中的那么简单。你喜欢A，把什么知心话都告诉她，到头来发现她把这些话都告诉了别人。你也对B好，但是B总是对你很冷漠。你睡觉睡过头，发现舍友都自顾自地去上课了，不一会上课回来了，谈论这谈论那，没有人会对你说声“抱歉”。

在班级里，你像以前一样常常参加活动，但是和你一样优秀的人有很多，所以有时候你得不到像以前一样的肯定，内心感到很失落。

回到寝室，没有人关注你的一举一动。忘记打水就只能用冷水洗脚，晚上缩在被窝里捂了好久才暖和起来。

这样的情况，还要再持续四年。

你想出去住，虽然可以暂时处理问题，但是你准备一辈子都搬来搬去么？

你开始怀念你的高中同学，将自己在人际交往上的失败全都推到别人的虚伪上。其实，虚伪是正常的人性，你不能永远逃避，你要学会和这样的人相处。

遇到的人，并不是每一个都会成为你的知心朋友，但是如果一开始就不真诚，那么便会失去更多的好朋友。

你有没有看到他们的长处呢？你的学校是藏龙卧虎的地方，没有两把刷子是进不去的，她们骄傲，那么一定有骄傲的道理。你是否能够看到，你是否能够向她们学习？

另外，如果你足够优秀，有眼光的人便会自己靠近你，对你不好的人才会损失更大，我相信日久见人心，也信道不同不相为谋。你要做的，就是打开自己的小世界。你的世界不是只有一个小小的寝室或班级，你可以加入社团，可以加入垒球队，那里会有你志同道合的朋友，如果你真诚，且懂得沟通。

“怎么可以不理解我！怎么可以不按照我的意思去做！怎么可以让我失望！”世界并不是为你造的，你得适应它。

你从前的人生太顺利太温暖。你以前做的只是读书，并没有学会如何处理事情。可现在开始，You have to learn to grow and be strong（你得学会成长和变得坚强）。

成长是　　明白很多事情无法顺着自己的意思，但是要努力用恰当的方式让事情最后变成自己想要的样子。

坚强是——如果最后事情实在无法实现，那么也能够接受下来，不会失控，而是冷静理智地去想下一步。

承认很多人比自己优秀，那是值得高兴的事情。那些比你优秀的人，其实都是上天给你的养分，你得汲取过来，否则你就白见到她们了。

比如说，承认无法取悦每一个人。你不可能和每个人都做好朋友，就是会有人不喜欢你，会有偏见，别理睬他们。做好你该做的，口舌是别人的，优秀是你自己的。

最后你会发现，成为你好友的，还是你的同类。但是如果你自己不够好，那么你也交不到足够棒的朋友。

再比如说，失败的时候，你要学会说“这是我的错”，不要试图把责任推卸掉。责任感，你得开始拥有。没有这个东西，你最多不过是聪明，而不是优秀。

再比如说，得不到的东西就忘记它，例如奖学金。如果你尽到了150%的努力，这学期仍然有人比你更优秀，那么就去赢取下个学期的奖励，不要去加入那些关于同学的亲戚是辅导员之类的闲言碎语。

世界上的确有很多不公平的地方。正因为如此，你得加倍努力。如果五个名额中只有一个是不依靠背景的，就应该是你的。记住，要用恰当的方式。

关于寝室的问题，你要足够宽容，足够坚强。“人不知而不愠”，孔子说的。所以你要让她们看到，你是值得尊敬的朋友，而且失去你是她们的损失。

有个妹妹在给我的信里送我一句话，我很喜欢，也送给你：“一念之间，海阔天空。”我期望你的生活，因为宽容而盛大。

宽容别人对你的不理解，宽容别人的缺点，宽容自己的一些力不能及。当然，之前你得尽力，而后你会看见海阔天空。

姐姐

思考讨论：

1. 你如何看待案例中“妹妹”进入大学后产生的诸多困惑？你有类似的困惑吗？
2. 结合案例本身，谈谈对大一新生如何适应大学新生活的认识。

第二节　大学新生的心理适应及常见问题

小　故　事

没有鞋子的时候，人们都是赤脚走路，一路上双脚还要忍受着凹凸不平的路面。某个国家的大臣为了讨好国王，于是将国王的房间铺满了柔软的牛皮，从而大大减少了国王的痛苦。

国王因为想要时刻享受牛皮铺路的舒适，决定将全国各地的路都铺上牛皮。众大臣听了之后一筹莫展，全国就那么点牛怎么样也是不够的，而且这成本实在是太高了。正在大臣们绞尽脑汁想如何劝说国工改变主意时，一个聪明的大臣建议说：人王不妨用牛皮包仕脚底，用绳子绑紧，这样也可以时刻走在牛皮上啊。国王听了很惊讶，便收回命令，采纳了建议。于是，鞋子就这样发明了。

把全国的所有道路都铺上牛皮，这办法虽然可以使国王的脚舒服，但毕竟是一个劳民伤财的笨办法。聪明的大臣想到通过改变自己的脚来达到同样舒适的效果。

【分享感悟】

现实生活中，我们常常感到周围环境不尽如人意：自然条件的恶劣，人与人之间的相互倾轧，工作压力太大，报酬太低……面对这种种烦恼，部分人只知道一味地埋怨生活的不公平，怨天尤人。其实，即使是至高无上的皇帝也不能使周围的一切都如他所愿。我们能做的就是学习那个睿智的大臣，设法换个角度解决问题，使得方案最优化。面对难以改变的大环境，我们要灵活适应周围这个环境。当我们的选择灵活了，就算路和境遇再坎坷，我们所获得的感受也就截然不同了。

试图改变环境还不如先改变自己，从原本的思维模式开始改变，换一个角度就会“柳暗花明又一村”。

知识讲堂

心理学家沃尔曼认为，适应是“一种与环境融洽和谐的关系，包括满足一个人的绝大多数的需要，并且拥有符合要求所必需的行为变化，以便一个人能与环境建立起一种融洽和谐的关系。”“与环境建立融洽和谐的关系”是适应的核心。具体怎么“建立”呢？主体改变自己顺应环境，或是主体自主选择、与环境抗争。有句话叫物竞天择，适者生存！首先大学生要成为“适者”。

大学生活伊始，大学新生的首要任务就是接受种种变化，尽快适应大学生活。然而适应的过程也不可能都是一帆风顺的，要提前做好心理准备，这样可以缩短试用期，更早融入大学的学习生活，有利于自身的发展。

一、大学新生的心理适应内容

（一）大学新生的心理适应（心理适应的概念及意义）

1. 什么是适应

适应是一个人通过不断调整自身，使其个人需要能够在环境中得到满足的过程，适应也是自我与环境和谐统一的一种良好的生存状态。初入大学的学生在大学生活的开始阶段，需要在心理上与大学环境达成和谐，这便是大学新生的心理适应。

2. 积极适应与消极适应

所谓积极的心理适应是指，个体在客观环境中灵活适应环境，来增强个体在环境中的主动性、积极性，提高自身综合素质。消极的适应是指这一过程中，个体认同了环境中消极的东西，而束缚住了自身的潜能，与人的心理发展方向背道而驰。其结果是人未发挥自己对于环境的能动作用。

3. 适应的意义

(1) 接纳自我的开始；(2) 有效学习的需要；(3) 积极交往的基础；(4) 身心和谐的要素；(5) 健康生活的前提；(6) 个人发展的起点。

（二）四年大学生活的主要特征及适应任务

1. 大学一年级生活的主要特征及其适应任务

大学一年级是大学生涯起步阶段，也是大学生活重要的“打基础”时期。大学新生所处的环境、社会地位、学习方式与中学相比变化巨大。因此，在这种转变过程中，他们心理、思想及行为都会产生一些不适应，主要体现在自主意识增强，但自理能力较差；自我期望很高，但自制能力较差；情感丰富，但理智力较差。由中学时代对大学的美好想象到亲身体验大学生活的现实，常常会因实际上的差异而引起复杂的心理矛盾，并且这些冲突和矛盾会在学习生活中反映出来。有相当多的新生入学后认为中学里追求的目标实现了，产生了“船靠码头车到站”的想法，学业上开始自我放松要求；还有的对大学学习方法、学习规律缺乏认识和把握，学习上感到吃力；也有的对于到来的一些学习上的困难、挫折没有心理准备，无法及时适应，造成了心理上的困扰。

大学一年级生活的主要适应任务是要尽快融入新的集体，认识自我并彰显个人独特的个性，抓好基础课的学习。重点要完成这样几项任务：(1)尽快熟悉你的大学，要充分利用入学教育阶段的各项活动，了解学校的发展历史、学科本色，了解所在院校的发展状况，以及本专业人才培养的规格与要求；(2)努力适应大学的学习方式和方法，为学业进一步的深化做好准备；

(3)要利用各种讲座、辅导、培训等机会,加强对自我的认识,把握自己的成才目标,增强使命感和责任感,对自己的职业理想进行初步的规划;(4)要尽量熟悉《学生手册》的要求,同时注意积极参加学校和院系开展的各种教育活动,参加班团组织的各种集体活动,努力养成关爱集体、文明礼貌、遵纪守法的良好习惯,开好头、起好步,为今后健康发展奠定良好的基础。

2. 大学二年级生活的主要特征与适应任务

大学二年级是大学基础课程学习的重要阶段,也是大学生充实自我、发展兴趣爱好的重要时期。这一时期,大学群体开始出现“两极分化”——品学兼优的学生崭露头角,而各种问题学生也开始出现。大二学生在对大学环境熟悉和适应的同时,专业知识、社会知识也会得到深化,形成一种适应感和自信感,自我独立和自我表现的倾向开始突出出来,兴趣爱好开始向广度发展,思想更为活跃,对未来充满了憧憬,除课业学习以外,开始渴求通过多种渠道开拓新的知识领域和业余文化生活阵地。这一时期多数学生已基本形成自己的价值观、世界观、人生观。在品德修养方面,多数同学的自我约束控制能力得到增强,但是一旦开始放松对自己的要求,漠视组织纪律观念,违纪违法事件发生频率就会提高。

大学二年级生活的主要适应任务,第一,处理好自己与周围社会的关系,树立远大理想和正确的世界观、人生观是必不可少的。第二,要将主要的精力和时间用于学业方面,增强自己的专业实力,同时关注本专业的发展前沿、学科动态,培养一个良好的作风。这一时期是为将来报考研究生、继续深造积蓄力量的关键时期。第三,要增强法制纪律观念,培养自我管理、自我教育的能力,防止因适应感、自信感带来的松劲情绪和懒散现象的滋生与蔓延。第四,要积极参加课外活动,了解自己的兴趣所在,结合专业集中进行发展。

3. 大学三年级生活的主要特征与适应任务

大学三年级是大学生全面拓展自身素质的重要阶段,是由基础课学习向专业课学习的过渡时期,也是大学生思想观念更趋成熟、职业理想进一步明确的时期。三年级的大学生大都有了更强的历史使命感和社会责任感,思维能力明显增强。他们希望自己像成人一样待人处世,比较自觉地进行这方面的训练,喜欢参加社会活动,兴趣爱好相对集中,希望通过实际锻炼增长自己的才干,并且许多人已成为学校各类社团和学生组织的骨干。在学业方面,他们对于专业的选择、工作前景、本科毕业生的就业情况十分关心,他们开始加强实践环节,掌握一些实用的技能。

大学三年级生活的主要适应任务:首先正确地定位自己,我们必须把贡献社会、报效祖国当做分内之事,清晰了解职业理想与社会理想的关系;其次专业知识的学习也很重要,应主动学习并掌握本专业领域的新知识和新技术,参加与专业技能相关的各种资格认证的考试也是不可或缺的,对于大学生必考之证,如外语、计算机等级证书、教师资格证书、会计证书等,这些证书要与将来的就业方向结合,增强自己在人才竞争中的优势力;最后是要使职业目标更加清晰明确,并努力通过各种实践提高自己的职业能力。

4. 大学四年级生活的主要特征与适应任务

大学四年级是大学生由学校走向社会的转折阶段,也是大学生走向社会开始新生活的全面准备时期。处于此阶段的毕业生,其总体状况可以概括为“思想活跃、独立性强、跃跃欲试、心绪不定”。毕业班的学生独立性明显增强,职业定向已处于完成阶段,社会责任感提高,成就感强烈,但实现抱负的紧迫感与适应社会的忧虑感同在。大学生通过几年的学习和实践,掌握了基本的服务社会的能力但是不少毕业生自恃过高,使得理想和现实的自我既有统一又有矛盾。还有的毕业生不敢面对现实,存在畏难心理,渴望成功的同时,又不愿去艰苦的环境中经受磨炼,缺乏艰苦奋斗、开拓进取的意志和勇气。

大学四年级生活的主要适应任务：首先，毕业生要确定自己的职业意向。职业理想和现实间总是存在着一定的差距，只有通过不断地规划，改变自己的职业定向才能缩小差距，才能使自己的现实条件既符合自我需要也符合社会的需要。其次，认真完成大学最后阶段的学习任务。毕业实习、毕业设计和毕业论文等课业任务，是大学所学知识的综合运用，是对大学生专业知识和专业技能掌握情况的综合检验，也是大学生提高自身专业素养、完成大学学业的关键一环。第三，做好求职择业的各项准备。积极参加各种就业培训，塑造一个良好的自我形象，撒出信息网，同时主动出击、及时就业。第四，利用最后时间，对自己职业生涯进行突击提高。确定岗位之后，就要开始有针对性地培养职业要求所需要的能力，完善自己的不足之处，打好职业生涯的第一仗。

二、大学生适应中常见的问题

对于大多数新生而言，在适应环境的过程中很难一步到位。大学生在适应环境的过程中可能出现的主要问题如下：

（一）自我评价失调

虽然近些年来我国高等学校不断扩招，但能有机会上大学的毕竟还是少数。大学生在全国同龄人中的比例始终没有超过11%。接到录取通知书的时候，学子将自己多年努力的汗水都化作激动的泪水湿润了脸颊。这些新生或多或少有些得意，一种自豪感在心中荡漾。一般而言，能够进入大学的大多是在高中阶段较为出色，得到更多关注的群体。升入大学后，他们发现自己和同学之间几乎是没有差距的，立马感受到自己在大学校园里的平庸，再也感受不到高中时候鹤立鸡群的自信。这样的一种心理落差会使得大学新生自我评价失调，甚至会带来自卑情绪。

据《南国都市报》报道，1999年，海南省东方市出现了考入清华的第一人——陈崇济，一位以835分的成绩考入清华大学电子工程系的高材生。这个消息必然使家里和市里一片欢腾。东方市为此召开庆功会，市长亲手为陈崇济颁发了1 000元的奖金。但是入学后他却在清华的在众多才子才女中，感到自己如同一只丑小鸭，无法在心理上很快地适应。“清华是强手如林的一流学府，你不小心碰到一个人，不是各省的状元，也是榜眼、探花，在高中叱咤风云的自己与出类拔萃的周围同学相比，简直太一般了，别说多才多艺了，连普通话都说不好。”面对这样的现实，重新为自己定位是摆在每个大学新生面前的首要问题。

（二）孤独感和恋群感交织

在全新的环境中，面对的都是一些生疏的面孔、陌生的身影，在这种情况下，虽然彼此都有新鲜感，也渴望交流、沟通，但最初阶段的交往还是处于礼貌、客气的范围内，过头的话不说、过分的玩笑不开，谦让步、嬉闹少，都在“试探”对方的性格，因此，大学新生普遍感到孤独压抑。事实上，大学生面临最大的困难就是人际交往的问题。由于初高中只顾着闷头学习而缺乏与他人交流交往的经验技巧；有些是由于自卑心理而担心别人会瞧不起自己而不敢与别人交流；还有些同学因为害羞不好意思和异性交往做朋友。由于以上原因，许多大学生在人际交往中表现得小心谨慎、防范心理较强，结果和很多同学都只是泛泛之交，这种有广度没有深度的交往方式阻碍了同学间的正常交往。因此，许多同学开始怀念中学时代的老师和同学，一味地念旧而忽略了大学的新机体，与旧时的朋友反而交往更加密切，开始疯狂地写明信片、上网聊天。根据经验，写信频率会随着大一的结束越来越少。到毕业前夕，就会感到自己连信也不会写了，只会写便条。

（三）理想与现实矛盾

对大学的现实生活，大学新生普遍缺乏了解和心理准备，往往把大学想象得过于理想化，编织着一幅幅大学生活的美好图画，心中充满了对大学生活的好奇和向往。其想象往往融入了各种各样的诗情画意，认为“理想中的大学了不得”。大学新生有了自己的亲身体验，就会发现理想和现实的差距是很明显的。有些新生在遇到现实矛盾时，往往不知所措，认为自己是被家长所欺骗，现实的大学也就这样。于是就有许多同学感慨道：“大学生活简直是比高中还无聊！”“算了，我们还是去网吧打游戏吧！”

漫长的“三点一线”（教室—宿舍—食堂）生活，不太体面的“课桌文学”“墙头文学”“厕所文学”等现象，不太文明的举止言行和嘈杂的校园环境与原来想象中的大学相去甚远。原以为大学同学个个是口齿伶俐、诙谐幽默、文明礼貌的人中龙凤，而实际并非如此，各色人等都会在校园里出现。同时大学生新的群体里每个人资历都相当，名列前茅的仅为少数，大部分人处于中等甚至中下位。从高中优越的尖子生群体到如今中下等的角色转变让有些同学不能够及时地适应，产生了失落自卑的情绪。除此之外，一部分学生没能及时适应大学的教育方式，找到自己的学习方法，导致了其成绩和努力程度不成比例，产生了悲伤的情绪。

（四）放松与紧张同在

在不少大学生看来，只要是上了大学，就可以过得自由潇洒、轻松快活，而且大学提倡学生自主学习，自己可以支配的时间较多，于是一部分自觉性较差的同学便失去了前进的动力，放松了自我管理，那些所谓的奋斗目标早就抛到了脑后，开始尽情地沉溺在虚拟世界的游戏，日夜颠倒，上课听不进去，还整天觉得“无聊，没劲”。等到学期末，考试成绩不理想时，有些同学才开始清醒过来，赶到焦虑不安。因此，新生需要清楚地了解到大学并不是人生的终点，而是一个新的起点，大家应该抛弃过去，从零开始，继续赛跑。取胜的关键在于速度和耐力，因此，无目标、无兴趣、无动力、无意志是新生要尽快克服的“四无”现象。同时，出大学是“严出”。“严出”包括第一分数严，每学年累计三门功课不及格就要留级，再不及格就要退学；第二纪律严，迟到、早退、旷课累计达到一定数量时，就要受到记过、留校察看、甚至开除学籍处分；第三文凭严，毕业时累计四门不及格就不能发毕业证书、学位证书。

（五）求知与厌学共融

知识经济时代的客观要求造成了大学生的强烈求知欲望。知识的急剧增加是知识经济时代的第一个基本特征，也就是所谓的信息“爆炸”时代的来临；第二个基本特征是“科学技术是第一生产力”，劳动者在掌握知识的同时，运用所掌握的知识创造财富；第三个基本特征是知识在一定意义上是最重要的社会财富和个人财富。知识经济时代是大学生的头脑中的一种内在需要。因为，大学生要运用知识和能力来提高未来生活的质量，实现自己的人生价值和社会理想。

大学学习具有研究和探索的性质，这不仅表现在大学生要完成学年论文、毕业论文和毕业设计等方面，而且也表现在所学的课程内容上。大学生对于知识的要求不仅是简单掌握，还要知道科学知识的形成和研究方法，了解并解决各学科在实际运用中存在的问题。大学独特的学术研究氛围使得大学生想要重新组合所学知识、开拓创新，从另一个角度去解释所学的知识或是理论，从而产生强烈的求知欲。只要是感觉新奇的或是有兴趣的就渴望去了解和尝试，不管是自然知识还是社会知识。

高考前的学习压力大得让人喘不过气来，所以不少大学新生对学习开始厌倦，求学于他们而言不再是唯一的方向，而且学习的动力支点也很难找到，所以产生了学习的乏力和无能，经常询问自己：“为什么要读大学？我在大学能学些什么？我最应该学的是什么？”此外，大学环境相比中学环境而言变化巨大，因此大学新生势必要花费时间和精力去适应新的环境，因而在学习方面的注意力没有像中学时那样集中。在这个适应阶段，学习和生活出现矛盾是很常见的，但是这个阶段过后应当要正确处理两者之间的关系，使它们达到一种平衡，否则必然会耽误学习。一位资深的博士生导师认为，大学生应该学的是一种“思维”，一种对知识的内容、框架及其相互联系的“思维”，一种如何运用自己的知识去解决现实生活问题的“思维”，而不只是记住一些概念、名词。

（六）独立与依赖相随

大学新生与高中生相比，独立意识更强一些，强烈要求社会承认他们的成人资格。大学生可以通过独立处理自己的重要事情来强化“独立”这个意识。他们要求独立处理事情，不会轻易改变自己的想法，也不愿意受到外界的制约和束缚，同时又对周围的事物常常感到不满。大学新生那种认为自己已经长大的观念已经深深扎根在心中，他们强烈要求社会外界对他们进行某种肯定。大学新生追求独立的成人意识，在学习和生活中往往表现出矛盾的两方面：一方面，步入大学的那一刻，他们就清楚地认识到心中的独立意识在增强，无论是思想和行动都体现了极大的独立性，这使得他们不愿意地随波逐流，他们开始崇尚自主解决学习生活上的问题；另一方面，过分的独立意识使得价值观发生了扭曲，夸大了自己的本领，常常用批判的眼光看待问题，狂妄自大，不愿接受别人的指正。同时这种无限增强的独立性人格若是遇到挫折，便会表现出沮丧、自卑的情绪，对周围的人或事不闻不问，有些甚至退缩到依赖他人的地步。此外，大学生的依赖心理仍十分明显。在经济上，他们无法真正的独立，依然需要依赖于家庭的供养。同时，由于从小就作为独生子女，受到了来自父母双方家人的多重关爱。少年时期形成的依赖心理不能一时完全消除。因此，不少大学新生不能很好地适应陌生环境，表现出拘谨自卑，有些由于从小娇生惯养导致其自理能力极低，不会合理安排生活，也不会计划用钱，常常在月头就把生活费花完了，剩下的日子就只有艰难地熬下去。

举例：

认知上：案例1：李晓中考失利，没有进入理想的高中，也不再是老师的宠儿。高中的学习内容比初中枯燥，加上内向的性格使得李晓很难适应现在的生活，他很怀念以前的老师和同学。

新生刚到全新环境时，总爱这样问自己：“别人对我怎么看的？我是不是很差劲？”等。在这样的自我探询中，有些新生很容易产生一些不合理的认知：

在环境适应方面：

1. 没有过去好。
2. 周围没有真心的朋友。
3. 我的成绩只有中游，没必要那么努力了。

在学习方面：

1. 我无法适应新的学习方式。
2. 学习好枯燥，没有趣味。
3. 没有别人聪明。
4. 我没有别人那么有毅力。
5. 我不再是学习的料。

情绪上：案例2：吴兰学习一直很刻苦，晚上看书看到12点，每天早上6点又准时起床，别人午休她也从不休息。巨大的压力使得她经常头痛、多疑、失眠、心烦，而且自己厌恶自己，认为自己没有学习的天分。作为尖子班的同学，她的压力比一般同学大，但是每次想要学好物理却又力不从心，使得她夜里以偷偷哭泣的方式来释放压力。

在压力大的环境下，新生容易出现害怕、嫉妒、焦虑、自卑等情绪。对学习感到力不从心，容易产生厌恶情绪，总认为班上其他同学比自己强，很容易自卑、生气、产生强烈的孤独感。

行为上：案例 3：陈放，进入高中之后发现学习任务变得繁重起来，想要在各方面都表现得优秀，但是实际上总是做不到，这很是让他着急。李洁，刚进校时急于表现自己，大量参加学校的各种活动，没有做好时间分配，高一期中考试成绩陡然下降，让她惊讶、伤心不已。

新生适应不良在行为上的表现主要有：过于保护自己，从来不主动与他人交往，很少参加活动。有些则是过分积极，往往导致学习上的时间不够，学习受到很大的影响。

【课堂练习】

1. 反思自己有哪些适应不良。
2. 完成下面的应对方式测试，思考自己心理适应的方法？要求：回答问题是否存在，选择“是”或“否”；是否能有效地应对生活中的问题选择“有效”“一般”和“无效”中的一个。在适合自己客观事实的选项上画对号。

序号	问题	是	否	有效	一般	无效
1	能理智地应付困境					
2	善于从失败中总结					
3	制定一些克服困难的计划并按计划去做					
4	常希望自己已经解决了面临的困难					
5	对自己取得成功的能力充满信心					
6	认为“人生经历就是磨难”					
7	常感叹生活的艰难					
8	专心于工作或者学习以忘却不快					
9	常认为“生死由命，富贵在天”					
10	常常喜欢找人聊天以减轻烦恼					
11	请求别人帮助自己克服困难					
12	常只按自己想的做，且不考虑后果					
13	不愿过多思考影响自己情绪的问题					
14	投身其他社会活动，寻找新寄托					
15	常自暴自弃					
16	常以无所谓的态度来掩饰内心的感受					
17	常想“这不是真的就好了”					
18	认为自己的失败都是外因所致					
19	对困难采取等待、观望、任其发展的态度					
20	与人冲突，常认为是对方性格怪异引起的					
21	常向引起问题的人和事情发脾气					
22	常幻想自己有克服困难的超人本领					
23	常自我责备					
24	常用睡觉的方式来逃避痛苦					
25	常借娱乐活动来消除烦恼					
26	常想些高兴的事情自我安慰					

（续表）

序号	问题	是	否	有效	一般	无效
27	避开困难以寻求心中宁静					
28	为不能回避困难而烦恼					
29	常用两种以上的方法来解决困难					
30	常认为没有必要那么费力去争成败					
31	努力去改变现状，使情况向好的一面转化					
32	借烟酒消愁					
33	常责怪他人					
34	对困难常采用回避的态度					
35	认为“退一步海阔天空”					
36	把不愉快的事情埋在心里					
37	常自卑自怜					
38	常认为这是生活对自己不公平的表现					
39	常压抑内心的愤怒和不满					
40	吸取自己或者他人的经验去应付困难					
41	常不相信那些对自己不利的事情					
42	为了自尊，常不愿意让别人知道自己的遭遇					
43	常与同事、朋友一起讨论解决问题的方法					
44	常告诫自己“能忍者自安”					
45	常祈祷神灵保佑					
46	常用幽默和玩笑的方式缓解冲突和不快					
47	自己能力有限，只有忍耐					
48	常怪自己没有出息					
49	常爱幻想一些不现实的事情来消除烦恼					
50	常抱怨自己无能					
51	常能看到坏事情好的方面					
52	自感挫折是对自己的考验					
53	向有经验的亲友、师长求教解决问题的方法					
54	平心静气、淡化烦恼					
55	努力寻找解决问题的方法					
56	选择职业不当，是自己常遇到挫折的主要原因					
57	总怪自己不好					
58	经常是看破红尘，不在乎自己的不幸遭遇					
59	常自感运气不好					
60	向他人述说心中的烦恼					
61	常自感无所作为而任其自然					
62	寻求别人的理解和同情					

评分方法：

该量表共分成六个方面：解决问题、自责、求助、幻想、退避和合理化。请按以下的步骤进行评分。

第一步：依据下表进行计分。各量表项目没有“—”的选“是”得1分，有“—”的选“否”得1分。（注：自责分量表中包含了一个“39”，而在求助分量表中包含了一个“—39”。）

应对方式测试分量表条目构成：

序号	分量表	分量表条目构成编号
1	解决问题	1、2、3、5、8、－19、29、31、40、46、51、55
2	自责	15、23、25、37、39、48、50、56、57、59
3	求助	10、11、14、－36、－39、－42、43、53、60、62
4	幻想	4、12、17、21、22、26、28、41、45、49
5	退避	7、13、16、19、24、27、32、34、35、44、47
6	合理化	6、9、18、20、30、33、38、52、54、58、61

第二步：按照以下公式计算各分量表的因子分

$$分量表因子分=\frac{分量表单项条目分之和}{分量表条目数}$$

第三步：将六个因子的因子分进行排序，因子分最高的代表个体最常用的应付倾向。

结果提示：该量表总结了个体面临困境常用的6种应付方式。解决问题是指使用直接解决问题的方式来应对困境。合理化是指遇到困难时，喜欢把造成困难的原因归咎于外在原因(如运气、环境、他人等)。求助是指遇到困难时，喜欢与人交流，寻求他人的建议和帮助。自责是指遇到困难时，喜欢责备自己，把问题归咎于自身。幻想是指使用想象理想的、美好的事物或状态(如想象自己有克服困难的超人本领)来应对困境。退避是指遇到困难时，使用被动承受或逃避的方式(如抽烟、喝酒或娱乐等方式转移注意力)来应对。每个人在生活中可能都会使用到这6种方式，但使用每一种应付方式的倾向性则因人而异，倾向性越高，代表个体越惯常使用该种应付方式。其中，解决问题、求助和合理化属于较为成熟的应付方式，自责、幻想和退避属于不太成熟的应付方式。

3. 通过第2题的测试，反思自己应对问题的方式是怎样影响你适应大学的生活的，并与坐在旁边的同学交流。

第三节　大学适应中的心理调适

小 故 事

草籽的故事

三伏天，庙里的草地一片枯黄。

小和尚很着急，急忙让师父去撒点草籽。

师父笑了笑，说："行。等天凉了，随时。"

中秋节到了，小和尚被师父派去撒草籽。

阵阵秋风把刚撒下的草籽吹散了，小和尚慌忙道："师父，怎么办，许多草籽儿都叫风给吹走了！"

师父看了一眼，平静地说："没事的，吹走的多半是空的，撒下去也发不了芽儿，随性吧。"

不一会儿，一群麻雀又飞过来了，小和尚急得直挠头："坏了，坏了！草籽儿都让麻雀给吃了。这，这可怎么办呢？"

师父和颜悦色地说："别急。种子多，吃不完，随便吧。"

不巧，那天夜里下了场大雨。小和尚大清早就起来到院子里，接着三步并作两步地冲进禅房："师父，这下可完了！草籽儿都让雨水给冲走了！"

师父毫不介意地说："冲到哪里就会在哪里发芽的，随缘吧。"

奇怪的是，几天过去了，一片又一片青翠的草苗出现了，原先没有播种的地方也泛出了绿意。

小和尚高兴地直拍手："好看！太好了！"

师父眯着笑眼，慢慢点着头说："随喜，随喜！"

【分享感悟】

客观的一切都是不能改变的，我们只能不断调整自己去适应环境的变化。生活不止，前进不止，要学会随遇而安，寻找生活中的小乐趣，寻找平凡中的美好，而不是只拘泥在一丁点不如意上。"海纳百川，有容乃大""退一步海阔天空"都向后人讲述了这个道理。《易经》中提到"易"就是改变的意思。古人用历史经验告诉后人，改变方法，用包容的心态去看待事情，事情总会向好的地方发生转机。因此当代大学生应该将包容牢记心中。

知识讲堂

瑞士心理学家皮亚杰(Jean Piaget)认为，生物的发展是个体组织环境和适应环境这两种活动的相互作用过程，也是生物的内部活动和外部活动的相互作用过程。他认为，适应包括同化和调节两种作用和机能：同化是个体把刺激纳入原有的格局(scheme)之内，就好像消化系统将营养吸收一样；调节是指个体受到刺激或环境的作用而引起的，促进原有格局的变化和创新，以适应外界环境的过程。

上述理论同样适用于大学新生。面对全新的大学生活，一方面，大学生需要改变或创新自己原有的思维模式、观念、态度和生活方式，以适应环境，这是自我调节；另一方面，要将新环境中的某些元素纳入原有的认知模式中，使其得到充实和完善。

一、了解大学的特点，适应新环境

"大学"这个美好的字眼，令无数在高考中失利的青年向往不已；大学生们，这些时代的骄子、社会的宠儿，令无数大学门外的青年羡慕不已。然而大学生活是现实生活，是理想与现实的结合体。对从中学跨进来的时代骄子们来说，大学生活的开始，既标志着梦想的实现，又意味着未来希望与奋斗的开始，要使自己在大学这个伊甸园里成才，发展自我，完善自我，首先必须对大学有一个正确的认识，要克服不切实际的幻想。在第一节我们讲到中学生活与大学生活的不同，这里就不再赘述。

二、正确认识自我，重塑奋斗目标

学生要成才，必须要展现出个性。我国现行的大学教育虽然有些模式化，但也强调个性化，而且相对宽松的学习环境也为学生个性的展现提供了广阔的空间和自由发展的舞台。若是想要成才得从自己出发，发现自己在性格、气质、兴趣爱好方面的特点，取长补短，重新树立目标。步入大学校园后，仍有新生停留在弥补中学失去的快乐时光当中，放纵玩乐、沉溺游戏，把学习搁置在一旁，更别提中学毕业时立下的目标与理想了。直到考试前夕，这些学生才幡然醒悟，想靠仅剩的几天来弥补一学期的课程，但实际上已经是无济于事了。因此，大学新生在进入学校时，就应该有正确的长远目标(例如在三年后拿到文凭，获得资格证书等)和短期目标(例如在本学期通过所有课程)。对于有些新生而言，他们对于自己的大学生活是有一些目标的，例如通过自学可以提前一两年得到文凭，或是广交好友，享受美好生活……但是这些目标有些好高骛远，有些甚至方向错误。因此还要学着确立有意义而且切合实际的目标。生活的技能主要指社会交往的技能,学会待人接物,处理好同寝室、同班、同年级同学之间的关系。

真正切合实际的目标首先应是基于自己的个性上的奋斗目标,这样才有利于自我价值的体现,有利于丰富自己的大学生活。如果不想在大学生涯留下遗憾,就应该在入校的时候对自己的职业生涯进行规划,当然,是要在充分认识自我的基础上进行的规划。

三、走出自我中心,正确自我定位

大学是个精英荟萃的地方,进入同一所大学同一个班级的同学大多资历相当,因此,有些同学在中学时期的那种鹤立鸡群的优越感荡然无存,从而产生了心理上的偏差。由于刚进入大学,同学还没完全展现出自己的能力,不能完全适应新生活。此时,学生能够做的就是摆脱掉中学时的精英光环,对自己有正确的定位,既不妄自菲薄,也不狂妄自大,调整好自己的心态。此外,学生们需要明确大学教学是以专业学习为主,大学学习是一个崭新的开始,要做好从零开始的心理准备。只有充分的准备,才能够赢在起跑线上。

四、克服依赖心理,形成独立习惯

在大学,无论是学习上还是生活上,学生必须学习独立,学会自理。在生活方面,改掉中学时期心安理得地接受父母照顾的心理,要学会合理安排在大学里的衣食住行,做到自主、自立、自律。在学习上,学会合理安排自己的学习时间,学会合理利用大学里丰富的教学资源自我发展。而不是像中学一样一味依赖着老师,大学老师只是学习道路上的指导人,真正完成学习任务的还是学生自身。因此,独立性越强,越有利于自己的成才。

五、坚持以我为主,适当选择活动

大学里的课外活动丰富多彩,学校组织的、院系组织的、班上组织的、各种社团组织的,令你眼花缭乱,目不暇接,让你难以拒绝。参加各种课外活动,可使学生展现个性、锻炼才能、培养自己的综合素质、促进学生的身心健康。所以,学生多参加各种课外活动是学校倡导的、鼓励的。但学生必须明确,大学生的主要任务是专业学习,课外活动只是大学学习的必要补充,对课外活动选择不准,不利于展现自己,还可能会增加挫折感;选择过多,还会出现本末倒置,得不偿失。所以学生在选择课外活动时,要能沉住气,多途径了解各种课外活动的性质、特点,并把这些特点与自己的情况结合起来,坚持以我为主,适当选择一些适合自己的活动,使课外活动与专业学习活动互为补充,把课外活动变为自己的精神食粮,而不是心理负担。

六、广泛结交朋友,融洽人际关系

家和万事兴,人和处处顺,和谐融洽的人际关系对大学生的学业成败会产生重要的影响。来自全国各地的学生相聚到一个大学,必然会出现语言、个性、生活习惯上的各种差异,但是大家要在“同一屋檐下”共同生活 3～5 年,因此要求大家必须彼此适应。大学生要从以“自我”为中心向以“集体”为中心转变,学会关心、礼让他人。首先,相互了解,相互尊重,提倡主动交往。其次,同学之间要相互适应,相互关心,待人诚恳,凡事讲原则讲道理。第三,同学之间交往要坚持待人和善,使得人际关系融洽和谐;同时,在交往中要注意自身形象,比如衣着整洁大方,言谈举止要文明礼貌,待人诚恳,诚信守时等。不仅如此,还要消除交往中羞怯情绪,培养交谈中“说”与“听”的技能,注意提高个人修养水平,养成良好的行为习惯,培养全方位的交际能力和处事能力。

七、走出理想虚幻,正确面对现实

大学是知识的殿堂,精神的家园。每一所大学,都有其独具风格的一面。一般而言,历史悠久的大学,文化底蕴厚重,人文气息较浓;现代新兴的大学,文化积淀薄,但充满现代气息。进入大学之前,每一位学生对于大学学习和生活都怀抱憧憬,希望能够选择自己理想的大学,学习自己感兴趣的专业。但是理想终究是理想，和现实之间还有很大的差距，这样的差距可能会使一些大学生产生失落感，不愿接受周围的现实。若是没有调整好自己的心态，可能会使自己沉迷于虚幻中，对大学的学习、生活缺乏应有的热情，若长此以往，将会严重影响到身心健康。所以，产生失落感的同学必须正确面对现实。列宁说过："天上的仙鹤不如手中的家雀。"大学生应当勇于接受现实，扬长避短，通过努力的学习同样可以使自己变得出色，同样可以使自己成才。

八、接纳现实，学会自我调节

大学伊始，新生在升学喜悦之外，要接受这样的现实：进入大学是新的开始，过去的已经成为了一份美好的记忆，我将要开启全新的生活。大学生要树立良好的心态，积极向上，面对困难勇敢前行，不畏惧，不逃避，学会在各种环境中随机应变，并且正确看待曾经遭受的挫折。进入大学后，虽然现实中的校园和理想中的校园差距甚大，但是要明白一点的是，人生不可能一帆风顺，真正的幸福来源于我们如何面对、处理那些不如意的事情。因此，大学新生要学会接纳现实，并且要明白：在大学里，个人能否有所成就、有所突破主要取决于个人的努力程度。

大学生活是一段全新的生活，每个人站在起点上都要自己来决定未来。谁都可能成功，谁都可能遇到坎坷，唯一可以确定的是：只有自己才能使一切美好的愿望得以实现。面对难题，可以向老师请教，也可以与同学探讨，但更重要的是要自己独立思考，自己确定而不是单纯地依赖别人告诉你要做什么和怎么做。同样的，面对挫折，可以伸出求援的手；也可以自己咬紧牙关独立解决，把一切愁苦留给自己，把欢笑留给别人；也可以向朋友倾诉，寻求理解；还可以求助于心理咨询老师。

总之，在新的环境中、在新的挑战下，大学新生只要充分调动起自我的力量来迎接新的一切，入学适应的阶段就会顺利渡过，以后的日子将会不断留下成功的足迹。

【课堂练习】

1. 以上八条建议你做到了哪几点呢？请同学们相互交流适应大学生活的心得。
2. 三名同学一组，其中一名同学表达自己在大学生活中遇到的问题，另外两名同学倾听并帮忙出主意来解决这个问题，依次轮流发言。活动结束后每个小组派一名同学发言分享自己的感受。

知识链接

给大学新生的七条建议

祝贺你们！你们跨入了大学的校门。大学录取通知书标志着新生活的开始，也意味着你们大多已满 18 岁，拥有了选举权。

大学不是青少年时代的最后一个阶段，而是步入成人的第一阶段，你们中的许多人也是第一次离开父母独立生活。大学不意味着快乐的夏令营，有丰富的夜生活，便宜的啤酒和免费的保险套，而是你们成长和学习的中心。你们打算如何最有效地度过大学生活呢？

首先，你们得学会自己安排时间。这的确不大容易，你们中的大部分人习惯于一天七节课外加补习的固化的时间表。大学里除了不多的正式讲课、研究班课程及指导课外，你们要干什么完全由自己的动机、承诺及良心来决定。所谓的"空余"时间并不意味着你们可以用父母及纳税人的钱酗酒作乐或赖在床上一觉睡到午饭。只有三分之一的同龄人能上大学，这意味着三分之二的同龄人无法上大学。因此，不要浪费你们所拥有的珍贵机会。你们和父母每年将付出总计人民币七千元左右的学费，实际大学的费用远远不止这些，每个大学生在实实在在地享受纳税人的资助。因此,你们有责任有效地运用时间。

优先考虑大学图书馆。浏览再浏览,别气馁。当然要运用指定的书目,但也要准备围绕课题扩大浏览范围。

别忘了期刊部。每年有几千种的杂志、期刊、报纸出版,它们是珍贵的信息来源。图书馆还保存有过期期刊。投资自己的藏书,购买你经常要用的书。同许多人共用一份重要的复印自图书馆的文件,没有比这更令人不快了。如果你拥有这本书,只要你愿意,你可以任意在书上作注释。

许多学生诉苦说,他们买不起书。但据去年的一份权威统计,学生平均每周花费于饮酒、娱乐及服装的钱,数倍于购书款。

维持你所能达到的工作量。每天花相当的时间学习。然后开始下一个任务,即便该任务事先暂时未布置。请记住实干者总比拖延者获得更好的成绩。

有效地利用科技。学会用电脑编辑、打印论文,运用因特网和光盘上数量巨大的资料。但要注意不要过分依赖技术。将他人的文章不经消化剪贴到自己的文章里,这是很容易的事。任何要记录下来的东西必须至少经过大脑的事先过滤。

没有谁身体一直不适却能够有效率地工作。要对自己的饮食负责,保持睡眠充足,饮酒要适度。当然啦,交朋友和参加大学的集体生活也是大学生活的一部分,但也仅仅是部分而已,要注意把握住度的问题。

因为诚实工作,你们的休闲就不会有压力和内疚的感觉,这样的休闲也许更有乐趣。

祝你们学习愉快!

第五章　立身以立学为先

——大学生的学习心理与调适

案例介绍

大学学什么

（一）某高校大学生王某自述：一个学期过去了，我感觉自己什么也没学到。我真的好迷茫，感觉每天都浑浑噩噩的，都不知道在干什么，感觉时间过得好快，不知道该怎么办……

（二）某高校大学生李某自述：我很想学习，可不知道该学什么，怎么学，从哪儿开始学，总觉得自己没学到什么东西，感觉对不起父母，浪费时间、金钱，感到郁闷、无聊、无奈……

（三）某高校大学生张某自述：没上大学的时候，对大学有着无限美好憧憬，可上了大学之后才发现，一切都不是自己想象的那个样子，有点不知所措。学校成了恋爱的天堂，网吧成了归宿……

【案例分析】

上面三个案例，反映了部分大学生的生活，很多人不清楚大学里要学些什么，导致了不知如何学习，有时甚至觉得什么也没学到。没有了目标和方向，虚度时光，生活单调而又无聊。之所以会产生上述现象，一方面是对大学教育的不理解，还以为是像高中时代那样去积累知识，所以会觉得没有学到东西，产生了心理落差；二是不知道大学应该学什么，所以很盲目，感觉到无从下手，导致了郁闷、无聊、苦恼的现象。

针对上述现象，我们可以用以下方法调适：

(1) 明确自我认识。认真思考一下：我的兴趣是什么，我最想要的生活是什么样的，我的优势又是什么，等等。

(2) 设立目标。有目标才有前进的动力，先设立一个长远目标，然后根据这个长远目标，制定一系列具体的短期目标，并开始寻找实现这些小目标的方法。

(3) 合理安排时间。大学生活是丰富多彩的，学习之余，你也可以参加一些社团活动和社会实践，既丰富生活，又锻炼自己。

自我认知：

学习类型自我测试

指导语：以下各项是否与你相符合？请认真阅读每一题，选出合适的答案，(A)经常、(B)有时、(C)从不。请大家选完后，再看后面的解释。

序号	问　　题	A	B	C
1	我喜欢乱涂乱画，笔记本里常有许多图画或者箭头之类的内容			

（续表）

序号	问　　题	A	B	C
2	我的字写得不整洁，作业本上常常有涂黑圈的字或者橡皮擦过的痕迹			
3	对刚买来的电器或其他新产品，我不喜欢看说明书，我喜欢马上动手试着去用			
4	我把事物写下来能够记得更清楚			
5	我只要听见了就能记住，无须看见或者通过阅读			
6	当别人给我演示如何去做某事时，我的学习收获最大，而且我也会找机会试着自己动手去做			
7	如果有人告诉我如何到一个新地方去，我不写下行走线路图就会迷路或者迟到			
8	写字很累，我用钢笔或者铅笔写字的时候用力很重			
9	我喜欢以尝试错误的方式解决问题，不喜欢以按部就班的方式解决问题			
10	当我想记住某人的电话号码或者诸如此类的事情时，我得在脑子里“看”一遍才行			
11	即使医生认为我的视力很好，我的眼睛也很容易疲劳			
12	我在按照指示或说明去做事情之前，喜欢先看一看别人是怎么做的			
13	我答题的时候，脑子里往往能“看到”答案在书中的第几页			
14	我阅读的时候，容易把结构相似的词弄混。如，马与鸟、请与清、them 与 then 等			
15	我发现自己在学习的时候常常中断下来去做别的事			
16	我在课堂上听讲的时候，喜欢聚精会神地注视着主讲人			
17	我难以看懂别人的笔记			
18	我不善于口头或书面表达			
19	当有人在谈话而周边有音乐声时，我很难集中注意力听明白某个人在说什么			
20	如果让我选择是通过听讲座还是看书的方式获得新信息，我会选择听讲座			
21	甚至在陌生的环境中我也比别人不容易迷路			
22	如果有人给我讲个笑话，我很难马上明白过来			
23	我对听来的故事比书上看到的故事印象更深			
24	当我想不起一个具体的词时，我会用手比划着帮助回忆			
25	如果有一个安静的地方，我会把事情干得更好			
26	一首新歌我只要多听几遍就会唱了			
27	体育课中，我不喜欢听老师讲动作要领，而是喜欢自己先模仿			
28	我只要观察过别人做活，无需亲自看书就能学会			
29	看过的电影电视，我对里面的音乐音响效果比画面印象更深			
30	别人告诉我一个电话号码，我自己不说一遍或者写一遍，一般很难记住，哪怕别人说很多遍或者写下来给我看			
31	我读书的时候喜欢用手指或者笔指着所读之处			
32	如果没有电视看，听广播也能让我很欢乐			
33	我比较喜欢手舞足蹈地跟别人说话			
34	字迹印刷得小，书上有污点，纸张质量差，或者装订不好的书或者试卷影响我的阅读情绪			
35	我不喜欢非常安静的环境			
36	我对记过笔记的上课内容，即使没有回头看笔记，也要比没有记过笔记的内容容易记住			

测试结果的统计与解释：

选(A)得2分、选(B)得1分、选(C)得0分。

将第1、4、7、10、13、16、19、22、25、28、31、34的得分相加，记为a；

将第2、5、8、11、14、17、20、23、26、29、32、35的得分相加，记为b；

将第3、6、9、12、15、18、21、24、27、30、33、36的得分相加，记为c；

用公式$\frac{a}{a+b+c}$计算你的“视觉”倾向权重；

用公式$\frac{b}{a+b+c}$计算你的“听觉”倾向权重；

用公式$\frac{c}{a+b+c}$计算你的“动作”倾向权重。

相关理论知识资料：

类　型	特　　点
视觉型	视觉型学习者擅长通过接受视觉刺激进行学习。喜欢通过图表、图片、影片、录像等视觉刺激手段接受、表达信息。他们习惯于将听到的事情想象成图像，以形象取代将要说的话。与交谈、聆听或实际习作相比，他们通过观察能学到更多。在学习上，通过自己动手涂写，要比阅读或聆听更有效。 这种类型的学习者喜欢阅读，而且能够比较容易地从书本上吸收知识。他们能轻而易举地记住所读的文章，并转换为口语，因而在复述或书面测试中容易取得好成绩。他们一般都很自信，具有很强的自制力，学习有计划性和自主性，有时还具有创造性。但由于过分认真，因而缺乏一定的表现力，举止呆板，书呆子气很重，由于过分自信，也表现出自负的倾向
听觉型	听觉型学习者擅长通过接受听觉刺激进行学习。喜欢通过讨论、讲授、听磁带录音等口头语言的方式接受信息。 这种类型的学生一般上课能认真听讲，能按时完成作业，但他们过多地注意原有知识，可能会在一定程度上影响潜力的充分发挥
动觉型	动觉型学习者擅长通过双手和身体运动进行学习，如通过在课本上画线、做笔记、动手操作等来学习。他们不喜欢老师整堂课的板书和讲解，也不善于言语表达。他们在自然、体育和课外活动等需要动手操作实验的学科中表现较为突出。与其他学习者相比，这类学习者往往有更大的发展潜力。 这种学习类型的学生做事比较守信，而且一旦集中于某事，就会做出很好的成绩。但由于他们情绪不够稳定，忽冷忽热，虽精力旺盛，但热衷于太多事项，最后常常一事无成

上述三种类型的学习者各有长处。学习者要了解自己属于哪一种类型，充分发挥优势，弥补不足。

除上述三类典型的学习者外还有混合型。

所有学习者在学习时都明显地体现出偏于用某种或某几种感知觉通道进行信息加工。

小结：通过学习类型自我测试，我们可以清楚地知道自己所属的学习类型，从而有针对性地进行学习训练，取得事半功倍的效果。常言道：“知识改变命运。”又有格言云：“学如积薪，后来者居上。”可见学习对一个人的成长是非常重要的。学习是大学生的主体活动，是大学生走向成才的必由之路。然而，由于社会、学校和个人因素的影响，在学习中会出现一系列的问题。本章主要针对大学生的学习心理、大学生常见的学习心理困扰及调适、大学生学习、生活和职业规划几方面进行论述。

第一节　大学生的学习心理

小故事

技多不压身

一天晚上，大老鼠带着两只小老鼠外出觅食，在一个厨房的垃圾桶中，发现很多剩余的饭菜，它们很欣喜，犹如人类发现了宝藏。

当它们大开吃戒的时候，听到了令它们毛骨悚然的声音——大花猫的叫声，震惊之余，便四处逃命。大花猫穷追不舍，终于捉到两只小老鼠，正准备将它们吃掉时，传来令它心惊的狗吠声，大花猫慌忙逃走。

大花猫逃走后，大老鼠从垃圾桶后面走出来，说："我早说过，多学一种语言，对我们而言，有利无害，这次就救了你们一命。"

【分享感悟】

路漫漫其修远兮，吾将上下而求索。从艰苦奋斗的高中时期一下转变到宽松自由的大学生活，有些人的心理状态没有做好调适，一直沉浸在玩过大学的想法中。于是，有些大学新生在潜意识里就开始放松了学习这根弦。常言道：活到老，学到老。大学如同人生的加油站，进入大学是为在更加宽广的道路上行驶。所以，来到加油站的车无论是豪华还是普通无关紧要，给自己加满油才是最重要的。漫漫人生路，要跨越万重山。

知识讲堂

一、学习

（一）学习的内涵

广义的学习是动物和人所共有的心理现象，指人和动物凭借经验引起的倾向或能力的相对持久性的变化过程。

这一定义说明：首先学习是一个介乎经验与行为之间的中间变量。学习者必须凭借反复的练习与经验，才有可能产生行为或行为潜能的持久变化。第二，学习所引起的行为或行为潜能的变化是相对持久的。药物、疲劳、疾病等因素也能引起行为或行为潜能的变化，但这些变化都是比较短暂的。第三，学习是由反复的经验引起的。个体的成熟乃至衰老也会使其行为产生持久的改变，如青春期的少年嗓音变化是生理成熟的结果，与经验无关，因而不能称之为学习。

狭义的学习仅指学生的学习，在各类学校环境中，在教师的指导下有目的、有计划、有组织地进行的，是在较短的时间内系统地接受前人积累的文化知识，以发展个人的知识技能，形成符合社会期望的道德品质的过程。

（二）学习的类型

学习是一种极其复杂的现象，不仅范围广，形式也各种各样。由于心理学家们对学习所持的观点不同，因此，对学习进行分类的角度也不同。

1. 奥苏贝尔根据学习材料与学习者认知结构中已有知识的关系，将学习分为机械学习和有意义学习。

(1) 机械学习。机械学习是一种仅仅依靠记忆来学习材料，而不去理解其复杂的内部关系和主题推论的学习方法，平时一般称为死背、死记或死记硬背，如背诵电话号码，幼儿能背几百首唐诗宋词等就是机械学习中很好的例子。

(2) 有意义学习。有意义学习是指符号所代表的新知识与学习者认知结构中已有的适当概念建立起非人为的、实质性的联系过程。要成为有意义学习有三个先决条件：①学习材料本身具有逻辑意义，即新旧知识在人类认识范围内可以建立客观的联系；②学生的认知结构中具备与新知识相联系的知识准备；③学生具有意义的学习心向，有一种将新知识与旧知识发生联系的愿望。

2. 根据是否教师主讲来划分，将学习分为接受学习和发现学习。

(1) 接受学习。接受学习是指教师通过直接呈现或传授知识及其意义，学生通过新、旧知识之间的相互作用来获得新知识。奥苏伯尔认为，学生的学习主要表现为接受学习，是通过教师的传授来接受事物意义的过程。

(2) 发现学习。发现学习是指通过学习者的独立学习、独立思考自行发现知识，掌握原理原则。发现，并不局限于寻求人类尚未知晓的事物。譬如，在化学实验室里，你可能"发现"一条职业化学家早已熟知的原理，但由于事先没有人告诉过你，也没有从自已手头的书看到(尽管它早已写在有关的书上)，这就是你自已的发现，是千真万确的发现。这一条你自己发现的原理，要比你通过学习别人的发现理解深刻得多，记忆牢固得多。

3. 心理学家将学习分为知识的学习、技能的学习和行为规范的学习。

(1) 知识的学习。知识是客观事物的特征和联系在人脑中的主观映像，它是来自对反映的对象本身的认知经验。这种经验既可以是关于事物是什么、为什么和怎么样的描述性经验，也可以是关于做什么和怎么做的操作性经验。学生有了这种认知经验，就可以解决知与不知、知之深浅的问题，从而可以在实际生活中更好地确立个体活动的方向。

(2) 技能的学习。技能是通过学习而形成的符合法则要求的活动方式，它是来自于活动主体所作出的行动及其反馈的动作经验。这种经验既包括在人脑内部，借助于内部语言，以简缩的方式，对事物的主观表征进行加工改造的心智技能；也包括借助于人的肢体或一定的器械，以展开的方式作用于客观对象的动作技能。学生有了这种动作经验，就可以解决会不会做和做得熟练不熟练的问题，从而可以在实际生活中更好地控制个体活动的执行。

(3) 行为规范的学习。行为规范是用以调节人际交往、实现社会控制、维持社会秩序的思想工具，它来自于主体和客体相互作用的交往经验。这种经验以一定的价值观为中介，并通过态度的形成与改变来培养学生的品德。学生有了这种交往经验，就可以协调个体与他人、集体之间的关系，从而在实际生活中更好地为个体的社会行为进行定向和调控。

(三) 学习的过程

布鲁纳认为，学习的本质是主动地形成认知结构。在学习过程中，学习者主动获取知识，并通过把新获得的知识和已有的认知结构联系起来，积极地构建其知识体系。

学习活动首先是新知识的获得。新知识可能是以前知识的精炼，也可能与原有知识相违背。获得了新知识以后，还要对它进行转化，我们可以超越给定的信息，运用各种方法将它们变成另外的形式，以适合新任务，并获得更多的知识。评价是对知识转化的一种检查，通过评价可以核对我们处理知识的方法是否适合新的任务，或者运用是否正确。因此，评价通常包含对知识的合理性进行判断。

二、大学生学习

(一) 大学生学习的特点

1. 学习的主动性

大学学习最突出的特点之一就是以自学为主、课堂教学为辅，学习中有更多的自主性。在课堂教学中，教师会讲解重难点，或他自己比较有心得的一部分，其余的就需要学生自己去学习、理解和掌握。在大学学习中，学生有更多的自由支配时间，可以用来阅读参考书和文献，扩充在课堂上所学的知识，或者听自己喜欢的选修课等。

2. 学习的专业性

大学作为专业教育阶段，学习的专业性十分明显。学校的课程设置是围绕培养目标和专业特点进行安排的，各专业之间的课程设计、教学内容以及培养目标上存在较大差异。大一新生从入学的那一刻开始，就已经明确了自己的专业。大学四年，就要在专业定向的基础上学习基础课程和专业课程，把自己培养成为未来社会需要的专门人才。因此，大学是培养高级的专门人才的地方，学生在此阶段的学习是在专业定向基础上的学习。

3. 学习的广泛性

当今这个多元化的社会中，拥有专业知识只是拥有了进入人才竞争市场的"敲门砖"。在人才招聘市场上，重点大学的文凭、计算机证书、英语六级，还有英文口译证书、第二专业的辅修文凭等，这些无疑为学子们增添了不少信心。但是，这绝不是衡量人才的全部标准。如一名持有高级口译证书的女大学生顺利通过了英语口试，但没能通过用人单位的面试，因为在考官面前，她评价口试的考官水平不过如此，"我可是标准的美式发音"，从而暴露了她的人格缺陷。可见，用人单位不仅看重应聘者的能力，更看重其内在的品质和修养。因此，大学时期，在学习知识技能的同时，要经常参加学校和社会的活动，发挥自己的特长，锻炼自己的道德品质，这样才能成为合格的新世纪人才。

4. 学习的创造性

现代的大学生应当从近期和远期来考虑自身的创新素质：对近期而言，具有创新素质的大学生较普通的大学生而言更具有竞争力。著名的四通公司在招聘员工时首先考虑的就是员工的想象力和创造力是否突出，是否对于专业敏感，是否能够尽快适应新的环境；曾任微软中国公司总裁的唐骏先生看中员工的潜力，认为这比专业经验和曾经获得的成绩都重要，而潜力又包括聪明才智，更包括创造力和创新素质。微软公司面试时常有一些奇怪刁钻的问题，有给你一串数字算 24，有问题是"上海有多少个加油站"。当然，也许问题本身并没有什么价值，但是在回答问题的过程中往往就考察了应聘人员随机应变的能力。

（二）大学生学习的渠道

大学生在学习过程中可以通过各种不同的途径和渠道吸收知识，也可以靠广泛的兴趣去探求课程之外的知识。上课时间之外，学生有较多时间可自由支配，因此可以在学校为其提供的各种条件下进行广泛的学习，如参加学术报告、知识讲座、专题讨论、社会调查等。众多形式的学习资源为大学生从不同层次、不同角度学习知识创造了条件。

1. 正确利用网络资源

上网除了聊天、打游戏、刷微博、关注影视娱乐，还可以进行很多学习活动，网上有很多学习资源。大学生可以从各种专业网站进行专业知识的学习和拓展，也可以在各大招聘网站（中华英才网、智联招聘、前程无忧、大街网等）上了解当前的就业形势及市场需求，以便为将来的就业做好准备。除此之外，各高校基本都建成了自己的数字校园，大学生可以从中获取丰富的学术资源，了解专业的发展动态。

2. 充分利用图书馆

教师队伍、实验设备和图书馆被称为高校的"三驾马车"，可见大学图书馆在高校中占有重要的地位。大学时期，学生要抓住机会系统地学习知识，努力成为一个知识贵族。图书馆对大学生的专业学习、课外自学和健康成长意义重大。不少大学生感叹大学生活和图书馆有密切的联系，通过图书馆丰富的资源可以了解到自己想学什么、要学什么。牺牲一些玩网络游戏和网上聊天的时间，到图书馆看一些书，做好读书笔记，日积月累，知识储备和文字表达能力会逐渐提高的。

3. 积极参加各种讲座

讲座也是大学生获取知识的重要途径之一。通过各种学术讲座，学生能够聆听到大师对待一些问题的看法，还能了解到一些科学前沿、社会热点问题，高质量的学术讲座增强了高校的知识"辐射"功能。2002 年，上海交大一直保持着每天一场高水平的学术报告的记录，而复旦大学始终保持着平均每天两场的记录，最多的一天竟有 20 多场。平日里要是哪间教室被挤得里三层、外三层，那多半就是有热门讲座了。戴尔谈全球经济、何振梁述中国申奥、章培恒论中国古典文学……讲座最吸引学生的地方，就是能直接感受专家、学者们的思想火花。在传媒高度发达的今天，大学学术讲座往往成为社会瞩目的焦点。比如香港凤凰卫视的"世纪大讲堂"，湖南卫视与湖南大学在岳麓书院定期举办的名人讲座，都吸引了大学生的目光。

4. 组织参与专题讨论

学习最重要的是思想的交流，一个人的思想，经过交流可以变成一群人的思想。大学生有大量的业余时间，把这些时间利用起来组织一些专题讨论，既可以丰富自己的知识，锻炼自己的组织沟通能力，还可以扩大自己的交友范围，维持良好的人际关系。

5. 社会调查

在业余时间，大学生可以结合自己的兴趣做一些社会调查，既可以丰富自己的学习生活，又可以接触到校园以外的人和事，提高自己的社会实践能力。在调查的过程中，选择被调查者并与之沟通，适时安抚被调查者的情绪，让其积极配合，以便取得良好的调查效果。通过社会调查，撰写调研报告，也是学术科研的一份成果。

6. 新老生交流会

俗话说，实践出真知。师兄师姐作为大学生活的先行者，有着更多的体验和感悟。适时的举办新老生交流会，聆听老生的经验教训，可以为大学新生提供更多的指引，让他们少走弯路。首先，可以交流社团的选择和参加社团活动的感受，让大学新生更加明确自己的方向和主次；其次，可以交流合理安排利用时间的心得，让大学新生的生活更加充实、丰富多彩；最后，可以交流学习的成就与困惑，不论是学习内容的选择还是学习方法的运用，都会有不小的收获。

（三）大学生思维训练

大学生基本上处于 18～24 岁这个年龄阶段，思想意识已基本成熟，但思维方面仍存在一些问题，加之这一阶段的学习有了很大的转化，因此，有意识地进行思维训练对大学生来说是有必要的。

1. 思维方面存在的问题

（1）思维知识匮乏。提起思维科学，大多数学生只是了解到一些字面意思，如果再继续追问他们对思维知道多少，回答七零八落、不成系统。对于思维的定义、思维的分类、思维特性、思维方法等相关学科知识更是知之甚少。对于思维科学认知不完整，何谈科学使用思维方法形成有效的思维方式，思维能力的全方位提升更加是可望而不可即。

（2）思维定式严重。大学生思维定式主要体现在：书本定式、权威定式、经验定式、习惯定式。一方面，思维定式对于大学生平时思考问题是有积极作用的。每当学生处理相似的问题的时候，思维定式能够节省很多摸索和试探的思考步骤，提高了效率。另一方面，在处理创造性问题上，思维定式会阻碍新思维的形成，难以开展创造性的思维活动，影响了创造性成果的问世。

(3) 思维迁移能力差。大学生群体不能很好地把已经具备的学习方面的优势思维能力迁移到社会生活当中去，缺少灵活、正确处理生活问题的能力，结果出现了高分低能、高智商低情商、不会做人、不会处事、抗挫能力低下、校园事故频频发生等一系列问题。社会性事物思维能力的缺失将会成为限制学生发展的严重桎梏。

2. 思维训练

正如马克思所说："任何职责、使命、任务，就是全面发展自己的一切能力，其中也包括思维力。"思维能力不是天生的，而是通过一点一滴的实际训练得到的。掌握一定的思维知识，并不代表我们就具备了思维能力。必须把思维科学知识与实际的思维训练结合起来，才能使思维能力在潜移默化中产生、加强、提高及发展。

(1) 丰富语言，为思维训练创造条件。思维的过程就是对信息加工的过程，信息是思维的原料，原料越丰富，思维加工越易有效进行。语言修养包括掌握语言和运用语言。掌握语言就是认真学习语言，运用语言就是通过书面及口头的形式使用语言表达思想或情感，这一切都有助于提高思维能力。

(2) 在学习中进行思维训练。大学生仍处于系统学习科学文化知识的时期，他们可以抓住这个关键期，以课本为载体，运用科学的思维方法，通过学习科学文化知识来训练思维，汲取营养的同时形成正确的思维模式，提升思维能力。

(3) 在日常生活中进行思维训练。大学生是社会的一分子，除了主要的学习之外，他们也需要进行社会性的交往，还需要处理生活中的各种问题。大学生应当好好把握机会，用科学思维模式思考问题，解决在学校、社会中遇到的问题。如此一来，学生能够经常锻炼其思维意识，增强正确处理生活中问题的能力，同时也会促进思维能力的发展。

(4) 借用专门的思维工具进行思维训练。这里所说的工具主要包括专门性的思维书籍、思维软件等一系列开发思维的应用性工具。利用这些工具，增强了思维训练的针对性，更加易于大学生克服思维定式、改变弱势思维，形成优势思维，最终全方位地提升大学生的思维能力。

(5) 利用游戏训练。为了提高思维的独特性和批判性，可以做下面的游戏：①延迟阅读，选一篇较熟悉的课文，让三四个同学齐声朗读，你以延迟四五个字的差距轻声读，要求不跟过去，并与同学保持一定的速度。②符号干扰，"○""△""□"三种符号各30个，打乱排成十个一行，共九行，然后看着符号读字。凡见到"○"则读方，见到"△"则读圆，见到"□"则读角。

【课堂练习】

1. 联系本节所讲的内容，可以尝试组织一些学习活动，既能丰富知识，又能联系感情。
2. 思维训练小游戏：接成语。

由一个成语开头，如"生龙活虎"，你出一个以这个成语的最后一个字开头的成语，如"虎背熊腰"，接在后面，如此一个一个地接下去，可以一个人接，也可以几个人抢接。为了简单，允许音同字不同的两个成语头尾相连。

第二节　大学生常见的学习心理困扰及调适

小故事

长颈鹿和小羊

很久很久以前，一只长颈鹿和一只小羊碰到一起，看到果树上的累累果实，它们都想吃。由于树比较高，长颈鹿很容易就吃到了果子；可是小羊个子矮，又不会爬树，怎么也吃不到，懊恼不已。又过了几天，小羊和长颈鹿又碰到一起，看到花园里有好多花，就想去采花。结果，小羊个子矮，它从栅栏里爬进去，很容易就采到了花；而长颈鹿个子高，没办法进到花园，也就采不到花，为此闷闷不乐。

【分享感悟】

这是一个很简单的小故事，长颈鹿和小羊作为不同的个体，有着不同的困扰。动物如此，人亦如此。其实，困扰并不可怕，只要我们想办法解决。作为大学生，在日常的学习中，难免会遇到各种各样的困扰。当困扰来临时，要放平心态，勇于面对，并采取适当的方法调适。

知识讲堂

一、常见的学习心理困扰

（一）学习动机缺乏

学习动机缺乏是指在学习中没有明确的方向和目标，没有动力和压力，对学习没有兴趣，当一天和尚撞一天钟，得过且过。具体表现为以下几个方面：(1) 学习时注意力不集中，兴趣转移，听课不专心，无法思考问题，人在课堂心在外。(2) 逃避学习，不愿意看书和上课，课堂上无精打采，不愿动脑，课后不写作业，不复习，对学习应付了事。(3) 没有成就感。学习上缺乏自尊心和自信心，没有知识需求，不思进取，没有期望和抱负。(4) 缺少合适的学习方法。由于缺乏动机，学习上被动、消极，把学习看成被迫的苦差事，不愿意也不积极去探索合适的学习方法，因而导致难以适应紧张忙碌的学习环境。

（二）严重的学习焦虑

焦虑情绪是普遍存在的，不同程度的焦虑对学习会产生不同的影响。完全没有焦虑的学生，对学习也就没有压力和动力，自然不会有良好的学习效果。中等程度的焦虑可以成为学习的动力，但过多的焦虑对学习有不利影响，会导致学习成绩下降。严重的学习焦虑在大学生中是比较常见的。情绪较急躁、个性敏感的大学生易陷入这种状态。主要表现为，学习时注意力不集中、记忆思维减退及思维混乱等。遇到问题时呆板、固执、学习效率偏低。一些学生为了减轻焦虑，会采取退缩回避的方式消极对待学习，并过早放弃努力，这样反而使他们无法取得应有的成绩，使他们自责，心理压力变大，从而进一步增加焦虑，造成恶性循环，影响学生的学习和身心健康。

（三）学习疲劳

学习疲劳是指由于长时间持续学习，使生理、心理方面产生劳累，导致学习效率降低，甚至出现健康方面的问题使其不能继续学习的状态。

学习疲劳分生理和心理两种。心理疲劳的症状主要是感觉器官活动机能下降、注意力不集中、思维迟钝、情绪躁动、忧郁、厌烦、易怒、学习效率降低等。生理疲劳主要是由于肌肉受力时间过长或者持续重复伸缩造成肌肉痉挛、麻木，眼球发胀发疼，腰酸背痛，动作不准确，打瞌睡等。

学习疲劳是一种保护性抑制，经过适当休息便可得到恢复，符合心理生理规律。但如果长时间处于疲劳状态，使大脑有关部位一直保持兴奋，就会造成大脑兴奋和抑制过程的失调，严重的话会引起神经衰弱。

（四）考试焦虑

考试焦虑指大学生担心考试失败有损自尊而导致或引发的负面性情绪反应，包括考前焦虑，临场焦虑（晕考）及考后焦虑紧张。心理学认为，心理紧张水平与活动效果呈倒“U”字曲线关系。紧张水平过低和过高，都会影响自身水平的发挥：适度的心理紧张，能够激发某些内在的潜能，产生一种激励作用，使得在考试中发挥顺利；但过度的考试紧张则会导致考试焦虑，影响考场表现，并波及身心健康。2006 年，美国教育部考试中心的研究表明，61%的美国学生有不同程度的考试焦虑，其中 26% 为严重考试焦虑。考试焦虑主要表现有考试前后精神紧张恐惧，心烦意乱，无精打采；肠胃不适，可能出现原因不明的腹泻、多汗、尿频、头痛、失眠、记忆力减退、注意力不集中、思维迟钝、学习效率下降等。

二、学习心理困扰的调适

（一）如何提高学习动力

1. 培养专业兴趣，强化学习动机

大学培养的是专业性人才，专业兴趣便是直接的学习动机，不仅可以让学生主动积极自觉地学习，而且可以增强学生的求知欲望，使他们在学习中获得满足感和成就感，从而产生进一步学习的需求。浓厚的专业兴趣可以产生强烈的好奇心，好奇心与求知欲会成为推动大学生学习的内部动力，可以进一步强化学习动机。

大学生在入校之前，受到教师、家长或社会思潮的影响，再加上专业选择的盲目性以及学校录取的随机性，有相当数量的学生存在兴趣与专业冲突的现象，使学生缺乏学习动力。因此学校可以从新生入校开始，举办座谈会、新老生交流会、专题讲座和学术报告等活动，让学生更多地了解自己的专业及其在社会中的应用等，以培养学生的专业兴趣。另外，也可以围绕各个专业自身的特点开展丰富多彩的活动，激发学生对自身专业的兴趣，端正并强化学习动机，达到学好专业课的目的。

2. 培养学生的成就动机

成就动机指个体对认为重要或有价值的学习和工作，积极地去从事和完成，并取得进步或成功的一种内在推动力量。激发学生的成就动机，可以增强学生学习的自觉性和主动性，在学习实践中体验获取知识的快乐。在创造性的劳动中体验喜悦，在战胜困难的过程中增强信心和勇气。大学是成就事业的基础阶段，因此大学生应确立目标，努力奋斗，以此激发自己的成就动机。

（二）如何克服学习焦虑

1. 行为训练

拿出一张纸，列出你现在想要的是什么，还有什么事情没有完成，学习到了什么样的程度，差距在哪里，怎样合理地安排时间。整理一下思路，明确要做的事情，这样能够有效地降低学习焦虑。一般来说，长时间看不到进展就可能退缩，这段时期可能就是一个平台期。如果是，不妨采取别的方法以达到自我的突破。

此外，压力还来自于可预见的未来。倘若自己内心不够自信，便会时刻注意和他人的差距，或是害怕在学习方面被他人超越。因此，便会害怕将来的考试，随之而来的就是内心的焦虑不安，导致学习动力不足。面对这样的情况，不妨还是脚踏实地完成任务，不要急于求成。如果精力充沛的话，可以采取系统学习法迅速提高学习成绩。每天进步一点点，收获点滴，也能有效缓解焦虑的情绪。从每天的学习中感到收获，就不会有太多焦虑了。

2. 反思一下自己的健康状况

是否最近过度劳累，是否常常熬夜，是否失眠多梦，是否抵抗力下降，这便是所谓的亚健康状态。这样的状态是产生过度焦虑情绪的重要因素。如果是这样，就要调整作息时间，多进行一些体育锻炼，改变原有的疲劳的学习、工作方式。

3. 树立切合实际的目标

制订长远的计划，坚持做到完成每天的任务，日积月累就能够成功。面对环境的变化，要做好相应的改变措施，而不是产生懈怠心理。同样，保持一个快乐的心境能够提高学习效率，不妨花些时间在自己感兴趣的方面，不仅带来愉悦，还能对学习有所促进。相信一句话：磨刀不误砍柴工。

（三）如何缓解学习疲劳

1. 培养学习兴趣，创造良好的学习氛围

如果对学习有兴趣，学习时心情轻松愉快，那么学习时间再长也不会觉得疲劳。反之，便会感到学习内容枯燥、学不进去，很快就会进入疲劳状态。良好的学习氛围可以缓解学习疲劳，如窗明几净的教室、现代化的设备仪器、鼓舞人心的标语等，都可以使大学生在学习时心情愉悦，提高学习效率。

2. 劳逸结合，合理安排学习休息时间

不懂得休息的人就不懂得工作，同样的道理，休息是为了更好地学习。因此，大学生要养成良好的生活习惯，合理安排学习和休息时间。学习时做到专心致志，休息时便放松大脑、安心休养。另外，还要注意锻炼身体，学习之后进行适当的体育锻炼，脑力和体力劳动交替进行，是不错的调节大脑机制的方式，有利于缓解疲劳。

3. 学会科学用脑

学习时间持续过长，便会影响大脑的正常运转，引起疲劳。因此，要想顺利完成学业，必须学会科学用脑，讲究用脑卫生。首先是合理地饮食，给大脑补充营养；其次是让大脑动静交替，根据不同的学习内容，合理安排用脑时间；大脑皮质兴奋和抑制交替进行，轮流休息，动静结合，能使大脑皮质保持更长时间的学习工作能力，防止用脑过度和大脑疲劳。

（四）正确对待考试焦虑

1. 调整期待水平

期待水平是影响考试焦虑的重要因素之一。调整期待目标，如果期待水平过高，注意力便会因集中于过高的目标而造成强大的心理压力，从而产生严重的心理焦虑。制定的目标太高不切实际，导致学生考试前信心不足，担心达不到目标而发挥失常。因此，大学生要结合自身情况，作出恰当的估计，制定可实现的目标，做好一切准备，做到心中有数、充满信心，放下包袱，轻松上阵，考出好水平。

2. 端正对考试的认识

大学生要明确考试只是检验学习效果的一种方法，成绩并不能全面反映自身的知识水平和学习能力。它不能决定一个人的命运和前途，切莫把成绩看得太重。过度考试焦虑的根源是自身因素，而非考试本身，只有自己用理智和意志进行调节和控制，才可以克服这种焦虑情绪。

3. 正确评价自己，增强自信心

自己才是最了解自己的人，要正确评价自我，既相信自己有能力，又要做到脚踏实地准备考试内容，有备无患。

4. 做到劳逸结合，保证身心健康

考前要注意营养，劳逸结合，加强体育锻炼。睡眠要充足，保持充沛的精力和清醒的头脑以及良好的心理状态。过分学习、开夜车等，是考试焦虑的温床。

【课堂练习】

结合本节所学知识，思考一下学习中你遇到了哪些困扰？你采取了什么样的方法来调适，是否有效？

第三节　大学生学习、生活和职业规划

小故事

三分钟规则

在20世纪30年代的美国拉斯维加斯，推销员罗伊以其惊人的业绩成为业内响当当的人物，人们对于他成功的方法十分好奇。其实，罗伊有一句口头禅——“我的发言只有三分钟”。罗伊能够三分钟内完成对产品的介绍，常常会让顾客对他刮目相看，对罗伊的效率和能力赞赏有加。因此，不难解释罗伊的工作业绩和时间呈正比关系。

罗伊成立一家公司后，他在自己的会议室的墙上安装了一个特殊的钟表，三分钟一到就会响。每次开会的时候，如果发言者三分钟之内没有完成陈述，便会失去表达的机会。罗伊的三分钟原则让他的公司一直处于业内前茅，创造出了不少佳绩。

【分享感悟】

故事中的罗伊，时刻以“三分钟规则”要求自己和团队成员，也一直创造着令人羡慕的销售成绩，由此可见时间的重要性。对于大学生来说，你们有大量的自由时间可以利用，一定要学会合理安排利用课余时间，丰富自己的大学生活，避免虚度光阴，追悔莫及。

知识讲堂

一、合理安排课余时间

大学与中学相比，其中一个最大的变化就是学生个人自由支配的时间增多。鉴于此，大学生要学会处理学习、生活、社会活动中的矛盾，合理安排课余时间。

首先，大学生可以根据自己的学习情况制订学习计划，查漏补缺，掌握扎实的专业知识，提高专业素养；其次，大学生可以根据自己的兴趣特长，广泛阅读，积极参加社会实践，学习更多课堂上学不到的东西，从而更好地实现自我发展；最后，利用课余时间兼职。大学生在学习之余，做点兼职，一方面可以减轻家庭经济压力，培养自立自强的精神；另一方面也可以更多地了解社会，培养社会交往能力，为以后工作打下坚实基础。

二、正确对待各种学习热点

（一）考研热

考研已成为当今大学校园中的热点之一。许多同学一进大学校门，就开始打听考研的程序和技巧，过起了“宿舍—教室—图书馆”三点一线的紧张生活，一门心思花在“高升”上。大学生

热衷考研，不外乎这几种原因——就业困境、从众心理、对本科专业或学校不满意、家长的要求等。但不论是何种原因，大学生一定要明确自己的定位，要知道，并不是每个人都适合读研。

有的学生为了准备考研，耽误了找工作的最佳机会，导致最后考研落榜了，招聘高峰期也过了，追悔莫及，得不偿失。因此，一定要听从自己内心最真实的声音，不要人云亦云，迷失方向。

（二）考证热

大学生考证热由来已久，不管是本专业还是跨专业，越来越多的大学生纷纷成为了考证族，以至于不少学生从大一开始就排定了考证计划：大一考四级，大二考六级和计算机中级，大三考高级口译。这些仅仅是最基本的，一些大学生显然已不满足于英语、计算机等“你有我有大家有”的基本证书，而是一心想要几个“独门武器”，诸如电子商务师、人力资源师、市场营销员、物流师等职业资格证书。在他们看来，没有证书或者说只凭那张大学毕业文凭恐怕很难找到工作，而拥有英语等级考试、计算机等级考试之类的证书的人又太多了。因此，一些学生走向考证误区，认为文凭越高，证书越多，找工作也就相对更容易。

伴随着考证浪潮也出现了一些问题，有的同学为考证而耗尽心思，但证一到手便觉得万事大吉。更有的为考证，不得不荒废专业课程，去啃自己不喜欢的东西，结果证没得到，反而耽误了功课，搞得自己伤痕累累。因此，大学生要明确自己的目标，确切地知道自己想要什么，有针对性地去考证，这样既经济又实用。

（三）英语热

大学阶段，英语学习可以说是非常重要的一项内容，无论是拿奖学金、拿学位证书、考研究生、进外资企业、出国，都离不开英语。国家的重视加上各种利益驱使，使英语培训在我国各大校园都炙手可热。大学里的学习尖子也是英语学习中的尖子，英语差的人则是一路磕磕绊绊，备尝艰难与困苦。英语俨然成了大学生学习的主宰。

过度的英语学习在一定程度上影响了专业学习。近年来，考大学、读研、评职称、招募人才都要考英语。而学生精力有限，过多的英语学习占用了专业课的学习时间，使专业水平的提高在一定程度上受到了影响。另外，英语应试的弊端使许多学生只会做题，不会交流，出现了“哑巴英语”的现象，使得学习成效不明显。因此，大学生切勿急功近利，要摸索出一套适合自己的学习方法，增强学习兴趣，提高学习效率。

（四）出国热

近年来，随着国内就业形势的日益严峻，越来越多的大学毕业生选择了出国留学。但是，并不是每一个人都适合出国读书，一方面准备出国考试会耗费很多精力，很可能会耽误大学课程，而且国外的生活并不如想象中那么轻松和快乐，很多情况下要比在国内付出更多的努力，甚至要依靠打工来维持自己的日常开销；另一方面在申请的过程中会遇到一些麻烦，可能你会为了一个全额奖学金不得不放弃梦想中的名校被迫进入一所并不出名的学校，也可能你没有被期待的专业录取，而被迫进入一个陌生的学习领域。

在你做出“出国”这一决定时，也就意味着你放弃了很多：首先，你将进入一个完全陌生的环境，而你是否能很好地适应它，还是未知数。其次，你将和多年来建立的各种社会关系告别，这也是对你的友情，甚至是对亲情和爱情的严峻考验。最糟糕的是，到最后你可能会发现你并不适合国外的生活，这对你的人生规划将会产生巨大的影响。

大学校园的这几大热点，一是反映出大学生学习的重点及其发展趋向，二是向我们表明了社会的需求。这几大热点尽管很热，但并不是每个人都能享受到它所带来的好处，有些同学为此付出了太多艰辛却收获甚微，有的却只获得了失落和无奈。因此，在各种学习热中，只有准确把握自己，不盲目行事，不盲目攀比，用一颗平常心来看待这些热点，并踏实地和专业学习有机结合，你才会走出更加坚实的步子。

三、爱你所学，学你所爱

大学的专业学习对很多学生而言是很陌生的。大多数人的专业是盲目选报的，还有的只是跟着时髦而盲目地追求热门专业。进入大学校门之后，专业学习和个人志向的矛盾就显露出来了。当所学专业与自己的志向不一致时，就会感到苦恼、失落、迷惘、困惑与彷徨，有的学生甚至想退学。

专业问题是现今大学生当中凸显的一个主要问题，不少新生刚入校不久就开始着手准备转专业，但仍会有部分学生因为各种原因必须面对自己不喜欢的专业。当客观现实无法改变时，心态的调整就变得至关重要。

（一）要承担自己的责任

即使不喜欢自己的专业，也要敢于面对，踏实肯学，用积极的心态去面对挑战，拓展新的发展方向。这是作为一名学生、一名子女必须要承担的责任。如果因为对专业不感兴趣而成天郁郁寡欢，以翘课、玩游戏来麻痹自己，最终失去的将不仅仅是一个专业，而是自己的未来。

（二）了解自己的专业

很多同学其实对于专业本身并没有清晰的概念，有的仅仅是自己内心的一种想象，不一定真的不感兴趣。因此，不要急着下定论或暗示自己不喜欢目前专业，不妨去找专业老师或高年级的学长聊聊，或许会有令你惊喜的发现。

（三）对现有专业保持比较理性的态度

每个专业都可以教会我们一些东西，包括思维方式。其实，读过大学的人都有这样的感觉，毕业之后基本已经忘了与专业相关的具体知识，而真正有帮助的是看待、分析问题的思路与视角，因此不要过分纠结专业本身。

（四）不放弃自己的梦想

如果所学专业并非自己的兴趣所在，也不代表自己没有机会回到感兴趣的领域，还可以通过考研、辅修、读双学位或自学实现理想。在保证本专业的学习都合格的情况下，可以试着了解一下别的专业。这时比较重要的是理智地对待自己更想进入的专业，试着和那个专业的同学与老师沟通，再通过职业倾向测验，看自己是否真的喜欢或适合那个专业。

（五）寻找生活的积极面

即使所学专业并非自己所爱，也不必气馁和消沉。专业学习只是大学生活的一部分，还有很多其他施展才华、锻炼自我的舞台。如果能够在其他领域取得一定成就，就能够在一定程度上抵消对专业的负面情绪，形成良性循环。

四、明确职业方向，力求学以致用

进入大学学习是为未来职业生涯做定向准备，与高中不同。高中教育也是为未来职业生涯做准备，但大学的方向性更强。如果一个学生从来没有思考过这个问题，那么现在则是该考虑的时候了。你需要问问自己：我上大学和我今后想要发展的职业有什么关系？对此，我们可以从以下三个方面入手，认真思考自己的职业方向。

（一）对自己进行更全面的评估和了解

这个评估应该包括这样几个方面：你目前进入的学校和专业是否是你喜欢的专业？你对这个专业是否有深入的了解？你的兴趣能力与专业要求是否匹配？你所学习的专业与未来想从事的职业之间的关系？你认为工作中最重要的是哪个方面？对自我进行探索是规划职业生涯

的第一步，也是最重要的一步。

（二）尽快熟悉和适应学校的学习环境

包括应该熟悉自己所学专业的具体内容和该专业对学生的具体要求。在了解这些具体要求时，不但要了解所学专业对能力的要求，还要了解对所需要投入的时间和经济上的要求，以及这个专业过去的毕业生的就业去向。

（三）合理安排大学生活

目前的中国大学，已经为学生创造了越来越灵活的环境和学习空间，如何利用学校的各种资源就是学生自己的事情了。喜欢自己专业的学生可以在专业中多投入力量，喜欢其他专业的学生除了“跳槽”之外，还可以选择辅修其他专业。

无论做什么选择，都需要明确任何人所适合的职业或者专业都有一个大体的范围，而不应局限于某一领域。因此，很难说，一个人只有在某一个领域才有兴趣和能力。学生还需要牢记，无论职业选择还是专业选择，都是双向的。在双向选择的情况下，就需要妥协，只是不同学生妥协的程度不同而已。一旦做出选择，就要在一段时间内对所做出的决定给予承诺，这是一种负责任的态度和成熟的表现。了解自己，了解所学专业和未来工作的世界，并在此基础上做出选择决定，对所做决定做出承诺，是大学生在大学里应该学习的技能。

此外，大学生还应留意就业信息、现状与动向。由于现在人才竞争激烈，市场对人才提出更高的要求，就业压力增大，导致许多大学生产生危机感。一些在校大学生为了日后适应竞争激烈的社会，提前做好了“充电”工作，在课余时间主动联系实习单位和进行第二语言、计算机的学习。

【课堂练习】

结合本节所学内容，认真思考：你的课余时间安排合理吗？你对目前的学习生活满意吗？你对未来的职业有规划吗？

知识链接

李开复写给中国大学生的第七封信

——21世纪最需要的七种人才

我们都知道21世纪最有价值的是人才，是什么人才呢？我想我有一个很大的假设就是在21世纪我们更多的工作是靠我们脑力的创造，是靠平等的竞争，已经没有国界的差别，世界被铲为平地，任何一个国家的人都可以和另外一个国家的人合作或者竞争，而他们都可以接触到、使用到、共享到同样的信息。所以在这样的一个环境之下，21世纪需要的不再是十九、二十世纪那种听话、没有自己意见、努力有毅力的所谓的蓝领或者白领工人，更需要的是我的演讲要谈到的七种人。

1. 创新实践者——What matters is not innovation, but useful innovation

这七种人中的第一种是创新实践者。在21世纪真正有价值的人是能够创新的人。他不是一个只会使用别人的方法做事情的人，他不是那种只会听话做事情的一颗棋子、一个齿轮。因为，在如今的竞争之下，一个公司唯一可以延续的竞争优势就是它的创新。任何东西都可以很容易地被模仿，只有创新很难被模仿。而创新一旦被模仿，你唯一的办法就是继续地创新。所以，一批有生命力的能够持续创新的员工是唯一能够带给企业持续竞争力的财富。

举个例子。如果你在美国加州101公路硅谷段上开车，你可能会看到一个广告牌。整个广告牌上面没有公司名也没有任何广告词，只简简单单刷着“（在‘e’的数列中所能找到的第一个十位数质数）.com”。很多在硅谷工作的聪明人开车看到了这个广告，他们回家就会去算，有些用计算机来算，有些用数学方法来推算，算出来答案以后登录这个网站一看，发现另外有一个更难的题目。然后他们再做了这道题目，又会到达另外一个网站，就这样做了一个题目又一个题目，最后他们发现自己到了一个很特殊的网站，这个网站就是Google的招聘网站。我们可以从这个例子看到，在Google这样一个创新的公司，它的创新其实远远不止在于一个工程部门。你可以看到招聘、市场都是充满了创意的。

关于创新还有一点要注意的是，21世纪的创新必须实时、实践。

记得我在SCI公司的时候，曾经犯过的一个最大的错误就是只想到创新，没有想到实践。我们做了一个非常酷的三维浏览器，今天可能都还没有人在使用。当时，我们每次演示的时候，观众的下巴都会掉下来，说：哇，怎么会做这么酷的一个东西！但是我们忘记了这么酷的东西却是没有市场的。最后结果是相当的失败，让我也有了一个很惨痛的经验，尤其是当我看到一百多名员工失去他们工作的时候，让我下了一个决心，就是上面这句话。我们虽然要创新，但是不是为了创新而创新，而是为了做有用的事情而创新。我们如果回顾历史，可以看到许多成功的人才，他们有些创新，有些实践，有些左脑发达，有些右脑发达。但是那些真正对世界有重大贡献的人，我想他们不仅是创新者，也是实践者，比如说爱迪生、比尔·盖茨、Larry和Sergey，都是很好的例子。一个真正的创新实践者每一次在创新的时候都忘不了实践，在实践的时候也忘不了创新，这样的人，我想是21世纪不可缺少的人才。

2. 跨领域合成者——What matters is not analysis but synthesis.

第二点呢，我想非常需要的是跨领域合成者。相信在中国的未来，在全世界的未来，我们更需要的人才不只是那些把一个学科学得非常非常深的，而是那些把自己学科学好，同时能够与其他领域做一个跨领域结合的人才。原因其实非常简单，如果世界上有1 000种知识，某种知识本身你可以学得很深，但是两个人的知识通过交叉碰撞又可以产生新的知识，三个人的碰撞就能产生十亿个组合。

以计算机为例，如果你是学计算机的，又对心理学感兴趣，这样一个跨学科的合成，你可能对用户界面或者可用度测试会有一些贡献。所以，很多新的领域的产生，都是靠过去的两种学科所交叉碰撞出来的，这是一个很好的机会。如果把一门学科学得太深了，可能会去钻牛角尖，反而失去创新实践的机会。真正重要的不是analysis，不是要分析得很深，而是synthesis，怎么样有合成的机会。

所以，对各位同学我的建议就是，当然读好你的专业是有必要的，但是同时要考虑下是否还有别的什么专业是你有兴趣的。这两个专业最新的思想能不能结合起来，做一些既有创意又可以实践的东西，这可能是最有成长空间的一些机会。

3. 高情商合作者——EQ is 9 times more important than IQ.

第三种最需要的人是高情商合作者。EQ is 9 times more important than IQ，这句话来自Daniel Goleman的《EQ》这本书。《EQ》这本书谈到情商和智商的一些差别，还有哪个比较重要。他做了一个研究，找了几千个企业的领导者。他研究是什么因素让这些非常优秀的领导者和普通的领导者有所区别。他研究的结论是最重要的差别不在于IQ，而是比IQ要更重要9倍的EQ，即情商。

情商包括了怎样与人合作，包括了对自己的一种自觉，包括了对自己的一种管理，也包括了和别人团结合作以及社交的一些能力。EQ的重要性在21世纪是非常显著的，因为在21世纪，我们需要全球的合作，需要跨领域的合作。比如说你学的是心理学，你要跟学计算机的人合作才能做得出用户界面。跨领域的合作，跨国度的合作，跨语言的合作，这些都是必要的。所以，过去也许在很多的环境里面，你作为一个孤僻自傲的天才会得到很大的重视，但是这个情况现在已经在大大地改变了。

当我们做管理的时候，我们必须考虑到，如果你要建立一个非常健康的团队，不管是在Google工作还是未来的Google Camp，一定要在每个人很客观、高情商地愿意与他人合作、尊敬别人的前提之下，才可能有很好的结果，尤其是在21世纪这样一个情商和合作是那么重要的世纪里面。所以，我对各位同学的建议是，在你可以抓住的每一个机会里，多参与社团工作，多建立一些与人合作的基础，无论是在上课，还是参与社团项目，或是暑期工作的机会。让自己除了读书之外，做一个能够与人团结、合作、客观、尊敬别人、聆听别人的高情商的学生。

4. 高效能沟通者——The man who can think and does not know how to express what he thinks is at the level of him who cannot think.

第四种人是高效能的沟通者。一个人如果有思想但是不能表达自己，他其实就是一个没有思想的人，这句话其实并没有夸张。在21世纪全世界都是信息的前提下，很好的信息传播渠道还是经过人。人怎么传播信息的，靠沟通。一个人，他的沟通能力很好，他可以把一个很难懂的信息很好地传播给别人。一个人沟通能力很差，他就无法传播信息，因此别人可能看不起他，认为他没有思想。所以沟通能力是非常需要学习的。

这种沟通的能力怎么得到呢？我可以给同学们几个很好的建议。你沟通的时候一定要理解你的听众，你要知道你的听众在想什么，听众从你的讲话中能得到什么好处，即What's in it for you. 还有要注意说话的方式，不要用说教，而应该采取引导的方式。当你与别人沟通的时候，你要先想好你主要要传达的Message是什么，用听众能够接受的方式表达出来。

5. 热爱工作者——If you find a job you love, you will never work a day in your life.

第五种非常需要的人才是热爱工作者。有一天有个美国朋友到我的办公室来说你们的孔夫子实在是太聪明了。我说怎么回事呢。他说你看他讲的这句话多有道理啊：If you find a job you love, you will never work a day in your life. 后来我想到可能是“知之者不如好之者，好之者不如乐之者”这句话。因为如果你真的很爱你的工作，你就不是在工作了，你是在享受了。如果你是在享受的话，你一定会有更多的热情投入，更多的时间投入，更乐意去做更多的工作。那么你想比别人做得差可能都很困难。

我们能看到的是，如果你能找到你的最爱，你的一生都会过得比较快乐。所以各位同学，如果你们还没找到你们的最爱，我的建议是保持一颗好奇的心，多去尝试不同的事情。然后要理解你的专业和你的工作不见得是完全一样的。要多做咨询，了解有什么样的公司，什么样的环境，什么样的工作你毕业后可以从中选择。如果你在一个你喜欢的专业里面呢，珍惜它，好好地去找一份与未来相应的工作。如果是在一个可以选择的十字路口，比如说考研、出国等等，这个时候你要好好地去选一个你真正喜欢的专业，而且也许把刚才谈到的跨领域合作的概念借鉴过来。并不是说我过去学的是一个不喜欢的专业，我就要从文科转到理科。也许你可以找到一个更好的跨越的台阶。如果你不喜欢你的专业呢，你也可以在这个专业里面尽量找一个大专业里面的小专业，也许是你比较喜欢的；或者你可以在一个你认为你比较喜欢的专业和你现在不喜欢的专业之间的交叉学科找一些机会。所以不管怎么样，最后能够找到你爱的事情，你就能发挥你的潜力，成为21世纪需要的热爱工作者。

6. 积极主动者——In a few hundred years, the most important event those historians will

see is that for the first time, people will have a choice. They will have to manage themselves.

第六种是积极主动者。这句话是 Peter Drucker 所说的。他说几百年之后,历史学家回顾今天,他们会说这个世纪里最重要的事情,不是互联网,而是人有了选择。有了选择就要积极主动,然后需要管理自己。这是最重要的一点,这也就是我们从工业社会转变到现在的信息社会所发生的最重要的事情。一个积极主动者他对自己的一切一定要负责,因为如果你自己不在乎,没有别人会比你更在乎,没有人会比你更知道你想做什么。在来到大学之前,一切都是消极并由父母来决定的。进入大学之后,要开始对自己的一切负责。不去解决也是一种解决,不做决定其实也是一种决定,这个决定就是让自己走入一个消极而不是积极的方向。

积极主动者,他并不只是积极地等待机会,他还需要积极地把握机会,为自己创造机会。这点可能是中国的学生、中国的员工最需要常常提醒自己的地方。前一阵我们在中国差不多招了三十多个员工,工作了三四个月。有一天我们在聚会,他们就问我说:开复,你对我们这三十个刚开始的关门弟子有什么建议没有。我的回答是:从技术方面,从对公司的理想、价值观认同以及努力方面,我都非常非常的满意。但是,如果要讲一点我希望你们未来可以做得更好的,我希望你们未来能够更加积极主动,要提出你们的想法。

7. 乐观向上者——The glass is half full or half empty depending on whether you're pouring in or out.

最后我想讲的是乐观向上者。如果你是一个乐观向上的人,你会总告诉自己未来会更好。台湾有位企业家叫做张忠谋,他有个朋友请他题几个字挂在墙上。然后张忠谋就跟他说,我的字写得不好,但是我随便帮你写几个字,然后他就写了"常想一二"这四个字。他朋友说什么叫"常想一二"呢。然后张忠谋就告诉他说,我们都说人生不如意之事十有八九,我要告诉你常想剩下那一二比较如意的事情。他说他从小就看了很多大人物的传记,他发现了一个规律,凡是成功者都是受苦受难的。然后,他们的生命几乎就是人生不如意事十有八九的真实写照。但是他发现这些人之所以能够成功,就是因为他们保持了正面的思考,通过"常想一二",他们能够超越苦难。苦难对他们来说反而成了生命中最好的养料,为他们未来的成功做了良好的铺垫。

所以,这些成功者在面对苦难时的坚持、乐观和勇气是最重要的。人生的如意或不如意,更重要的不是取决于人生的际遇而是思想的瞬间。所以,人生的真正品质取决于你有没有"常想一二"这种乐观的思维方式,观点反而比这个事实更重要。

其实在 21 世纪,还有很多其他的理由要做一个乐观向上的人。因为 21 世纪是一个更实时善变的环境,我们尝试的事情会碰到很多很多的失败。我们都听到说 Google 很酷,有一个 20%的 Project——每一个人都有 20%的时间做自己想做的事情。但是,如果我们做一个统计,我想一定会发现,这个 20%自己想做的 Project 绝大多数一定是失败的。如果你没有一个良好的心态,不能客观地说我学到了一个 Lesson 有助于我做下一个项目时,那你很快就会处于一个非常沮丧的心态。所以 Google 公司不但不惩罚失败,还鼓励每个人客观地从失败中爬起来。我们要有一种心态,要认为挫折不是一种惩罚,而是一个学习的机会。

最后我做一个总结:在 21 世纪里面,我们需要认真读书的同学,但是我们更需要创新实践的人才。我们需要每一科的专才,但是我们更需要跨领域合作者。我们需要高智商的人,但是更需要高情商的人。我们需要每一个学生能够高效能的理解,但是未来你们更需要高效能的沟通。

毕业后,当然要找一个热门的工作,但是更重要的是你要热爱你的工作。不要再继续做一个只会被动听话的学生,而要做一个积极主动的学生。不要只是做一个小心翼翼的人,而要做一个乐观向上的人。

第六章 发掘并享用宝贵的快乐资源

——大学生的情绪管理与调适

案例介绍

W同学的喜怒哀惧

W同学是大学一年级的女生，因与宿舍同学关系问题向心理咨询老师求助。W的宿舍共有四个人，刚入学时，W和Y先到的宿舍，两人很快熟络起来，彼此也比较聊得来，上半学期经常结伴看书，参加社团活动。W第一次住校，对住校生活充满期待，虽然入学前也担心过和宿舍同学相处不来，不适应独立的生活，但大一上学期的生活让W觉得大学生活跟自己想象的差距不大，很快乐也很充实。到了下半学期，出现了一些变化，Y因为不喜欢自己学的专业，考虑着参加学校的转专业考试，这和同宿舍的Q同学的想法不谋而合，而W和另一个同学Z则没有这个打算。因为转专业的原因，Y和Q的联系更加密切，而Z又是个很活跃，参加很多学生组织活动的女孩，社交圈比较广，很少能跟宿舍的同学步调一致。因此，W感到被冷落，心里很不是滋味。每当看到Y和Q在讨论要转的专业的一些情况时，感到自己被排挤，情绪很低落。再邀Y一起逛街或参加活动，也不能一拍即合。W自诉有时甚至会生Y和Q的气，觉得她们破坏了自己原有生活的平衡和和谐，也害怕她们都转出现在的专业，自己会更孤单。

【案例分析】

人的四种基本情绪

快乐是当一个人达到自己的预期或是完成了自己的目标而产生的情绪体验。愿望达成，心理负担减轻，满足感油然而生，于是快乐便产生了。最高的快乐是满足感和幸福感。W对大学集体生活有一个美好的预期，当现实情况与预期相符时，W感到心理上的满足，害怕自己不适应大学生活的担忧也得到了缓解。

悲伤是心爱的事物失去时，或者梦想破灭时产生的情绪体验。悲伤或悲痛典型地代表着失去亲人或失去重要资源时的情绪状态。W之所以会低落，也是体验到了一种失去，虽然这种体验可能是由一些认知的偏差所引起。W将Y作为自己大学期间的好朋友，情感上很亲近，当这种亲近不再以W习惯的方式继续时，W会产生失去的感觉，因而会觉得悲伤。

愤怒是需求的限制和阻止，愿望无法实现时产生的情绪体验。当愤怒产生时，会使当时的气氛变得紧张。愤怒者本身会出现无法自控的现象，甚至会攻击他人。愤怒的原型意义在于激发人以最大的魄力和力量去打击和防御来犯者，也用于主动出击。如今，人们用愤怒来表示自身的不满，表示反抗，而不再是原始的攻击行为。W的生气来自于人际关系中的挫折，即想要有朋友陪伴的愿望受到了挫折，与Y有更多时间相处的愿望得不到满足，因而将气愤的情绪指向Y和Q。

恐惧是人们在危险情况下产生的一种情绪体验,人们想要摆脱困境却又无能为力。因此,恐惧与危机的情景和人们对危机的处理能力密切相关。W 害怕一个人独处,害怕孤单一人,没有学习过如何很好地应对独处的情境,因而会害怕或回避这样的情境,在经历独处情境或体验到孤单情绪时会担心自己无力应对。但恐惧同样具有适应价值,恐惧使人们在面对危险的情境时,采取退缩或逃避等适应行为。

情绪的功能

1. 情绪是适应生存的心理工具

其实,无论是积极情绪还是消极情绪,使人们产生的主观体验都有着不同的适应作用,成为人们生存和协调生活的心理工具。婴儿的情绪反应是人类的第一个有效的心理适应工具。新生儿不能独立生存,但在接受成人抚育时却不是被动的。他们从先天遗传中获得了接受体内外感觉信息的能力,使他们能主动地对外界信息产生反应。比如,在觉得饥饿、身体不舒服或与母亲分离时,婴儿会用哭闹来传达自己的情绪,表达自己的需要,让照顾者更好地照看自己。

2. 情绪是唤起心理活动和行为的动机

积极的情绪是激励人的力量,可增强人的自信和活力;悲伤的情绪让人更退缩,更不愿意行动;愤怒的情绪调动人体的各种能量,易使人产生冲动的行为;恐惧的情绪激发人们想要逃离的倾向。由此可见,情绪和心理与行为有着密切的关系。

3. 情绪是心理活动的组织者

情绪对认知起组织作用并执行着监视认知活动的职能,不同性质和不同唤醒水平的情绪起着不同程度的组织或瓦解认知加工的作用。也就是说,在积极的情绪状态下,人们更倾向于去注意和提取积极愉快的信息,而在消极的情绪状态下,人们更倾向于注意和提取消极不愉快的信息。因此,情绪与认知(包括感觉、知觉、注意、思维等)也有着密切的联系。

4. 情绪是人际通讯交流的手段

情绪和语言一样在人际间起着沟通交流的作用。人们常通过表情来表达自己内在的情绪,特定情况下,表情是传达信息的唯一途径。另外,情绪交流比言语交流要早得多,婴儿与成人交流的唯一手段就是情绪。幼儿处于陌生的、不明确的情境时,从成人面孔上搜寻表情信息,然后采取行动。

情商(Emotional Quotient)

正式提出情商概念的是美国耶鲁大学的 Peter Salovey 和新罕布什尔大学的 John Mayer 教授。情商包括以下几个方面的内容:

1. 认识自身的情绪,只有认识自己,才能成为自己生活的主宰

想要有效地应对我们的情绪,第一步就是要先察觉到自己当时有什么情绪,不管你处在何种负面情绪中,先暂停、中断目前的情绪,跳脱出来,让自己冷静一下,接着把注意力从外界拉回来,注意自己此时此刻的情绪,去感觉、去体会、去关注一下自己现在有哪些感觉,觉察自我的内心感受。

2. 能妥善管理自己的情绪,即能调控自己

觉察到了自己的情绪及产生的原因,接下来要做的就是管理自己的不良情绪,不使自己被消极的情绪淹没。另外,为避免损害人际关系,也要管理好愤怒、怨恨、嫉妒等情绪。

3. 能自我激励,它能够使人走出生命中的低潮,重新出发

除了学会管理消极情绪外,还要能激发自己的正面情绪。每个人都体验过积极的情绪,都

向往积极的情绪状态。有了这种积极的力量，可以使人将痛苦转化为成长的欣然。

4. 识别他人的情绪，这是与他人正常交往，实现顺利沟通的基础

这是指具有同理心，能体会理解别人的情绪与需求；这是与人和谐相处及助人的最佳人格特质。女生通常比较有同情心，其实，善解人意是可以学习的。

5. 管理人际关系，即具备领导和管理能力

和谐的人际关系，应是彼此“享受”而非“忍受”。善于经营人际关系者，不但能控制自己的情绪，使自己快乐，还能帮助别人控制情绪，改变其不愉快的情绪体验。团体领袖、节目主持人通常都有这种特质。反之，人际关系不良者通常管不好自己的情绪甚至会迁怒于人。

自我认知：

情绪觉察的重要性

由于我们的教育方式过于强调智力的发展，我们一直把注意力集中在外在知识和资讯的追求上，使得情绪感受能力发展迟滞、受到忽略。许多人很少去关照自己的感觉，也无法清楚分辨、说出自己的感觉，甚至当我们问：“你现在有什么感觉？”很多人是用“大脑”在想“我应该有什么感觉，”而并不是用心在感受、在觉察。或者因为我们刻意要避免去觉察某些负向的情绪，或是想去除某些痛苦的、不想要的情绪，如此一来，我们的觉察力就会渐渐封闭，变得比较麻木、迟钝。如果我们无法觉察自己内心的情绪的话，通常会把注意力放在外在的人、事、物上。因此情绪容易受外在环境的影响。

情绪觉察小练习：

一、情绪脸谱

我们可以从一个人的表情，看出他的心情是高兴、生气、哀伤或者害怕，所以请你将下面四个空白的脸谱画上不同的表情，以代表不同的心情，同时也以一个句子说明产生此心情的情境。

1. 喜　　当________________我感到高兴。

2. 怒　　我最气________________。

3. 哀　　我很难过，因为________________。

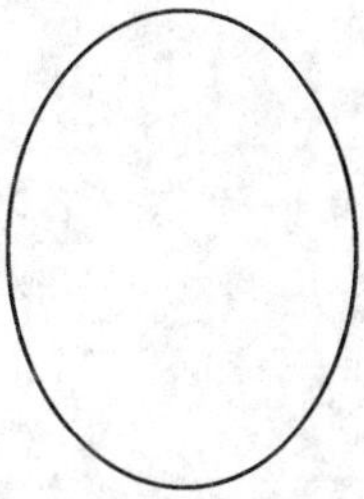

4. 惧　　我好怕______________________。

此外，你也可以请别人画一下你曾有的表情，想想看当你有这些表情时，你的心理感受是什么？

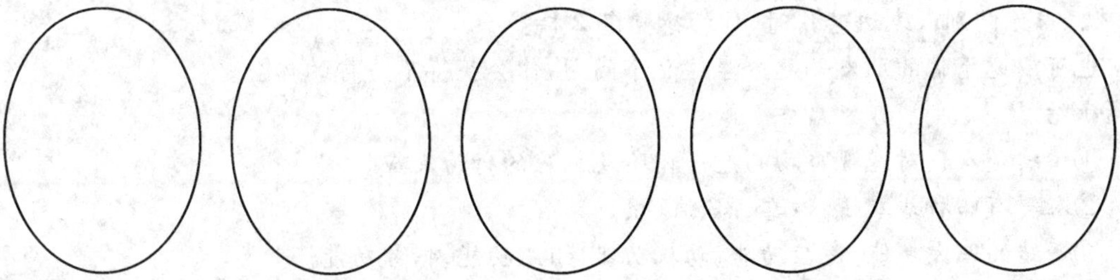

我的感受是________　________　________　________　________

二、探索自己曾有的各种情绪

（一）找一个独处的时间在一个安全的空间自言自语

找一个安全的空间，大声地把任何感觉不加责备、不逃避地说给自己听。加油添醋，把情感夸大，让它戏剧化到超出真实的感受。反正在安全的地方你可以自由地喊叫，自由地让情绪发泄出来。

（二）以艺术（如看电视、读书、看电影、欣赏音乐和绘画等）作为发泄的媒介

为保护情感避免悲从中来，久而久之反而造成有苦哭不出的情况，于是就只能通过有点距离又戏剧化的艺术媒介来探索及抒发自己的情感。除此之外，也可以回想一下：是什么情节、什么歌曲会让你潸然泪下？当你记录下这些情节，你就能对引发自己情感的元素有愈来愈清楚的认识，进而观察刺激情节与情绪反应之间的关联性，你就能精确指出是什么导致自己的哀伤、欢喜、愤怒和恐惧等，更加清楚情绪的背后意义。

（三）回到过去

探索过去的回忆可以更清楚自己个人独特的内在、反应模式及情绪反应的原因，所以我们可以在选定某一种情绪主题之后，自由联想童年相关的记忆，只要把所想到的任何事情，不作任何筛选地大声讲出来，甚至对忘记的部分回忆可以自己虚构，用来澄清自己内心的感受。或者可以问问父母、兄长或其他幼时的旧识，问他们关于自己的童年回忆中的喜怒哀乐等，从过去经验或回忆中探索自己的情绪。

三、记录整理每天情绪增加对自己情绪的认识与觉察

增加觉察力的另一个方法，可以从撰写个人的心情日记或者记录自己每天的情绪状态着手。写下自己的心情日记，在日记中具体地描述事件的发生、觉察自己的情绪、了解自己的想法，并与过去经验做一些联系，看看是否受到过去经验的影响。因为我们的想法、行为和情绪可能会受到过去经验的影响，所以为了增加自我的觉察和了解，不妨也回忆一下过去是否有类似的经验。

四、瑞典 TA（沟通分析）治疗师罗南体察情绪的 9 个问题：

以悲伤情绪为例

1. 在什么情境下你感到悲伤？
2. 你怎么知道这种情感是悲伤？
3. 悲伤时你身体的感觉是什么？
4. 通常你能理解你的悲伤么？
5. 你会让自己沉浸在悲伤中，还是立刻停止悲伤？
6. 你觉得悲伤能告诉你重要的东西么？如果能，它是什么？
7. 你平常怎么表现你的悲伤？
8. 当别人感觉到你的悲伤时，你觉得他们会怎么看你？
9. 当你向别人表达悲伤时，你的感觉怎么样？

也可以邀请你的朋友一起分享这9个问题，你会获得不一样的体会。

小结：

①情绪是人们对客观事物的态度体验及相应的行为反应。

②人类有四种基本情绪：喜、怒、哀、惧。

③情绪的四大功能：适应功能、动机功能、组织功能、信号功能。

④EQ高的人是情绪发展成熟的人。

下面我们一起来看看大学生常见的情绪困扰，关爱情绪健康，管理消极情绪，发挥积极情绪。

第一节　焦虑的意义与调试

小 实 验

学习效率与情绪唤醒的倒U形曲线

Yerkes-Dodson Law（耶克斯-多德森定律）是心理学家耶克斯(R. M. Yerkes)与多德森(J. D. Dodson)经实验研究归纳出的一种法则，用来解释心理压力、工作难度与作业成绩三者之间的关系。情绪唤起与工作效率之间的关系不是一种线性关系，而是倒U形曲线。研究表明中等强度的动机最有利于任务的完成（见图6.1.1）。

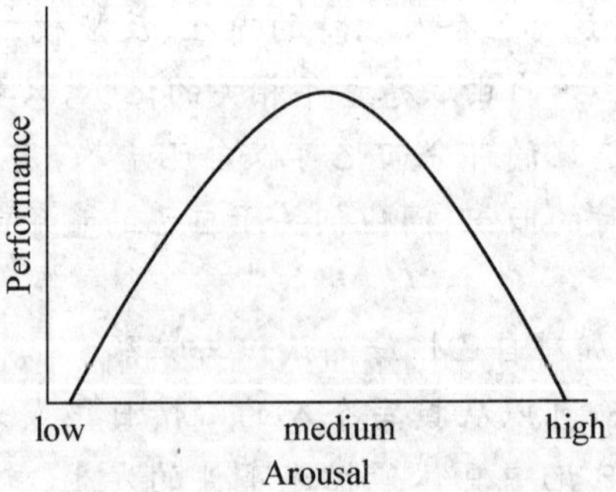

图6.1.1　倒U形曲线

【分享感悟】

焦虑有什么作用？

在过去几十年里，现代心理学对焦虑的认识有了长足的发展。我们更清楚地了解焦虑的来龙去脉：它是如何产生的？它会怎样影响人的思想？它会导致何种行为反应？所有这些，都可以帮助我们更好地理解焦虑在我们生活中扮演的角色，以及我们该如何去战胜焦虑，但并不是将它完全消除，因为这个目标是不现实的。

认识焦虑，首先我们要明白，它是我们与生俱来的一部分。有史以来，我们祖先就生活在一个充满各种生命危险的世界里，通过应对这些危险，人的心理不断进化。正是这些进化使人们拥有了躲避这些危险的品质。其大多数，只是各种形式的预警而已，一个人要生存下去，就必须对许多事情保持警惕。这些焦虑是对环境的适应，它们真的是从原始时代遗传下来的生存本能。

知识讲堂

一、焦虑不可怕

(一) 焦虑的定义

焦虑是一种复合型负性情绪。焦虑是由紧张、不安、焦急、忧虑、恐惧等一些主观感受和一些程度不同的躯体反应和外部表现(如心跳、发热或发冷、胃肠不适、胸闷、发抖、头晕、脸发白或发红等)构成的。

焦虑是当代社会生活不可避免的一部分，我们必须意识到在日常生活的许多情境下，我们产生焦虑的反应是正常的。在面对日常可能引发丧失和失败的挑战时，人们通常都会产生适当的焦虑，帮助自己更好地应对情境。

焦虑的产生并不是因为害怕某个特别的事物或情境，它可能是在我们想象一些没有立即发生或不太可能发生的危险时出现。焦虑影响我们的全部身心，它是一个生理、行为和心理的即时反应。在生理水平上，焦虑包括躯体反应(类似低血糖的症状)，如心跳加快、肌肉紧张、恶心、嘴干或出汗。在行为水平上，过度的焦虑可能会削弱你活动、表达自己和处理日常生活事件的能力。在心理水平上，焦虑是一种主观的紧张和不适状态。

通常情况下，人们能较好地将焦虑控制在适度的范围。比如，几乎所有的人在重要的考试前，或发言、演讲前，都会感到紧张焦虑。甚至久经沙场的央视主持人王小丫也在采访中坦言，在参加一些重要的直播的前一夜，自己也处于紧张焦虑的状态。这样的焦虑在一定程度上可以帮助人们调动身体和心理的资源，为即将到来的挑战做好准备。通常这样的焦虑在活动开始后就会自动慢慢下降，因为，焦虑情绪有自己变化发展的规律，当它到达顶点时，会自动下降，而不会一直停留在那个顶点，也就是说焦虑情绪本身的变化也是一个倒U形曲线。正如上文所说，焦虑是在我们想象一些没有立即发生或不太可能发生的危险时出现的，所以在重大事件之前人们会体会到强烈的焦虑。而在经历重大事件的过程中，适应较好的人能够更快地平静下来，因为他们能够更容易地从现实的情境中寻找安全的信息，不干扰焦虑情绪的正常变化过程，慢慢地平静，慢慢获得控制感。可是，这个比较顺利的过程并不是所有人在所有情境下都能做到，对于那些更容易感到焦虑、更容易感到失控和不安全的人来说，焦虑渐渐不能发挥它积极的功能，开始干扰人们的生活，给人们造成心理的恐慌、痛苦。要管理和调节给我们造成困扰的焦虑，我们首先需要认清他们是如何发生的。

(二) 过度焦虑的心理运行机制

不同类型的焦虑往往存在相似的产生过程。通过认识这些相似的过程，我们就能更好地理解思想是怎么引发我们焦虑的。进化在我们脑袋中植入“软件”，为我们安装了一套相当顽固的危险应对指示装置。这些指示操纵着人们的思想，对于那些倾向于过度焦虑的人则更有操控力。在面对自己恐惧的情境时，人们通常更容易感到压力和焦虑，我们在对这些情境反应时，似乎总是会遵循某些基本的倾向和规则。具体如下：

1. 检测危险。第一条规则是尽快检测危险，以便于消除或者躲避它。如果一个人害怕蜘蛛，他就会迅速发现，甚至想象他们的存在。如果一个人害怕被人拒绝，他就会很容易注意到别人在皱眉头，将模棱两可的面部表情领会为存有敌意。如果一个人害怕疾病，他就会远离那些咳嗽的人，报纸上的关于疾病爆发的新闻会特别引起其注意。当焦虑失控的时候，人们就会对整个世界保持持续的警惕，永远处在预警边缘。

如果正处于焦虑模式，首先人们会认为，需要预测所有形式的危险。如果可以，大脑会尽可能地传达所有有关事情可能出错的信息，进而促使人们去解决这个问题。比如说，某位容易感到焦虑的同学要做一个演讲，他会事先预想所有可能发生的坏事——大脑可能一片空白，观众或许会不友好，投影仪可能出故障，可能会漏掉一些重要的东西。根据他的大脑，能想到的危险越多，做的准备越充分，他将会越安全。当然，事实是，越觉得危险就越着急，越不能正常发挥。问题在于，原始的思维(我们所继承的)是围绕情绪而建构的，是无逻辑的。当被情绪掌控时，人们会就突然失去了鉴别危险的能力，认知能力会变得狭隘。思想总是致力于"推理"，致力于寻找证据，但它所看到的证据是由情感操纵的。当焦虑来袭的时候，人们所能找到的唯一证据就是"我很危险"。可是越注意这点，就越觉得危险。

2. 将危险灾难化。这个过程的第二步就是自动将危险解释为绝对的灾难。某人在会议上对自己不友好，就意味着自己是一个可悲的失败者。要是这样的话，对焦虑的人而言，没什么事是小事。背后的基本信念是：所想象的任何消极后果如果真的到来的话，那将是难以承受的。此外，还有一个潜藏的信念：所有的威胁都是迫在眉睫的，没有时间去等待，看看真正的威胁是否发生。在情绪高度焦虑的情况下，任何一个带有威胁的场景都是可怕的紧急情况，没有时间去反思，去搜集信息，去征询他人意见，或是去做一个谨慎的反应，尽管可怕的情形还在遥远的未来，却有什么在要求人们立即行动。其实真正让我们焦虑恐惧的似乎并不是外在的威胁，而是我们焦虑和恐惧情绪本身，就如罗斯福总统的那句名言所说："我们唯一的恐惧就是恐惧本身。"

3. 控制局势或规避危险。第三步是通过控制局势来控制自己的焦虑——回避让人恐惧的情境，或是带着焦虑的情绪措手不及地胡乱应付。人们总认为自己有能力阻止所有坏事情的发生，但是事实是没人可以掌控所有的因素，这是明摆的事实，因此这种想法显然违背事实。而正是这样的认识会让人感觉更加焦虑。比如某位同学非常害羞，害怕在公共场合出丑，他会像老鹰一样，时刻警惕那些可能会导致自己表现愚蠢的焦虑想法。他会试图压抑任何焦虑的迹象：颤抖、出汗或是脸红。最重要的是，他会尽力压制，不让焦虑的想法进入大脑。当然，这非但没有带给他更多的安全感，反而让他自己觉得随时都可能失控。他越是告诉自己，必须要克服这些不必要的想法，感觉就越糟糕。因为越试图加强控制，引发的失控感越强烈。

（二）大学生常见的两种焦虑困扰

1. 社交焦虑

社交焦虑体现在与人交往时，会出现不自在的表现，有时会感到紧张恐惧，有时会有回避行为以及羞耻感和负罪感。这种焦虑是带有普遍性的正常的适应性反应。一般而言，适度的社会焦虑是正常的、有利的，它恰能让人充分展示自己的优势所在。然而，焦虑过度则会影响人际交往的有效性。人会因此陷入紧张、恐惧的状态，在公共场合发挥失常。社会焦虑的表现形式多样：有些表现为尽量减少与别人交流的机会，有些是当众说话或与异性说话紧张，有些是惧怕集体活动，在人多的场合常会产生自卑心理。尽管表现形式不同，但是都存在着社交焦虑、自我封闭、不敢交友、害怕社交等。他们当中的好多人在公众场合总是会担心在别人面前出丑，被人瞧不起，被人看笑话。如果这种焦虑发展到极端就是社交焦虑症。这是一种对任何社交或公开场合感到强烈恐惧或忧虑的心理障碍，是一种以焦虑恐惧和自闭为主要特征的综合心理障碍。其主要的躯体症状是：口干、出汗，心跳剧烈等。

社交焦虑的模式：其核心是人们在进入社交场合时的负性期待：

(1) 对自己的社交能力较低的评价。

(2) 预期他人对自己表现的负性评价。

(3) 担心自己控制不了自己的焦虑。

这些负性期待的结果都增加了焦虑感，从而导致：

(1) 因为过分关注揣测他人的反应，过分关注自己的情绪感受，使得自己在交流中分心。

(2) 过分关注负性事件，哪怕是很小的，也会被觉察，并且在焦虑性理解的背景中作出有偏差的解释。

所以社交焦虑的人常去关注别人看来意义不大的思想和事件，例如自己声音一时的颤抖，额上开始出汗（“如被人发现，他们会怎么想?”），交谈中偶然的沉默（“他们会认为我是愚蠢的或讨厌的”）。如果出现以上症状，社交障碍者认为立马就会有令人害怕的负面评价产生，甚至心里产生恐慌。一系列不当的观念在脑海里盘旋，不仅使得焦虑更加严重，还带来了其他消极的想法，加剧了社交焦虑障碍者此时的情绪反应。社交焦虑者通过蛛丝马迹的反应察觉到社交中的失败，将自己的感受当成他人的感受，忽视了实际的社交情景。所以，即便在他人看来，当事人的行为很恰当，但由于当事人自己理念上的偏差，他也会产生焦虑。

社交焦虑的人会倾向于逃离和回避自己害怕的场景，然而这种逃避又进一步地在告诉自己：“我表现不好，会有糟糕的结果，所以我要逃。”这样就失去了验证自己真实能力和表现的机会，会使焦虑保持下去，同时导致更多的负性期待，社交行为也会受到限制。

2. 考试焦虑

考试焦虑是以担忧为特征的、由消极的自我评价和他人评价所形成的意识体验，同时有与自主神经系统活动增强相联系的特定的情绪性反应，如心率加快、呼吸加剧、胃肠不适、多汗、头痛、失眠等（当然，个体的生理反应存在一定差异），通过防御或逃避所表现出来的特定的行为方式，如在考场上惶恐不安、多余动作增加，或胡乱答完卷子。考试焦虑就是上述三种基本成分交织而成的一种复杂的情绪反应。

当个体受到考试情境的刺激，根据以往的经验，应试者会形成对考试情境的知觉。例如考场气氛如何？考试的组织程序是否严格？考试类型为何？此次考试对个人影响如何，是否有威胁？虽然这种知觉判断最初仅仅是根据一些细微的线索做出的，但在判断是否有威胁时，应试者已经获得了一定的信息。假如个体认为这场考试对其具有现实的或潜在的威胁，便会导致一系列的生理反应，包括肌肉紧张、心跳加快、血压增高、出汗、手足发冷等；也会产生一系列的心理反应，例如苦恼、无劲、担忧等情绪体验；有时也可能产生自我否定或胆怯的心理。

接下来的是认知重估。所谓认知重估是指应试者形成初步的知觉判断后运用理智重新分析，试图寻求应对方式。假如应试者认知重估正确，采取相应的应对措施，将会减轻其焦虑症状并能顺利完成应试任务。反之，由于寻求的应对方式不恰当，便会导致焦虑加剧，从而出现逃避行为。

焦虑反应加剧的表现多种多样，例如坐立不安，注意力无法集中，思维处于僵滞状态，等等。在这样的情况下，应试者大多会选择逃避、无心作答或者匆匆答题离开考场，同时也会有另一部分人采取投机取巧的作弊方法，企图寻求一个好的结果。

若是焦虑反应过度，应试者心中便会留下阴影，这种感受与体验作为反馈信息输入到个体已有的经验结构中，当再次面对相同的情境时便会产生消极的应对心理，长此以往，形成恶性循环，结果只会更加糟糕。

二、改善焦虑有办法

1. 认知重构

1）检测危险→现实地看待事物

当你处在典型的焦虑状态时，你会对什么是危险的自发地作出判断。你不会停下来思考事情是不是真的危险，你只是推想它是危险的。只要有一个危险的信号，无论多么微不足道，都足以使你得出这样的结论。为了控制这种机械式的思考，你必须要有一个危险评估的过程。你可以有意识地故意这样做，比如，问自己一系列问题：

（1）我参考了所有可用的信息，还是只参考了那些消极的部分？

（2）我是根据基本的事实在作预测还是只是靠感觉？

（3）你的想象让自己感觉更好么？

（4）对所害怕的结果出现的可能性，我有没有作评估？

2）将危险灾难化→将结果正常化

过去，或许你把任何挫折都看做是灾难性的：得了流感，你就会死亡；一次不性感的表现，就会毁掉你的爱情生活。所有这些，都没有真正成为现实过，但你依旧遵循旧的规则，并假想它们会这样。为了看到事情的真相，你在遇到事情时可以问如下一些基本问题：

（1）过去，这些假想成真过么？

（2）真正可能发生的最糟糕的情形是什么？

（3）如果结果真的发生了，会有多糟？

3）控制局势，逃避焦虑→放开控制，拥抱焦虑

不是叫你控制自己的思想、感觉和情绪，而是让你尝试做两件事情：观察它们、投入其中。

（1）观察

我们不要试图消除加快的心跳或是那些干扰的想法，比如你快疯了，身体快要爆炸了，等等。让我们来试试观察。退后一步——对自己的心跳进行一段描述，“心跳得很快，比平常要快那么一点，身体的肌肉很紧绷……”观察，不要评价身体的反应，不要试图控制。

（2）投入其中——直面其核心

想象你站在沙滩的浅水边缘，有浪一波波打过来？你看到离岸边六七米的地方有一些孩子在嬉戏，在海浪里窜上窜下。但你在犹豫，你不想被海浪冲倒。浪越来越近了，你很焦虑，你不想被浪淹没、击倒；但你没有走开，牢牢地站在岸边。浪头打过来，打在你身上——几乎把你击倒。经历了此刻之后，你变得敢于潜入海浪了。你可以潜在水下，屏住呼吸，海浪越过你的头顶冲向岸边。你跳入水中，与其他孩子一起玩耍，大声欢笑，你成了海浪的一部分。

应对焦虑情绪，也同样如此。不要试图控制焦虑，而是学会如何有意识地去适应它们。

2. 不逃避

你必须要学会即便在焦虑时也能做事情——虽然很害怕做某事，但仍然会去做。这是使你懂得你有能力做好事情的唯一方法。为了让你感性的大脑学会处理焦虑的状况，你就必须去尝试焦虑——然后忍受它。这是一次机会，一次挑战自己很无助的旧观念的机会，你会变得更强大。一旦你开始这样做，你会发现，你与自己的焦虑重新建立起了一种新的联系。过去，你把它

看成敌人。现在，它会逐渐成为你的朋友、老师，向你展示你的能力所在，让你知道什么会有效、什么无效，并在你取得进步的时候悄悄地退去。

对焦虑的误区

1. 我不应该感到焦虑？你应该感到焦虑。你的思想正试图通过警告你可能会出事来保护你，它的本意是如此，只是错误地联系上并不危险的情形。实际上，它不过是一个虚假的警报而已。你应该让焦虑伴随左右，就像向导一样，你只需要学会什么时候听它的，什么时候不听。

2. 我应当为自己的焦虑感到羞愧？焦虑，不等于软弱。它并不是你选择拥有的，而是你进化遗传的一部分。它实际上意味着，你在侦查危险并迅速做出反应方面有着优异的能力。这些技能在更危险的环境中会更有用。你需要做的就是，学会让它们适应今天的环境。

3. 焦虑是危险的？焦虑或许会暂时让你很不舒服，但它并不危险，它只是由各种焦急的想法组成的背景噪音。你可以有各种想法，但你依然可以很安全。

4. 我需要克服自己的焦虑？不，你不需要。你也根本没有办法通过与它纠缠来摆脱它，而只会加强它。你可以学着与焦虑共存，平静地观察它、无视它。当你把它视为意识的一部分，它对你的干扰能力就会自动下降。

5. 我需要时刻保持理性？你是一个人，不是机器。你不可能完全避免消极情绪的影响，它们有时也会帮助你设立目标，规划路线。你的焦虑可能告诉你生活需要些什么，还有什么是要成长的，是更多的自信还是不同的人际关系，或一个新的视角等。

6. 我的焦虑将失控？不，它不会的，要会的话，早就失控了。焦虑就如同头痛——它会持续一阵子，然后消失掉。不要控制，试着放开焦虑的缰绳——只需要让自己与它保持距离，不被牵绊，静静旁观。

放松训练(见第九章)

【课堂练习】

焦虑情绪测评(见第九章)。

思考题：

你经常感到焦虑吗？什么样的情境会更容易激发你的焦虑？你对这些情境的评估是客观的吗？使用认知重构和放松的方法重新看待那个“可怕”的情境，你会发现它其实只是个“纸老虎”。

第二节　悲伤的意义与疏导

案例介绍

（一）某高校大三女生，因为种种无奈与相识六年、交往三年的异地男友分手。痛苦万分地在咨询室里泣不成声。

（二）某高校大一男生，因没有考到理想的学府，还让工薪阶层的父母负担了不菲的学费，自觉心情低落沉闷。

（三）某高校大四男生，因父亲患肺癌去世，不能处理悲伤，谈到父亲时，在咨询室里默默流泪。

【案例分析】

每个人在生活的不同阶段都体会过不同的悲伤，有些悲伤是淡淡的伤感和忧愁，有些是莫名的低落和郁闷，有些是痛彻心扉的撕裂与割舍，有些是长期的抑郁与懊悔。无论你曾经或正在经历着哪种悲伤，我都要告诉你：不要怕，你不孤单。

知识讲堂

一、悲伤不可怕

（一）悲伤的原因

当我们不得已要和家人、朋友分开时，心里总会有种舍不得的感觉，尤其想到曾经共有的时光，更令人难以接受分开的事实。这种难过的情绪常久久盘旋心头，难以释怀，有时还会影响我们的生活好一阵子。和群体多数人相处格格不入时，我们不仅感到没有归属感，也会因为对整个情况觉得力不从心而产生难过的情绪。当你发现自己无法与其他人沟通、无法表达真正的感觉，或是别人无法了解你时，这些类似的情况多少都会带给我们难过的感受。与人有距离、没办法有亲密的接触等这种分离的感觉常是造成悲伤的主因。

另一导致悲伤的原因则是“失败”和“挫折”。无论是真实或想象的失败，例如人际关系不佳、成绩不理想，或是运动场上的失败等，都会使人难过、无精打采。多位心理学家曾针对青少年及成人调查使他们难过的因素，以及他们的应对方式，其中易扎德（Izard，1977）对130位大学生所做的访谈中，要受访者回想一次曾经很悲伤、沮丧或闷闷不乐的经历，然后问是什么造成他们如此悲伤、难过的情绪，而他们又做了些什么来结束这种难过的情绪。结果发现受访者在悲伤、难过后最常有的想法是“生活很糟”（42.8%），最常有的感觉是“苦恼、悲伤、沮丧”（43.5%），而最常采取的因应策略是“设法忘掉哀伤”（29.8%），以及“口语或肢体来表达悲伤”（17.5%）（Carlson&Hatfield，1992）。

在失去亲人的悲伤中，不同人对悲伤的反应隐约有一套程序，简单可分为早期悲伤、剧烈悲痛及消退期等三个基本阶段。悲伤初期反应可细分为震惊；接着是否认、不相信或生气；然后有沮丧的情绪，接着逐渐能接受，平静下来；最后是继续生活下去。这些阶段的顺序并非一成不变，而且各阶段间也会有重叠出现的现象。

因为生活不顺心或遭遇挫折导致的情绪低落，其持续的时间和强度则因人而异。通常积极乐观自信的人能更快地从“失败”的低落情绪中走出来，而看问题消极悲观不那么自信的人则更容易陷入到低落情绪的泥潭中。

（二）悲伤的正面功能

悲伤或难过虽然是人性的脆弱部分，但也能引导我们重新获得力量与亲密感，让我们从失败或伤害之中得以复原。除非你任由自己沉浸在这种悲伤无力的感觉中，不愿让过去或伤害释怀，否则悲伤不全然是负面的，还有正面的功能：

1. 悲伤使人产生改变生活的动力。比如："化悲愤为力量"和"痛定思痛"。

2. 表达出悲伤，使别人能协助我们。因为当我们看到他人伤心、沮丧、灰心的模样，知道一切并不是很好，便会伸出援手以减轻对方的难过。

3. 悲伤增进团体的凝聚力。易扎德指出亲密关系结束以及失去友谊是使人与人产生联系的主要因素。换言之，有时悲伤是使人走向他人寻求帮忙的表现。

所以难过、悲伤并不是一定内在自责或是贬抑，反而是具有激发、促进适应性反应的一种情绪；它和别的情绪最大不同在于，我们通常不必为所发生的事负责，所以焦点会专注于个人身上，反而使旁人会注意或关心你，进而伸出援手。

二、排解悲伤有办法

（一）悲伤的应对策略

1. 积极重评

积极重评主要是用更积极的眼光看待问题。通过积极重评，人们将目光转向事情的好的方面，因而事情的意义被改变，人们更多地体验积极情绪。积极重评有助于处于悲伤状态下的个体产生积极情绪，而积极情绪又有助于人们更好地应对悲伤的情绪。首先，体验到积极情绪的人可以更好地计划和行动。也就是说在悲伤期间，你可以利用你体会到的积极情绪作为你行动的动力，一旦行动起来，就会有良性的循环，而不是一直让自己陷在悲伤中。第二，积极情绪还可缓解消极情绪对人的不良影响。积极情绪可以部分地消除由悲伤情绪带来的不良心理影响，提高心理和生理的活力和功能。

2. 注意转移

注意转移，做能增加积极情绪的事情。在悲伤情境下，个体有意无意地做积极的事情，可以补充他们的心理资源，从而提高应对能力。在一项访谈中，研究者要求访谈对象试着描述自己做过的、使自己感觉好的事情，以及对自己有意义或帮助自己克服压力的事情，1 794 个被访谈者中的 99.5%能报告积极意义的事件。研究者分析了那些积极事件，它们常常是表面上看起来相对小的事件，如美丽的日出、来自朋友的友好问候、测验中的一个好的等级等。所以，当你陷入悲伤时，从积累点点滴滴的小欢乐开始吧，列一个属于你自己的"拯救悲伤小列表"。

3. 问题解决

问题解决是采取措施直接处理问题，直面给你造成压力的事件的行为和认知，如列一个需做事情的清单、拟订计划、研究各种问题的利弊等。积极地解决问题可以为你带来更多的力量、积极的体验和更少的抑郁的感受。这些计划的执行对积极情绪的维持尤为重要，否则会常有悲哀感、丧失感和无助感。即使不能完全解决引发消极情绪的问题，但以积极的态度面对问题，能增强控制感和自信心，从而使个体情绪更好。这样，就形成一个良性循环，即问题解决促使积极情绪的增加和消极情绪的减少，反过来又帮助解决问题。

4. 反应调整

反应调整是指悲伤情绪已经被激发以后，个体对情绪反应的过程，即生理感觉、心理（认知和情绪）体验、行为表达施加影响。主要表现为减少如长久的沉默，不与人交流，长期的皱眉和哭泣等悲伤行为的表达。要采用乐观、幽默的情绪表达方式。幽默能减少紧张感、增强积极情绪，同时有助于个体得到更多的积极的支持，从而更有效地应对悲伤。幽默感更强的人有更少的抑郁状态。反应调整能力与个体的感情风格有着密切的关联。一些个体更易于产生积极情绪，并从积极情绪中受益，这类人被称为高弹性个体。在压力情境中或消极情绪体验中，高弹性个体能灵活应变并迅速有效地恢复。

（二）悲伤的情绪调节

第一招：动——多运动，多活动。慢跑、骑自行车、游泳、跳舞等都能增强自信心、改善情绪，有提高活力的作用。每周坚持体育运动3～4次，每次历时四分钟即可收效。

第二招：娱——多参加娱乐活动多放声大笑。心由境生，欢快的环境必然产生快乐的心境。

第三招：说——把心中的不满说出来。可以找亲人、朋友倾诉，也可以向陌生人诉说，还可以自言自语。

第四招：听——音乐是医治忧郁的良药。优先选择曲调忧郁的音乐，3、4小节之后再慢慢调至所需要的情绪相近的曲调，不要采取一开始就找欢快的曲调的方式。

第五招：吃——吃高蛋白质食物。贝壳类、鱼、鸡、瘦肉等高蛋白质食物，可以使人振奋起来，食用少量即有效果。另外，吃香蕉也可以使人情绪愉快。

你抑郁了吗？（量表见第九章）

在做量表之前，请记住以下三条：

1. 不要随意给自己贴抑郁症的标签，多数人在人生的不同阶段都曾经历过程度不同的抑郁状态，即便是医生也不会轻易地作出“抑郁症”诊断，他们会更多地称之为“抑郁状态”。

2. 如果你的抑郁让你很痛苦，持续了较长时间，很大程度上影响了你的生活和学习，不要害怕，找专业的老师和医生求助。

3. 抑郁症是可以治愈的，选择轻生的人通常是长期处于抑郁状态、程度加重、又未寻求到有效帮助。实践证明，他们的症状是可以通过科学正规的方法缓解的。

【课堂练习】

1. 最近因为什么而悲伤？悲伤给你带来了什么？是更加灰色的生活还是重新上路的力量？
2. 你有哪些处理悲伤的方法？哪些是更积极有效的？与上文介绍的十几种方法有共通之处吗？

第三节　愤怒的意义与管理

小故事

男生C是某重点高校大二的学生，因与舍友发生肢体冲突误伤了对方，被院系通报批评。C心中郁积愤懑，不能排解，前来心理咨询室寻求老师的帮助。C同学入学以来一直看不惯同宿舍的D，C为人耿直，学习认真，做事四平八稳，一直是老师同学眼里的模范生；D则很特立独行。C很看不惯D的一些行为，比如喜欢通宵打游戏，在宿舍说些极端的言论或对某位同学和老师进行贬低。C认为D很“狂”，平时不怎么爱搭理他。一次C在宿舍与另一个同学交谈，说到对班级一位女同学的欣赏，被睡在上铺的D无意中听到，D说了句：“那种女生，傻X，没意思。”这句话一下子激怒了C,将D从上铺揪下,造成其扭伤。C感觉到自己的隐私被自己不喜欢的人窥听到,恼羞成怒。同时也因为D对自己和那位女生的不尊重感到愤怒。新仇旧恨交织在一起,最终导致了C情绪的失控,作出了鲁莽的行为。

【分享感悟】

探寻你的愤怒情绪

你是怎样在情绪上和精神上体验愤怒的?

1. 用几分钟的时间来思考一下你对愤怒的总体看法。你认为愤怒是一件好事还是一件坏事?你认为人们有愤怒的权利,还是认为人们应当克制自己不发怒?

2. 你对自己处理愤怒的方式有何看法?你对自己过去表达愤怒的方式感到惶恐还是羞耻?你对自己表达愤怒的方式感到生气吗?你是否克制自己的发怒?

知识讲堂

一、愤怒不可怕

(一) 尊重自己的愤怒

愤怒是一种生物学与心理学上的自我防卫的情绪体验。在生物学中,愤怒被定义为由内部或外部需求、凶兆和压力引起的紧张性回馈。愤怒是一种警告系统,也是一种生存机制。因为其不但能够警告世人面对某件事情的潜在威胁,而且还能激励人们去克服困难、完成任务。实际上,这里的威胁不是指攸关生死的斗争,而是一种情绪安宁上的威胁。不恰当的话语、不适宜的举动,伤害或侮辱了我们(或我们所关心的人),我们就会义愤填膺。

愤怒有助于我们捍卫自己的权利,因此愤怒往往也含有道德或伦理的因素。如果能够合理利用愤怒积极的一面,就能够重建我们失去的尊严、威望,重新赢得我们对自己生活的控制感,帮助我们在情绪上恢复过来。愤怒可能显示出个体没有正面应对生命或人际关系中某些重要的情绪问题。它可能是一种信号,揭示了个体的某些需要和欠缺没有得到满足。

(二) 健康的愤怒方式

健康地对待愤怒的方式如下:

1. 区分出什么情况下发怒是合适的,什么情况是不合适的。

2. 知道愤怒的目的是解决问题,而不仅仅是为了宣泄情绪,当然也不是为了伤害他人。

3. 知道有益的愤怒和破坏的愤怒之间的区别。当你的愤怒是声明自己的权益而没有侵犯他人的权益时,它是有益的;当表达愤怒成为一种侵犯他人或保护自己的弱点的僵硬的尝试时,它会有破坏性。

4. 能判断当时的愤怒在情境中是恰当的还是无理、过分的。

5. 愤怒的目的达到之后,可以释怀,愤怒可以平息,而不是导致更多的愤怒和伤害。

二、控制愤怒有办法

(一) 消极地对待愤怒的方式

1. 无故迁怒

虽然愤怒在告诉我们生活的一些方面出了问题,但我们通常不会花时间去探索,而是直接把愤怒发在周围无辜的人身上。如果我们总是因为固定的原因迁怒于人,或习惯性地避免与我们深感愤怒的人直接对峙,而是将愤怒发泄于无辜的人,就会造成很多的问题。

2. 压抑愤怒

压抑愤怒是指你把应直接向别人表达的不满情绪转到自己身上,长此以往,这样的方式也是不健康的。

3. 滥施愤怒

滥施愤怒是指以攻击性的、不恰当的方式直接将愤怒发泄到某人身上，如辱骂某人、砸东西，甚至殴打他人。

4. 执著于愤怒

愤怒应当是一种偶尔出现的情绪。一旦问题出现，就要采取相应的措施予以解决，此时我们就应当放弃愤怒。一个情绪健康的人会以恰当的方式和别人交流自己的愤怒，并且放弃愤怒，选择原谅。

5. 用愤怒代替其他情绪

有时在愤怒发生前，我们会体验到不同类型的情绪。比如因为恐惧、受伤害、愧疚或羞耻而变得愤怒。许多人用愤怒来掩盖其他更脆弱的情感，不愿意接受其脆弱之处。

6. 与他人交流愤怒

在直接向他人表达你的愤怒前，问问自己是不是出于以下 4 种建设性的动机：

(1) 为了与他们交流受到伤害的感觉；

(2) 为了改变有害的情境；

(3) 为了阻止同样的伤害再次发生；

(4) 为了增进关系，促进交流。

(二) 自信的表达

愤怒交流最有效的方式是将其转化为划清界限的、清晰的、不带指责的话语，这通常要充分的自信。交流愤怒时的自信包含了：你发怒了的事实以及你愤怒的原因；你想要他人做什么事情或者你想要如何改变当时的情境。交流愤怒时要避免使用以“你”开头的句式，这种句式不仅会令对方摆出防御的姿势，也会增加发出信号者的无助感；同时还要避免谩骂、侮辱和挖苦，要就事论事、对事不对人，避免使用“你总是……”“你这种人……”等。

(三) 学会控制愤怒的技巧

控制愤怒的目标是减少因愤怒而导致的情感上的冲击和生理上的影响。主要有以下三种技巧：

1. 刻意回避与主动离开。刻意回避是指预先估计问题并有意识地回避那些可能会使你生气的人或事。主动离开是指当你发现问题并且你正在为此生气时，请选择主动离开，让自己冷静。

2. 学会控制引发愤怒的真正原因。问问自己诸如“是什么样的情境使我变得愤怒。”“在愤怒之前，我首先感到了受伤、害怕、恐惧了吗？”

3. 认清你发怒想要达到的目标是什么，然后使用自信的表达技巧来实现目标。从你的愤怒中学会一些东西，问问自己能从过去失控的气愤中学到些什么。学会自我反省，改变你在消极的人际关系中担当的角色。

【课堂练习】

1. 想想你最近一次愤怒的情形。你如何看待自己如此愤怒的情形？你尴尬吗？害怕吗？羞愧吗？当你愤怒时有何生理反应？你表达愤怒的方式带来了什么后果？别人对你表达愤怒的行为有何反应？
2. 回忆自己的愤怒历程，从能记起的阶段开始。你的愤怒总是由同样的情境和原因导致吗？你对待愤怒的方式是健康的和建设性的吗？需要改变吗？

第四节　嫉妒的含义与化解

小故事

“既生瑜何生亮?”

周瑜和诸葛亮先后展开了九次较量,八次都以周瑜失败告终(第五次火攻曹营的较量打了个“平手”)。每一次较量结束,周瑜都妄图“了结”诸葛亮的性命,以解心头之妒。在这九次的较量中,周瑜的嫉妒发展,从无到有、从一般到强烈,最终以极端的方式——死亡,才彻底消除了郁积在心头的妒恨。

【分享感悟】

周瑜并非平庸之辈,为何偏偏被“嫉妒”害死? 张成杨学者认为,在整个过程中嫉妒情绪成为了周瑜思维和行动的强大的驱力。其间,他的各种言行,都被嫉妒的情绪所牵制。但这种嫉妒的情绪也经历了一个发展的过程,张认为其情绪的恶化经历了四个阶段。最初,周瑜位高权重,对于只身来到东吴的诸葛亮,有居高临下的姿态,无妒可生。后来,当周瑜按诸葛亮的建议去“开解”孙权时,发现果然“孔明早已料到吴侯之心”,双方才智比较的初步结果开始出现,此时的周瑜是妒意初萌、犹豫不决。在周瑜和诸葛亮展开了一次又一次的智力较量后,周瑜的妒意越积越多。在赤壁大战后两人又相继展开最后三次较量,即著名的“三气周瑜”最终把周瑜气死,死前长呼:“既生瑜何生亮!”由此可见,嫉妒者不能容忍别人的超越,企图用不理智的方法维持自己的优势,但是,显而易见的是,周瑜所想达到的永久占有优势的目的是不现实的,因为事实确实是诸葛亮智慧高于他,但他不愿意接受或不能用智慧的方法化解,最终在妒意下采取的各种争斗的手段不仅没有达到他的目的,反而让结果南辕北辙。

知识讲堂

一、羡慕、嫉妒、恨

羡慕是指这样一种情感:“因别人比自己优越或拥有自己没有的东西,希望自己也能有”。嫉妒则不一样,“嫉妒是一种升级为愤恨的令人痛苦的情绪,是由于害怕失去或害怕不得不与他人分享一个所爱的人的好感或自己对某种价值和财富的占有而产生的”。两者的根本区别在于:羡慕因为别人拥有某种珍贵的东西和品质,混杂着赞美和向往;嫉妒则带着夺去或将被人夺去的观念,想要占有和力图继续占有珍贵的东西。若能利用羡慕积极的一面,则可以激发我们去追求自己向往的美好的事物。如果没能抑制嫉妒之情或者没有宣泄心中的妒意,或在其他因素的刺激下,嫉妒会慢慢转变为恨意,使得嫉妒者幸灾乐祸的情绪特别强烈,甚至会采取轻度的、有限的报复行为。此时,嫉妒者已由原来的自恋自怨的痛苦体验,发展成对嫉妒客体的愤恨不平与幸灾乐祸,充满了屈辱的被剥夺感。当嫉妒者的心理已失去平衡,不仅会危害自身的健康也会对他人造成负性的影响。由此可见,积极地利用羡慕,正确地处理嫉妒,提前阻止恨意的产生,对大学生的心理健康有着重要的意义。值得注意的是,频繁出现的嫉妒一定是具有某种意义的。因此,嫉妒是一种干扰,也可以看成是一种警醒,它来源于人与人的关系。

引发嫉妒的四种条件:

1. 各方面条件与自己相同或不如自己的人处于优势。例如,与自己英语水平差不多的小陈四级比自己考得高很多,并因此获得了很多向学弟学妹做讲座的机会。或者,比自己难看,体格也更差的小黄拥有了令人羡慕的恋情。

2. 自己所厌恶而轻视的人处于劣势。如："什么，以他那种玩世不恭的态度，居然得到了班花的青睐？"

3. 与自己同性别的人处于劣势。男人，对于身边收入较多、有名车好房的同性容易产生嫉妒。女人也差不多，听到或看到自己的同班同学得到了自己没有的东西，也会感到嫉妒。

4. 比自己更高明的人处于劣势。所谓更高明的人，就是指平常给自己有种无形的压迫感的人。这种嫉妒由对高明者的反感产生，容易转变为对别人遭遇不幸的幸灾乐祸的心情。

二、防治嫉妒

（一）处理自己对别人的嫉妒

治疗嫉妒的现象学方法认为根除嫉妒体验有以下几种方法：

1. 停止对理想经验的热爱。为了避免嫉妒体验，可以对自己的感情和处境进行重新估价和解释，例如问问自己："自己所嫉妒的东西真的那么重要吗？""没有这些真的那么糟糕吗？""是什么让我那么在意这些？""这样的在意是理性的必要的吗？"。

2. 设想别人并不喜欢我所喜欢的东西。一般说来，嫉妒属于嫉妒者个人的体验，并且取决于他（她）所赋予嫉妒的价值，而不是取决于别人的经验。事实上，有些嫉妒可能与一些他认为是挑衅的体验完全无关。比如，你可能会看到你的女友与一位在你看来颇有魅力的具有一些我所羡慕的特点的男生在一起。因此你认为我的女友也被他魅力所吸引，于是你便有了嫉妒，尽管事实上她可能并不那样看他，你的看法导致了你自己的嫉妒。

3. 感到自己是有控制力的。在生活中我们只能控制某种处境或体验。认为自己"渺小"或"不重要"的感觉导致我们试图控制人的体验，例如，与伴侣的关系受到威胁时，个体就会感觉失去控制和无能为力。防治嫉妒的方法之一就是试图重新获得一些控制力。处理嫉妒需要控制的是自己的内在而不是外在。通过证明自己确实控制住了嫉妒情感和嫉妒体验，我们就会重新获得"在人际关系中自己是有力量"的感觉。

4. 相信别人应该获得他所获得的东西。人类学家乔治·瓦尔特（1981）写道："如果我们相信这个人有资格获得这一人们所渴望的待遇，或者因为他（她）比我们尽了更大的努力，或者是仅仅因为他（她）存在，就不会有嫉妒。"

5. 提高感受人际关系的能力。社会心理学家康斯坦尼（1976）认为，如果我们相信别人有资格获得属于他们的东西，仅仅因为他们同我们一样是一个存在着的人，嫉妒便能克服。从这一点出发，我们不相信自己在本性上与别人有根本的差别。相反，我们感到自己与别人有一种基本的联系和亲密。人与人之间的关系允许人们有自主、占有这类普通体验，这种相互关联感和自由感将强烈的嫉妒变成了真正的自由。

（二）淡化别人对自己的嫉妒

除了防止自己对别人的嫉妒之外，还需要有技巧地淡化别人对自己的嫉妒。具体方法如下：

1. 介绍自己的优势时，强调外在因素以冲淡优势。

2. 言及自己的优势时，不宜喜形于色，应谦和有礼。

3. 不宜在处于优势地位的同学、朋友面前特意炫耀自己的优势。

4. 强调获得优势的"艰苦历程"以淡化妒感。

5. 在同学面前，不要太过炫耀你自己。

做到上述五点并不是让你无端地、毫无道理地压抑自己，自己本应有的作为和应当实现的价值依然可以充分的实现，只是在展示的时候采用更谦虚和恰当的方式，不应过分招摇。

除此之外，以反击的方式对待嫉妒者也是不可取的。嫉妒心理具有指向性和对抗性，在遭到反击时只会越来越强烈，加剧嫉妒心理。嫉妒者内心的不满和怨恨没有得到宣泄，只会使得事情愈演愈烈，使双方矛盾升级。

【课堂练习】

1. 你因为什么嫉妒过别人，是如何化解的？如果化解不了，试试上文提供的方法。
2. 你被别人嫉妒过吗，如何化解这种不适呢？

第五节　羞愧与内疚

一、两种自我意识情绪

羞愧和内疚都属于自我意识情绪，是社会化的复合情绪，通常与自我概念和自我评价有关。当人们觉得自己做了什么不道德的事情，或者没能达到自己和他人的期望时容易产生羞愧或内疚的感觉。但羞愧与内疚是两种不同的情绪，当一件事令你觉得自己很坏或没有价值时，你就会比较容易感到羞愧。你将负性事件解释成你本身有缺陷或者不够格。因此，羞愧是一个人在失败或做了某些不道德的事情，并将这一过失解释为自己（全面地，一贯地）不称职时感觉到的负性情绪。羞愧的核心特征是个体进行整体归属自我评价认知活动的产物，即个体在进行自我评价时，把失败和错误的行为归结为整体的自我。它使进行着的行为受到干扰和破坏并使思维混乱。羞愧的主观感受是“无地自容”和“无言以对”；在表现形式上与羞怯有类似之处，似乎企图把自己隐藏起来，在人群中消失。此时，身体变得像是要收缩、回避或使自己变小，以便使自己从他人和自我中消失。而当你的注意力集中在特定的事件上，对自己的行为感到不快，但并不为自己本身而觉得沮丧时，你就会比较容易感到内疚。内疚是这样一种负性情绪：当一个人失败或做了某些不道德的事情，但关注的主要是怎样做出补救，以免将来再犯下同样的过失时，他就会感觉到内疚。

二、羞愧和内疚的区别与联系

羞愧与内疚既有区别又有联系，概括起来，主要有以下六点：

1. 羞愧感属于整体归属；内疚感属于具体归属，内疚使自我集中在导致失败的具体行为上。

2. 羞愧是十分强烈的情绪感受；内疚的体验并不那么强烈，也不会导致思维和情绪的扰乱。

3. 羞愧感使个体企图驱散这种感受，但是很难摆脱；内疚感也使个体感受到失败或者伤害他人的痛苦。

4. 羞愧感使人身体蜷缩，好像要把自己隐藏起来那样；内疚感则使人来回走动，试图去修正导致失败或伤害的行为。

5. 在羞愧感中，自我的主观和客观是混在一起分不清的；内疚感的自我是可以与对象分开的。内疚能通过行动去纠正错误行为并摆脱痛苦。然而，当主体纠正不了内在的羞愧时，内疚就有可能转化为羞愧。

6. 人能对内疚行为感到羞愧，但不能使羞愧转化为内疚。内疚可以被看成是纠正现实过错的有用情绪。

常常与羞愧联系在一起的经历包括：糟糕的表现；伤害了某人的感情；说谎；没有达到某人

的期望;没有达到自己的期望。

常常与内疚联系在一起的经历包括:没有完成自己所认为的职责(如学习不够刻苦,不能把承诺履行到底);说谎,欺骗;忽略了朋友或家人;伤害了某人的情感。

适度的羞愧和内疚,对每个人而言,不仅是常见的,而且是有必要的。但是很多大学生发现自己总是在一些别人认为无关紧要的事情上感到羞愧,内疚。他们比别人更容易有这种感觉,并且常常因为感觉过度使自己陷入纠结痛苦。对此需要采取适当的方法进行心理调控。

三、处理羞愧

处理羞愧的核心是先解放自己,再让自己重新获得内心的力量。具体方法如下:

1. 直面使你羞愧的原因,将羞愧背后所潜藏的所有原因分析归类。尝试把羞愧感分解成一个个具体的困扰而不是一种整体的不适感。

2. 找出让你感到羞愧的人,问问自己是不是曾经有人以同样的方式对你,给你留下了阴影,将羞愧分一些给该为此负责的人。

3. 抛开你的羞愧,重新看待你经历的事件,将强烈的情感移开,让你自己能更理智地看清现实。

4. 同你信任的人交谈,释放自己的羞耻感。人们会告诉你"不是你的错"或者"你已经尽力了",他们通常是真心的,你愿意去好好想想他们的话吗?

5. 在你感到羞愧的领域慢慢地积累自信,尝试让你感觉良好的事情。一旦你原谅了自己,放开羞愧,便可大步向前。

四、处理内疚

当人们觉得本可以阻止某事的发生或后悔他们的决定或行为时,通常会感到内疚。另外,人们有时也会为别人的行为内疚,如家人和亲密的朋友,认为是自己对家人或朋友的影响才让他们做出自己不认同的行为。因此,要处理内疚,一定要分清自己与别人的界限,要记住别人的行为不是你的错,你或许可以影响他们的想法,但做出决定的是他们自己。别人的需要和要求,你也没有必要完全替他们承担,他们需要为自己负责。在人际关系中,容易感到内疚的人,常常不知如何拒绝别人的要求,认为自己需要对别人负责,不应该伤害别人。然而,长此以往,自己积压的情绪无处发泄,别人也并不知道你真正的想法和需求,这样的关系是不健康的。下面,教你几招拒绝别人的方法,让你走出内疚的泥潭。

1. 学会允许自己说:"不"。

怕说"不"的人,是接受了太多"不许"的人。如果能自如地说"不",不妨先放弃对自己的许多"不许",然后对自己多一些"允许"甚至"放纵":允许或放纵自己"坏",比如说话粗俗一点;允许自己多提反对意见,可以教训或指责别人,可以让家里乱一点;允许自己偶尔失约、违约;允许自己动怒、发火;允许自己做事拖沓和被动一点;允许自己"先为己而后为人";允许自己反击别人……

2. 应该进行认知方面的调整。

平等和互益是人际交往的重要原则。如果双方是不对等的,那么关系必不长久。一味地容忍和退让只会让对方的侵害性行为愈发无所顾忌。可以采用启发、提醒、劝导对方的方法,也可以通过较为激烈的方式如争论、冲突等,达到让对方醒悟、转变态度与行为的目的。

3. 要注意增强自信心。

自己要先想清楚,对事情本身是不是应该说"不"?如果你是对的,就不必退缩。别人不是都那么容易被伤害,即便他被你合理的拒绝伤害,也是他需要去成长的地方,你不需要对他负责。

4. 可以做以下的两种自我训练。

(1) 掌握说“不”的技巧。

比如可以委婉地拒绝：“如果我有时间的话，会……”；可以温和地拒绝：“不好意思，这次不行……”；可以巧妙地拒绝：“我也正愁着呢”“我试试看××朋友能否帮你?”；可以直接地拒绝：“不行的，我没有时间”等等。

(2) 采用系统脱敏法逐步减轻对于“拒绝别人”情境的焦虑情绪。设计并练习适当的言语表达方式，使个人能够针对特定的情境，在不刺伤对方自尊心的前提下，及时地、从容镇定地表达出“不”的意思。刚开始，你可能说不出口，逐步练习，会慢慢适应，自信心也会渐渐增强，新的行为方式就会固定下来，形成习惯；以后，就不必为不能拒绝别人而苦恼了。

【课堂练习】

1. 你经常感到羞愧和内疚吗？别人如何看待让你羞愧、内疚的事呢？与朋友多交流，会有不一样的收获。
2. 你找寻过羞愧和内疚背后的原因吗？哪些是可以通过行动改变的？哪些是要从认知思维上调整的？尝试上文教你的一些方法吧。

第六节　积极情绪的力量

小故事

某人得了疑难之症，为了能早日痊愈，他看了很多医生，都不见效。他又听人说远处有一小镇，小镇上有一种包治百病的水，于是就急忙赶过去，跳到水里洗澡。但洗过后，他的病不但没好，反而加重了。这使他更加痛苦。

有一天晚上，他在梦里梦见一个精灵向他走来，很关切地询问他：“所有的方法你都试过了吗?”

他回答：“都试过了。”

“不，”精灵摇头道，“我带你去洗一种你从来没有洗过的澡。”

精灵将这个人带到一个清澈的水池边对他说：“进水里泡一泡，你很快就会康复。”说完，就不见了。

这病人跳进了水池，泡在水中。等他从水中出来时，所有的病痛竟然真的消失了。他欣喜若狂，猛地一抬头，发现水池旁的墙上写着“抛弃”两个字。

这时他也醒了，梦中的情景让他猛然醒悟：原来自己一直以来任意放纵，受害已深。于是他就此发誓，先使苦恼从他的心中消失，没过多久，他的身体也康复了。

【分享感悟】

积极情绪是指一种正面的情绪，孟昭兰将积极情绪定义为：“与某种需要的满足相联系，通常伴随愉悦的主观体验，并能提高人的积极性和活动能力。”

抛弃是治疗百病的万灵之药，人之所以有很多难缠的情绪，就是因为在大多数情况下，舍不得放弃。把消极扔掉，让积极代替，就没有什么可抱怨的了。

知识讲堂

一、积极情绪与消极情绪的最佳配比

无论个人、家庭或组织，能够引起蓬勃发展的积极率都是 3∶1。积极的情绪赋予人们更多的生命活力，但这并不能意味着否认消极情绪的作用。缺失了消极情绪，你会变得轻狂、不踏实、不现实；缺失了积极情绪，你则会在痛苦中崩溃。生活中不全是一帆风顺，一样会有害怕、愤怒、悲哀以及别的很多情绪的产生。

美国学者芭芭拉将积极情绪和消极情绪的比率看做是浮力和重力间不可思议的平衡。浮力是一种把你举向天空的无形的力量，而重力则是把你拉向地面的力量。不加抑制的浮力让你轻狂、不踏实和不现实；而不加抑制的重力，则让你在大堆的痛苦中坍塌。但是一旦这两者恰当地结合起来，它们会让你振作、灵活、现实，并且为一切做好准备。适当的消极情绪能够使你脚踏实地。相比之下，由衷的积极情绪提供了让你振作和欣欣向荣的旋梯。

二、积极情绪的十种形式

与自己的积极情绪取得协调，意味着你要超越诸如"快乐"和"良好"这样千篇一律的词语，更准确地命名情绪状态。

——芭芭拉

1. 喜悦　想象一下这种情况：你的周围是安全而熟悉的，一切都按照预定的方式发展，甚至比你期待的更好，目前的形势不要求你付出多大的努力。这些都是引发喜悦的条件。喜悦的感觉既明亮又轻松，让周围的世界看起来生动。你会脚步轻快，你的脸被微笑照亮。你会想要接纳一切。你会觉得社会活动非常有趣，想参与进去。

2. 感激　感激打开你的心灵，并带来回报的冲动——做一些好事作为回报，无论是对帮助过你的人还是对其他人。不过，感激有一个邪恶的双胞胎——亏欠。如果你觉得你必须报答某个人，那么你就不是在体验感激了，你正体验着亏欠，这往往令人明显感到不快。亏欠往往是以吝啬的方式做出回报。与此相反，感激则是毫不吝啬地充满创意地给予回馈。这是一种交织着喜悦和由衷赞赏的真正的愉悦体验。而且感激不是循规蹈矩的礼节，真正的感激是由衷的和自发的。

3. 宁静　宁静比喜悦要低调得多。当你叹出那长长的、舒爽的一口气；当你捧一本好书蜷缩在沙发上。宁静让你想要坐下来，沉浸在里面。这是一种聚精会神的状态，带着这样的一种冲动，去品味当前的感觉，并设法将它更彻底、频繁地融入你的生活。想一想你上一次品味宁静是什么时刻。

4. 兴趣　虽然你感到绝对安全，但一些新颖的或奇怪的事物吸引了你的注意，用一种带着可能性和神秘性的感觉将你填满。不同于喜悦和宁静，这种感觉需要你的努力和更多的关注。当你感兴趣的时候，你能实实在在地感觉到你的视野在扩大，兴趣的强烈牵引力召唤着你去探索，去接纳新的观点，去了解更多。

5. 希望　希望是在你情况紧急的时候发挥作用——事情的发展对你不利，或者是关于事情将如何发展存在着相当大的不确定性。在希望的核心深处，是相信事情能好转的信念，希望支撑着你，让你免于在绝望中崩溃。怀着希望，我们变得充满活力，会尽一切努力来为自己和他人创造一个美好的人生。

6. 自豪　自豪是所谓的"自我意识情绪"中的一种，消极的自我意识体验包括上文所说的羞耻和内疚。我们总是说骄傲让人冲昏了头脑，或是骄兵必败。其实任何情绪都可能过火，可能对于自豪尤其如此。但当我们针对具体的情况，带着恰当的谦逊来调节时，自豪显然是一种积极的情绪。自豪也可以点燃成就动机，促使自己做得更好。实验也证明，当人们感到自豪时，

他们更有可能完成艰巨的任务。

7. 逗趣 有时一些意想不到的事情引你发笑。首先，逗趣是社会性的。其次，逗趣只有发生在安全的情况下才会有趣。由衷的逗趣带来抑制不住的冲动，使你想要发笑，并与他人分享你的快乐。分享的笑声表明，你发现你目前是安全和轻松的，并且你想要利用这个得天独厚的机会与他人建立联系。你上一次发笑是什么时候？

8. 激励 有时你无意中发现了真正的卓越。目睹人性中最好的一面能够启发和振奋你。激励能集中你的注意力、温暖你的心，并吸引你更加进入状态。激励不只是感觉好，它让你想表达什么是好的，并亲自去做好事；激励被认为是一种“自我超越的情绪”。和感激一样，激励也有一个邪恶的双胞胎，可以称之为怨恨或嫉妒。对于别人的卓越，你以积极情绪还是消极情绪反应取决于你自己的选择。这是一个关于你心灵是开放还是封闭的选择。这个选择将决定你踏上一种良性循环还是一种恶性循环。

9. 敬佩 它与激励的关系密切，你被伟大彻底地征服了。敬佩令你暂时停止在自己的轨道上。你一时间动弹不得。界限逐渐消失，你感觉你是一个比自己更大的东西的一部分。

10. 爱 爱不是单一的积极情绪，有时包含了上述所有。当这些良好的感觉与一种安全的，并且往往是亲密的关系相联系，扰动我们的心灵时，我们称之为爱。

三、成熟的情绪特点

成熟的情绪是成熟的人格的必要条件之一。特质论的人格心理学家爱森克(H. J. Eysenck)提出人格的三个基本层面：内向型——外向型、情绪稳定——不稳定，以及现实型——空想型。其中第二个层面情绪稳定——不稳定，虽然没有绝对好坏的评鉴标准，但是情绪不稳定便可视为不适应(引自惠风，1995)，而情绪适应者则具有情绪稳定、对自己有信心，不常感到紧张、焦虑，也不会对现实情境作出不当的情绪反应的状态，因此可视为成熟情绪的特征。张春兴(1989)在《张氏心理学辞典》中定义情绪成熟为：情绪表达不再带有幼稚的、冲动的特征；在言行举止上表达情意时，均能臻于社会规范的地步。此外，研究情绪等相关主题的学者也提出了对成熟情绪的看法。这些都能帮助我们衡量自己的情绪成熟程度。瑞尼斯等人提出情绪成熟的指标有下列6项：

1. 发展出某些技巧以应付挫折情境。

2. 能重新解释自己与情绪的关系，接纳自己与情绪的关系，才不会一直自我防卫。

3. 能避免挫折并安排替代的目标。知道某些情境会引起挫折，可以避开并找寻替代目标，以获得情绪满足。

4. 能找出方法，舒解不愉快。

5. 能认清楚各种适应机制的功能，包括幻想退化、反抗、投射、合理化、补偿，避免成为错误的习惯，以致防卫过度，造成情绪困扰。

6. 能寻求专家的协助。

此外，索尔(Saul, L. J. 1971)也指出情绪成熟的8个特点：

1. 独立，不依赖父母。

2. 增强责任感及工作能力，减少被外界接纳的渴望。

3. 去除自卑情结、个人主义及竞争心理。

4. 适度的社会化与教化，能与人合作，并符合个人良心。

5. 成熟的性态度，能组织幸福家庭。

6. 增进适应性，避免敌意与攻击。

7. 对现实有正确的了解。

8. 具有弹性以及适应力。

四、情绪健康的9项指标

1. 寻找那些你将来采取行动可以加以改变的不快乐的根源，只给自己和他人建设性的批评——下一次应该采取什么不同的做法来得到你想要的东西。

2. 将你的反应、想法和感受同你的朋友、同学、家人进行比较，从而可以使你估计出行为的适宜性以及你的反应同社会规范的关系。

3. 结交一些亲近的朋友，你可以同他们分享感受、快乐和忧虑，发展、保持和拓展你的支持系统。

4. 发展一种平衡时间的观念，从而可以灵活地对待你的学习、生活环境的要求以及自己的需要。

5. 永远对你的成功和快乐充满信心（并且和他人分享你的积极感受），清楚地了解你独特的、与众不同的品质——那些你可以提供给他人的品质。

6. 当你感觉要对自己的情绪失去控制时，请用离开的方法避开使你不快的环境，或者站在另一个位置上考虑一下，或者设想一下未来，使你看到问题得以克服的前景，或者向一个同情者倾诉，请允许自己感受和表达自己的情绪。

7. 记住失败和失望有时是伪装下的祝福，它们可以告诉你目标可能并不适合你，或者拯救你于未来更大的失败之前。

8. 如果你发现你无法使自己和他人走出抑郁，那请向学校或医院的专业人员求助。

9. 培养健康的愉悦，花些时间去放松、反省，去搜集信息，去享受你的爱好，去进行一些你必须独处的活动，以及所有你可以做并能享受其中的事情。

【课堂练习】

根据本章的学习，试着列出你自己的情绪健康小贴士吧！

第七章　我行，你也行

——大学生的社会化和人际交往能力的培养

案例介绍

张同学，女，汉族，20 岁，动物科学专业，大学一年级新生，预备党员。性格内向，进入大学学习两个多月，不善于语言沟通，喜欢用短信交流，感到周围同学不认可她，不能与人进行良好的交往。该名同学于近期与其代理班主任发生矛盾，继而半夜私自外出宣泄情绪，此事件引起年级辅导员老师的关注，经老师建议，来心理咨询中心求助。

咨询过程中，张同学情绪低落，在谈话过程中很怕发表个人见解。在谈到她的父母对她的期望时，表示父亲作为一名高中教师对她的学习要求极其严格，并在高三的时候在父亲的安排下入党。在很多选择中无法自主，生活中大部分时间被学习所占据。来访者渴望得到朋友和父母的关怀和温暖，又不知如何表达。

通过对班级和寝室同学的调查发现，该同学学习比较认真努力，不经常与同学交往，但是同学关系还可以，无矛盾纠纷发生。同寝室的同学反映该同学有时候情绪比较低落，有时候会一个人坐着发呆，不爱说话；还发现她日常生活自理能力较差；但是，愿意帮助别人，如帮助同学打热水等；虽不善言谈但文笔很好，有一定的能力。

【案例分析】

通过张同学自己的陈述及咨询师对其的观察和调查了解，她的诊断结果为一般心理问题。张同学的父亲从小对她的学业要求就极为苛刻，而她从小与父母缺乏沟通。除了学习上的问题，家长与她平时的情感沟通很少。因此，能感受到她内心深处极其渴望得到老师和同学的认可，但又存在着一定的社交恐惧；在情感上过度和强迫性地依赖于他人，而这种依赖又无法掌握一个适当的尺度；在认知上存在误区，从而给与她相处的同学或老师造成困扰。

人际交往出现问题不会是一天产生的，一般都与家庭环境、性格特点有关，过去的生活使我们形成了现有的人际交往模式，有的使我们如鱼得水，有的让我们举步维艰。希望大家通过学习本章内容，了解人际交往的奥秘，找到适合自己的交往方式。

自我认知：

心理年龄量表

个人的心理年龄不一定与他的实际岁数相符。有的人年事已高，言行举止犹宛如孩童；有的人身处花季，却已然少年老成。你的心理年龄是多少？请自测：

项　目	A	B	C	D
1. 你喜欢哪一类的人？	比自己更强的	喜欢和尊敬自己的	需要自己的	不知道

（续表）

项目	A	B	C	D
2. 当你的朋友不赞成也不理解你的建议时，你会：	继续解释	觉得受伤或生气，不再说话	避开这个问题	听听他的意见
3. 和朋友聚会，当你觉得情绪低落时会：	强作欢颜，不让人注意到不快情绪	不掩饰情绪，但坚持坐到最后	如实告诉朋友并离开	找借口离开
*4. 工作上遇到麻烦，下班后你会：	一个人出去散心，忘掉烦恼	希望回家从亲人处得到安慰	找朋友倾吐不快	闷在心里，愤愤不已
5. 某个你刚认识的人，吃力地想教导你某件你很清楚的事，你会：	告诉他你早就知道	等他讲完，再显示你对此道十分精通	不说什么，但也不听	只听不说
6. 你认为自己：	没遇上好机会，不然会有更好的生活	说不定明天就撞上好运	总是在花大量时间做着自己不想做的事	目前的生活与自己付出的相符
7. 马上要过节了，你会：	激动不已地等待盼望	没什么特别的异样感觉	过节没意思	花许多时间想象要做的事
*8. 出门前你的家人若穿着不合适，你会：	建议他(她)换一下装束	坚持要他(她)换装	除非他(她)换装，不然不会与其一同出门	无所谓
9. 在重要的事情即将发生时，你会：	非常焦躁	不愿与人谈及此事	轻松地与朋友谈论此事	想寻求支持和鼓励
10. 当有人惹恼你时，你会：	挖苦讽刺回击他(她)	向其余人唠叨，抱怨	偶尔会唠叨几句	不记在心上，无所谓
11. 当你的密友发脾气时，你会：	不住地问他(她)怎么啦	焦虑，担心是不是自己的过错	不理睬，让密友自己恢复	叫他(她)停止无理取闹
*12. 你在与人发生争执后会：	很快冷静下来并且道歉	仍然坚持并想证明自己的观点	假装什么也没发生	连着几天不理他(她)

计分方法：选择A记1分，B记2分，C记3分，D记4分。其中4、8、12为反向计分，A记4分，B记3分，C记2分，D记1分。汇总总分对照结果进行分析。

结果分析：

儿童时期（1～20分）

不论你今日几岁，你的心理年龄仍在16岁以下。喜欢被人表扬，总想取悦别人，他人的肯定才能令你肯定自己。渴望从人家那里获得情感上的安慰和支持。情绪起伏大。对事物有强烈的好奇心。不切实际是你最大的优点和缺点。它让你更能感受快乐，也让你在生活中时常受挫。

青少年时期（21～40分）

内心不能平息的矛盾冲突是此时你最明显的特征。你渴望独立自主自由洒脱，但还没有摆脱他人的阴影，那第三只眼随时监控着你，你的一举一动在儿童时期是为具体的他人满意，现在是为让这第三只眼满意，本能与理性、现实与理想、自我与超我，这种种矛盾的痛苦是推动人格发展的动力。

成年时期（41～48分）

若将人生之路视为登山，目前你已到达了自己的峰顶，成熟、稳健、老练、实际，你能够合情合理地处理现实人生的种种矛盾，平和地看待完美与缺陷、获得与丧失，清楚地认识自己，能清明地分辨可能与不能、可为与不可为。但这种状态稍有偏失，你就会走进保守与停滞，这样导致的将是创造性和人生乐趣的丧失。

心理年龄的大小直接反映出我们的社会化程度，也间接反映出我们的人际交往模式。与生理年龄相符，则表示我们的心理成熟度正好适应我们当前所处的阶段，大学生所处的心理阶段是比较特殊的，心理年龄应处于青少年时期和成年时期之间，既有青少年的特点，也有成年人的影子，过于偏向哪一方都是需要进行调整的。

第一节 大学生与社会化

小故事

1920年，在印度加尔各答东北的米德拿波尔小城附近，有人发现了一对被母狼抚育的女孩，大的约七八岁，后取名卡马拉；小的约两岁，后取名阿玛拉。她们被送进了孤儿院。

刚被发现时，她们的行动更像是狼，四肢行走，昼伏夜出，吃东西时放在地上用牙撕咬，不会说话，叫起来声音如狼，不愿穿衣服，不让人给她们洗澡，也不喜欢与人接近。

小阿玛拉被收养11个月后死亡，卡马拉也在她17岁时死去。七八岁的卡马拉智力水平只相当于6个月的婴儿。经过两年训练后她才能直立，13岁才能独立行走，但在快跑时还要用四肢，直到死去时，仍然没有学会说完整的话，当时的心理水平只相当于两岁儿童。

【分享感悟】

每一个人的成长过程，都是从自然人向社会人转变的过程。人从出生起就被置于一定社会环境之中，并被周围环境所影响。社会、文化、群体、民族、家庭、学校等都会对个体的发展和社会心理学的形成起种种形式不同的作用。个体通过学习社会知识、技能与规范，逐渐获得明确的自我概念和适应人类社会的社会性。在这个过程中，个体逐渐完成了从生物个体向社会个体的转化。为什么没有在人类社会成长的个体会成为“人形动物”？下面关于社会化的介绍会给你答案。

知识讲堂

一、社会化的含义和内容

社会化是指个体在社会的影响下，通过学习掌握社会经验、规范，形成与社会一致且有自身特色的态度、情感、行为习惯与品格，并取得社会成员资格的成长过程。简单地说，社会化指的是一个过程，通过这一过程人们成为他们所生活的那个社会的一个有特色的和积极主动的社会成员。

社会化一方面是不自觉和消极被动的，个人在社会中通过别人的言传身教、自己的耳濡目染及学习活动，不断掌握社会的知识、技能和规范；另一方面是自觉和积极主动的，个人积极地参与社会活动，介入社会环境，参加社会关系系统，再现社会经验。综合起来说，人的社会化，就是指个人学习掌握他所生活其中的那个社会长期积累起来的知识、技能、观念和规范，并把这些知识、技能、观念和规范内化为个人的人格和行为，在社会生活中加以再创造的过程；就是作为一个“学习者”和一个“参与者”的全面发展的过程。

社会化的一般内容是从个人在社会生活中的基本需求这一角度提出的。主要有以下四个方面：

第一，习得基本的生活知识。加强基本生活知识的学习，获得生活上的自理，这是个人发展的基础，也是社会化的第一项任务。

第二，内化社会的行为规范。社会行为规范是社会对个人的一种外部定型，即社会为每一个成员确定的一套行为模式，学习社会行为规范，是个人社会化的另一个主要内容。

第三，掌握劳动的职业技能。劳动创造了人类，但是，劳动并非是人类或个人先天就存在的一种既成的活动，而是人类或个人在成长过程中逐步取得的一种能力，所以这也是社会化的内容之一。

第四，确立自己的理想信念。人出生时是没有明确的生活目标的，对周围的事物和人的行为也不能作出价值判断，但是从幼年时期起，抚养人或老师就开始告诉他什么是好的、什么可以做，在各种活动中反复教育、不断强化，使儿童逐渐形成一定的价值观，并以此为基础，树立起个人的生活目标和理想信念。

在自然界，生物发展水平越高，个体在成长过程中需要的学习时间也越长。人作为自然界发展水平最高的生物，自然需要长时间的学习过程才能适应一种社会环境而成为这个社会的一名合格成员，这个学习的过程就是社会化的过程。社会化作为一种重要的造就社会人的过程，历时到底有多长？只是像开篇的小故事里提到的那样在孩提时代才会给我们造成影响吗？答案当然是否定的。虽然幼年是社会化过程的关键时期，这时脱离社会化作用会阻碍正常的自我意识的建立，并产生无法弥补的损害。但实际上社会化的过程伴随我们一生，每个阶段我们都面临着各种不同的社会化目标，对我们的生存和发展都具有重要的意义。

二、社会化的分类

社会结构的复杂性和人生经历的多变性，决定了社会化的种类也是多种多样的。不同研究者所依据的标准不同，对社会化的种类也做出了不同的划分。

美国社会学家霍尔茨从社会化复杂程度的角度入手把社会化分成初级社会化和高级社会化两大类。初级社会化是指儿童在家庭中通过非常亲密的相互交往进行的社会化；高级社会化则是指适龄青年参军、国际移民等类型的社会化。

我国心理学家时蓉华从社会化内容的角度，把社会化分为政治社会化、民族社会化、法律社会化、性别角色社会化、道德社会化等类型。

社会化种类的划分，其目的在于使人们更准确地理解社会化的内涵，更便于观察和分析人们的社会化过程。依据这一目的，我们可以把社会化分为初级社会化、次级社会化和再社会化三种主要类型。

初级社会化，是指个人学习基本的生活技能，掌握基本的社会规范，能在社会生活中担当最基本的角色的过程。这种社会化主要是在孩提时代进行的，是其他两种社会化过程形成的基础。一个人只有实现了初级社会化，才能获得一个“社会人”的基本品格。

次级社会化，是指个人在初级社会化基础上进行的较深入的社会化过程。这种类型的社会化一般有两种情况：一是对初级社会化成果的纵向深入，如基本生活技能的熟练运用，社会行为规范的自觉遵守，等等；二是在个人发展和社会进步的推动下，对初级社会化成果的横向扩展，不断学习新知识、掌握新本领、学会担当新的角色。一个人的人格和世界观、人生观、价值观，就是在次级社会化的过程中不断完善的。大学阶段是次级社会化过程的重要阶段。

再社会化，就是重复进行的社会化，它主要是指对那些在社会化过程中所产生的人格病态者，那些还没有具备在社会和集体中生活的资格的人进行重新社会化。一般来说，再社会化是一种强制性的教化过程，并往往是通过一些特别的机构（如监狱、劳动教养所、劳动改造场所等）

来实施的。再社会化的基本特点是，改变社会化对象原有的世界观、人生观及其生活方式、行为习惯。从某种意义上说，它是重复初级社会化或次级社会化的过程，是重建人格的过程。

三、社会化的意义

人为什么必须社会化？这不仅是个人生存和发展的需要，且从社会角度看，它还具有以下重要意义：

第一，人的社会化是社会新陈代谢、种族继续延续的需要。人类的世代更替与动物群体的繁衍是不同的，两者有着本质的区别。动物的群体生活，是以遗传为基本特征的，有人曾做过这样的实验，把两代卵生动物隔开喂养，但其下一代长大了仍然和上一代一模一样地进行群体生活。同时，动物群体的全部活动只是简单地适应自然，只是按照它所属的那个种的尺度和需要来建造生活，它们不能在自然界里打上它们意志的印记。因此，动物繁衍后代只是为了保持其生物种类的延续，除此之外，没有任何其他意义，而人类则不同。当人类从猿类中分离出来以后，就开始积极地作用于自然界，有效地改造着自然界，创造着文明。拿人类最基本的生育来说，生育中就包括着生和育两部分：前者是一种生物现象，后者表明每一个出生的孩子都有被“育”的机会，在人类社会里，最基本的生物现象，也受到了文化的干涉。因此人类的世代延续过程，实际上是一个继承和发展社会文化的过程。社会文化的接力棒只有通过了解社会化了的个人才能传递下去。可以说，人类从野蛮到文明，从古代文明到现代文明，也是全人类社会化的进程。

第二，人的社会化是保持社会安定的需要。社会是按照共同的行为规范进行集体活动的，行为规范是人们维持正常的社会生活且持续共同创造的行为准则。行为规范约束和控制着人们的行为，起着组织和协调人类群体生活的重要作用。任何个人，只有知晓社会的行为规范，并以此去规定自己的行为时，才能正常地生活在人类的群体之中，满足共同的社会要求，维持社会生活的安定。反之，如果人们不按照社会的行为规范行动，不接受社会行为规范的约束，而是各行其是、任意妄为，那么就必然会扰乱社会的正常秩序，使社会问题丛生。这样一来，整个社会就会处于失调的状态之中，人们自己的生活也会处在动荡不安之中，不得安宁。然而，一个人能够按照社会规范行事不是与生俱来的，是需要经过长期的学习才能养成的。而这种学习规范、执行规范的过程也就是社会化的过程。事实也证明，那些破坏社会安定、扰乱社会正常秩序的人往往就是那些在社会化过程中产生了问题的人。

第三，人的社会化是实现社会经济发展现代化的需要。美国著名学者英格尔斯在考察了一些发展中国家实现现代化的进程后，曾经提出：一个国家可以从发达国家引进作为现代化最显著标志的科学技术，移植先进国家富有成效的企业管理方法、政府机构形式、教育制度甚至全部课程内容。但是，如果一个国家的人民缺乏一种能赋予这些制度真实生命力的广泛的心理基础，如果执行和运用这些现代制度的人自身还没有从心理、思想、态度和行为方式等方面都经历一个向现代化的转变，那么，失败或畸形发展的悲剧结局是难以避免的。人的现代化是国家现代化必不可少的因素——一个国家，只有当他的人民与经济发展、管理方式、社会生活的现代化相适应，才真正称得上是现代化的国家。而这样的人民所应具有的新观念需要通过社会化形成，所应具有的新知识需要通过社会化获得，所应具有的新行为方式也只有通过社会化才能养成。

四、社会化的历程

社会化是人的终生课题。这不仅是因为人在生命的不同时期有着不同的欲求，因此必须不断掌握满足这些欲求的社会化行为模式；而且还因为社会是发展变化的，个人只有不断社会化，才能适应发展变化的社会生活。结合国人的社会化特点，我们把社会化的阶段分为童年期、少年期、青年期、中年期和老年期。

身处大学阶段的我们处于青年社会化时期，这一时期是个人完成初级社会化，进入成人社会的转折期，有着特殊的意义。大学生在校期间要通过学习知识掌握本领获得今后经济独立的条件，在心理上脱离对父母的依赖以获得独立的人格，拥有比较稳定的价值观，形成自己的社会角色，从而最终获得经济和精神的双重独立，成为一个真正意义上的社会人。由此可见，大学生社会化包含以下三方面的内容：

1. 形成正确的人生观、世界观，形成合乎社会要求的行为规范和价值观。大学时代是大学生形成系统的世界观、人生观、价值观的关键时期，当代大学生必须牢固树立马克思主义的世界观、人生观、价值观，明确人生的目的和意义，为将来投身社会做好思想准备。学校教育应用各种方式、方法，帮助他们树立正确的世界观和方法论，锻炼他们判断上的分辨能力、思想上的抵御能力、道德上的修养水平，有意识地进行法律教育以及通过各种形式的思想道德教育和社会舆论的力量，让他们掌握并遵循社会规范，以便更好地处理好自己与他人，自己与集体，自己与社会的关系。这是他们毕业后走入社会能有所发展的关键。

2. 掌握生存和适应社会生活所需要的社会知识和专业技能。这是大学阶段的基本任务，也是为日后走向社会做好知识基础上的准备。面对技术革新和社会知识的急剧增加，社会角色的竞争日益激烈，如果不具备扎实的专业知识和技能，适应不了社会现代化建设的需要，那么大学生要在社会上立足谋生都会比较困难，就更谈不上什么个人发展、为人类社会做出更大的贡献了。

3. 具备适应社会角色所需要的心理素质。所谓社会角色，就是人们对社会中具有某一特定身份的人的行为期望，以及与这一期望相关的一整套行为规范。社会角色的获得是在人的社会化进程中，父母、老师、学校、社会综合施加教育影响以及个体学习实践与反思的结果。大学生本身是作为一种社会角色而存在的，同时又兼具子女、顾客、观众等一系列社会角色，大学毕业后又要扮演新的社会角色，只有懂得自己所扮演的社会角色的内涵，并认真执行角色职能，才能与社会环境协调一致，因此，大学生在扮演好在校期间自身社会角色的同时，还要确定好对未来社会角色的期望值，明确社会角色意识，了解自己的社会责任，培养对于社会角色变迁的适应能力。大学生的社会化有其特殊性：他们每天接触着大量的社会文化生活信息，他们的自我意识高度发展；同时他们也正处于心理上的"断乳期"，身心发展不平衡的心理背景与日益复杂多元化的社会背景交织在一起，加剧了他们社会化的复杂性。我们正处于一个社会转型时期，全球化虽给我们带来了巨大变化，也难以控制地让大学生的社会化过程具有强烈的个性倾向。正是由于这些特殊性，大学生的社会化过程中难免会出现问题和障碍。

五、大学生社会化障碍的主要表现及调适

大学生社会化的成功有赖于个体与社会两方面因素的和谐互动。大学生的社会化障碍应从个体与社会两个方面来剖析。

从大学生个体主观方面看有以下几种表现：

1. 自我认知及评价偏颇。客观恰当地自我认知和评价是大学生社会化的主要内容。当代大学生的自我认知和评价尚存在不完善之处。大学生处于生理和心理发展的高峰期，智力的长足发展、精力充沛使他们感到前所未有的自信，自我感觉良好。还有相当多的学生，从小学直到大学都一帆风顺，缺少实际生活带来的磨炼，潜移默化中形成了盲目自信和自我膨胀的心理，对自我的认识带有某种虚构的、理想的自我色彩，这使得他们在成长过程中很容易遭遇自我认同危机。一旦如此，若不能及时化解，就有可能导致行为偏离。这样会对其以后与人交往、择业求职埋下危机。

2. 知识识别能力偏低。当代大学生普遍具有强烈的求知欲，他们博览群书，广泛涉猎多学科知识领域。当然也有相当多的大学生基础知识不扎实，专业面知识面狭窄，本专业以外的知识几乎空白，这导致他们在激烈的人才竞争中因不具备丰厚的知识储备，缺乏足够的竞争实力而面临着更严峻的挑战。另外，大学生是作为先进科学技术的重要操作者和开拓者，美好精神产品的重要创造者加入社会的，社会对他们有很高的期望，但他们走上工作岗位后，或由于高分低能而不能将所学用于实践，或根本没有学好专业知识，一知半解不能胜任工作，或眼高手低大事做不好、小事不屑做。这些大学生走上社会后不能扮演好与其身份和社会期望相适应的社会角色。

3. 耐挫力较差。当前大学生多是独生子女，他们多数是在被宠爱的环境中长大的，这造就了他们自我中心意识较强、自我期望值较高、期望在群体中得到更多关注，同时自律意识较弱、自理能力较差、耐受力较低、关心他人意识缺乏、与他人团结合作意识淡薄等特点。这样一来，当社会需求与个人需求之间发生矛盾，集体利益与个人利益发生冲突，社会理想与社会现实差距过大的时候，大学生因不能正确对待和处理，缺乏克服困难的勇气和毅力，而使社会化进程出现障碍。

4. 过度社会化。过度社会化指的是某阶段社会化任务的完成在量上或质上超过了社会成员心理和生理年龄的承受力，从而出现了不利于该社会成员长远发展的后果。社会化过度的大学生，在心理上往往表现出老练世故、深谙世事，在行为上超越了大学生年龄阶段的行为标准，只是片面地强调社会行为知识的习得与体验，社会习气较浓。他们不再像我们想象中的大学生，少了些单纯、热情、勇敢和睿智，多了些虚伪、冷漠、胆怯和麻木。具体来说有两类大学生可称为过度社会化：一类即少年老成；一类则唯他人和社会是从，忽视或丧失个性发展的机会，行为上可能唯唯诺诺，也可能八面玲珑，圆滑世故。他们不关心社会正义的实现，不积极反抗邪恶与不公，而更专注于对物质利益的追求，更加急功近利，缺少应有的理想主义精神。这些都将会影响其良好人际关系的建立、真挚情谊的获得、对人间真情的认识和感受。

从社会客观方面看有以下几种表现：

1. 价值取向多元化。多元化的价值取向影响了大学生形成人生观价值观的过程。改革开放所引起的激烈的文化运动，使得整个社会的价值规范至今还处于一种调整和变动的状态之中，同时多元文化思潮的涌入使得对信息缺乏判断力和选择力的大学生在价值观、人生观等与自身有关的重大问题的判断标准的选择上无所适从，从而形成一些不正确的价值取向，严重影响了大学生社会化的质量。

2. 大众传播媒体的问题。在报纸、杂志、电视、电影、网络等大众传播工具中，对大学生社会化影响最大的传播工具要算网络了。网络作为一项高新技术，淋漓尽致地表现出科技发展所带来的双刃性。它从空间和时间上改变了传统的信息交流方式和人际交往方式，使人们方便快捷地接触到人类优秀的文化遗产和当前先进的科技；但是各种垃圾信息也借助网络传播，带来了许多负面影响，造成大学生道德意识和政治信仰弱化。迷恋网络的大学生沉溺于虚拟的网络世界，导致客观现实与虚拟现实角色间的互换不能有效实现，引发人格障碍，甚至逃避或不敢面对社会现实，造成人格社会化缺失。

3. 高等教育自身的问题。高等教育一方面要向学生传授文化知识和生存技能，使大学生具备自立与服务社会的能力；另一方面要向学生灌输社会主义道德规范和价值观念，因此高等教育在大学生社会化进程中担负着不可或缺的重要责任。而今高校在引导大学生社会化的过程中，存在着教育与实践的脱节、教育方式需要进一步改进、思想政治工作也亟待进一步加强的问题，因此，必须从学校工作的方方面面来强化育人为本的办学理念。

大学生社会化障碍的调适方法：

1. 重视大学生心理健康教育

学校不仅应当关注大学生的知识、技能的掌握，还要关心学生在各个方面的成长，教导学生学会倾诉问题，并建立完善的体系用以处理从中发现的问题。从而带动学生对自身除学习之外的问题的关注，提升自我察觉敏感度，让问题可以得到及时的发现和解决。

2. 重视高校教师队伍建设

要培养高素质的大学生，必须要有一支高素质的师资队伍。在教育活动中，教师的人格和底蕴对大学生社会化有着深远的影响。作为教师，应该具备良好的职业道德和优质的心理素质，应该爱岗敬业，为人师表，治学严谨，精于业务，谦虚正直，诚实守信等，从而以高尚的人格魅力感染学生，用精湛的专业知识吸引学生，用高尚的道德品质和严谨的治学态度启迪、教育学生，使学生学会学习，学会做人。

3. 加强社会实践活动

社会实践活动是大学生社会化的有效途径。当今的大学生大多在父母的呵护下长大，缺乏社会实践经验，社会适应能力和受挫能力较弱。学校可组织各种各样的实践活动，让广大学生投身其中，提高社会适应能力，增加社会阅历，增广知识面；同时，社会实践活动也是调动大学生的积极性和主动性，培养大学生自我教育、自我服务、自我管理的能力，以及加强爱国主义、集体主义和社会主义教育的有效途径。

4. 加强大众传媒导向作用

大众传媒通过新闻报道、舆论宣传、生活娱乐、知识教育等方式，对大学生的价值观念有着重大的影响作用，对大学生的行为规范具有一定的暗示性。而大学生作为未来的社会建设者和接班人，其价值观念、行为方式对整个社会的协调发展和良性运作起着非常重要的作用，所以，政府和社会在组织媒体宣传报道时一定要注意其价值观、行为方式的正确导向，多一些品位高、科学性强、人文底蕴深厚的内容，少一些无聊、庸俗、肤浅的内容。

总之，解决大学生社会化问题，积极探索大学生社会化的有效途径，对促进广大学生的全面发展，促进大学生的社会化进程，具有重要的意义。

【课堂练习】

1. 什么是社会化？你觉得大学阶段的社会化有什么特点？
2. 社会化对我们有什么重要意义？

第二节　大学生与人际交往

小调查

随着网络功能的逐渐强大，越来越多的大学生成了“宅男宅女”，喜欢过着“与世隔绝”的生活。据调查，50%的大学生认为自己不是“宅人”，但他们中又有60%的人身边有“宅人”。有近四成的大学生认为，如果有充足的食物和水，自己可以在宿舍“呆上一个星期”。在他们看来，

“宅”已经成了他们这一代人的标志；而在“足不出户”的“宅”生活当中，上网是大多数校园宅人的首选。调查显示，66.3%的学生在学校平均每天的上网时间超过3～4小时，其中一半以上时间被用来从事与学习无直接联系的活动，如聊天、看电影、玩游戏、网上购物等。“能不出门就不出门！”这是“宅男宅女”们的口号，如今在校园里得到了充分体现：“购物逛淘宝，聊天找QQ，音乐搜酷狗，小说看晋江，视频上土豆，万事问百度。”甚至有同学买了放在床上的小电脑桌，“坐起可娱乐，躺下就睡觉”，堪称“宅”的最高境界。即使放假了，从学校到家、从宿舍到起居室，变换的是空间距离，不变的是这些大学生难以自拔的“宅”生活。一项在线调查的结果表明，有高达85.1%的受访大学生表示寒假期间，自己大部分时间都在家“宅”着。而当问到“一般宅在家，你会干些啥”时，有58.8%的人表示会上网玩游戏、看视频，而选择看书学习（16.2%）、陪伴父母亲人（15.2%）和其他（9.8%）的人则相对较少。借由光纤肆意蔓延的互联网，大学生宅人们也纷纷以“爱己所好，随心所欲”“秀才不出门，尽知天下事”为豪。“我不是宅女，请叫我居里夫人”“我不是宅男，请叫我天才‘毕加索（闭家锁）’”，类似这些在大学生“宅”一族中口口相传的流行语还有很多。

交往，是人类活动的基本形式。心理学研究表明，人类对交往活动的需要在重要性上不亚于对食物、性等生理需要，并且在某种程度上决定着生活和事业的成败。那到底是什么原因导致大学生“宅一族”放弃传统的交往方式而“深居简出”呢？是什么导致了他们交往方式的改变，这种单纯依赖网络与外界进行交往的行为到底是好是坏呢？“宅”现象其实只是大学生众多人际交往不适问题中的一种。大学生整个人际交往的状况又是怎样的呢？了解过本章有关人际交往的知识之后，你就会有答案了。

知识讲堂

一、人际交往概述

（一）人际交往的含义

人际交往是人类共同活动中的特殊形式，是指人们为了满足某种需要相互进行的交流和联系。说它是特殊的活动形式，是因为人际交往必须是两人或两人以上通过一定的方式发生某种沟通和交流的活动。单独的个人是不存在人际交往的，比如，一个人在操场听着音乐跑步。人与人之间没有某种信息的交流，也是不能称为人际交往的，比如，在电影院各自吃着爆米花而不互相说话的人们。人际交往也是人类之间所特有的高级活动形式，其他动物间是不具有的，人与动物间的交流也不能称之为人际交往。

（二）人际交往的功能

在人际交往的过程中，人们总是能利用各种物质或精神活动方式对彼此产生影响。因此人际交往是一种功能性极强的活动。它的主要功能有下面四个方面：

1. 传递信息功能

有心理学家认为，一个人除了睡眠时间以外，其余时间的70%都要用在人与人之间的各种直接或间接的沟通交流上。现代传播理论把信息分为两类：一类是利用广播、电视、书刊等媒介进行信息传递的大众传播；另一类就是利用人与人之间直接交换信息的人际传播。相比之下后者是一种更及时更迅速的信息传播方式。及时有效的信息交换也更容易让人产生灵感，就像著名物理学家杨振宁和李政道曾说的，他们就是在一次午餐后的闲聊中产生的灵感，以至最后有了获得诺贝尔物理学奖的伟大发现。

2. 心理调节功能

哲学家培根说过："当你遭遇挫折而感到愤懑忧郁的时候，向挚友的一席倾诉可以使你得到疏导，否则这种积郁会使人致病。只有对于朋友，你才可以尽情倾诉你的忧愁与欢乐、恐惧与希望，猜疑与劝慰。总之，那沉重地压在你心头的一切，通过友谊的肩头而被分担了"。人际交往让我们有机会和他人建立亲密关系，有机会找到我们赖以信任的人，也让我们有更多的途径排解自己的负面情绪，调节自己的心理状态。

3. 自我认识功能

一个人自我意识的发展不是仅仅伴随着生理的发展自然而然形成的，还需要通过与他人的充分交往和互动，才能较完善地发展，前面所介绍的狼孩的故事就是一个反面的例子。每个人从小都会以他人为镜，根据他人对自己的态度、反应、评价来进一步了解自己，社会心理学中将由此过程形成的自我认识称之为"镜我"，它是形成成熟的自我概念的必要组成部分。此外，我们也会通过和别人比较来评价自己，这些都是从人际交往活动中获得的。

4. 行为协调功能

人们通过交往互相之间进行联系，形成一定的社会关系。为了共同和谐生活的需要，使人们有秩序地生活，人们在交往过程中逐渐形成了一系列规范和行为准则。通过遵守这些规范和准则，人们的行为得以保持一致。因此也可以说是人际交往活动协调统一了人们的行为，使人们不会因为各行其是的冲突而不能共同生活。由此可见，人际交往也是个体社会化形成的重要途径。

（三）人际交往的形式

人际交往的形式多种多样，按不同的分类标准和研究角度可以将人际交往划分为不同的形式。比如：

按人际交往的规模分为：个体间交往，如同学之间的交往；个体与群体间交往，如老师与班级之间的交往；群体间交往，如国家与国家之间的交往。

按交往手段分为：语言交往，如日常对话；非语言交往，如眼神手势等。

按交往途径分为：直接交往和间接交往。前者指交往双方面对面地进行沟通；后者指交往双方通过某种媒介进行交流，如通过手机短信、微博等传递信息。

下面我们着重介绍一下大学生参与较多的五种人际交往形式：

1. 师生交往

大学阶段的师生交往和中学是不同的。中学阶段，学生的年龄偏小，老师一般是主动关心学生，对他们实行全面指导、严格要求，师生关系紧密，但基本比较严肃。大学阶段的教学目的和要求都发生了变化，学生的自学能力得到了极大的发展，而师生关系也变得相对松散、活泼。因此，在大学，学生应当多与老师接触，和老师做朋友；而不是像以前一样，等着接受老师的安排。值得注意的是，大学中的师生关系还应分成大学生与任课教师和大学生与辅导员的关系两部分来看待。相对中小学老师，大学任课老师具有更渊博的知识、更丰富的阅历，对社会、对人生的理解更加深刻。大学生和老师交往的过程中，不仅能在学业上得到帮助，更能得到人生道路上的指引。一般来说，大学生都对任课教师油然而生一种崇敬之情，所以大学生与任课老师的关系普遍比较融洽，而与辅导员年龄相差较小，且交往频繁、事无巨细，所以难免摩擦较多，关系相对比较紧张。

2. 同学交往

同学之间在年龄、文化等方面基本上处于同一发展阶段，大家接受相同的教育，学习和生活条件也大致相同，诸多的相似性有利于同学之间的交往。但实际上人际关系适应不良的大学生，往往表现出与同学关系紧张。大学中的同学关系与高中及以前的同学关系最大的区别在于：大学中，班级的概念变得模糊起来，集体多是以院系的形式出现，同学的范畴相比过去呈扩大化趋势。同室关系可以看成一种特殊的同学关系，是大学中在时空维度上最为接近的人际关系。住在相同空间内，个体在行为习惯和个性等方面由于存在着一些巨大的差距将会导致矛盾的发生。

3. 朋友关系

这类人际关系在对于大学生个体的重要性上超越了以上列举的几种关系。大学生多是背井离乡、离开父母、离开从前的朋友到一个陌生的城市里生活，结交新的朋友是格外重要的事情，这能为初来乍到的学生提供心理上的归属感，这种感觉并不是一个集体或是共同生活的室友所能给予的。在大学中结交朋友的途径与以前也有很大的不同，来自时空维度的限制大大减少，并不是说室友就更容易成为朋友，朋友更多来自那些有共同志向、兴趣、关键时刻能够提供给自己切实帮助的个体。对于朋友，大学生往往存在理想化的观念，认为朋友就应该是亲密无间的，以双方利益为重的，这本身只是一种期望，期望越大难免会有失望。实际上，保持适度的时空距离反而有利于大学生朋友关系的巩固和发展。不过，保持距离要有度，朋友间时空距离过大，关系也会趋向于淡漠。

4. 家庭交往

这里主要是指大学生与父母的交往。这类交往主要是情感的交流。第一次离开父母独立生活，父母对子女生活情况的关心是人之常情，不自觉地会在与孩子有限的交流机会中问长问短，显得啰嗦。反观大学生，在与父母的交流中却多是惜字如金、敷衍了事，让父母不仅见不到人，还了解不到孩子的状况，这样父母自然担心焦虑，还容易与孩子发生口角，将已经很少的交流机会也弄得不欢而散。其实，大学生不主动和父母交流并不表示不在乎父母的感受，只是一时还不能感同身受父母对自己的思念和关心，难免对父母的某些行为不能理解，以至不能很好地用父母期望的行为方式来回应他们。

5. 职场交往

职场交往是指大学生与社会上用人单位相关人员的交往。随着时代的发展，大学生的求职意识越来越强，表现在一部分大学生从大一起就非常关注每年的毕业生人才市场信息，有的会亲临校园招聘现场感受气氛甚至小试牛刀。此外，越来越多的大学生选择在校期间寻找兼职机会，大部分都在大学阶段有过或多或少的兼职经历。可是在与社会人员的交往过程中，大学生多是凭借自己的主观想象与对方进行交流，当遇到与自己想象中反差很大的结果时，失望在所难免，甚至还会影响到今后对职场的看法，并因此产生偏见。

以上五种人际交往形式是大学阶段最常见的，有些在以前也会经历，但不同环境造就了相同问题的不同特点。在这五种人际交往形式的活动过程中，大学生都会产生相应的困扰，如不能及时有效地解决，小则降低大学生活的质量，大则会对今后的生活产生负面的影响。

二、大学生人际交往问题分析

每个人都希望拥有令人感到友善温暖的人际关系。但遗憾的是，许多大学生尽管有与人交往的热切愿望，却没有得到令自己满意的人际关系，虽然处在丰富多彩、热热闹闹的校园里，却无法摆脱心灵的寂寞。人际交往的困惑已成为影响大学生心理行为的重要问题之一，仅次于学习问题和性问题。

（一）大学生人际交往问题类型

从大学生的日常生活表现和心理咨询中体现出的情况中可以发现，大学生在人际交往中存在多种多样的问题，可以概括为如下四种类型：

1. 不善交往

由于有些大学生不能熟练运用交往中的一些知识技巧，在交往过程中显得过于生硬、不注意沟通方式，在劝说、批评、拒绝他人，甚至开玩笑时过于直白僵硬，不讲方法，不留余地，影响了进一步的交往。还有些不懂得交往在于平时的积累，往往等到自己有求于人才临阵磨枪，让对方觉得他过于功利，从而得不到别人的信任，让别人不愿与之交往。

2. 不易交往

有些大学生在交往过程中不愿意相信别人，不轻易流露自己的想法，对待他人有很深的戒备心理，给人冷若冰山、趾高气扬的印象，很难与他人建立关系，也减少了他人希望与之交往的愿望。

3. 不敢交往

实际上，每个人在自己的人际交往中都存在一定的恐惧心理，只是每个人的感知程度不同罢了。有一部分大学生在这方面反应特别强烈，由于生性害羞抑或是缺乏自信，他们表现得异常紧张，不能完整表达自己的想法，同时也不敢正视他人，常会面红耳赤，喘不上气。当面对众人时，他们内心恐惧加剧，不敢与人主动地交流，也不敢表现自己。这类问题有时具有情境性，脱离了某种交往情境，问题行为就自行消失了。

4. 不愿交往

指的是一些大学生对人际交往活动的回避。一般有两种情形：其一是由于不敢交往导致，是在不敢交往问题的基础上恶化产生的；其二是因为对某些个体过分敏感，对某些人际情境厌恶导致的不愿交往，这类问题阻断了信息交流与情感沟通，限制了个体的人际范围，容易造成人际交往匮乏，产生孤独等负面情感，是一种非常消极的表现。

（二）影响大学生人际交往的因素

1. 环境因素

影响大学生人际交往的环境因素包括学校环境、家庭环境和社会环境三方面。

（1）学校环境

学校环境是一种特殊的环境：一方面它为大学生们交往创造了条件，另一方面也是大学生人际交往矛盾纠纷的发源地。来自五湖四海，个性、脾气、习惯等千差万别的学生汇聚一堂，大家共用同样的设施，生活在同样的空间里，地位等同，但观点各异，难免会在交往中产生矛盾。

（2）家庭环境

父母是孩子的第一任老师，他们的人际交往模式无疑对大学生本人起到了潜移默化的示范作用。此外，不同的家庭教养方式也会对孩子的人际交往模式产生影响。据调查，来自采用民主教养方式的家庭的孩子要比来自采用专制教养方式和放任教养方式的家庭的孩子拥有更多良好的性格特征，更合群，更容易在人际交往活动中表现出色。

（3）社会环境

随着经济的高速发展，中国人的观念也在不断变化着，信息时代的来临，让来自四面八方的各种价值取向充斥在人们眼前，价值取向呈现多元化，人们的观念也就更加不易统一，各自思想之间的冲突层出不穷，也让人际交往日趋复杂、难以掌控。大学生作为接受信息最快最广的一群人，自身的价值观还在构建之中，很不稳定，很容易受到影响。

2. 心理因素

影响大学生人际交往的心理因素包括认知、情绪、人格和能力等方面。上述影响人际交往的环境因素也是通过心理因素起作用的。

(1) 认知偏向

首先，是对自己的不正确认知。自我评价是否恰当，会影响人际交往中的自我表现。尤其是对自我做过高或过低评价时，人际交往过程中都会产生不适。自我评价过高，往往目中无人、对人指手画脚，让他人感觉不适；自我评价过低往往唯唯诺诺、低声下气，让自己感觉不适。

其次，是对他人的不正确认知。个体在对他人的认知过程中，不自觉地会受各种心理效应的影响，当这些效应产生消极作用时，就会阻碍人际交往的顺利进行。这些心理效应概括起来有以下几种：

①晕轮效应。晕轮效应又称光环效应，指人们仅仅依据某人身上一种或几种特征来概括他在其他方面一些还未被了解的人格特征的心理倾向。社会心理学家哈罗德·凯利曾做过一个实验。他告诉一个班里的大学生有一位老师要来给他们上课，要求他们在课后给出自己对该老师的评价。接着凯利将班里的学生随机平均分成两组，分别向他们简要介绍了这位老师的情况，对一组说这位老师是相当温和的人，对另一组说这位老师是相当冷淡的人。下课后，凯利要求全班学生对这位老师作出评价。结果，虽然两组学生在一个课堂里听同一个老师的课，评价却明显地受到凯利之前对这位老师介绍的影响，前一组学生中有更多的人认为该老师是和蔼可亲、很受欢迎的。该实验有力地证明了晕轮效应的存在。据相关研究显示，在人际交往初期，人们更倾向于利用少量的信息对别人做出整体的评价，这种直觉变差在外貌特征上表现得最为明显。

②首因效应。首因效应是指人们初次与某人或事物接触对其形成的印象往往深刻牢固，并对今后双方之间的交往起指导作用。如果初次见面就给对方留下了良好的印象，那么在很长一段时间内，都会影响人们对他一系列行为的解释。

晕轮效应与首因效应之所以会发生，是因为人们对他人的认识总是以直觉为主要依据的。第一印象所收集的信息是有限的，但知觉系统又有整合事物特征的趋势，把这些不完全的信息串联起来，空缺的部分就用自己的惯有思维去补充，从而产生了片面的整体印象，对于后来收到的信息的判断，都不可避免地要受到这个印象的干扰。虽然晕轮效应和首因效应使人们的认知具有一定程度的片面性，但在某些特殊情况下也能帮助人们比较迅速地对他人或事物性质进行必要的判断。

③近因效应。近因效应是指最近获得的相关信息，能使个体对某人或事物的印象产生比较强烈的影响。相比较而言，在对陌生人的知觉中，首因效应和晕轮效应比较明显；而对于熟悉的人或是分别很久的人的认知中，近因效应的影响更大。

④刻板效应。刻板效应表现为，个体在人际交往中习惯于机械地将交往对象归于某一类群体中。不管他人是否表现出该群体的特征，都把对于该群体的评价强加于他，从而影响了对他人的正确认知。比如一般人们都认为，北方人体格健壮、性格豪放、为人朴实，南方人身形较小，性格内敛，古灵精怪。这种刻板印象容易让大学生在人际交往中形成思维定式，若是刻板印象中还存在不好的偏见，则会妨碍良好人际关系的建立。刻板印象的产生都是由于过去的个人经验，但个人的经验往往是不完整的，有局限的。

⑤投射效应。投射效应是指在没有充分根据的情况下，把自己所具有的某些特质和想法附加到他人身上的心理倾向，即我们常说的以己之心度人之腹。比如，心地善良的人总以为别人也和自己一样善良，喜欢经常背地里议论别人的人也总以为别人也会在背后议论自己。投射效应有时能促进人们互相理解，误用则会误解他人意图，起到适得其反的效果。比如在大学生单

恋现象中，由于投射效应作用，单恋的一方倾向于把对方表现出来的其实并不具有特殊含义的信息曲解为对自己有好感的暗示，实际上只是把自己的爱慕之情投射给了对方。

以上5种心理现象都是由于个体对他人的不正确认知导致的，都可能对人际交往产生不利的影响。对此加以了解，有助于大学生审视自己的人际交往活动，创造更多建立良好人际关系的机会。

再者，是对交往本身的不正确认知。交往是一个双向的活动，如果只考虑满足自己的需要，或只是为了满足他人的需要才进行交往，那么就会发生困难。因此，大学生对人际交往本身的不正确认知可分为两类：一类是以他人为中心，过分在意别人是否满意。这类人总认为我必须与周围的每一个人建立亲密关系，如果有人对我不好，就说明我在人际关系方面有问题。一类是以自己为中心，凡事只从个人利益出发，只为满足自己，为此甚至不惜伤害他人。这类人倾向于认为人都是自私且不可信任的，别人和我交往只是想利用我，占我的便宜。

(2) 人格因素

在大学生的人际交往中，人格因素至关重要，不良人格特征和人格缺陷让对方留下不愉快的感受，甚至不安全感并给出负面的评价，从而影响人际间的交往。

每个人都有自己的个性，脱离了个性的多样性，社会也会缺乏生机。由于各人的身心发展水平不同，生活环境差异，导致个性多种多样。根据卡特尔人格因素问卷的测量结果，人际交往中表现较好的人都在乐群性、开放性、情绪稳定性等因素上有着较高的分数，比较统一。相反，据调查，人际交往中表现不好的个体所具有的人格缺陷主要包括以下8类：

①为人虚伪：戴着面具与人交往，"逢人只说三分话"，不能坦诚待人。与拥有这种人格特点的对象交往，会让人没有安全感。

②自私自利：并不是说为自己着想就是自私；为自己利益而不顾别人感受，不惜损害别人利益才是真正的自私。这样的人与人交往只是为了满足个人私欲。社会心理学中有关人际交往的社会交换理论认为，人际交往是以交换为目的的，以自己为他人提供利益和好处去换取他人为自己带来好处和利益。如果交往双方不履行给予对方回报的义务，双方的交往就难以维持。

③不会尊重：得到尊重也是人类的基本需要之一，没有人真正愿意进行得不到尊重的人际交往活动。

④嫉妒心强：嫉妒是因为他人在某些自己重视的方面强于自己，感到自尊心受挫所致。有些人看到别人比自己强，心里很不舒服，总是千方百计想贬低别人、攻击别人，此种情绪常常伴随着报复行为的发生，也往往导致人际交往活动的终止。

⑤猜疑心理：在没有根据的情况下对交往对象的行为目的进行怀疑、捕风捉影，使对方感觉不被信任，使自己和他人之间筑起一堵无形的墙，有时甚至搬弄是非，将对方正常的行为也看成是不怀好意的举动，与此同时，这不免引起他人以同样的态度应对，正好又应验了开始对他人的猜忌，导致恶性循环，问题不断加深。

⑥过分苛刻：总是对别人评头论足、吹毛求疵，而对自己放宽要求，让对方心理失衡，难以与之交往。

⑦过分自卑：个体认为自己应该优越却觉得并不优越而又无可奈何的复杂情感就是自卑。过于自卑则表现为理想自我与现实自我差距过大，会使个体在人际交往过程中缺乏自信、举止退缩、敏感多虑，让他人不易接近。

⑧过分自负：个体不愿意承认自己的劣势而采用力所不能及的行为从而产生的复杂情感就是自负。自负的个体在人际相处及人际交往中表现得盲目乐观，夸夸其谈。与自卑者类似，自

负者也是期望在交往中居于优越地位，但是自负者保护自己的策略是外扩，而不是像自卑者那样内收。

(3) 能力欠缺

对大学生来说，人际交往的能力也是影响人际交往的因素之一，甚至是主要原因。多数大学生已经体会到人际交往在生活中的重要性，只是由于平时忽视了对人际交往能力的锻炼，导致在交往活动中不能做出让对方满意的反应。常常是想关心别人却不知从何做起；想赞美别人却不知如何开口；想调解他人却越帮越忙；想表现自己却出尽洋相；想与人为善却又言语生硬。导致这些挫折与失败的原因主要有以下三个方面：

①知识经验的缺乏。一些大学生缺乏交往的经验，尤其是成功交往的经验，并且对交往对象的认知还不够全面。面对不同类型的人，应采取的交往措施及行为也是因人而异的，想要通过一种交往模式来进行人与人之间的交流是十分困难的，也会因此遭受到挫折与失败。

②语言表达能力的欠缺。语言表达能力也许是一种天赋，伴你出生，与生俱来。好的语言表达是指既懂得在什么情况下说什么，又懂得在什么情况下怎么说。这更多是一种需要通过锻炼进行提升的能力，掌握技巧、敢于练习，每个人都能感受到人际交往带来的乐趣和收获。

③交往监控能力的欠缺。人际交往中，个体为了保证交往达到预期目标，而不断对交往活动进行积极的计划、检查、反馈和调节，这就是交往监控。交往监控能力是交往的最高级成分，大学生此项能力还没有成型，仍处在不断地发展中。

(三) 大学生人际交往问题的解决

1. 树立全新的现代人际交往观

积极、主动、良好的交往观是健康交往的基础。大学生应当打开自我，树立积极的交往观，建构交往的主体意识。勇于主动与他人交流沟通，诚信坦诚、平等互助、团结向上，形成与他人共同进步的状态。

2. 提高交往能力和技巧

大学生应有意识地在人际交往中磨炼自己，提高交往能力，同时学习一些交往的技巧。要学会主动，学会尊重他人，换位思考理解他人；同时也要适当地掌握一些沟通的工具和渠道，掌握传统和网络的交流方式提高自己的交往艺术。

3. 克服心理障碍，培养合作精神

大学生应克服自私、孤僻等心理障碍，积极面对生活，对人对事充满热情、不卑不亢，严于律己、宽以待人，学会合作，培养相互协调、相互配合的合作精神。

4. 来自教育者的积极关注

学校应对大学生的人际交往问题给予足够的重视，为学生配备专职心理教师进行引导—调适—帮助，开展一些有关于心理方面的集体活动，使得大学生在活动中不仅能收获知识，而且还能交到朋友。此外，学校应组织相关的讲座，进行针对性的心理辅导，开设相应的课程，如《大学生社会心理学》《人际关系学》《社交礼仪》等，对他们进行人际交往教育，以改善大学生人际交往状况。

三、如何建立良好的人际关系

人际关系是人们在人际交往过程中所形成的人与人之间的心理关系。它是在社会生活实践活动过程中，个体对其他个体所形成的一种心理倾向及相应的行为。一个人的一生可以说都是在和不同的人的交往中度过的，所以在人生的不同阶段中其人际关系也是相应变化的。因此，人际关系是个人生存和发展的重要社会环境。良好的人际关系是集体和个人生存和发展的有利环境。大学生都有人际交往的愿望,都想和他人建立和谐的人际关系。然而,在大学生的实际交往活动中,各人之间人际关系的质量参差不齐。上一部分我们介绍了大学生如何解决人际交往中的问题,但是就算没有问题也不代表一定拥有令人满意的人际关系,就像没有烦恼不代表获得快乐一样。那怎样能获得令自己满意也令别人满意的人际关系呢?

(一) 遵守人际交往的基本原则

每个人虽然要和不同的人进行交往,交往的对象也是千差万别,但交往过程中还是有一些基本不变的规范和原则可以遵循的。遵守这些原则是人际交往顺利进行、良好人际关系建立的基础。

1. 平等原则

平等是建立良好人际关系的前提,也是人际交往的第一原则。我国经济的发展也伴随着公民自我意识的变化和发展,国人的平等意识得到了进一步的强化。人们不仅要求在法律面前人人平等,在社交活动中也要求平等。平等就意味着尊重,一个人得到社会和他人的尊重,才能感受到自我存在的价值。苏霍姆林斯基曾说过,"在影响学生的内心世界时,不要去挫伤他们心灵中最敏感的东西——自尊心"。

2. 相容原则

相容原则指人们对人际关系表示满意,对交往对象表示喜爱,以及交往双方有形或无形地在心理上的一种接近。相容不仅表现为个体自信、开朗、豁达,对他人谦和、忍让,还表现在对他人的理解、关怀和喜爱上。每个人都有自己的行为权利,任何人不能将自己喜怒哀乐的标准强加给别人。要以容忍的态度对待别人,尽量避免情绪上的冲动,多站在自己和对方的角度上进行双向思考,以避免不必要的误会。

3. 互利原则

互利原则指交往双方能够互助互利。人际交往就是指交往双方为了满足某种需要而进行的交流和联系。也就是说,只有在满足了双方需要时,人际交往才能顺利地发展下去。俗话说得好,"投之以桃,报之以李"。人们在交往中,一直在通过物质互相交换或精神的互相补偿而使各自的需要得到满足。互利原则告诉我们,在人际交往中,了解对方的价值倾向,有的放矢地关心帮助别人,使对方在交往中得大于失,有利于维持和发展与他人的人际关系。

4. 信用原则

诚实守信是一切人际关系的基础,是从道德方面对人际关系提出的要求。对于每一个大学生来说,守信总能为你的形象增光添彩。在人际交往过程中,与诚实守信的人交往能给人安全感,与言而无信的人交往,内心则会充满焦虑和怀疑。有调查显示,真诚是大学生人际交往中最被看重的品质。信用原则包括以下内容:首先是要说真话,不说假话;其次是遵守诺言,实践诺言;再者要重视回复,及时回复。

5. 适度原则

交往中的适度原则表现为态度得体,即注重礼仪、讲究场合、恰如其分,举止得体,进退有据、不卑不亢,切忌态度轻慢、粗鲁无礼、卑躬屈膝、行动猥琐、态度漠然、随随便便。孔子也曾说:"上交不谄,下交不渎",就是说在人际交往中,既不要对上低声下气、丧失人格,也不要对下傲慢无礼、盛气凌人。另外还表现为时间、场合、地点的适度得体。因为社交场合千变万化,交往对象也是千差万别,对不同的人要使用不同的方法,切不可"以不变应万变"。

(二) 人际交往的要素

1. 人际关系中的"引力定律"

人际间的吸引是指在人际交往中个体或群体之间相互吸引和接纳的现象，通常表现为心理距离的缩短。要建立和睦适宜的人际环境，就需要掌握并运用人际交往中的“引力定律”，全方位挖掘自己的潜能，使之转化为交往中自身的人际魅力。

2. 外在形象是人际交往的最初引力

举止行为、服饰装扮、仪表相貌、言语谈吐等汇聚在一起，就构成了一个人的外在形象。在人际交往中，“首因效应”的产生，主要取决于我们外在形象的好坏。外在形象往往有形或无形地影响着人际关系的建立和发展。爱美之心人皆有之，不能否认人们对交往对象进行认知时首先是通过对其外在形象的观察来形成对其好恶的态度。人们会习惯性地认为外表富有魅力的人会有好的性格和较强的能力。这也是“晕轮效应”产生的重要基础。

那么，外表不算出众的人就缺乏人际魅力吗？事实证明并非如此。外表的魅力只是人际魅力的一部分，而且是最表面的一部分，一个人内在素质的高低才是其中具有决定性意义的因素。另外，对于外表出众的人，人们对其内在的实力的期待也就越大，所以也更容易让别人感到失望，正所谓期望越大，失望就越大。而对于外表平凡的人，人们会因为他的其貌不扬而低估其内在实力，一旦发现其内在的优点，就会大幅增加对其整体的好感。从某种意义上讲，相貌平平的人内在实力更能得到他人的重视。

3. 需要是人际交往的原动力

交往双方在交往中或多或少都想获得某种满足，不管什么样的需求，都可以成为人际关系建立的条件。如果双方都能满足对方的某种需求，那么他们的交往就成为了可能。一般来说，双方提供的条件愈多，满足程度越高，关系就越深入，关系的有效性也就越强。当交往双方的需要与满足途径成为很恰当的互补关系时，彼此之间便容易形成相互依赖的和睦关系。

卡耐基说：“要钓上鱼，饵必须适合鱼。”人的行为总是有目的的，每个人永远对自己想要的东西感兴趣。因此，了解别人的兴趣和需要并设法满足就成了形成有效人际关系的重要途径。与人交往，就是让别人接纳自己，这其实是一个推销自我的过程，成败的关键某种程度上取决于对交往对象了解的程度。一个能从别人的观点来看事情，能了解别人所思所想的人，总是能让别人乐意与之交往。

4. 情感是人际关系的纽带

人际交往是人与人之间信息与情感相互传递的过程，没有感情基础的人际关系是难以持久的。人们在感情问题上处理尺度的把握很大程度上影响着人际关系的和谐与健康。

良好的人际关系需要建立在交往双方情感相悦的基础上。人际交往的目的包含物质需要的满足和精神需要的满足，而后者正是一种情感需要。一般来说，喜欢自己或是自己喜欢的人，我们就更愿意与之建立人际关系；彼此讨厌的人则下意识地相互疏远。有人曾做过这样一个实验性质的游戏：在一个班级中，让每个人写出自己心目中最有好感的人和自己最讨厌的人。结果显示，凡是让你产生好感的那些人，也是对你有好感的人；而你讨厌的那些人，往往也是讨厌你的人。所以接纳别人才会被别人真正接纳，真心地爱别人才能赢得别人真诚的爱。

5. 人生态度是人际交往的基础

人际交往活动中，人们遵循着“相似性吸引”的规律，从外在形象到内在思想都或多或少地受到影响，而随着交往的深入，如果交往双方在目标追求、处世态度、行为动机、个人爱好等内在的方面能够取得共识，或者发现了相似之处，则不仅易于获得对方的支持和共鸣，而且能很快地缩短双方之间的心理距离，更好地预测对方的情感和行为反应倾向，使得双方更容易互相适应、增进友情。生活中常有一见钟情的邂逅发生，总有人感叹与对方相见恨晚，其原因就是态度的相似性所产生的增强作用，使双方关系进展神速。因此有了态度的相似性，交往双方就相互间有了吸引力。这也就是俗话说的“物以类聚，人以群分”。

6. 个性品质是人际交往的持久引力

心理学家安德森曾用包含555个描绘个性品质的形容词列表，让参加测验的大学生按照喜欢程度排序，结果显示大学生最喜欢的个性品质依次是真诚、善良、热情、守信、聪慧、无私、幽默、乐观、自信、有主见、有责任感等；最不喜欢的个性品质依次是欺骗、恶毒、古怪、自私、狭隘、粗鲁、自负、贪婪、冷酷、悲观、盲从、无责任感等。优秀的个性品质不会像外在容貌那样稍纵即逝，也不像情感那样变化无常，它具有持久的魅力，可以让你在人际交往中永远因此受益。

7. 能力才华是人际交往的内在引力

古今中外，人们对才华横溢的人都表示赞赏和钦佩。才华能弥补个人外在条件的缺憾，也常常使人具有特别的人际魅力。大学生在择友时，由于自身所处的群体文化素质较高，所以也更看重才华能力的体现，也以和有才华的人交友为荣。在大学生群体中，有才华的人更具有人际吸引力，易于建立人际关系，这也说明了，大学生对于交友的要求已经不仅仅停留在浅层次的交往上了。

上述利于人际吸引的7个要素，在人际交往过程中相互融合、共同作用。外在形象、双方需求、情感联系是人际交往初期的引力和动力，这三个要素在人际交往的感性阶段起作用；人生态度、个性品质和才华能力是人际交往的内在引力，是人与人之间相互吸引、深入交往的重要条件，这三个要素在人与人交往的理性阶段起作用。

（三）人际交往中的技巧

在日常生活中，不少同学有这样的困惑：我待人真诚，却被认为是老实巴交；我为人善良，却被认为软弱可欺；我宽宏大度，却被认为窝囊无用；我遵循交际原则，却屡屡碰壁。看来想获得成功的人际关系仅有知识和涵养是远远不够的，还必须了解并掌握人际交往的基本技巧，以此为途径将自己的知识涵养恰到好处地表现出来，才能有效地将其外化成美好的个人形象，转化为精湛的交往能力。

1. 不学礼，无以立

这是早在2000多年前孔子告诫弟子的话，“如果不规范自己的行为举止、仪表仪态，就不能养成良好的道德修养，便难以立身处世”。礼作为人们内在修养的外在体现，通过言行举止直接反映出一个人涵养的高低，直接影响着人们生活和事业的成败。礼仪在人际交往中的作用表现在：

其一，礼仪是人际关系的敲门砖。如上文所述，人际关系和感情是相辅相成、共同发展的。人际关系有不同种类，中国古代社会也把人际关系归纳为“五伦”，即君臣、父子、夫妇、兄弟、朋友。不同的人际关系中有着不同的礼仪规范，现代社会人际关系更加复杂。种类更加繁多，礼仪也相应地更加细化和实用，礼仪俨然成为了一种衡量个人是否值得交往的标准。

其二，礼仪是被人悦纳的秘诀。根据人际交往的相似性原则，和自己越相似的人越容易进行人际交往。因此，若是懂得一些社交场合的礼仪知识，就容易和社交对象打成一片，使他们觉得你熟悉他们、理解他们、尊重他们，从而也会更愿意去了解你、理解你、尊重你，乐于与你交往。

其三，礼仪是赢得机遇的法宝。人们总是更愿意帮助自己喜欢的人，而周全的礼仪是赢得他人好感的最佳手段。哲学家洛克也说：“没有良好的礼仪，其余一切成就都会被人看成骄傲、自负、无用和愚蠢。”当你的举止谈吐受到了礼仪的规范和约束，就会拥有优雅的气质风度，就会给人留下良好的第一印象，并为自己赢得更多的人生际遇。

2. 不矜细行，终累大德

倘若一个人对自己的细小行为举止放任不管，最终自己的品德修养也会受损。行为举止属于身体语言，身体语言指的是凭借自身的动作或表情来进行人际交往、维系人际关系的无声语言，包括身体姿态、手势和面部表情。在人际交往中身体语言和口头语言同样重要，良好的行为举止能使人具有魅力，不雅的姿态动作则有损个人形象，此时就算口头语言再动听也于事无补。要培养得体的行为举止可以参照以下几个方面：

第一，举止大方沉稳。在这方面，周恩来总理可以作为我们的典范。他时常告诫自己：面必净，发必理，衣必整，纽必结，头容正，肩容平，胸容宽，背容直，气象勿傲、勿暴、勿怠，颜色宜和、宜静、宜庄。他长年这样要求自己，才形成了那举世公认的优雅风度。要大学生以周总理的标准来要求自己的确有点强人所难，但像周总理那样重视行为举止的态度值得我们学习。

第二，手势热情友好。法国画家德拉克诺瓦说："手像脸一样富有表情。"许多微妙的感情都可以用手来表达，手势在人际交往中十分重要，得体的手势，能在交际中起到锦上添花的作用。正确地运用手势，能让我们更好地表达自己，也能使社交场合里的对方理解自己，给对方留下良好的印象。一般而言：掌心向上表示诚恳尊重，向下则意味着不够坦率，握拳暗示进攻或愤怒，伸出食指是想引人注意或教训别人，因此在邀请别人时应掌心向上，由内向外自然伸开手臂，切忌伸出食指指指点点。多用柔和的曲线手势显得自然亲切，易缩短与对方的心理距离。

握手是人际交往中最常用的一种手势，也是最讲究的。在两人握手的一刹那，双方的各种信息都通过这条闭合的回路飞快传递。握手的力度、时长等细节不仅能够显示出一个人的态度，还会显露一个人的个性，同时也可以通过握手来判断对方的态度，以便赢得交往中的主动权。

第三，自信得体的目光。在人际交往中，一个有魅力的人，一方面使用和控制自己的目光，以显示自信、尊重；另一方面要善于观察交往对象的眼神，以了解和把握其心理活动和情感变化。

目光注视的位置因对象、场合、内容的不同而各异。一般来说，看着对方前额中部的公共视线，常用于陌生人之间和比较严肃的场合，郑重其事，不带任何个人感情。看着对方面部中央的社交视线，是社交活动中最常用的一种视线，亲切温和、热情友好。从对方面部延伸至胸部的亲密视线是比较亲密的人之间使用的一种视线，能将炽热的感情迅速传递给对方。除此之外，不同的注视方式也有不同含义：一般来说，仰视表示尊重崇拜；俯视表示权威轻视；凝视表示愤怒故意；直视易使人窘迫；正视表示平等礼貌。眼睛是心灵的窗户，目光是心灵的自白。学会运用适当的目光，也是为自己塑造良好形象的重要途径。

3. 学会表达，展示修养

言语表达是一件看不见的外衣，也是衡量一个人整体素质高低不可或缺的标准之一。真正具有口才的人必须具备以下几方面素质：

第一，知识渊博。学识浅薄、孤陋寡闻必会使人在言谈中漏洞百出。因此知识渊博是有口才的根基。

第二，思路清晰。不着边际、啰嗦唠叨定会使人心生厌烦。因此，严密清晰的逻辑思维是有口才的前提。

第三，意义深刻。要达到语出惊人的境界就要锻炼敏锐的洞察力，做到见人之未见、说人之未说，使自己的思想和谈吐具有独创性。这是有口才的实质。

第四，语言生动。说话的目的是给别人听，因此提高谈吐的可听性，使其风趣幽默、形象生动极为重要也最为实用，干涩呆板的语言会让听众感到索然无味。所以，语言生动是口才最好的包装。

4. 学会赞美，赢得好感

赞美是对他人的高尚和无私、优点和特长、机遇和幸福、成功与进步等美好方面的充分肯定和鼓励。赞美是人际沟通的重要手段，也是人性的需要。心理学家威廉·詹姆斯曾说："人性最深层的需求就是渴望别人的欣赏。"可见，赞美所产生的精神力量是无法用其他东西替代的。

首先，赞美能产生能量。美国的戈达德博士曾用一种疲劳测定器，测出赞美对人能量的影响。当他对疲倦的孩子说了赞美之词时候，孩子的能量就急剧上升，斥责孩子则令他的能量突然下降。虽然其中原理还不得而知，但实验已经证明了赞美作用的存在。赞美能转化成被赞美者的快乐和征服困难的勇气，也能让其对赞美者产生好感。你如果以真诚的心去爱别人，别人也会回报你同样的爱，赞扬的秘密或许就在于此吧。

其次，赞美是个体成长的阳光。莎士比亚说过："美好的语言胜过礼物。"想拥有健康的心态，什么时候我们都离不开赞美，这就像是一种营养一样滋养着我们。英国前首相丘吉尔说："让人觉得他有某些长处，他就会珍惜自己的长处，并在那些长处中求发展。"而让人觉得他有某些长处的方法就是及时地给予他肯定、鼓励和赞美。

赞美之言虽好，许多人却不善使用。中国人在几千年传统文化的影响下，一向崇尚含蓄之美，情感内向，常将许多美好的语言藏于心底。这使得中国人十分吝啬自己的赞美之词，甚至对他人的赞美表示反感，将其误与恭维、吹嘘混为一谈。其实赞美是真诚且有根据的，只是表达赞美需要一定的技巧。

第一，要善于洞察他人的闪光点。没有目标虚无缥缈的赞美是虚伪的，也是无法让人感动的，弄不好还会被误解。所以表达赞美必须善于洞察他人真正的优点，并用确切、真诚、适度的语言告知对方。

第二，及时自然的赞美更显真诚。赞美的话不一定要在对方特别注意的时候说，在对方做出值得表扬的事情之后立即说最有效，不必等到某些特定的场合。有时借用第三者的话赞美对方，更自然，也使赞美显得更加客观可信。

第三，多样化的赞美更有效。赞美可以是有声的，也可以是无声的，可以是直接的，也可以是间接的，总用同一种方式赞美别人，难免让人觉得刻板、僵硬、不真实。热情的话语、微笑的面孔、肯定的手势、亲切的目光等都能传递肯定与鼓励。

赞美是一种发自内心的理解，在人际交往中，当我们对别人肯定欣赏时，千万别埋在心里，应赞口常开，让这滋养心灵的阳光和雨露普照人间，深入内心。

5. 学会幽默，消除尴尬

马克·吐温曾说："幽默是地球上任何一个民族都不能拒绝接受的财产。幽默使智慧的机器灵活运转。"幽默是交往的艺术，是人与人之间相处的润滑剂。它以善意的微笑代替抱怨，以有趣的话题带走压力。幽默能使一个人摆脱尴尬，显示自信，赢得尊重，转败为胜。一次丹麦童话的缔造者安徒生戴着一顶破旧的帽子在街上走，有个行人嘲笑他："你脑袋上那玩意儿是什么，能算是帽子吗？"安徒生不露声色地回答："你帽子下那玩意儿是什么，能算是脑袋吗？"安徒生以其人之道还治其人之身，既维护了自身尊严，又不失身份地揭示了对方的浅薄，这要比喋喋不休的争辩有力得多。一个人没有幽默感就没有生机和活力，也失去了人际魅力。想拥有幽默感，可以从以下几方面入手：

第一，敏锐的洞察力。幽默的人一般都较敏锐，善于发现事物之间的联系。这种洞察力不仅来自灵敏的悟性，更依赖于广博的知识和丰富的阅历。多读文学作品，增强自己驾驭文字的能力也有利于表达自己洞察出的幽默素材。

第二，无私坦荡的胸怀。幽默的语言中，往往隐含着温暖和善意。最高级的幽默是自嘲，这需要巨大的勇气和宽广的心胸。不能正视自己的缺点和不足，岂能做到这一点？

第三，深刻的思想。真正的幽默是用笑的形式来显示真理和智慧。它不是故弄玄虚，而是让听众在忍俊不禁后产生对人生的思考和领悟。

第四，新意的思考。在遇到问题时注意寻求不一致性、反差性，敢于打破常规和平衡，就可能会出奇制胜，产生幽默。

第五，委婉的表达。幽默是高水平的说话艺术，委婉含蓄是其精髓。用婉转之词加以烘托和暗示，让人思而得之意。委婉的方式能恰到好处地表达某些难以直白表达的思想，从而让对方容易接受，减少抵触情绪。

6. 学会讲究批评方式

虽然古人说“良药苦口利于病，忠言逆耳利于行”，但现今的“良药”早已包上糖衣不再苦口，忠言是否不再逆耳也能利于行呢？讲究批评的方式，或许能让对方心甘情愿地改正错误，不会让批评破坏原先和睦的人际关系。要使批评真正达到目的，产生良好效果，使人心悦诚服，以下几点很重要：

首先，批评要注意把握时机。一般而言，不要当众批评他人，同时还要避免伤害他人感情。因为当一个人被当众批评时，最先想到的是在场的其他人会怎么看，这样做不仅使得批评的效果不佳，还使当事人感到窘迫，从而产生了抵触心理，另外，批评时要考虑对方的心理承受能力；批评应在他人能够接受的范围之内，不能伤害人的自尊。

其次，批评要有度，实事求是，不要否定所有正面的东西，批评中要带有表扬，要带有建设性的意见，向他人指出努力的方向。批评要适可而止，不要穷追猛打、死缠不放，要讲究态度和蔼，尽量用委婉的口气，切忌恶言相向，声色俱厉。用威胁、命令、恐吓、责骂的口吻进行批评，并强迫别人接受，只会引起被批评者的不满，造成对被批评者的伤害，往往达不到原本批评的效果。

第三，批评要与人为善，出于真心和爱心。批评不是个人情绪的宣泄，也不是显示自己的途径；批评应该是诚心诚意地希望别人改正错误。因此，当批评他人时，也要换位思考，能够体谅对方的处境和心情。

此外，在批评别人时不宜翻旧账。翻旧账容易让对方觉得你是对他有成见。批评时最好不要拿对方和别人作比较，这会严重伤害对方的自尊心。同时，决不能涉及对方的隐私，如生理或家庭缺憾等，如果这样就已经不仅仅是批评而是人身攻击了。

【课堂练习】

1. 大学阶段主要的人际交往形式有哪些？
2. 通过本章的学习，你了解到哪些人际交往的技巧？

第三节 大学生绿色交往

小故事

一位优秀的商人杰克，有一天告诉他的儿子。

杰克：我已经选好了一个女孩子，我要你娶她。

儿子：我自己要娶的新娘，我自己会决定。

杰克：但我说的这个女孩子可是比尔·盖茨的女儿哦。

儿子：哇！那样的话……

在一个聚会中，杰克走向比尔·盖茨。

杰克：我来帮你女儿介绍个好丈夫。

比尔：我女儿还没想嫁人呢。

杰克：但我说的这位年轻人可是世界银行的副总裁哦。

比尔：哇！那这样的话……

接着，杰克去见世界银行总裁。

杰克：我想介绍一位年轻人来当贵行的副总裁。

总裁：我们已经有很多位副总裁，够多了。

杰克：但我说的这位年轻人可是比尔·盖茨的女婿哦。

总裁：哇！那这样的话……

最后，杰克的儿子娶了比尔·盖茨的女儿，又当上了世界银行的副总裁。

【分享感悟】

故事虽然是虚构的，也许故事中的手段我们也并不推崇，但它淋漓尽致地表达了人际交往在社会中的奇妙作用。

知识讲堂

人际交往是人身心健康的需要，是人获得安全感的需要，是人确立自我价值感的需要，是人发展的需要，同时也是人生幸福的需要。到底什么样的交往形式才是我们大学生所向往的呢？

一、绿色交往的内涵

21世纪以来，人们对于地球的生存环境的关心度大大增加，因此涵盖高效和谐、无废无污、可持续发展等特性的绿色理念应运而生。如果，我们在人际交往中也运用这种理念就会成为一个生机盎然的概念——绿色交往。绿色交往指人与人之间崇尚纯真、友善、和谐的交往。

1. 绿色交往是纯真的。绿色交往是建立在诚信的基础上的，因此，人际关系中的绿色交往是能够讲信用、论真情、非功利的。

2. 绿色交往是友善的。在友善的人际交往中，人们能够自觉遵守基本的道德规范，和谐友善，相互扶持，共同进步。面对非原则性的问题，双方能够相互忍让，不会斤斤计较；面对原则性的问题，双方能够客观冷静，既不会一味地忍让，也不会持续地争执，而是遵循社会公德友善地化解人际冲突。

3. 绿色交往是和谐的。人际关系中的和谐交往指的是“和而不同”、平等共存的和睦交往。绿色交往是在交往过程中人与人之间的相互理解、情感融洽、行动协调、团结互助、平等和睦的和谐状态，是能够关心他人、信任他人、帮助他人、激励他人，与他人保持良好接触的行为，是在劳动、学习、工作等具体活动中相互支持与协作、减少人际内耗的心灵与行为的和谐过程。

总之，绿色交往作为一种关系性范畴，有别于一般意义的人际交往。它更多地体现在人际间精神上的相关性，反映的是一种自我与他人和谐交融、相互促进的共存状态。

二、绿色交往对大学成长的作用

大学时期是学生的重要发展阶段，这时候的大学生情感丰富，创新能力强，兴趣广泛而多变，个性显著，变得自尊自信，同时又变得独立自主，希望得到认可，被他人和社会肯定。这些特征决定了大学生对交往的需求比人生中任何时期都更加强烈，此时倘若大学生能够进行绿色交往，无疑会对大学生的成长发挥特殊的作用。

(1) 形成良性发展的精神生态环境。人创造环境的同时也受环境的影响。在知识密集的大学校园里，各种能力的竞争较为激烈。对于大学生来说，以坦诚、平等、互助、友好为特征的绿色交往，能够形成其良性发展的生态交往环境。在这样的人际环境中，大学生"奇文共欣赏，疑义相与析"，博采众长，在思想碰撞中相互学习，在合作中竞争，在竞争中成长。绿色交往营造出的宽松、民主、和谐的校园文化氛围，是一种无形而深刻的精神力量，使大学生们愉快生活、和谐发展。

(2) 促进大学生身心健康成长。人的个性是一个复杂的系统，其核心的问题是自我认知。社会心理学的研究表明，人际交往是人形成自我认知的重要途径。只有在与人的交往中，人们才能够认清自己的个性特点，逐渐形成正确的自我概念，进而能够客观地认识、接受、宽容他人，赢得他人的认同和尊重。绿色交往中肯定的态度(如尊敬、友善、信任等)多于否定的态度(如仇恨、嫉妒、憎恶等)，能够使大学生开放豁达、积极乐观、有归属感，觉得自己有能力、有价值，在奋发向上的心境中，认识人生的意义与价值，认识自己对家庭、他人、社会的义务和责任，确立正确的义务、荣誉、正义和幸福等人生观念，不断完善个性，塑造理想人格，保持身心的健康成长。

(3) 发展大学生多方面才能。尽管人际交往是发生在人与人之间的一种互动行为，但它是一种具有客观性的社会力量。在人际交往中，个体既能够把自身的内在本质传递出来，也不断将他人的优点纳入自身，通过在交往实践中不断与他人进行多种能力的影响与交换，使自身能力向着多维的、全面的方向发展。在实现绿色交往的过程中，大学生人际适应能力也逐步增强，获得的社会信息和社会规范不断增多，获得认可的机会也更多，这都有助于大学生进一步开展实践锻炼，进行更为深入的理性思考，进入实践与认知的良性循环，发展自身各方面的才能。

(4) 建立良好的社会关系。人是社会的人，人的主观能动作用的发挥受制于其所处的社会关系。马克思认为，人的主观能动作用得以充分发挥，必须要建立丰富而发达的社会关系，才能冲破各种束缚，实现人的全面发展。绿色交往不仅能使大学生建立良好的社会关系，提高化解和处理各种矛盾的实际能力，同时，有助于大学生实现社会关系的多元化发展，为其未来步入社会打下坚实的基础。

三、大学生绿色交往的实现策略

绿色交往既是个人全面发展的需要，也是现代人素质教育的重要内容。"友谊对青少年非常重要，他们在结交朋友和维持友谊的过程中，需要引导。"面对大学生交往中存在的诸多困扰，结合大学生的特点，有效利用多种路径和载体，加强交往理念、交往行为的指导是值得高校关注的问题。

(一) 加强交往理念的指导，奠定实现绿色交往的思想基础

1. 正确认识构建人际关系的价值。对人际关系的正确认识是实现绿色交往的前提。要引

导大学生认识人际交往是人得以生存、成长的必要方式，是自身全面发展不可或缺的内容和条件，由此，激发大学生践行绿色交往的积极性。

2. 增强对社会的理解是实现绿色交往的基础。大学生社会经验少，缺少对现实社会人的行为和思想的把握，增加对社会、他人和自身行为的理解是他们实现绿色交往的基础。首先，要引导学生认清社会基本道德规范与实现个人利益的一致性，加强诚信教育，充分认识到社会公德就是现实中"人情世故"的基础。只有在诚实守信、与人为善的原则和前提下，才能建立起对自身、对他人行为的客观认同，继而外化出恰当的交往行为。其次，使大学生了解绿色交往的实现有赖于交往双方的需要都要得到相对的满足。人际交往不是单方面的，要有来有往、互相关心，交往双方需要相互满足的程度越高，人际关系就越密切，反之则疏远。正如美国学者金克拉所说："你可以得到一切你想要的事物，只要你帮助足够的人得到他们想要的。"第三，要明确人格健康是实现绿色交往的内在基础。人格健康的人能够以诚恳、公平、谦虚、宽容的态度待人，以轻松、风趣、幽默的方式顺畅解决人际矛盾冲突，能够理解他人并与之建立良好的交往关系。

3. 端正对于虚拟人际关系的认识。网络普及所带来的虚拟空间为大学生搭建了一个全新的交往平台。不少大学生认为与现实环境相比，虚拟环境中的人际交往似乎更加容易、更加轻松。调查证实，热衷于网络人际交往使得一些大学生疏远了现实，出现了虚拟人际交往而弱化现实人际交往能力的情况。高校应当引导学生认识到虚拟性是网络人际交往的基本特征，仅仅依靠网络不足以应对现实生活，现实的交往是社会生活中不可或缺的，网络替代、转换不了社会上的各种关系，要自觉提高现实生活中的人际交往能力。

(二) 加强人际交往行为的指导，提高实现绿色交往的行为能力

1. 推行榜样模仿，养成绿色交往习惯

大学生期待与他人建立良好的人际关系，但往往不知如何去做，帮助和引导他们养成有助于建立和谐人际关系的习惯非常重要。根据大学生的年龄和交往特点，选择大学生中践行绿色交往的成功学生为典范，利用榜样的力量引导大学生的交往行为，使理想的交往行为具体化，引导大学生明确什么样的人格更具亲和力，什么样的处事方式更易被人接纳，等等，从而使大学生们自觉地进行自我调整，并通过效仿和学习榜样，逐渐培养起建立良好人际关系所需要的行为能力。

2. 开展精细化辅导，恰当处理矛盾冲突

有效解决人际冲突是实现绿色交往的关键所在。大学生在交往过程中经常会遇到带有明显个案性的人际冲突，这就需要高校投入力量开展精细化的咨询辅导，采用"倾听—共情—释义—提供选择"的咨询步骤，帮助学生学会利用矛盾分析的方法，对人际冲突的发生、发展状况有清晰的认识。认清矛盾性质，学会用不同的方法解决问题，对于自私自利、损人利己所引发的原则性的矛盾冲突，不可姑息迁就，但要采取恰当的方法解决。对于非原则性的矛盾冲突，应该采用"难得糊涂"的态度，适时地、有意识地提醒对方。通过个案咨询与训练让学生学会作为矛盾的一方，充分表达自己的需求和愿望，理解对方产生这种思想行为的合理性，学会选择适当的策略与沟通技巧，解决人际冲突，为实现绿色交往扫清障碍。

3. 利用有效路径与载体，搭建大学生实现绿色交往的平台

第一，充分利用课堂教学环节。课堂教学是学校的主要教育形式，也是培养学生情感、兴趣、意志的重要平台。教师要从"全面发展"的教育理念出发设计教学环节，把课堂教学作为路径，把教学内容作为载体，运用"交流引导—合作研讨—反馈提高"的对话交流模式，有意识地安排学生参与到课堂教学实践中，以小组交流、质疑辩论、自由提问等互动沟通形式完成教学任

务，使教学走向学生的生活世界。通过课堂教学中师生、学生间的交流与协作，使学生在发现问题、分析问题、解决问题的实践中，不断提高团队合作、与人沟通的能力，使课堂教学成为学生增长才干、提高交往能力的有效途径。

第二，充分利用课外活动载体。课外活动作为高校校园文化建设的重要组成部分，是学生锻炼交往能力的有效载体。高校通过对学生社团的引领，组织科学研究、学术交流、决策参与、服务社会等多方面的活动，让学生在课外活动中有更多的机会面对各种需要协调的人际关系，从中学会沟通、团结、尊重、宽容，使学生学会适应社会环境、学会与人和谐相处的本领。另外，高校可以通过开辟“交谊角”的形式为学生的交往实践提供硬件场所；举办“交谊周”、“交谊月”等活动，为大学生提供人际交往专题指导与强化训练，积极搭建大学生实现绿色交往的平台。

第三，充分发挥生活场所的作用。宿舍作为学生生活的主要场所，既是各种思想交流的地方，也是人际冲突高发的地方，更是培养锻炼大学生人际交往能力的试验场。学校应积极倡导、打造良好的宿舍文化环境，使学生在朝夕相处的生活中，学会自立，学会与不同文化背景的同学在同一个屋檐下密切交往，学会解决冲突，提高处理同学之间关系的能力。同时，学校可将宿舍管理作为锻炼学生能力的载体，让学生学会协调行为，完善自身的人格。

第四，充分发挥网络新媒体的作用。新媒体技术依托数字技术、互联网技术和移动通信技术，以手机网络、博客、“即时通”软件等为代表，向大众提供信息服务的技术。新媒体技术的开放性以及承载文化的多元性深深地影响着大学生。高校要充分利用手机短信、QQ群等方式的广泛性和即时性开展舆论引导；利用网络开设教师博客，教师以网友的身份与学生平等交流，进行正面引导和全方位沟通；利用多媒体技术开展案例分析研究，让学生在“虚拟社区”中模拟、讨论，实现多向互动与交流；通过网络设立意见箱、留言簿等了解学生真实的思想信息，进行有针对性的回复，通过解决实际问题，化解同学之间的矛盾冲突，提高大学生的交往质量。高校要创造性地利用新媒体，积极构建立体化的网络教育平台，采用互动式、体验式、引导式、渗透式的方法开展交往教育，以提高大学生现实生活中的交往能力。此外，高校还可以通过改善校园交往的良好环境为载体，根据课外活动的特点、性质、规模等，为学生课外活动的开展提供良好的硬件环境，帮助学生实现绿色交往。

【课堂练习】

1. 请你谈谈对绿色交往的看法，它适合所有人吗？
2. 如何实现绿色交往？

第八章　在爱的过程中学会坚强与责任

——大学生的恋爱与性心理

第一节　揭开爱情的面纱

小故事

这样平淡却幸福地度过一生

怎么样平淡幸福地度过一生，每个人都想得到答案。随着年龄的增长，我们选择的生活环境也在变化，下面的小故事或许可以告诉我们什么才是平淡却又幸福的生活。

20～30岁，和你一起浪漫

冬天的夜晚骑车去湖边听萨克斯，天很冷，我的手套让你带，我站在车后座，用双手帮你捂耳朵。

夏天的傍晚一起坐路牙石上吃西瓜，你一半，我一半，但我还抢你的吃，我不小心把西瓜汁溅到身上，你边骂我笨，边给我擦。

春天的下午，我们一起去公园照相，只有我们两人，没法合照，于是，我们趴在地上，看着地上的相机傻笑，横着合影，比竖着牛X。

秋天的早晨，我们一起运动，我要赖不跑，你拿我没辙，无奈地蹲下，我哈哈狂笑，刚爬上你的背，就被你撂倒。

我幸福地等待，直到那一天的到来，我打开你送我的大盒巧克力，我看到你排列出的 marry me。然后我哭着和妈妈拥抱，带着我最爱的戒指投入你的怀抱。

我们幸福的等待，直到那一天的到来，你要陪我看着他来到人间，再深吻我沾满汗水的额头，道一声："老婆，辛苦了！"

30～40岁，我们一起生活

每天上班下班，你亲我一下，亲宝宝一下，然后喝我煲给你的汤。每晚我们一起给宝宝讲故事，直到他进入梦乡。

我陪你看球赛，从被迫变成粉丝；你陪我看韩剧，从无奈看到自愿。我们在夜里相拥而眠，我一个转身，你会马上醒来拉拉我的被，帮我盖好，再去看看宝宝。我们在早晨拼命飙车赶时间，临下车我还能有时间塞你一袋牛奶。

下雨了，你会主动接我下班，除了一把雨伞，还有温暖的外套。你工作不顺利，我不去烦你，给你泡你最爱的咖啡，悄悄走开。我会在你的旁边帮你熨烫明天要穿的白衬衫，你无意抬头看我，给你最窝心的微笑。

节假日我们去看望双方的父母:在你妈面前,我温顺得像任你宰割的羔羊;在我妈面前,你是世界上脾气最好的大力士,我爸自从有了你,再也不用干家里的重活……我们偶尔争吵是为了宝宝:你吼他,我吼你;我打他,你让我打你。

40~50岁,我们一起平淡

孩子一天天长大,我们一天天年长,不再那么心高气傲,我们开始习惯平静。周末的早晨我们一起买菜,买到一把新鲜的蔬菜足够开心一天。有假的时候我们出去旅游,不去拥挤不堪的景点,专去幽静美丽的小镇。我晕车,你习惯性地从口袋拿出一片药。

我开始唠叨,不让你吸烟喝酒;你越来越知道给我买化妆品,嘴上还说我依然宝刀未老;而你也发现眼有点花,我们经常帮对方拔去冒出的白发;回忆年轻时的点滴,你老说起我原来给别人写过情书,我更是逼问你有没有和初恋情人联系。

我们的孩子已经上了大学,我们老是担心他有了女朋友而偷听他的电话。

50~60岁,我们一起变老

我们都快退休了,腰有一点弯,我们都要吃常规的保健药了;你突然学会了和我抢电视,我拿你没办法;有了儿媳妇,儿子似乎成她的了,我们好期待周末,能看他一眼。你老是看你的花、你的鱼,不再喜欢看我;我也看腻了你,总是翻我们的相册,年轻时的你多好看啊……

我生病了,你陪我看医生,医生说没什么问题的瞬间,我们都松了一口气。我们偶尔还去年轻人爱去的餐厅,虽然觉得贵,也会浪漫一下;我总问你多久没说爱我了,你笑着说我更年轻,我不明白,原来是更年期!

我收拾床发现了你的私房钱,又悄悄放回去。不久后,我们的结婚纪念日上,你送了我一个无比美丽的玉镯:我哭了,你说我真矫情;我笑了,你说老太太真是可爱。

60~70岁,我们一起糊涂

越来越爱忘事,电话号码都记不清了。你每天去接孙子放学,我天天做饭等你们。看电视的时候你帮我按摩,按着按着你睡着了;我每天和你早起舞剑,人家都说我们有夫妻之相。我们都去配了假牙,一摘下来,就互相笑话。你还有点耳背,我让你盛饭,你给了我一只鸡蛋。

我抱怨身体不再那么硬朗,你却说我们能活120岁,现在刚到中年;我发现你没事老买彩票,难道一把老骨头还想发财,你却说想给我多留点钱,万一你先走。我上去就是一脚,不许胡说,你要伺候我一辈子,咱们一起死,谁先死了,另一个就自杀,谁不自杀谁孬种。

70岁,80岁,90岁……我们脑子不好,应该不知道干什么了

总之,天天守在一起,儿孙把我们照顾得很好。如果有可能,我希望还能照一次婚纱照,等我们走了,在合葬的墓碑挂上它,多神气!虽然我的手满是皱纹,你还是要紧握,因为我们一起几十年,都是携手走过。

这就是我要的生活,很幸福,我相信上帝会让这个梦成真。还有着淡淡的歌声……

【分享感悟】

幸福是人们一生的追求,而能够在平淡中体验到幸福更是难得。文中的字字句句向我们传达着幸福平淡的一生建立在长长久久的爱情之上。爱情不仅需要海誓山盟和轰轰烈烈,更需要持久和稳定,一段亲密关系只有经历了如水的岁月,才能淘尽杂质,显现出其最自然的本质。然而,这似乎与大学校园里常见的爱情观相矛盾,大学里对待爱情的普遍看法是"大学恋爱=大学练爱",很多同学都认为大学生的爱情是特别的,它更纯洁,更真挚,但不一定以结婚为前提,很多同学常常把"不在乎天长地久,只在乎曾经拥有"挂在嘴边。那么爱情究竟应该如何定义,爱情的发展又会经历怎样的阶段呢?我们将在本节中与大家一同探讨。

知识讲堂

一、爱情的定义

爱情是一个古老而又新鲜的话题，它是人类所独有的最复杂而微妙的感情，这份感情不仅包含了人类共有的感觉，同时也在每个人的心里保有最独特的部分。随着时代的变迁，爱情被人们一遍遍地解读，并被注入新鲜的血液。人们用最美好的语言去描绘爱情，将其比喻成美妙的诗歌，如画的风景、珍奇的瑰宝等。

爱情的意义在每个人的字典里都不尽相同，本章所提及的爱情指的是异性之爱，它包含了三个部分，即爱情的生理、心理及社会因素。其中，生理因素是指爱情产生于男女两性之间，异性相吸的生物本能使人产生性欲，从而具有与对方相结合的强烈愿望；心理因素是指爱情是一种强烈的内心体验，健康的爱情使人们身心愉悦，产生美好的心理体验；社会因素是指爱情包含着深刻的社会内容，一方面受社会道德、法律规范的制约，另一方面爱情还将涉及传宗接代的社会功能。

概括地说，所谓爱情，就是男女双方基于一定的社会关系和共同的生活理想，在各自内心中形成的对对方最真挚的倾慕，并渴望对方成为自己终身伴侣的最强烈的感情；爱情是两颗心灵相互向往、吸引、达到精神升华的产物；爱情是人类特有的一种高尚的精神生活。

二、爱情的类型和真谛——爱情三角理论

正如前所讲，简短的定义是不能体现爱情全部的，现实中被爱神击中的人们表现各异，有的像琼瑶剧中的男女主角那样激情澎湃，缠缠绵绵；有的像战友一样在事业上互帮互助，实现共同的理想；有的像朋友般一同享受人世间的各种美好；有的亲密无间，无话不谈；有的若即若离，各自独立。所以，与简单地定义爱情相比，从爱情的不同类型来解读爱情更利于我们了解爱情的真谛。

美国耶鲁大学的心理学家斯滕伯格从爱情的三个成分入手，提出了“爱情三角理论”，该理论全面地概括出了爱情的不同类型。爱情三角理论认为，激情、亲密和承诺是爱情的基本组成部分。激情是爱情中与本能性欲相关的成分，让人彼此着迷；亲密是指在爱情中与安全感相关的成分，能够让人感觉温暖；承诺指维系爱情关系的保证，能够让爱情稳定。简单来讲，亲密温暖，激情热烈，承诺稳定。具体来讲，每个成分都包含了丰富的心理内涵（见图 8.1.1）。

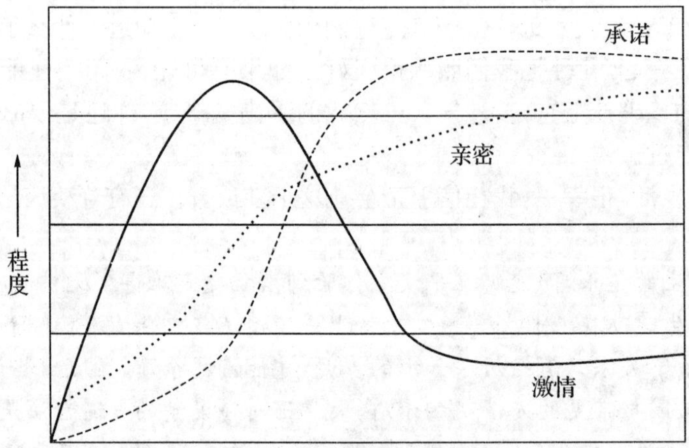

图 8.1.1 爱情三角论

（一）爱情第一要素：亲密（intimacy）

亲密，是两人之间感觉亲近、温暖的一种体验。

亲密包含10个基本要素：

1. 渴望让所爱对象幸福。一方主动照顾另一方，甚至不惜以自己的幸福为代价，同时也期望对方在必要时同样会这样做。

2. 跟所爱对象共处时感到幸福。双方希望并且喜欢跟自己所爱的人在一起。

3. 两人共处时会感到愉悦并且因此留下美好的回忆，对这些美好时光的记忆能成为彼此克服困难的慰藉和力量。

4. 尊重。即使知道彼此之间的缺点和不足，也依然尊重彼此，当危机出现时坚定地站在彼此身边，支持彼此。

5. 互相理解。他们知道彼此的特质并对对方的感情和情绪感同身受，懂得如何去理解和支持对方。

6. 彼此分享。双方愿意付出自己的时间、自己的精力和自己的物质给对方。双方不顾一切地分享自己的重要物品，最重要的是分享自我。

7. 接受所爱对象感情上的支持。即使外在因素不利于自己，自己得不到大众的支持时，另一方依然能够在自己身处逆境时支持自己，依然能够得到鼓舞和支持，并因此感到精神焕发，特别是在身处逆境时尤其应该这样。

8. 给所爱对象感情上的支持。当一方遇到挫折和困难时，可以支持和理解所爱对象，给予情感上的支持。

9. 跟所爱对象亲密沟通。双方能够进行坦诚的沟通，分享内心深处的秘密。当你为某件事情感到困窘为难时，你能够在第一时间选择与所爱对象真诚地交谈。

10. 珍惜彼此。双方感到彼此在自己生命中的重要性。当一方感受到所爱对象比生命中的很多事情都更为重要时，就会格外的珍视对方。

（二）爱情第二要素：激情（passion）

激情是一种“强烈渴望和对方结合的状态”。通俗地说，就是见了对方，会有一种怦然心动的感觉，和对方相处，有一种无比兴奋的体验。这是一种强烈的、爆发性的，不过相对短暂的情绪体验，如狂欢、暴怒、痛哭等。

对于性的需要，是引起激情的主要形式，其他像是自尊、照顾、归属、支配、服从也是唤醒激情体验的源泉。

激情的发展大致经历三个阶段：①由于意识控制减弱，身体的变化和表情动作逐渐失去控制，细微的动作由于高度紧张而发生紊乱。人的行为被体验着的情感所控制。②人失去意志的监督，发生不可控制的动作和失去理智的行为，这些动作和行为在事后回想起来多数会令人感到羞耻和后悔。③在激情爆发之后，会出现平静和某些疲劳的现象，严重时甚至会出现精力衰竭，对一切事物都抱着漠不关心的态度，有时还会精神萎靡，即所谓的激情休克。

激情对于个体可以是积极的，也可以是消极的。积极的激情能激励人们克服艰难险阻；消极的激情常常对正常活动具有阻碍的作用或引起不理智的冲动行为。具有正确的思想认识、高尚的道德品质和坚强意志的人，才能控制自己消极的激情。

（三）爱情第三要素：承诺（commitment）

承诺主要有两部分：短期的和长期的。短期的承诺就是指要做出爱不爱一个人的决定。长期的承诺则是做出维护这一爱情关系的承诺，包括对爱情的忠诚和责任心，也就是结婚誓词里说到的“我愿意!”,是一种白头偕老、至死不渝的承诺。两者不一定同时具备。比如决定爱一个人,但是不一定愿意承担责任或者给出承诺,这就只体现了短期承诺而不愿许诺长期承诺;又或者决定一辈子只爱他/她,但不一定会说出口,这就是愿意给对方长期承诺,却没有说出短期承诺。婚礼上的一句承诺,让两个相爱的人一生执著。一份爱的信物,在手心与手心间传递着爱的温度,这份信物要亘古不变,恒久不褪色,而唯有珍贵金属才能完成这项使命。不要大颗钻石的闪耀、不必多么抢眼的设计,只要这对简单的指环承载着“约定你我,相守一生”的承诺便可以了。

根据上述三个要素的不同组合形成了下面的七种爱情类型,从中也许你能找到属于你的爱情类型。

第一种是喜欢式爱情(喜爱)(liking):只有亲密,在一起感觉很舒服,但是觉得缺少激情,也不一定愿意厮守终生。没有激情和承诺,如友谊。显然,友谊并不是爱情,喜欢并不等于爱情。不过友谊还是有可能发展成爱情的,尽管有人因为恋爱不成连友谊都丢了。

第二种是迷恋式爱情(痴迷的爱)(infatuated love):只有激情体验。认为对方有强烈吸引力,除此之外,对对方了解不多,也没有想过将来。只有激情,没有亲密和承诺。追星族们对偶像的爱往往是激情爱的表现。演唱会中偶像明星的出现会让歌迷处在一种癫狂甚至昏迷的状态,这种极端体验让歌迷误以为台上的偶像就是自己的真命天子,因而疯狂追随。几年前“杨丽娟追星事件”就是这一行为的典型写照。又如初恋也常常是激情爱的写照,第一次的恋爱总是充满了激情,却少了成熟与稳重,是一种受到本能牵引和导向的青涩爱情。

第三种是空洞式爱情(空洞的爱)(empty love):只有承诺。缺乏亲密和激情,如纯粹地为了结婚的爱情。中国古代的娃娃亲大多建立在空洞的爱的基础之上。此类“爱情”看上去丰满,却缺少必要的内容,金玉其外,败絮其中。

第四种是浪漫式爱情(浪漫的爱)(romantic love):有亲密关系和激情体验,没有承诺。这种“爱情”崇尚过程,不在乎结果。很多伴侣恋爱十几年却以分手收场,就是欠缺一份及时的承诺的结果。所谓的“恋爱长跑”能够持续多年,二人肯定是有强烈的吸引,并且情投意合,但是激情总有消退的一天,若不能给予及时的承诺,这份感情也很难修成正果。

第五种是伴侣式爱情(伴侣的爱)(companionate love):有亲密关系和承诺,缺乏激情。跟空洞式“爱情”差不多,没有激情的爱情还能叫爱情吗?这里指的是四平八稳的婚姻,只有权利、义务却没有感觉。但这样的爱情往往能够长久,因为没有激情,也就没有高期待,也就无所谓过多的失望和不满。这样的感情能够换来平淡的生活,最终发展为亲情那般水乳交融、细水长流的感觉。

第六种是愚蠢式爱情(愚昧的爱)(fatuous love):只有激情和承诺,没有亲密关系。没有亲密的激情顶多是生理上的冲动,而没有亲密的承诺不过是空头支票。当今社会,“闪婚”成为一种新的婚姻模式,男女双方认识不到一个月便结婚的大有人在。这样的结合,一方面因为现在社会高节奏的生活基调导致人们开始崇尚节省时间的“速食爱情”;另一方面因为离婚已经不再是难以启齿的事情。所以,愚蠢式爱情越来越多见,而离婚率也随之升高。

第七种是完美式爱情(完美的爱)(consummate love):同时具备三要素,包含激情、承诺和亲密。只有在这一类型中我们才能看到爱情的庐山真面目。当然,这样的爱情并非唾手可得,需要我们用耐心去浇灌才能开花结果。

三、爱情的产生与发展

爱情的产生和发展过程可以用我们常说的一个动词来展现,这个词就是“恋爱”。“恋”“爱”

以及“恋爱”形象地将爱情生动的描绘出来。当充满魅力的异性出现时，一开始我们会觉得他(她)“人不错”“很漂亮”“很诚实”等，从而产生好感。随着进一步交往，好感也逐渐加深，我们开始产生“喜欢”“留恋”“总想在一起”的感情，这便是“恋”了。“恋”继续发展，感觉“对方比一切都重要、想让他(她)幸福”，并想在精神和肉体上与对方发生联系。此时，“爱”的感情已经在心中滋长。不过，要给“爱”和“恋”之间清晰地画一条分界线，是非常困难的。人的感情异常复杂，甚至有“恋”与“爱”共存的状态。“恋爱”这个词就是将“恋”与“爱”组合起来的表达方式。

具体说来，完美的爱情的发展经历这样几个阶段：

第一个阶段——热恋期

在这一阶段，男女双方希望能够总是在一起，无论什么时间，一旦对方不在身边就会感觉到寂寞难耐，一旦看不到对方就会坐立不安。相信每个经历过爱情的人都体会过“一日不见，如隔三秋”的感觉。在这一阶段，即使男女双方不在一起，也仍然会时刻想念对方，期待与对方的见面。其实这样难舍难分的感觉同婴儿出生时对母亲的感觉是类似的，婴儿在见不到母亲时会哭泣，母亲一来哭泣立刻停止。这是因为婴儿无法分清母亲与自己的区别，认为自己与母亲是一体的。发展心理学上称之为“依恋关系”。陷入爱河中的人，他们的心理会退行到这样的婴儿时期，一方会感到自己完全属于另一方，甚至认为对方就是自己的一部分，因此会产生“分离焦虑”。所以，我们常常会看到刚刚进入恋爱的人们会“重色轻友”“比翼双飞”，眼里只有彼此，另一方似乎能够代替整个世界。

第二个阶段——稳定和独立期

热恋期可长可短，一段时间之后，感情会进入到稳定期，这个时候至少会有一方开始想要做自己想做的事，也就是开始变得独立起来，而另一方就会因此感到被冷落。这就如同婴儿在成长中会逐渐体会到母亲并不能完全满足自己的需要，当自己想要吃奶的时候，母亲未必都能在第一时间赶到。因此，婴儿能够努力去尝试通过别的途径来满足自己的需要。这样的“适度挫折”会使婴儿渐渐明白母亲并非属于自己，自己与母亲是相互独立的。这表面上会给婴儿带来痛苦的感觉，但其实是有利于婴儿成长的。恋爱关系与之类似又不尽相同。因为恋爱是两个人的事情，双方在成长过程中是存在前后差异的：一般情况下，女生的依赖性较强，因此进入独立期的时间会相对较晚。这就是为什么我们常常会听到女生抱怨自己的男友变了，不再像以前对自己百依百顺、呵护备至，而男生则在恋爱一段时间之后希望能够有自己独立的空间，却一直被女友纠缠得无法安静下来的原因了。

第三个阶段——共生

这时新的相处之道已经形成，你的他(她)已经成为你最亲和最离不开的人了，你们在一起相互扶持，你们在一起不会互相牵绊，而会互相成长。这一时期的恋爱双方不仅仅是在行为上表现出默契，更重要的是心灵上的相互契合。双方在经历了独立期的考验之后，能够成长为独立的自我，同时又能够考虑到对方的感受。两个人愈爱得长久，气质愈来愈相近。你曾经以为他不是你梦寐以求的那种类型，然而，有一天，你惊讶地发现，他已经变成你喜欢的类型，你不必再到处寻觅，他就是你要找的人。共生阶段的爱情不再像热恋期那般轰轰烈烈，但是归于平淡的爱情能够长久保鲜。傍晚时分，携手散步的老年夫妇相偎的身影所传达给我们的是平和和安详，这不仅仅是爱情的真谛，也是人生的真谛所在。

一份爱情倘若能经历这三个阶段，不仅是享受幸福的过程，同时也是人格不断完善的过程，通过热恋期我们延续着自己幼儿时期的依恋关系，同时也能够重塑这样的依恋关系；进入独立期后我们能够通过恋人的回馈重新审视自己，重新认识自己；共生期则是通过与恋人的磨合使得自己人格重新整合的过程。一个好的恋人，一段稳定的爱情，能够让我们最终成为独一无二而又真实的个体。

【课堂练习】

小测试：我拥有什么类型的爱情？

想象空格中填入你深爱或者关心的人的名字，然后对每个题目按“1—9”进行评分(1＝根本不，5＝中等，9＝极度)。

题目	评分(在所选分值下打“√”)								
	1	2	3	4	5	6	7	8	9
1. 我积极支持______过好的生活									
2. 我和______拥有温暖的关系									
3. 我可以随时依靠______									
4. ______可以随时依靠我									
5. 我愿意与______分享我的一切									
6. 我从______那儿得到相当多的情感支持									
7. 我给予______相当多的情感支持									
8. 我与______交流很好									
9. 我高度评价我生命中的______									
10. 我与______有很融洽的关系									
11. 我感觉与______很亲近									
12. 我感到我真正明白______									
13. 我感到______真正了解我									
14. 我感觉我可以相信______									
15. 我与______充分分享关于我的隐私									
16. 仅仅看见______就使我兴奋									
17. 我发觉自己这些天经常想念______									
18. 我与______的关系很浪漫									
19. 我发现______非常有个人吸引力									
20. 我总是美化______									
21. 我不能想象另一个人像______一样令我开心									
22. 我愿意与______在一起而不是别人									
23. 没什么比我和______的关系更重要									
24. 我特别喜欢与______的身体接触									
25. 我与______的关系有一些特别的地方									
26. 我爱______									

（续表）

题目	评分（在所选分值下打"√"）								
	1	2	3	4	5	6	7	8	9
27. 我不能想象生活中没有＿＿＿＿									
28. 我与＿＿＿＿的关系是充满激情的									
29. 当我看浪漫电影、读浪漫书的时候，我会想到＿＿＿＿									
30. ＿＿＿＿令我魂牵梦绕									
31. 我承担与＿＿＿＿保持关系的责任									
32. 因为我对＿＿＿＿的承诺，我不能让别人站在我们俩之间									
33. 我对与＿＿＿＿保持稳定的关系充满信心									
34. 我不能让别人阻碍我对＿＿＿＿的承诺									
35. 我期待对＿＿＿＿的爱能持续到我的后半生									
36. 我经常感到对＿＿＿＿的强烈的责任感									
37. 我认为我对＿＿＿＿的承诺是坚固的									
38. 我不能想象结束与＿＿＿＿的关系									
39. 我确定对＿＿＿＿的爱									
40. 我认为我与＿＿＿＿的关系是永久的									
41. 我认为与＿＿＿＿的关系是一个好的决定									
42. 我感到对＿＿＿＿的责任感									
43. 我决定继续保持与＿＿＿＿的关系									
44. 甚至当＿＿＿＿难于相处时，我仍然维持我们的关系									

评分

将得分相加后获得爱情的三个类型：1～15分为亲密；16～30分为激情；31～45分为承诺。

解释

下面是一组已婚或者有亲密关系的男女的平均得分，平均年龄在31岁

亲密	激情	承诺	百分位数
93	73	85	15
102	85	96	30
111	98	108	50
120	110	120	70
129	123	131	85

注：第四栏百分位数表示所获得分数处于群体的哪个位置。例如，你的亲密得分是122，表明你拥有的亲密关系比70%的人要好。

第二节 大学生恋爱心理

小故事

“老师，我很喜欢一个女生，我们经常在一起逛街，上自习。我们牵手，拥抱，亲吻，很多人都以为她是我的女朋友，我也是这么觉得。可是她自己却不承认是我的女朋友，我很困惑，很难过，不知道怎么办才好。”

大一男生小苏走进咨询室这样跟我描述他的感情状态，他面露焦虑神色，双手反复地揉搓，我看得出他内心的冲突和不知所措。

“我真的累了，不知道要如何继续与她相处，以前她拒绝我，我都会痛苦很久，现在她拒绝我，我已经没有什么感觉了。我看我是要麻木了，我很担心有一天我真的麻木，不再爱她了。尽管拒绝，可她总是说想我，要见我，她到底是怎么想的？”随后的咨询中，他向我描述女友的反复无常，并表现出了无可奈何。继续维持这段不清不白的关系在他看来真的有些吃力了。

“她总是说，她拒绝我不是因为不喜欢，她喜欢我，但是不能跟我在一起，因为前途未卜，因为学习任务重，因为……她总是有她的原因，可是我真的不明白，怎么什么都比我重要，难道爱情不重要吗？她爱我，可是却从不为我付出，那还算是爱吗？到底什么是爱情？”

小苏一连串的问题让他脸红气急，也让我体会到他对于爱情的迷茫和焦虑。爱情到底是什么，似乎真的没有人教过他，他在尝试当中去触碰爱情，同时也在触碰的过程中受到伤害，虽然伤害看上去并不严重，可是点滴的伤害汇流成河，一遍遍的委曲求全让他开始犹豫，那份爱似乎即将消磨殆尽了。

【分享感悟】

类似的“爱情焦虑”不仅仅存在于小苏一个人身上，许多大学生都会在品味“爱情的甜蜜”之时被“爱情的苦涩”折磨。小苏喜欢的女生也代表了很多“恐爱”的大学生，他们担心恋爱会影响到自己的学业，甚至是前途，因此远离恋爱。然而，大学阶段，同学们正处于对爱情极度向往的青春年华，而大学里浓厚的文化气息、轻松的校园环境也为同学们激发爱情火焰提供了安全适宜的场所，因此大学爱情成为了特定环境、特定年龄段的特定产物。一项调查研究显示，在被调查的大学生中，有44.06%的人正处于恋爱状态，有过恋爱经验的大学生占到70.83%。可见，恋爱是大学生活的重要主题。面对爱情，同学们抱有很多美好的期许，同时关于爱情的各种疑惑和困扰也随之而来，成为同学们的“烦恼源”之一。所以本节我们将对大学生恋爱的特点进行分析，找出大学生恋爱常见的问题，并且与大家一同探讨提高恋爱能力的策略，让大家积极地对待恋爱这个大学里面的重要课题。

知识讲堂

一、大学生恋爱心理分析

大学生作为一个特殊的青年群体，他们的恋爱心理一方面反映了青年人的共性，另一方面又因其所处的大学校园而有其个性，这就使得大学生的恋爱特点独特，恋爱动机复杂，而恋爱困扰也随之出现。

（一）大学生恋爱特点

1. 恋爱年龄两极化

初入大学校园意味着要接触新鲜的环境，而新鲜的环境代表着人生新的转机。同学们带着强烈的好奇心投入到新环境当中，而这种兴奋和紧张感使得脑内物质多巴胺分泌量增多，心跳加速，进而带来爽快、生机勃勃的感觉，这种感觉是与爱情状态极其相似的。所以，如果这时候结识了新的异性朋友，很容易会误以为自己喜欢上了对方。除此之外，新生独立生活能力不强，面对陌生的学习和生活环境表现出较大的心理依赖性，很希望能够在新的环境当中寻找到归属感和安全感，从而解决自己的问题，寻求心理安慰。对一些人来说，最好的办法就是谈恋爱。因此，我们常常会看到新生军训还未结束，班里就出现了如胶似漆的“班对”。

临近毕业时是大学生突击恋爱的又一个高峰期，这一阶段面对分离、就业，同学们体会到了很多消极的情绪和巨大的压力。回顾大学四年，一些男生认为进入社会不可能再找到像校园里这般单纯的女生，而一些女生则认为毕业后再也不会遇到像大学同学这样素质相当、了解深入的男生，因此毕业生们希望能够在毕业之前找到终身伴侣。“散伙饭”、毕业晚会等同学聚会的时候，表白也变得稀松平常起来。

2. 恋爱行为公开化

近年来，关于大学恋爱的影视作品，戏剧小说越来越多地充斥着文化市场。大学恋爱已经成为人们公开讨论的热门话题。2005 年 3 月 29 日教育部颁布实施了《普通高等学校学生管理规定》，如今高校对在校大学生谈恋爱普遍采取认可和宽容态度，使得大学生恋爱不再是遮遮掩掩，而是变得越来越光明正大。校园里，一对对校园情侣卿卿我我地活动在校园的各个角落，无论是自习室、小树林、人工湖或是食堂，都可以看到他们的身影。大学情侣已经成为大学校园一道独特的风景线。而很多大学城附近也出现了所谓的“大学生夫妻部落”等学生情侣校外住宿的住宅区，“同居”一词不再隐晦，传统贞操观念正在大学校园当中遭受到巨大的冲击和挑战。

3. 恋爱关系脆弱化

大学校园里的情侣遍地开花，但是真正“终成眷属”者却很少。应该说，大学生的感情是相对纯洁、单纯的，对爱情的追求也是相对执著、理想化的。因此，在校大学生谈恋爱对于经济、职业、家庭等社会性问题考虑得较少。由于过于浪漫地憧憬爱情，因此不能理性地对待恋爱中的挫折，通常表现为恋爱率高、成功率低，能发展为缔结婚姻关系的更是寥寥无几。如前所讲，尽管大学同居率在上升，但是据统计，这些同居大学生婚姻的成功率不到 5%，一般都是毕业后就各奔东西。

4. 恋爱风格形式化

近年来，大学校园里的“示爱门”屡见不鲜，同学们用各种新颖、浪漫的方式去表达自己对心爱之人的感情。“浪漫”似乎已经成为大学恋情必不可少的要素。大学情侣们一同上自习、吃饭、散步、看电影、喝咖啡，所有常见或者流行的恋爱方式都被他们展现。不仅如此，大学生对未来充满希望，因此，大学生的恋爱更具有梦幻色彩，他们受文艺作品中理想爱情的影响，去勾勒自己的理想伴侣，强调性格、志趣、品质、理想等精神层面和容貌、气质等外在条件，而对承担实际生活困难的能力、责任等条件则重视不够。

5. 恋爱目的多样化

恋爱目的也可以称为恋爱动机。大学生作为一个特殊的青年社会群体，有着文化层次高、思想开放、独立意识强等个性特点。在恋爱问题上，他们不太受他人尤其是长辈的影响，通常是由自己做主，而有关恋爱的选择上也表现了鲜明的个性特点，使得恋爱目的呈现多样化的特征。一项关于恋爱动机的调查显示：仅有 9%的人选择为了爱情恋爱，31%的人选择因为寂寞空虚恋爱，19%的人认为心理和生理成熟了、年龄和时候到了可以谈恋爱，还有 31%的人是由于一时感情冲动，仅有9%的人为了寻求娱乐消遣的感觉。

另一项调查问卷中则提及“你认为恋爱作为人生的极其重要的环节，其最终所达到的目的应该是什么?”，选项为：A. 找到一情投意合的爱侣；B. 成家过日子，抚育儿女；C. 满足性饥渴；D. 只觉得新鲜有趣，没有明确的想法。（见表8.2.1）

表8.2.1　恋爱动机调查统计表

	A	%	B	%	C	%	D	%
男	248	61.8	88	21.9	26	6.6	39	9.7
女	397	79.1	65	12.9	11	2.2	29	5.8
文科类	322	76.5	61	14.5	10	2.4	28	6.4
理工类	270	71.8	64	17.0	13	3.4	29	7.8
文体类	62	58.5	24	22.6	11	10.4	9	8.5
总数	645	71.4	153	16.9	37	4.1	68	7.6

问卷的统计结果如表8.2.1所示。选项分析：A. 精神满足型，他们对于恋人的选择，一般表现为对对方的事业心和精神境界有较高要求，注重对方的实际价值。B. 物质满足型，这种恋爱动机属于物质型、现实型。他们偏重于追求恋爱对象的经济条件（收入、住房等）。C. 生理满足型，由于生理发育的成熟，产生性亲近的要求。D. 心理满足型，一些大学生在空虚、百无聊赖中寻找恋爱刺激，满足其好奇心理。

（二）大学生恋爱常见问题

由大学生恋爱的心理特点，我们可以看出大学生恋爱心理有很多不成熟且矛盾的地方，而这些不成熟也引发了大学生寻爱过程中的一些心理偏差和心理问题。

1. 动机偏差

由表8.2.1可知，绝大部分的大学生在恋爱动机上是以达到高层次精神满足为标准的，而不是一味看重对方的家庭背景，这是一种较高尚的恋爱动机。有相当部分的学生是以社会地位、经济条件为恋爱标准的，它虽然违反了一定的社会现实，是一种较为实际的想法，但如果只是为了达到某种目的而与对方交往，如达到分配到理想的地方和工作的目的，则是一种不道德的行为。也有部分大学生是为了生理满足，这不但亵渎了神圣的爱情，长此下去也会严重影响心理健康。选择D项的人群中，文体类所占比重较大，由此不难看出产生此种心理与较轻的课业负担有一定的关系，由于心理上的空虚无聊，导致对恋爱的看法出现了偏颇。

2. 认知偏差

（1）以自我为中心的心理。当今大学生大多为独生子女，从小习惯了父母的宠爱和呵护，想要摆脱对父母的依赖可是又习惯了这种衣来伸手、饭来张口的生活，尤其是在心理上总避免不了先考虑自己的心态。在恋爱关系中，这样的自恋心态表现在只要求恋人一切以自己为先，听自己的话，迎合自己的性格需要，为自己服务，而不顾及对方的兴趣、爱好和需求。

（2）求全心理。有的同学理想化自己的爱情，给恋人定下不符合实情的高标准，超过了实际可能性。这样不仅缩小了自己的择偶圈，也减少了恋爱的成功率。进入恋爱中，又会将自己的对象“神化”，不允许恋人犯一点错误。

（3）自卑心理。有自卑心理的人，并不一定就是条件很差，而是由于自我评价偏低而引起的。自卑心理易使个人产生害羞、内疚、胆怯和忧伤等消极的情绪体验，这对于大学生恋爱心理也会产生很大的影响。他们总是形单影只，不愿出现在公共场合，不愿与异性同学交往。遇到喜欢的对象也不敢大胆追求，因为担心对方看不起自己；一旦恋爱中受到挫折，又往往会采取自我封闭、不再与他人交往的方式，以逃避现实。

(4) 逆反心理。大学生处在青春期阶段，这一阶段是自我意识发展的又一高峰期，同学们开始关注于内心，希望能够自己为自己做主。当客观现实与主观要求不相符时，大学生们会产生强烈的抵触情绪，并且引发一众浮想要求和行为的心理活动倾向。因此在恋爱过程中，父母的反对，或者其他不利因素的阻挠，往往会使彼此相爱的态度更加坚决、关系更加紧密、难舍难分。"罗密欧与朱丽叶"的爱情故事是这种心理的典型代表，因此这一心理现象又被称为"罗密欧朱丽叶效应"。

(5) 从众心理。大学生心理不成熟，往往在面对问题时缺乏主见，这一心理在恋爱中的表现是缺乏自己的择偶标准。别人说好，自己就觉得得意，别人说不好，则会觉得不理想，这样选择的爱情往往是不适合自己的。

(6) 男权心理。这种心态不仅男性有，女性也有，认为男性地位应该处在女性地位之上。有些女性要求男性的地位、文化水平要比自己高些，而男性地位、文化水平低于女性时，则没有勇气去追求女方，这是封建社会夫权思想的残余，大学生应该摆脱这一思想的束缚。

3. 恋爱心理挫折及调试

品尝恋爱甜美的果实的确给人带来如痴如醉的积极体验，然而，同人生的起起伏伏一样，爱情中也避免不了坎坷和挫折。这种幸福之后的挫折常会带给同学们带来巨大的痛苦，甚至一蹶不振。殊不知爱情挫折与爱情一样是人生的重要体验，面对爱情挫折的过程也是自我认识和成长的过程。那么大学生面对的爱情挫折主要有哪些呢？

(1) 失恋

失恋是指恋爱关系中的一方单方面提出中断或者结束恋爱关系，使另一方被迫失去爱情的现象。

失恋案例：

小范是一名大二的男生，因为上周女友向他提出分手，一周里情绪起伏不定。小范自认为与女友交往中对女友无微不至，凡事以女友为中心，尽量满足女友的要求。但是女友仍对他不满，常常因为他不合自己心意而责怪他。他也有抱怨，并且认为两人性格并不算合适，但是觉得自己应该对女友负责任，于是一如既往地对女友呵护备至，但最终却被抛弃。女友在分手时称可以与他保持朋友关系，但是一周以来对他不闻不问，刻意与他保持距离，像陌生人一样。小范想不通自己对女友那么好，却得不到她的肯定，反而遭到这般的无情和冷漠，觉得不甘心，很委屈。就在咨询的前一天，小范在阳台上看风景，忽然想爬上栏杆跳下去，这让他感到非常的害怕，很担心自己这样发展下去会控制不了自己，真的自杀。

失恋是人生最严重的心理挫折之一。很多失恋者都会患上失恋症候群，表现为：情绪极度悲伤，甚至绝望，充满着难堪和羞辱感，甚至羞于见人，自尊严重受损；充满了虚无感、失意感和失落感；对生活极度冷淡，对异性有憎恶感；有强烈的报复或自杀意念及行为，或者内化为自我折磨。由此可见，失恋所带来的悲伤、痛苦、绝望、抑郁、焦虑、空虚等情绪如果不能得到及时地化解会导致极其严重的后果。因此采取积极的应对方式面对失恋，才能尽快消除心灵的创伤，保持心理平衡和健康。

那么面对失恋我们能采取怎样的自我拯救方法呢？

首先，适度宣泄不良的情绪。面对失恋的负面情绪时，选择忍耐会让自己停留在回忆当中，只有向知心的朋友或者亲人适度释放自己的苦闷，寻求他们的支持，才有利于从失恋阴影中走出。

其次，消除不合理信念。“男人没一个好东西”“我再也不相信爱情了”“爱情都是有保质期的”等这些片面、糟糕之极的错误信念都会出现在失恋人群当中。清醒地认识到这些信念的不合理之处，有意识地强化自己的理性信念，如“天涯何处无芳草”等，才能够在理性层面重新树立起对爱情的信心。

再次，将情感转移。当你发现自己被套入到失恋的魔咒当中时，努力将眼光放宽、放远，把感情投入到失恋对象以外的事情上，如与同学聊天、旅游、参加体育活动等，让自己多处在快乐、轻松的情境当中。情感的关注点有所转移，心情也会跟着好起来。

最后，努力提升自己。面对失恋最积极的态度就是振作起来，全身心地投入到学习和工作中去。这不仅会赶走失恋的痛苦，同时也会让失恋者得到更新和升华。不要因为一个人的否定而否定自己，失恋时被伤透的心一旦愈合将会更加的坚忍，而人生也随之更加的灿烂。

(2) 单相思

单相思，也可以称作单恋，是指当一个人喜欢上另一个人，表白或者暗示之后对方不接受自己，但仍然执著地喜欢对方的一种状态。单恋是以单方面的一厢情愿为特点，仅仅停留在一方的爱恋上而未发展成为相恋的情感，因此严格意义上来讲，它并不能算是爱情，而是一种爱情错觉。如果细化单恋，还可以将暗恋包含进去。暗恋常因羞怯感引起，因不敢向对方表露真情而陷入到无边的自我苦恼之中。

单恋案例：

小李在大四时偶遇了考研自习室的婷婷后，就对婷婷产生了好感，他认为自己和婷婷两情相悦，于是开始对婷婷穷追不舍。即使婷婷已经明确表示自己有男友，并且毕业之后将会和男友结婚。但是小李却不以为然，认为这是婷婷对自己的考验。一直到婷婷结婚，小李还一直停留在自己的想法中。

单恋者有着对于美好浪漫爱情的憧憬，而这一憧憬多是处于爱情的虚幻中，因此单恋者很难在付出中得到回报，并且容易被另一方伤害。如果过分单恋，将会影响单恋者的情绪，导致心理困扰，甚至是精神障碍。

所以，我们应尝试疏导以摆脱长期的单恋状态，那么有什么具体的办法呢？

首先，用倾诉的方式宣泄情感。不管是单恋中的明恋还是暗恋，单恋者往往会把遭人拒绝或者忽略的痛苦独自承担，这样长此以往会有一种控制力薄弱、压力很大、负担过重的感觉，相反如果能够将心中的滋味倾诉出来，自然能够减轻心灵上的负荷。

其次，审视和发展自己的恋爱观。“我一直在努力，为什么得不到他的爱？”“我爱他就够了，他爱不爱我我不在乎。”这些话常常出自单恋者口中，而这些都属于非理性的恋爱观念。恋爱是一种人际关系，既然是关系就是两个人共同起作用的过程，是男女双方互生爱意的过程，单方面的心意和努力不是成就恋情的关键，爱情不是强求来的。具体来讲，对于暗恋者，在分析双方的言行、思想、核心需要相适应的情况下，可以鼓足勇气尝试表白；对于明恋者，则应看清自己是中了“期望效应”的毒还是对方真的适合自己值得努力，如果发现自己曾经的判断是错误的，那么就请勇敢地承认自己的爱情错觉，去寻觅那份适合自己的真实的感情。

再次，充分利用社会支持系统。单恋和人际圈变窄是相关的，较狭窄的人际圈会使得感情容易投注在一个人身上，而当感情投注在一个人身上时又会使得人际圈更窄。因此，一旦陷入到单恋苦海中时，应有意识地将情感转化为更广泛的爱，以淡化单恋的痛苦。如经常参加集体活动，朋友聚会、陪伴父母、培养自己的兴趣爱好等，只要用心体会，就会发现生活中有很多美好的事情值得我们投入精力和热情。

(3) 恋爱中的感情纠葛

感情纠葛是指恋爱过程中因某些主观原因而引发的，欲爱不能、欲罢不忍的强烈的内心矛盾与情感冲突。它主要表现在大学生在恋爱过程中，落入三角关系让自己备受道德感的谴责但又不能自拔而忧心忡忡；或是遭到父母的反对而心烦意乱，不知该顺从父母意愿还是坚持己见；又或是与恋人发生冲突、争吵而对恋人失去信心，怀疑自己的恋情。

三角恋案例：

小丽是一名大四女生，跟男朋友是高中复读时候的同学，男朋友对她一见钟情。上大学后，小丽拒绝了男友的表白，但是之后男友一直喜欢着小丽，在大学中，男友也有过喜欢的女孩子，但是一直没有修成正果。去年，在男友的不懈努力下，两人开始恋爱了，慢慢地小丽发现自己爱上了男友。但是之后，小丽发现男友背着她跟网友恋爱，并且马上两年了，他们约定结婚，但是男友一直都在隐瞒着小丽。小丽知道后，与男友争吵，并要求分手，但男友坚持跟小丽在一起，并称不会跟那个网友结婚，但是又断不了，很是苦恼。小丽也因此很是苦恼，一方面她仍然爱着男友，另一方面又希望能够获得忠贞的爱情，陷入到两难境地。

大学生的心理没有完全成熟，对于异性的感情难以把握，面对感情中的纠葛感到迷茫和不知所措。同时，大学生欠缺承担责任的能力，因此不敢做出选择，感情发展下去则越陷越深、越难取舍。但是爱情不是儿戏，面对感情中的纠葛而不去处理是对自己和恋人双方的不负责任，那么我们应如何调试恋爱中的纠葛呢？

首先，重新对恋爱关系进行评价。不管是双方矛盾的加剧、陷入三角关系还是遭到父母的反对，都应客观地、冷静地分析恋爱的状态，既然出现了不正常的情感状态，那就说明爱情出现了问题。如果在理性的审视之后，能够找到爱情“蛀虫”，而后与恋人坦诚相对，表露真实感受，携手杀死“蛀虫”，那么也许能重新沐浴爱情的春风。另一方面，如果审视之后发现爱情的确不能朝着原来的方向发展，那么果断地退出恋爱关系也是一种勇敢的选择。

再次，培养解决冲突的能力。一份长久的爱需要包容、理解、体谅，对于在爱情纠葛中被动受挫的一方，在冲突产生时请怀着一颗宽容的心去面对另一方的过错，至少在问题出现之后真诚地表达自己的思想和感受，而不是用伤害性的争吵或者冷战去解决问题。

二、大学生恋爱策略指导

(一) 谨慎的开始

以正确的爱情观为前提，“不要轻易牵手，也不要轻易放手”。爱情不仅是大学生活的重要主题，也是人生永恒的主题，因此需要严肃地对待爱情，这就需要同学们处理好三个方面的关系，即恋爱与事业，恋爱与友情，恋爱与道德。理清这三个问题后再开始一段恋爱。

1. 恋爱与事业

在人生道路上，爱情固然占有重要的地位，但它不是生活的全部。正确的恋爱观要权衡恋爱和事业的关系，人生的不同阶段他们所占分量也会有所不同。对于大学生来说，同学们仍然处在求学的阶段，处在自我充实和自我价值实现的阶段，因此应将精力更多地投注到学业上，为美好的爱情打下坚实的基础，在成长为一个成熟的、对社会有所贡献的人之后，才可能获得健康幸福的爱情。

2. 恋爱与友情

很多同学会对“喜欢”和“爱”迷茫，两者的确有其相似之处，但又有着本质的区别。友情可以存在于同事、同学、朋友之间，没有一个固定的限制，是一种平等真挚的情谊。友情为友谊关系里的人提供一个心灵交流的平台，能够理解帮助他人，是生活中不可或缺的一种精神存在。异性间的友情是爱情的基础，纯洁的友情是恋爱发展的基石。友情是爱情的基础，爱情是友情的更高层次，友情的支柱是理解，爱情的支柱是感情。友情具有广泛性，即友情不受性别、年龄、职业以及朋友数量方面的限制，对异性的友情是排除了性欲等自然因素的。爱情具有专一性和扫附性，是最高尚的纯洁感情。总而言之，友情不一定发展成爱情，但爱情中一定包含了友情的成分。

3. 恋爱与道德

恋爱作为一种社会活动，同样受社会生活方式的制约。因此，恋爱必然要以社会所认可的方式进行，并且服从一定的社会道德规范。所以，爱情要以彼此互相尊重为前提，以自愿为条件，尽可能多地为他人着想和付出，而不是以自我为中心的一味索取。

（二）懂得拒绝追求者

有人追求是对自己价值的肯定，但是追求者再优秀若不适合自己，勉强答应也不会幸福。很多同学认为拒绝他人的追求会给对方造成伤害，但是不能因此就犹豫不决，因为如果出于礼貌或者是顾全大局的思想而无法态度坚决地拒绝，难免会造成对方的误会，让他误以为你也许还喜欢他，使得期望越大，失望越大，最后往往带来比拒绝更大的伤害。当然，果断的拒绝并不意味着就要态度强硬、语气生硬，这样做的确会给对方造成很大的心理伤害。当你要拒绝别人的时候，可以选择委婉的语气语调，比如可以赞许对方的人品和才华，然后说明你不接受他的原因，理由要真诚并且合乎情理，让对方感受到你的拒绝并非是否定他这个人，而是从两人是否适合的角度作出的决定。

（三）用心的经营

爱情就好似一顿丰盛的大餐，酸甜苦辣都在其中，开胃菜是美酒佳酿，正餐却掺杂着涩水苦果。一段感情的开始总是伴随着浪漫的激情体验，但是经营一段感情则要照顾到各个方面，并非一件轻松简单的事情，它需要恋爱双方共同的努力。

1. 互爱

“我爱你”三个字并非说起来那么简单。他需要在日常生活中的点滴体现，爱的能力也不是天生就有的，爱是一种能力、一门艺术，他需要后天的培养。在一段感情中，我们不仅要提高给予爱的能力，还要提高接受爱的能力。不仅时常问候对方，关注对方的心理感受，让对方为你的爱而充满幸福，还有及时、准确地接收到爱，让对方因为你的觉察而感受到那份爱的价值。

2. 互赏

恋爱当中的双方之所以会相互倾慕和迷恋就源于对于彼此的爱慕与赞美。男性在这一方面体现得更加明显。每个男性都渴望被肯定、被赞美、被重视，而每个女性都渴望被包容、被支持，所以互相赞美、欣赏是爱情的源泉，用它浇灌可以促进爱情开花结果。

3. 互信

信任是维持一段关系的基础，对于恋爱关系尤其是这样。猜疑是维持和增进恋人感情的大敌。很多女生往往会犯猜疑的错误，男友一天不打电话或回短信就认为男友不爱自己了；男友跟别的女生多讲了几句话，就认为男友移情别恋了。这样的心态表面上看是对男友的不信任，但实际上是一种不自信的表现。所以，提高自信和自尊水平是维持一段稳定恋爱关系的重要条件。

4. 互适

每个人从小到大的生长环境不一样，大到家庭背景、教育、性格，小到吃饭的习惯都会存在差异。想要改变这样近乎与生俱来的差异是很困难的，所以应该努力去适应对方的差异，包容对方的差异，只有这样才能维持爱情的稳定和长久。

（四）果断的结束

“强扭的瓜不甜”。当发现对方并非自己理想的爱人时，当然要提出结束恋爱的要求。但是就如拒绝不适合的追求者一样，结束恋爱关系也需要注意方式方法，在真诚的前提下委婉地表达，同时给予对方最起码的尊重。提出结束爱情的方法大致有三种：

1. 面谈：面谈是最直接的方式，在面谈中要考虑根据对方的性格选择合适的地点。如果对方是脾气暴躁的人，那么地点最好不要选在太偏僻的地方。如果对方是较为脆弱的人，则最好在能够迅速得到支持性力量的地方，以便及时给予对方鼓励和支持。

2. 书信：书信是一种单方面的交流方式，它一方面可以让你斟酌每个字，另一方面可以有缓冲的余地，让对方可以相对冷静地接受你的想法。

3. 中介人的帮助：选择对方熟悉、信任而又非常尊重的人，能够帮其保守秘密的同时给予他安慰和支持。切勿给对方造成的感觉是你在到处损害他的尊严、败坏他的名声。

【课堂练习】

团体活动：两性交往训练

一、目标

认识两性的心理与行为的差异；探讨对异性的角色期待；学习两性沟通的技巧；发展健康和谐的两性关系。

二、理论背景

从社会关系来看，人的本质是社会关系的总和，而男女关系是人际关系中最基本的和自然的关系。马克思说：“人与人之间的直接的、自然的、必然的关系是男女之间的关系。因而，从这种关系就可以判断人的整体教养程度。”从心理健康的角度来看，一切神经症几乎都与性关系发展的受阻和性的压抑有关，因此，建立良好的两性关系对于发展健康的人格，防止心理疾病和性犯罪都具有积极的意义。

三、活动的内容与方式

第一个环节：成员完成配对相互认识。首先播放一段音乐，工作人员将男女分组，通过抽签决定男女双方配对组合，然后进行短暂的对话了解对方。音乐停止时，男女配对双方需要用精练的语言介绍彼此。

第二个环节：认识异性角色的差别与相对性。在黑板上画出男女两个头型，分别由参加成员在异性头像内填上自己对异性角色特征的认识，然后由配对的另一方给予评论，表示是否同意对方的意见并说出理由。指导者对大家列出的男女特质按生理、心理和社会角色行为三个方面进行分类，并对性别角色的相对性进行说明，一是指出性别角色观念的“刻板化”现象；二是指出，个体身上大都具有男女双重特质的成分和中性特质成分。指导者画一个圆，将圆分成三等分，把上述男女特质分列在左右两边，中性特质放在中间，使成员对性别角色有一个较完整的了解。

第三个环节：认识自己的性角色特质。请每一个成员，按照指导者的方法，将自己的性格特质分别填入圆的三栏中，最后请一些代表告诉大家：①自己的男性角色特质、女性特质和中性特质分别有哪些，其中哪一种比例较大？是否与自己的生理性别一致？②你认为这些特质是怎样来的？③令你满意的特质是什么？给你带来哪些好处？④自己不满意的特质有哪些？给你带来什么困扰？你认为自己欠缺什么特质？团体其他成员可以对其进行面质。

第四个环节：性别角色的期望——爱情价值竞投游戏。给每个成员分发一定数量的有价纸券(如上面可标价十万元)。对'什么是自己心目中理想的异性特质'(如刚强、乐观、温柔、体贴、幽默、勇敢、节俭等)进行竞投，出最高价者为该项特质得主，将结果写在黑板上。对所有列出特质竞投结束后，分别请各得主谈谈自己为什么要竞投这项特质，并请其他成员面质，最后由指导者进行整合。

第五个环节：对两性交往的认识。①分组讨论：当异性对你有何种行为表现时，你会认为他(她)可能对你有意思？如果你对异性示爱，而对方不来电时，你会如何反应？然后在团体中分享各组的经验。②用抽签决定发言或表演其中的一题：当你收到异性的示爱纸条时，你将如何反应？当你的邀请被拒绝时，你又将如何反应？当你发现对方与自己并不合适时，你将如何中止原来的关系？然后组织团体讨论，分享经验。

第三节　大学生性心理

小故事

小刚低头走进咨询室，选了沙发的一角坐下，眼睛看着脚尖，有气无力、断断续续地向我诉说着他的苦恼。

"老师，现在我感觉自己精神萎靡不愿和同学接触，也不能集中精力学习。我感觉我自己快崩溃了，因为我几乎不能入睡。只要我躺到床上，我就想女人，我控制不了自己，我很想找个女人做一下爱，看看是怎么回事。我感觉自己快发痴了。我知道这么想是不对的，但我真的没有办法拉制自己不去想。

高二的时候，我在学校寄读。有一天晚上我遗精了，那时我不是很清楚是怎么回事，但我也没多想。早晨起来换了短裤放在床上忘了收起来，被我同寝室的同学看见了。他们就开始跟我开玩笑，开始嘲笑我，说了各种侮辱我的话，我感觉自己犯了天大的错事，我没脸见人了。从此我的心里就很紧张，走到哪儿，无论是在班级还是在校园里，我会认为所有的同学都知道了我的丑事。后来家长帮我转了一所中学，我努力克制自己，不去想这件事，但我做不到，我还是担心所有的人知道了我的事，因为上课的时候，尤其是生理课的时候，我的脸会红。他们肯定都知道了，这严重影响了我的学习。我的成绩开始下降。高考考得也不理想，现在只好上了这所自费的学校。但我到了这里，我依然担心他们可能知道了我的事，所以我经常避免与他们接触，都是自己躲在宿舍上网，这样的大学生活实在是太无聊了，我真的是没办法待下去了。老师，你说我应该怎么办啊?"

这样一个看上去清爽、白净的大男孩，头始终没有抬起来过，泪水默默地滑落在脸庞。

【分享感悟】

随着性生理的成熟，大学生的性意识越来越强烈，对异性的向往和追求是男女大学生正常的性心理表现。大学一方面促进青年人在自我实现方面获得更大的提高；另一方面也使得青年人的性等待期开始延长。在这种形势下，青春期性生理方面的无知和不恰当行为导致的社交恐惧症让很多同学"谈性色变"。他们一方面在内心有与异性接近的强烈愿望，另一方面又在异性面前感到紧张和恐惧，甚至产生自卑、孤僻、冷漠等不良的情绪，严重地影响到学习和生活。而对于性知识的渴求和学校性教育资源匮乏的矛盾又使得学生们不加选择地接收了很多不健康的性知识。有调查显示，有 90.9%的大学生认为开展性健康教育是必要的，31.2%的人有性心理咨询的要求。大学生关于性知识的主要来源是网络、杂志、小报和其他大众媒体等。这就导致了混乱的性观念和不科学的性知识像一双恶魔之手将无数的大学生卷入到痛苦的深渊之中。所以，重视和开展适合国情的大学生性教育意义深远，而本节将从大学生性特征、大学生常见性困扰和性策略指导方面普及基础的大学生性心理，促进同学们以科学的态度对待日益成熟的性心理。

在探讨性知识之前，我们先来一起做个测试，让大家明确自己对性的看法。以下有 19 道题，请根据你的真实想法，在每个项目后面的“符合”和“不符合”中给出答案。

题　　目	选　　项	
	符合	不符合
1. 我为自己出现性冲动感到紧张与羞辱		
2. 我认为自慰是标准性行为的一种，而过度的自慰是有害的		
3. 我觉得自己的生殖器太小，发育状况不理想		
4. 性远远不是使我得到最大快乐的事情		
5. 如果我爱一个人，我和他(她)干什么都行		
6. 真正的爱情不是单恋		
7. 我与对方发生性关系，并且需要尊重并爱对方		
8. 我认为心心相印是通向幸福的桥梁		
9. 没有爱情的性行为很难令人真正感到快乐		
10. 对有些人来说，同性恋是正常的		
11. 爱一个人主要是给予和付出		
12. 恋爱当中，拒绝与争吵都是正常的现象		
13. 不论做什么，不要怀孕就行了		
14. 对于性，不愿意的时候应该坚定地说“不”		
15. 爱是包容对方，使他(她)更自信		
16. 只在乎曾经拥有，不在乎天长地久		
17. 一旦喜欢上了他(她)，就非他(她)不嫁(娶)		
18. 没有爱情的性行为根本不能填补人与人之间的鸿沟		
19. 爱是很简单的事情，难的倒是如何找到爱的对象或者被他人所爱		

评分与评价

1，3，5，7，13，16，17，19 题，选“符合”得 0 分，选“不符合”的 1 分；其余的选“符合”得 1 分，选“不符合”得 0 分。

将 1，2，3，4，10 题的得分相加，即得到你的有关性生理的观念的得分 x，你的性生理观念是：________分。如果你的 x 分在 3 分以下，则表明你对性生理的看法有失偏颇，容易产生精神压力和情绪问题。

将 6，8，11，12，15，16，17，19 题的得分相加，即得到你对爱的看法的得分 y，你对爱的看法

的得分 y 是：________分。如果你的 y 分在 6 分以上，表明你对什么是爱有比较正确的看法；如果你的 y 分在 4 分以下，那么你需要再深入地思考一下究竟什么是"爱"。

将 5，7，9，13，14，18 题的得分相加，即得到你的有关爱与性之间关系的看法的得分 z，你对爱与性关系的看法的得分 z 是：________分。如果你的 z 分在 3 分以下，表明你对爱与性关系的看法容易导致你身心受伤的性行为，以至于心理失衡。

知识讲堂

一、弗洛伊德的性心理发展阶段研究

弗洛伊德是精神分析学派的创始人，他认为性本能影响心理的发展，追求性欲的满足是心理发展的重要内驱力。人生的不同阶段，性欲的表达存在于不同的身体部位，于是弗洛伊德以身体不同部位获得性冲动的满足为标准，将人格发展划分为 5 个阶段，因此，这一人格发展理论又称性心理期发展论。

1. 口唇期(oral stage)

从出生到一岁半，婴儿性欲的满足部位在嘴，婴儿通过吸吮、舔舐、咀嚼来满足性本能需要。这一时期，婴儿的性快感来源于获取食物的满足，而最重要的途径就是通过吸吮母亲的乳房。因此，此阶段若母亲不能提供给婴儿充足的奶水，或者是突然断奶，则会给婴儿造成巨大的心理挫折，并且会影响个体对环境的安全感和信任感，成年后难与人建立亲密的关系。

2. 肛门期(anal stage)

1～3 岁。儿童通过肛门的排便过程来满足自己的性本能需求。家长对于婴儿排便的训练能够使儿童获得一种控制感、规律感。儿童通过对于排便的自律，可以进而发展为对情绪的控制，对自我的控制，从而获得独立性。父母的溺爱或者不管不顾，都会导致儿童肛门期发展受阻。一个没有形成良好自控能力的儿童进入成年之后往往表现为对于社会规范和社会道德的反抗，难以融入社会。

3. 生殖器期(phallic stage)

3～6 岁。这个时期，儿童性欲满足的部位集中在生殖器本身，他们不仅对自己的生殖器感兴趣，也对异性的生殖器产生幻想。性生理的成长导致了性心理的分化，儿童的性别认同开始形成。这个时期，儿童会与同性抚养者形成竞争关系，对异性抚养者产生过度依赖。男孩的这种体验称为"恋母情结"(Oedipus complex，俄狄浦斯情结)，女孩的称为"恋父情结"(Electra complex，厄勒克特拉情结)。此时期儿童极易被环境影响出现"性倒错"的现象，也就是性别认同的失败，成年之后会出现反常的性表现。

4. 潜伏期(latency stage)

6～12 岁。这个时期，儿童的主要任务是在学校里面学习，建立与老师和同学的人际关系。他们将自己的兴趣转向外在，心理需要的满足主要来源于对外界的探索。他们在集体中获得归属感，在与同学的交往中获得友谊。这个时期也是儿童获得勤奋感的重要时期，如果这一时期社会化过程受阻，会使儿童产生无助感和自卑感，进而缺乏积极向上的动力，不易形成良好的意志品质。

5. 生殖期(genital stage)

十二三岁以后。在青春期性器官成熟后，个体的性满足主要是通过两性关系。他们开始选择自己的配偶，在性生理成熟的基础上成为有责任感的社会化人。而这个时期也是个体充满了矛盾和冲突的时期。自我意识的觉醒、自我同一性的需要都会给处在这一时期的个体带来巨大

的压力，个体在这一时期重新审视自己，重新探索自己，重新诠释自己。因此，倘若外在环境不能给予个体积极的引导，极易出现自我同一性的混乱，对心理健康造成巨大的负面影响。

二、大学生所处的性心理发展阶段及性心理矛盾

根据弗洛伊德的性心理发展阶段，我国大学生普遍处于青春期阶段，而此阶段是性生理发育成熟的阶段，因此同学们会产生性的需求和冲动。虽然我国高校政策已经允许大学生在校期间结婚，但是由于同学们的社会角色定位仍然是学生，再加上学业压力和经济压力，只有极少部分的同学会选择在大学中结婚，这就使得大学生性心理和生理处于一种矛盾的状态。

1. 成熟的性生理与不成熟的性心理之间存在矛盾

大学生性心理的不成熟由很多原因造成：一方面，大学生作为一个特殊的青年群体仍然处于求学阶段，以学生角色定位自己，社会化程度较低，承担责任的意识相对薄弱，易冲动、依赖性较强，这样的心理发展程度也影响性心理的发展；另一方面，学校的性心理教育工作相对滞后，同学们接受健康性知识的途径较少。调查结果表明，有 92.5 %的男生认为遗精是正常的生理现象，3.2 %的男生感到惶恐和不安；对于安全期的认识，有 42.3 %的男生和 43.7 %的女生能够正确掌握，有 57.7 %的男生和 56.3 %的女生不知道或者不清楚。由此可见，大学生所处社会角色和性知识的缺乏会延缓性心理的发展。

2. 性的生物性需求和社会性需求之间存在矛盾

大学生随着性机能的成熟，在大学阶段出现的性欲望和性冲动相比以往表现得更加强烈，这是个体发育中的正常生理和心理现象。调查表明，有 98.1 %男生和 80.4 %的女生有过性冲动的体验，并且有 80.5 %男生和 76.4 %的女生迫切希望与异性交往。虽然性的生物性需求时时都渴望得到最直接的满足，但人不仅仅是生物意义上的人，更是社会意义上的人，性也不仅具有自然属性，同时还兼具社会属性。我国传统“贞操观”中的道德约束以及法律约束等，就明显地表现出了性的生物性需求与社会性需求之间的矛盾，使得伴随着性成熟产生的性冲动行为往往只能表现得比较委婉或者完全将其压抑，这一矛盾也是造成大学生心理冲突的重要原因。

3. 性的传统“压抑”观念与性的西方“开放”观念之间存在矛盾

随着越来越多的大学生走出国门，对外交流开展以及互联网的普遍应用和发展，国外开放的性观念开始影响着大学生对于性行为的理解，且这些性观念恰巧满足了大学生对于性的需求。与此同时，我国传统“贞操观”依然在根深蒂固地影响着同学们对于婚前性行为的看法。调查表明，有 30.2 %男生和20.3%的女生对性冲动持否定、抵制的态度，采取压抑的方式。性压抑结果不仅会有碍于性心理的健康发展，严重者还会导致性变态或性过错；与此相反，还有 3.2 %的男生和 2.8 %的女生对性持无所谓或放纵的态度。同学们在理智上想要继续拥有贞操观和传统的伦理道德，但另一方面又受西方开放观念影响而追随性本能的呼唤，这样的矛盾给同学们带来了巨大的心理压力和冲突。而过分的性压抑不仅会有碍于性心理的健康发展，严重者还会导致性变态或性过错。

4. 男女性心理的差异性之间的矛盾

大学生的性心理因不同性别而有很大的差异。一般来说，男女青年对性的心理需求、情感表达以及思维方面的特点都有所不同。在对异性的需求方面，女生需要关心、理解、忠诚和尊重，男生则需要信任、支持、感激和赞美；在情感的表达方面，男生较主动和直接，女生往往采取暗示和被动的方式；在思维方面，女生遇到问题喜欢凭借直觉针对于情绪去表达、宣泄，男生面对问题喜欢根据实际问题思考解决问题的方法。此外，男生容易被视觉刺激唤起性兴奋，而女生则易被视觉、触觉刺激引起兴奋。男女生之间巨大的性心理差异，使得男女关系在沟通不畅的情况下极易出现不必要的摩擦和冲突，对男女双方都产生心理上的困扰和冲突。

三、大学生性心理困扰及调试

大学生的性心理困扰，集中地表现为对性知识的不了解，不能很好地适应自我的性心理，对性欲性冲动不知所措。

（一）性认识偏差

大学生对于性的认知偏差表现为两种极端看法：一种是认为性是“脏的”“龌龊的”，性是不能开诚布公地去谈论的，这种认识尤以女同学为多。很多女生表现出与年龄不相吻合的性“纯洁”，把性欲与爱情完全割裂开来。对自己存在的正常的性本能反应极为恐惧，进而导致性恐慌、性焦虑等心理冲突。另一种是过于强调性的生物性，信奉“性自由”，认为性同吃喝一样是需要及时满足的，在行为上随便、放纵，甚至不择手段地去获取性的满足，这样的性认知同样会造成心理上的困扰和冲突，甚至会导致行为问题。

（二）性冲动困扰

同学们应该认识到性冲动是男女大学生生理心理的正常反应，它是在性激素作用下和外界刺激下产生的，并不可耻的行为。面对性冲动，适度的性压抑是社会化的需要，也是一个人性心理健康的反映，然而，严重的性压抑是有碍身心健康的。性冲动强烈的，但性格内向、朋友不多、难以找到宣泄、转移等途径的人，往往焦虑不安，而导致心理异常或者生理疾病。而对性抱有反感、厌恶的人，则会背离正常的性心理的发展规律，使得正常的性交往受阻。

（三）性焦虑

大学生的性焦虑主要表现在对自己外貌的焦虑，对自己性角色的焦虑和对自己性功能的焦虑。随着生理发育的成熟，一些大学生对自己与性相关的外貌特征上表现出不满意。比如，男生会对自己的身高、生殖器发育情况感到不满意，女生会过分关注自己的体重、乳房发育情况等。为了吸引异性的注意，男性会过多地考虑自己是否有男性的阳刚，并且会担忧自己的性功能是否正常。如看到某些书刊谈到性功能障碍（比如阳痿、早泄、性冷淡等）时，便会怀疑自己的性功能是否良好，而很多的网络资源也会对男性性功能良好标准产生错误的引导，使同学们备受困扰。实际上，大部分的性功能障碍都是由心理因素引发，而大学男生这种对性功能的过分关注、忧心忡忡则很容易真的引发性功能障碍。因此，建议同学们在加强体育锻炼，培养良好心境的基础上用平和的心态对待，避免过分的担忧。

（四）性行为的心理困扰

性虽然是人的生物性的本能，但是与吃喝拉撒睡不同的是它更具有社会性，因为正常的性行为是牵扯到两个人关系的问题，所以性这一基本需求就因为人的社会性和道德性而被控制和压抑，而在大学生群体当中，性行为的发生也因此会导致很多的心理困扰。

1. 过度手淫

手淫案例：

学校的心理咨询信箱收到一封来信。

“我是一名24岁的大三男生，我从很小就不知怎么染上了手淫的坏毛病，当时只知道很刺激，我把它叫做‘五个对一个’，却没有意识到它的危害，等到长大成人后才意识到它的危害，但为时已晚。因为这两年我发现自己的性欲减弱，阴茎也不能像先前那样迅速勃起了，勃起后也不坚硬，为此我非常苦恼。在别人面前我是一个堂堂的男子汉，但背地里流过了多少悔恨的泪，多少次我懊悔得想剁掉自己的手。我曾试着用禁欲来恢复自己的性欲，但效果却甚微。我很自卑，在女孩子面前更抬不起头来，我不敢谈恋爱，生怕给别人带来不幸和痛苦，我也不敢求医，面对医生审视的眼光我不知如何开口。”

手淫是指用手或物等刺激自己的生殖器以引起性快慰，获得性满足的行为。大学阶段，男女生的性发育都已经基本成熟，自然会产生性冲动，在这种状态下，手淫是一种合理的满足性冲动、缓解性紧张的方式。它既不会牵扯到异性交往，也可以避免不适当的性宣泄导致的社会问题，可以说是一种最安全的满足性需要的方法。不仅如此，手淫对婚后的性生活也有好的影响。一项调查表明，手淫者婚后达到性高潮的频率比自诉无手淫的人高 30%（潘绥铭，1998）。所以，适度手淫并无危害，一些同学体会到的手淫的危害不是出在手淫本身，而是由对手淫的错误认知导致的。

对手淫的错误认知主要表现为两种：

一种就是将手淫行为看成是不正常的行为。据调查，在大学生中手淫者占的比例是相当高的，男生近 100%，女生在 80%左右。然而，手淫后产生焦虑不安情绪的男生占 40%，女生占 51.4%。对手淫持否定评价，认为是‘恶习’“坏毛病”，属于有害行为的男生占 31.8%，女生占 39%。因此，大学生常常将手淫后一段时间内所有的身体不适都归罪于手淫，从而造成紧张、焦虑、悔恨、内疚、自责的心理，并会因为性欲来袭时难以自制而产生挫折感。越是如此，越是容易沉溺于手淫之中而不能自拔，于是就陷入恶性循环之中。那些性苦闷压抑、缺乏温暖支持、生活不如意者，常有可能借手淫以自慰。手淫的意义是用于释放性紧张，而手淫又会成为诱发紧张焦虑的原因。这样强烈的内心冲突容易引起生理、心理紊乱，出现一系列身心反应，如记忆力下降、反应慢、自卑、无力、情绪紧张等影响学习、工作和生活。

另一种就是过度手淫。过度手淫的表现是手淫次数超过一周一次；过强刺激手淫；不适当的使用性工具；认为手淫可以代替正常的性生活。手淫过度会导致全身倦怠、精力不集中及腰膝酸软等，严重的会造成勃起困难，严重影响到正常的性生活，进而发展为性心理障碍。

因此，作为大学生要正确对待手淫行为，既不能全盘否定手淫，又要避免过度手淫，具体可以从以下几个方面着手：

(1) 扩大人际圈，多结交朋友，积极参加社团活动和社会活动，培养良好的兴趣和爱好，生活充实并且有规律。将注意力转移到健康向上的娱乐生活当中，将过于旺盛的性能量通过其他方式释放掉。

(2) 掌握和丰富性知识，正确地处理手淫时的性焦虑。拥有正确的性知识是摆脱手淫的顾虑途径之一，不要因为身体出现不良反应就以为是手淫所致，而产生自责心理，加重自己的心理负担，造成心理性的性功能障碍。

2. 婚前性行为

婚前性行为案例：

转眼间，已经是大四了，而小健和小娜也恋爱三年了。三年间，两人一直是别人眼中甜蜜恩爱的代表，但是两人的关系始终只限于牵手、吻别而已。眼看即将各奔东西，小健内心开始蠢蠢欲动，他决定做一些让小娜永远记着自己的事情。

一个周日晚上，他约小娜去吃晚餐、看电影。小娜很看重这个约会，特意地做了装扮，甚至还借了宿舍“超级恐龙”的那条火辣低领紧身裙。

那天晚上，小健坚持为每一项花费付款，而且带她到非常高雅的餐厅用餐。电影结束后，小健提议到附近的湖边聊一聊，小娜没有多想就答应了。

那天晚上没有月亮，伸手不见五指，周围一片寂静。小娜想要离开，又怕深爱的小健扫兴，最后她还是硬着头皮与小健坐了下来。聊着聊着他们接吻了，然后小健想要拉下小娜的紧身衣，小娜拼命拒绝，可是她怎能制服一个高大健硕的男人呢？就这样，小娜被牢牢压在了小健身下……

事后，小娜一个人坐在湖边哭了整整一夜，她想不明白，一场原本浪漫美妙的约会，怎么会演变到这种状况呢？

据近几年的调查，大学生婚前性行为的发生率有逐年增高的趋势。这其中的原因有很多，一些大学生将西方文化当中的“性开放”错误地理解成可以不加控制地释放自己的性冲动，可以不对自己的性行为负责；另一些大学生则将性行为看成是显示爱情忠诚、表达爱情稳定的手段；女大学生在面对性行为的要求时则往往表现为不忍心拒绝对方，担心对方因自己的拒绝受到伤害，而正如案例当中所揭示的，柔弱的女生往往是这场性变革中的受害者。而不管是男生一时的冲动还是女生一时的忍让，其后果都是不堪设想的。

婚前性行为可能引发诸多危害。首先，婚前性行为会对性本身造成伤害。婚前性行为是不被传统道德允许的，因此总是在一种偷偷摸摸的状态下进行，生怕自己的“罪行”被别人发现。这样的一种环境使得男女双方很难感受到性行为带来的快感，容易留下痛苦的性经验，从而导致性功能障碍。其次，性关系对正常的人际交往也有影响。近些年，很多大学附近都会存在所谓的“大学生夫妻部落”的居民区，很多大学情侣都会在那享受“二人世界”，而这就使得男女双方完全封闭在了自己的圈子里，丧失了正常交朋友、学习、工作的环境，阻碍了人格的发展和成熟。再次，婚前性行为会使失恋的痛苦加剧并且影响到将来婚姻。性关系是婚姻关系中的一环，婚前性行为的发生会让男女双方无形中形成婚姻契约，所以若在这种情形下分手，对分手双方，尤其是女方会带来严重的情感缺失感。这种心理损害是难以修复的，很多人一生都未能从破裂的性关系的痛苦中得到完全恢复。这种刻骨铭心的记忆会严重影响到以后的婚姻生活，曾经性伴侣的影像会在脑海中不断闪现，这不仅困扰自己，让自己内疚、难过，也会影响到婚姻另一方对自己的信任感，因此亲密关系很难形成。最后，婚前性行为很容易导致意外怀孕、性病等危险，对身体造成不可弥补的创伤，其后果更是不言而喻的。

关于婚前性行为的忠告：

给男生的忠告：

(1) 明确自己性行为的目的；

(2) 如果你爱她，就请给她最起码的尊重；

(3) 明确对方穿着性感并不意味着对你发出性邀请。

给女生的忠告：

(1) 用坚定的态度表达你对于性行为的底线，并且向对方明确表达你的意思；

(2) 在性方面要有独立的原则，切勿依赖男生；

(3)注意和男性相处的地点；

(4)不要发出令人误解的信号。

3. 同性恋

同性恋案例：

小达是一名大一男生，不仅学习优秀而且工作出色，在班里有良好的人际关系，常常得到老师和领导的褒奖。可是当他面对我的时候，表现出的不是自信和得意而是焦虑和迷茫。

“你知道，因为那个问题，我不想当学习委员，我觉得会对同学们造成不好的影响。”

“那个问题”是我们咨询过程中一直在讨论的问题，可是他始终不能自然地把这个问题直白地讲出来，因为这给他带来了太多的负面影响，让他不敢面对。“那个问题”就是同性恋问题。

"我从来没有怀疑过自己喜欢男生，我对这一点很肯定。我从小到大，看到漂亮帅气的男生就会被吸引，感到害羞和紧张。很喜欢跟男生在一起玩儿。小时候，我不知道什么是爱情、什么是同性恋的时候就是这样了，我把它误以为这是友情。一直到高中，当我看到跟我关系最好的男生有了女朋友的时候，我哭了一个晚上，我这才知道原来我跟他之间不是友情，我一直迷恋着他、爱着他。"

小达坚定的语气让我感受到他对于自己性取向的肯定。但是这时他话锋一转，忧伤也浮现在脸上。

"我现在有喜欢的人，可是我却不能跟他在一起。因为我爸妈肯定不会同意的，他们都是很爱面子的人，况且我是家中的独子，他们如果知道我这样一定会生气和伤心。我不想他们这样。他们希望我结婚生子，可我知道我不会跟女生恋爱结婚，那样不仅是委屈自己，对那个女生也不负责任。我真的不敢再想以后了，我觉得自己没有以后……"

同性恋是指在正常社会生活条件下，被同性吸引，对同性持续表现性爱倾向。关于同性恋一直是个饱受争议的话题，很多人认为同性恋是人格障碍，属于性变态，但又有一部分专家认为个体的性取向很可能是由基因、荷尔蒙、认知、环境等多方面因素相结合决定的。同性恋和异性恋在性唤起时有相似的生理反应，他们的性欲也似乎是被同种类型的触觉刺激引起的。所以同性恋已经被一些国家和法律所接受。

尽管如此，同性恋者仍然承受着巨大的心理压力和冲突，在我国相对保守的性文化下更是如此。社会异样的眼光让同性恋者无法正视自己的性取向，有些同性恋认为自己是病态的，有些人认为自己是罪孽深重的，这样的想法让同性恋者陷入到巨大的痛苦和孤独之中。

同性恋的性取向在社会上始终是少数，他们怎么样才能适应这个社会呢？这是需要社会和同性恋者共同努力的。首先，培养一个二元文化认同。同性恋者不应该把自己定位于极端群体（与世隔绝的同性恋生活或者全盘接受主导文化），而应意识到同性恋不过是一种生活方式，与正常人无异，强调自我的权利。当然这需要全社会培养一种二元文化认同。只有平衡两种文化的要求，同性恋者才能够更好地面对自己、面对社会。其次，容忍他人的性取向。当发现同学中有同性恋者，应该以包容、理解的心态去看待，而不是嘲笑与讥讽，更不能因此而全盘否定这个同学。

【课堂练习】

弗洛伊德是如何划分性心理发展阶段的？请说出每个阶段典型的人格特征。

知识链接

了解艾滋病

2010年12月1日是第23个"世界艾滋病日"。我国2010年世界艾滋病日的宣传主题仍然是"遏制艾滋，履行承诺"，副标题是"权益，责任，落实"，旨在进一步加强领导，落实责任，采取更为有效的措施，全面实现艾滋病预防、治疗、关怀和支持服务普遍可及的目标，动员社会各界积极参与防治工作，关爱艾滋病病毒感染者和病人及其家庭，消除歧视。

截至2005年年底，中国有艾滋病病毒感染者约65万人（54万～76万人），其中艾滋病病人约7.5万人；人群感染率平均为0.05%。2005年新发生艾滋病病毒感染约7万人，因艾滋病死亡约2.5万人。中国艾滋病疫情仍呈上升趋势，发病和死亡情况依然严重，疫情由高危行为人群向一般人群扩散，新发生的感染以注射吸毒和性传播为主，存在疫情进一步蔓延的危险。

1. 什么是艾滋病？

艾滋病是一种病死率很高的严重传染病，它的医学全称是“获得性免疫缺陷综合征”(AIDS)。这个命名表达了三个定义：第一，获得性：表示在病因方面是后天获得而不是先天具有的，是由艾滋病病毒(HIV)引起的传染病；第二，免疫缺陷：主要是病毒造成人体免疫系统的损伤而导致免疫系统的防护功能减低、丧失；第三，综合征：表示在临床症状方面，由于免疫缺陷导致的多种系统的机会性感染、肿瘤而出现的复杂征候群。

2. 感染者与艾滋病患者有什么不同？

艾滋病病毒进入人体后的繁殖需要一定的时间。在开始阶段，感染者的免疫功能还没有受到严重破坏，因而没有明显的症状，我们把这样的人称为艾滋病病毒感染者。当感染者的免疫功能被破坏到一定程度后，其他病菌就会乘虚而入，这时，感染者就成为艾滋病患者了。从艾滋病病毒感染者发展到艾滋病患者可由数月至数年，一般为8～10年，最长可达19年。

3. 健康人是怎样感染艾滋病病毒的？

艾滋病主要通过性接触、血液和母婴三种途径传播。

4. 艾滋病可以治疗吗？

尽管目前艾滋病还不能治愈，但还是可以治疗的。得了艾滋病应该针对症状，及时地、积极地进行治疗，如得了肺炎，就要及时把肺炎治好；得了感冒，要抓紧把感冒治好。而且，目前已经有了抗病毒治疗方法，尽管不能完全消灭体内的艾滋病病毒，但可以有效抑制它的繁殖，这样就可以大大延长艾滋病病毒感染者的寿命。

5. 艾滋病有哪些症状？

从感染艾滋病病毒到发展成艾滋病患者，可分为三个时期：

(1) 急性感染期：一般在感染艾滋病病毒后2～6周出现。表现为发热、咽喉痛、淋巴结肿大、皮疹等，一般持续约两周自行消退。但不是所有的人都会有明显的急性感染期，出现率约为50%～75%。此期感染者具有传染性。

(2) 无症状感染期：其特点是没有明显的症状，是艾滋病的潜伏期。潜伏期内的艾滋病病毒感染者具有传染性，又称作艾滋病病毒携带者，这时的艾滋病病毒抗体阳性检出率几乎达100%。

(3) 艾滋病期：表现为全身症状，如持续不规则低热；持续性全身性淋巴结肿大，特别是除腹股沟以外，全身有两处以上部位淋巴结肿大，一般1厘米大小，不疼痛；持续慢性腹泻；三个月内体重下降10%以上；盗汗，初为夜间出现，继而发展到白天也存在；极度乏力、记忆力减退、反复头痛、反应迟钝乃至痴呆；出现肺炎、结核、肠炎等，甚至肿瘤。艾滋病病毒抗体阳性。

6. 艾滋病病毒感染者会立即死亡吗？

感染了艾滋病病毒不会立即死亡。潜伏期越长，艾滋病病毒感染者的生命也越长。所以，感染了艾滋病病毒的人，千万不要自暴自弃，而是要想方设法延缓发病。只要没有进入发病期，艾滋病病毒携带者能和正常人一样生活、工作。

7. 怎样预防艾滋病病毒通过性行为传播？

预防艾滋病病毒通过性行为传播，要采取安全的性行为。一是只有一个相互忠诚、没有感染艾滋病的性伴侣；二是每次性生活都正确使用安全套。

8. 性病可以增加艾滋病感染的可能性吗？

是的。因为许多种性病会造成生殖部位炎症或溃疡，使皮肤或黏膜破损，如果这时与艾滋病病毒感染者发生性行为，对方精液中或阴道分泌液中的艾滋病病毒就会通过破损的皮肤或黏膜进入体内。所以，性病患者比一般人更容易感染和传播艾滋病。如果担心自己感染性病，去医院进行检查是最可靠的办法。得了性病后，应尽快到医院接受正规治疗，千万不可自己乱用药，或者到街头游医那里治疗，这都可能延误病情，后患无穷。还有些人不按照医生的要求彻底治疗，而是在症状一消失就自行停止治疗，这样往往不会彻底治愈，还有可能导致严重的并发症。

9. 吸毒者是怎样感染艾滋病病毒的？

吸毒者常常共用针管、针头。如果其中有一人感染艾滋病病毒，注射器就会被污染，那么艾滋病病毒就会通过针具传染给其他吸毒者。此外，毒品使吸毒者的体质下降，增加了艾滋病病毒感染和发病的可能性。

10. 艾滋病病毒会通过母亲传染给婴儿吗？

感染了艾滋病病毒的妇女可能会在怀孕的后期、分娩过程中和母乳喂养时把艾滋病病毒传给胎儿或婴儿，传播的可能性为25～40%，一般为30%左右。

11. 一般的日常生活接触会感染艾滋病病毒吗？

日常生活接触是不会感染艾滋病病毒的。下面这些行为，都不会传播艾滋病病毒。

(1) 与艾滋病病毒感染者握手、拥抱、抚摸、礼节性接吻；

(2) 与艾滋病病毒感染者一起吃饭、喝饮料以及共用碗筷、杯子；

(3) 与艾滋病病毒感染者一起使用公共设施，如厕所、游泳池、公共浴池、电话机、公共汽车；

(4) 与艾滋病病毒感染者一起居住、劳动、共用劳动工具；

(5) 购物、使用钞票；

(6) 咳嗽、打喷嚏、流泪、出汗、撒尿；

(7) 蚊子、苍蝇、蟑螂等昆虫叮咬。

12. 怎样对待身边的艾滋病病毒感染者？

如果身边发现了艾滋病病毒感染者，不用害怕，更不能看不起、排斥他们。对待艾滋病病毒感染者的正确态度是：同情、关心并尽力帮助他们，使他们能够正常生活和工作，不扩散他们的病情。如果别人对他们感到恐惧，我们可以带头到他们的家里去，跟他们握手，帮助他们收庄稼，从而消除人们的恐惧感。

13. “红丝带”象征什么？

“红丝带”象征着对艾滋病病毒感染者和患者的关心和帮助，象征着对生命的热爱和对平等的渴望，象征着要用“心”来参与艾滋病防治工作。目前我国的HIV母婴传播资料极不详尽。

第九章　从顺境中找到阴影，从逆境中找到光明

——大学生的心理困扰与心理障碍

案例介绍

什么事都在发生

某大学三年级学生王某来到心理咨询中心求助。他自诉：坐在教室里看书时，总担心会有人坐在身后并干扰自己，有强烈的不安全感，以致只能坐在角落或者靠墙而坐，否则无法安心看书；对同寝室一位同学放收音机的行为非常反感，有时简直难以忍受，尤其是中午睡午觉时总担心会有收音机的声音干扰自己，从而睡不着觉，经常休息不好。但是，他又不好意思跟室友发生当面冲突，总觉得为这样的小事而引发同学矛盾很不好。出现这种情况大概有一年时间了，想了很多办法却始终不能摆脱这种心理困境，自己感到很苦恼，严重影响了正常的学习和生活。目前，王某的学习一般，在班上成绩中等。当看到其他同学都在准备考研时，自己也想考，但又不能集中精力学习。现在即将毕业，他的心中一片茫然，担心找不到理想的工作，有时候也懒得去想这个问题，怕增添烦恼。通过几次心理访谈，咨询者发现，该生家在农村，经济状况一般，自认为有责任挑起家庭的重担，但又觉得力不从心；该生自卑，缺乏自信，生活态度比较消极，认为所有的一切都糟透了。

【案例分析】

实际上，该生的心理困境主要是由各种压力源造成的。首先，该生即将面临大学毕业，择业困难构成其压力源的核心。择业压力所导致的心理紧张和心理困境，其实质是由来访者自身能力与理想目标之间的落差造成的，落差越大，心理压力也就越大。学习成绩一般，对自己缺乏信心，但家在农村，又觉得自己责任重大，必须找到一份好工作，因此心理压力是相当大的，而且与日俱增。其次，择业压力使来访者在心理上产生不安全感。行为发生学认为，当人受到刺激时就会做出某种特定的反应。来访者面对压力，采取的是消极应对策略——回避。虽然不去想它，但是问题和压力却仍然存在。再次，择业压力使来访者的心理变得异常敏感和脆弱，这一点在他的日常学习和生活过程中直接体现出来。哪怕有一点动静，在教室看书或者在宿舍睡午觉就会受到干扰；严重时，即使没有任何干扰，来访者也会怀疑、担心和害怕受到干扰。第四，择业压力和敏感的心态极易使来访者面临人际冲突问题，这是来访者采取回避和压抑等消极应对策略的必然结果。在与同学相处时，尽管来访者自己也意识到只是一些很小的事情，但就是不能控制自己。当某件事情或某个人多次引起自己的反感和不快时，就很自然地把自我消极情绪固着在该事或该人，从而影响人际关系的和谐与沟通。实际上，这是由于来访者刻意回避主要现实压力，导致压力感(压力能量)转移的结果。

自我认知：

我国大学生正处于心理未成熟时期，从以往学习为重的生活状态进入到大学校园这个微型社会当中，在社会阅历匮乏的情况下，面临着越来越复杂的人际关系和越来越大的竞争压力，由此产生的学习、生活、情感和就业压力也随之明显增大，因此心理困扰自然而然地增加了。如果这些心理困扰得不到重视和及时地处理，会严重影响大学生的健康成长。根据卫生部的数据，目前有 3 000 万青少年存在不同程度的心理问题，大学生中 20% 左右的人有心理障碍，因为心理问题不能正常学习和生活而休学或者退学的学生人数逐年增加。因此，大学生应对自己的心理状态有一个明确的认识。

《症状自评量表- SCL90》是世界上最著名的心理健康测试量表之一，是当前使用最为广泛的精神障碍和心理疾病门诊检查量表，您可以通过该表从十个方面来了解自己的心理健康程度。

指导语：以下列出了有些人可能会有的问题，请仔细地阅读每一条，然后根据最近一星期以内下述情况影响您的实际感觉，在每个问题后标明该题的程度得分。其中，“没有”选 1，“很轻”选 2，“中等”选 3，“偏重”选 4，“严重”选 5。

题目	选择
1. 头痛	1-2-3-4-5
2. 神经过敏，心中不踏实	1-2-3-4-5
3. 头脑中有不必要的想法或字句盘旋	1-2-3-4-5
4. 头昏或昏倒	1-2-3-4-5
5. 对异性的兴趣减退	1-2-3-4-5
6. 对旁人责备求全	1-2-3-4-5
7. 感到别人能控制您的思想	1-2-3-4-5
8. 责怪别人制造麻烦	1-2-3-4-5
9. 忘记性大	1-2-3-4-5
10. 担心自己的衣饰整齐及仪态的端正	1-2-3-4-5
11. 容易烦恼和激动	1-2-3-4-5
12. 胸痛	1-2-3-4-5
13. 害怕空旷的场所或街道	1-2-3-4-5
14. 感到自己的精力下降，活动减慢	1-2-3-4-5
15. 想结束自己的生命	1-2-3-4-5
16. 听到旁人听不到的声音	1-2-3-4-5
17. 发抖	1-2-3-4-5
18. 感到大多数人都不可信任	1-2-3-4-5
19. 胃口不好	1-2-3-4-5
20. 容易哭泣	1-2-3-4-5
21. 同异性相处时感到害羞不自在	1-2-3-4-5
22. 感到受骗，中了圈套或有人想抓住您	1-2-3-4-5
23. 无缘无故地突然感到害怕	1-2-3-4-5
24. 自己不能控制地大发脾气	1-2-3-4-5
25. 怕单独出门	1-2-3-4-5
26. 经常责怪自己	1-2-3-4-5
27. 腰痛	1-2-3-4-5
28. 感到难以完成任务	1-2-3-4-5

（续表）

题目	选择
29. 感到孤独	1-2-3-4-5
30. 感到苦闷	1-2-3-4-5
31. 过分担忧	1-2-3-4-5
32. 对事物不感兴趣	1-2-3-4-5
33. 感到害怕	1-2-3-4-5
34. 您的感情容易受到伤害	1-2-3-4-5
35. 旁人能知道您的私下想法	1-2-3-4-5
36. 感到别人不理解您、不同情您	1-2-3-4-5
37. 感到人们对您不友好，不喜欢您	1-2-3-4-5
38. 做事必须做得很慢以保证做得正确	1-2-3-4-5
39. 心跳得很厉害	1-2-3-4-5
40. 恶心或胃部不舒服	1-2-3-4-5
41. 感到比不上他人	1-2-3-4-5
42. 肌肉酸痛	1-2-3-4-5
43. 感到有人在监视您、谈论您	1-2-3-4-5
44. 难以入睡	1-2-3-4-5
45. 做事必须反复检查	1-2-3-4-5
46. 难以作出决定	1-2-3-4-5
47. 怕乘电车、公共汽车、地铁或火车	1-2-3-4-5
48. 呼吸有困难	1-2-3-4-5
49. 一阵阵发冷或发热	1-2-3-4-5
50. 因为感到害怕而避开某些东西、场合或活动	1-2-3-4-5
51. 脑子变空了	1-2-3-4-5
52. 身体发麻或刺痛	1-2-3-4-5
53. 喉咙有梗塞感	1-2-3-4-5
54. 感到前途没有希望	1-2-3-4-5
55. 不能集中注意力	1-2-3-4-5
56. 感到身体的某一部分软弱无力	1-2-3-4-5
57. 感到紧张或容易紧张	1-2-3-4-5
58. 感到手或脚发重	1-2-3-4-5
59. 想到死亡的事	1-2-3-4-5
60. 吃得太多	1-2-3-4-5
61. 当别人看着您或谈论您时感到不自在	1-2-3-4-5
62. 有一些不属于您自己的想法	1-2-3-4-5
63. 有想打人或伤害他人的冲动	1-2-3-4-5
64. 醒得太早	1-2-3-4-5
65. 必须反复洗手、点数目或触摸某些东西	1-2-3-4-5
66. 睡得不稳不深	1-2-3-4-5
67. 有想摔坏或破坏东西的冲动	1-2-3-4-5
68. 有一些别人没有的想法或念头	1-2-3-4-5
69. 感到对别人神经过敏	1-2-3-4-5
70. 在商店或电影院等人多的地方感到不自在	1-2-3-4-5

（续表）

题目	选择
71. 感到任何事情都很困难	1-2-3-4-5
72. 一阵阵恐惧或惊恐	1-2-3-4-5
73. 感到在公共场合吃东西很不舒服	1-2-3-4-5
74. 经常与人争论	1-2-3-4-5
75. 单独一个人时神经很紧张	1-2-3-4-5
76. 别人对您的成绩没有作出恰当的评价	1-2-3-4-5
77. 即使和别人在一起也感到孤单	1-2-3-4-5
78. 感到坐立不安心神不定	1-2-3-4-5
79. 感到自己没有什么价值	1-2-3-4-5
80. 感到熟悉的东西变成陌生或不像是真的	1-2-3-4-5
81. 大叫或摔东西	1-2-3-4-5
82. 害怕会在公共场合昏倒	1-2-3-4-5
83. 感到别人想占您的便宜	1-2-3-4-5
84. 为一些有关性的想法而很苦恼	1-2-3-4-5
85. 您认为应该因为自己的过错而受到惩罚	1-2-3-4-5
86. 感到要很快把事情做完	1-2-3-4-5
87. 感到自己的身体有严重问题	1-2-3-4-5
88. 从未感到和其他人很亲近	1-2-3-4-5
89. 感到自己有罪	1-2-3-4-5
90. 感到自己的脑子有毛病	1-2-3-4-5

结果分析：

SCL-90 主要提供以下分析指标：

1. 总分和总均分

总分是 90 个项目各单项得分相加，最低分为 90 分，最高分为 450 分。

总均分＝总分÷90，表示总的来看，被试的自我感觉介于 1～5 的哪一个范围。

2. 阴性项目数表示被试“无症状”的项目有多少。

3. 阳性项目数表示被试在多少项目中呈现“有症状”。

4. 阳性项目均分表示“有症状”项目的平均得分。可以看出被试自我感觉不佳的程度究竟在哪个范围。

5. 因子分

该量表包括 90 个条目，共 9 个分量表，10 个因子，即躯体化、强迫症状、人际关系敏感、抑郁、焦虑、敌对、恐怖、偏执、精神病性及其他。

1	躯体化	1,4,12,27,40,42,48,49,52,53,56,58	12 项
2	强迫症状	3,9,10,28,38,45,46,51,55,65	10 项
3	人际关系敏感	6,21,34,36,37,41,61,69,73	9 项
4	抑郁	5,14,15,20,22,26,29,30,31,32,54,71,79	13 项
5	焦虑	2,17,23,33,39,57,72,78,80,86	10 项
6	敌对	11,24,63,67,74,81	6 项
7	恐怖	13,25,47,50,70,75,82	7 项
8	偏执	8,18,43,68,76,83	6 项
9	精神病性症状	7,16,35,62,77,84,85,87,88,90	10 项
10	其他	19,44,59,60,64,66,89	7 项

各因子的因子分的计算方法是：各因子所有项目的分数之和除以因子项目数。例如强迫症状因子各项目的分数之和假设为30，共有10个项目，所以因子分为3。在1～5评分制中，粗略简单的判断方法是看因子分是否超过3分，若超过3分，即表明该因子的症状已达到中等以上严重程度。下面是正常成人SCL－90的因子分常模，如果因子分超过常模即为异常。

正常成人SCL－90的因子分布(常模)

项 目	X±SD(N=1 388)
躯体化	1.37±0.48
强迫症状	1.62±0.52
人际关系敏感	1.65±0.61
抑郁	1.50±0.59
焦虑	1.39±0.43
敌对	1.46±0.55
恐怖	1.23±0.41
偏执	1.43±0.57
精神病性症状	1.29±0.42

下面是10个因子的定义：

(1) 躯体化因子：该因子主要反映主观的身体不适感，包括心血管、胃肠道、呼吸道系统，主诉不适和头痛、脊痛、肌肉酸痛，以及与焦虑有关的其他躯体表现。

(2) 强迫症状：该因子主要指那种明知没有必要，但又无法摆脱的无意义的思想、冲动、行为等表现，还有一些比较一般的感知障碍(如思维空虚、记忆力下降等)也在这一因子中反映。

(3) 人际关系敏感：该因子主要是反映某些个人不自在感与自卑感，尤其是在与其他人相比较时更为突出。自卑、懊丧，以及在人事关系明显相处不好的人，往往这一因子得高分。

(4) 抑郁因子：反映的是临床上抑郁症状群相联系的广泛的概念。抑郁苦闷的感情和心境是代表性症状，它还以对生活的兴趣减退、缺乏活动的愿望、丧失活动力等为特征，并包括失望、悲叹、与忧郁相联系的其他感知及躯体方面的问题。

(5) 焦虑因子：包括一些通常临床上明显与焦虑症状相联系的症状与体验。一般指那些无法静息、神经过敏、紧张，以及由此产生的躯体征象(如震颤)。那种游离不定的焦虑及惊恐发作是本因子的主要内容，它还包括有一个反映"解体"的项目。

(6) 敌对因子：主要反映病人的敌对表现、思想、感情及行为。包括从厌烦、争论、摔物，直至争斗和不可抑制的冲动暴发等各个方面。

(7) 恐怖因子：与传统的恐怖状态所反映的内容基本一致，恐惧的对象包括出门旅行、空旷场地、人群，或公共场合及交通工具。此外还有反映社交恐怖的项目。

(8) 偏执因子：偏执是一个十分复杂的概念，本因子只是包括了它的一些基本内容，主要是指思维方面，如投射性思维，敌对、猜疑、妄想、被动体验和夸大等。

(9) 精神病性症状：其中有幻想、思维散、被控制感、思维被插入等反映精神分裂症状的项目。

(10) 其他：该因子是反映睡眠及饮食情况的。

通过自测，现在你对自己的心理状况是否有一个大概的了解呢？也许你发现自己存在一些心理困扰。其实就如同感冒、发烧一样，心理问题是普遍存在的，因此让同学们懂得如何去面对和处理心理问题是极为重要的。本章通过介绍大学生常见的心理问题、神经症和行为障碍，旨在让大学生学会自己察觉和调整心理问题或心理障碍。

第一节 大学生常见心理问题

小故事

案例一：小敏是外语学院大三的学生，不仅人长得漂亮，而且成绩优异，口语水平极佳，经常在英语比赛中获得奖项。小敏在同学们的眼中近乎完美，老师也对她颇为赏识，因此常常安排她做一些英语翻译工作。文案工作小敏都能够出色地完成，可是口译的工作她却一再推脱，不敢胜任。尽管老师和同学一再地鼓励，但是她依然不敢尝试，总觉得自己完不成任务，会在大家面前出丑。小敏的自卑不仅体现在学习上，还体现在人际交往上。这样优秀的女孩子肯定有很多的追求者，但是她面对追求者总是采取回避、不理睬的态度，让很多的男孩子以为她是心高气傲，最终对她失去耐心和兴趣。其实小敏是对自己的言谈举止、穿衣打扮等感到不满，不敢接受男孩子的追求，觉得自己配不上别人。

案例二：小琳是班级里的尖子生，已经连续两年获得了校级奖学金。大三这年她也以综合测评成绩第一的身份获得了校级一等奖学金，然而与奖学金一同扑面而来的不是褒奖而是贬损。班级同学一直在传说小琳的综合测评成绩有造假的嫌疑，很多活动分数都是她编出来的，并没有真的参加过。小琳在咨询室中向我承认了自己造假的事实，并且流下悔恨的眼泪。"都是我那该死的虚荣心作祟，我真的很后悔。我真不知道该如何面对班里的同学了。"

案例三：小姜和小吕是医学院的大三学生，不仅是好朋友，也是一个宿舍的舍友。小吕和小姜虽然是好朋友，但是两人的性格却相差甚远。小吕性格开朗活泼，小姜则性格内向。随着时间的流逝，小吕热情的性格被很多同学喜欢，朋友也越来越多，而小姜则仍然只有小吕这一个好朋友。小姜渐渐觉得自己就像只丑小鸭，小吕则是美丽的白天鹅，什么事都让她抢尽了风头。当看到小吕与其他同学开心地玩在一起，小姜觉得她虚伪、做作，让人讨厌。大三下学期，学校组织了模特大赛，身材样貌出众的小吕精心挑选了服装准备参加大赛。然而，小姜得知这一消息后，不仅不为小吕感到高兴，反而更加的嫉妒、厌恶小吕。就在大赛开始的前一天，小姜趁小吕不在宿舍，将她的衣服撕碎丢进了垃圾桶。小吕发现后，感到莫名其妙，不知道自己做了什么让小姜这般地讨厌自己。

【分享感悟】

案例中小敏表现出的自卑，小琳表现出的虚荣和小姜表现出的嫉妒都是大学校园里常见的心理问题。这些心理问题如果能够保持在正常范畴，并不会严重地影响到学习和生活，但是如果像案例中那样发展下去，不能得到及时的调整，便会妨碍同学们的人际交往和学业。因此，我们需要正视自己的心理问题，让心理问题得到及时的解决，避免悲剧的发生。

知识讲堂

一、解读大学生的心理问题

心理问题的涵义我们已经在第一章的第二节向大家介绍过了。具体来讲，心理问题可以按照严重程度划分为一般心理问题和严重心理问题。所谓一般心理问题是指由现实因素引发，问题的持续时间较短（一般为一到两个月），个体感受到的不良情绪仅仅局限于最初引发事件，并未泛化到其他事件上，这种不良的情绪反应可由理智控制，社会功能没有遭受到严重的破坏，即学习、生活、工作、社会交往能基本维持下去，但效率有所下降。严重心理问题与一般心理问题的不同在于它也是由现实因素激发，但是现实因素程度强烈，产生的负面情绪程度高，且负面情绪间断或不间断地持续。负面的情绪不但被最初刺激引起，而且与最初刺激相似、相关联的刺激也会引起痛苦，即不良情绪的泛化。严重心理问题有时伴有某一方面的人格缺陷。本节我们主要讨论一般心理问题，也可以称作心理困惑。此类心理困惑或多或少、或大或小地存在于实际生活当中，它不等同于心理障碍或是心理疾病。所以有心理问题并不是不正常的。一般心理问题几乎随处可见。它所反映的仅仅是一种不健康的心理状态而非病理状态。

一般心理问题的特征：

1. 无力感：表现为自信心的不足，自我效能感偏低，也就是在遇到压力的事件时，感到紧张、惊慌，认为自己没有能力解决该事件的感觉。

2. 情绪低落：主要表现为遭受到心理挫折后，感觉到自我否定、意志消沉、情绪低落、无精打采，有一种悲观厌世的感觉。心理挫折诸如失恋、奖学金竞争失败等。

3. 焦虑情绪：主要表现在当预设要发生自己无法解决或承受的事件时所表现出的担心、害怕和紧张，严重的还会出现冒汗、发抖、坐立不安的生理表现。这种情绪反应一般会随着目标事件的结束而有所缓解。如四六级考试前大多数学生都会产生焦虑，但随着四六级考试的结束，焦虑也会逐渐消除。

4. 自我关注：心理问题出现时个体会将关注点过多地放在自身，无法顾及自我以外的世界，总是沉溺于自我问题的出现和解决上，导致负面情绪。

5. 心理活动固定化：个体在很长一段时间里被某种想法困扰，不知如何处理，又无法排解的心理现象。个体执著在消极问题上，感受消极的体验。在心理健康的情况下，个体心理活动是不断变化的、灵活的，关注和思考的问题也不断变化。

二、大学生常见的心理问题

（一）自卑心理

1. 自卑心理测试

题　目	是	否
1. 你有自卑心理吗？		
2. 遇到难事，你想寻求帮助，但又不愿开口求人，怕被别人取笑或者轻视		
3. 当别人遇到麻烦事，你常会有幸灾乐祸的感觉		
4. 你爱向人自夸自己的能力和“光荣历史”		
5. 你认为学习成绩、工作成绩是很重要的		
6. 你觉得入乡随俗是件困难的事情		
7. 你觉得人的面子最重要，轻易认错是很失面子的事情		
8. 你害怕生人或陌生的地方		
9. 常常自问“我是很行的吗？”这类问题		
10. 你常觉得自己是不利处境下的牺牲品		
11. 你是个爱虚荣的人		

结果分析："是"1分，"否"0分。

得　分	性　　　格
0～2分	很有自信，能与人和睦相处
3～6分	缺乏自信心，行事可能保守，缺少魄力，也许安于现状，生活在平静无事的环境中。认真反思一下，把能做和想做的事情列表，你会发现事实上你能做的事比想做的事多很多
7～10分	你有强烈的自卑感，即使表面上你自信、自负或者自傲，但你很可能在自傲和自卑两者中徘徊，有时候性格上的矛盾令你痛苦和害怕

2. 自卑的定义

自卑，是由于个体对自己过于频繁的评价以及过低评价所导致的一种消极心理。它使得个体无法接受和悦纳自己，总是轻视、看低自己，进而认为别人看不起自己，认为自己总是低人一等。自卑心理是心理问题的主要根源之一，所有心理障碍的原因都能归结于此。

3. 自卑产生的原因

心理学家阿德勒认为自卑感是与生俱来的，每个人都有不满足现状，希望超越自己的心理倾向，但是自卑感过强的人往往是因为经历过严重的挫折，导致了难以治愈的心理创伤。比如，一个自小养尊处优，生活一帆风顺，被亲人和朋友宠爱的女生，被恋爱多年的男友抛弃后，自然会打破她对自己的原有认识。这种情况下如果不能客观地审视自己，剖析分手的原因，就极易将分手归结为自己的问题，进而产生自卑感。成年人对抗挫折的自愈能力是相对较强的，童年时期遭受的创伤会使自卑感持续的时间更长，影响更大，难以克服。我们常会看到那些自卑感强烈的人多数都在童年期被父母过度的贬低和责骂，并将父母的意见内化成自己对自己的看法，即使成年之后依然无法摆脱这样的阴影。

当然并非所有的人在面对挫折事件时都会产生自卑心理，挫折事件作为外部因素主要是通过个体的主观原因起作用的，而其中影响最大的是性格因素，性格的不同决定了失败归因的差别，一般情况下，完美主义、内向、悲观、偏见、孤独等性格特征容易将失败归结为自身原因，进而引发自卑心理。

4. 自卑的害处

长期受到自卑心理影响的个体就像是被下了诅咒一样处在暗淡的生活氛围中。他们看到的总是别人的长处和自己的短处。他们总是说"A的英语比我说得好""B的朋友比我多""C的成绩比我好"。这样的比较让他们总是位于人生的低谷，看不到光明，即使成功地完成了某项任务，他们也会将此归结于侥幸而非自己的努力。不断地体会挫败的感觉会导致情绪抑郁，甚至会走上自杀的道路。

5. 自卑心理的防治

(1) 正确认识自己、客观评价自己

我们对于自己的探索应该如同我们探索外部世界一般永无止境。对于自我的认识最忌讳被刻板印象束缚。比如一个自认数学能力不好的人仅仅是因为小学一次数学考试不及格，而小学的那次数学考试也许并不能反映真实的数学能力。"自卑就像一座牢笼，钳制着你的潜能。"只有不断地打破对自己的原有认识，承认自己能力、素质和心理特点的发展，既不夸大自己的短处，也不忽视自己的长处，客观地评价自己，才能确立适合自己的目标。而这恰恰是迈向成功的第一步。

(2) 通过比较促进成长

自卑感过强的人似乎是在用与他人的比较来逼迫自己不断地品尝失败的滋味，他们总是用自己的缺点与别人的长处比较，而不能够做到公平的比较。比较应该全面，不仅要比缺点，也要比优点。只有比较优点，才能够肯定自己的长处，让自己能够坚定自己所坚持的道路，更加努力地前进，取得进步。当然，最重要的是同自己的过去比较，只要能够觉察到每一天都比之前的自己有所进步，那么便意味着成长。

(3) 积极的自我暗示

当面对困境时，自卑者会习惯性地担心自己的能力不够，无法渡过难关，而低估自己的能力恰恰是导致失败的消极暗示。所以，自卑者缺乏的不是应对问题的能力，而是自信心。所以，当我们面对困难信心不足时，应该进行积极的心理暗示，告诉自己"我可以，我的能力足以让我克服这道难关！"这时，你就会付出自己最大的努力去面对它，犹豫不决、担心害怕也会被全心投入所取代，最后成功必然会属于你。积极的自我暗示也可以在平常生活中有规律地去做，比如睡前躺在床上，你可以闭上眼睛默念自己的目标多遍，暗示的积极作用就会进入到潜意识当中，帮助你在实现目标的过程中信心满满。

(二) 虚荣心理

1. 虚荣心理测试

题　　目	是	否
1. 喜欢谈论有名气的亲戚朋友或以同名人交往为荣		
2. 热衷于时髦服装，追逐流行用品		
3. 行事购物喜欢摆阔		
4. 热衷于一鸣惊人的成果		
5. 对名著、影片只求一知半解，夸夸其谈		
6. 好表现自己，尤其想在大庭广众面前露一手		
7. 好掩饰自己		
8. 对表扬沾沾自喜		
9. 对批评耿耿于怀		
10. 表面热情，内心冷淡，讨好别人		
11. 找对象过分追求长相门第		
12. 婚礼讲排场，摆阔气		
13. 讲面子，面子第一		

结果分析："是"1分，"否"0分。

如果得分在8分以上，表明你是一个虚荣心相当强的人。在他人面前无时无刻不在注意自己，总想给别人留下好印象。

如果得分在6～8分，表明你有点虚荣心，比较在意自己的外表和给他人的印象，但仍然觉得人生还有比外表更重要的事情。

如果得分在0～6分，表明你一点虚荣感心都没有，宁愿把注意力放在重要的事情上，也不愿意花许多时间和金钱在虚无的外表上。

2. 虚荣心的定义

虚荣心是一种常见的心理状态，它与自尊是息息相关的。自尊心人人都有，但是过分的自尊就会表现成虚荣心。它是个体过分注重外表和荣誉，希望引起广泛注意而表现出的一种不当的情感。为了表现自己，虚荣心过强的人们常常采用炫耀、虚假、华而不实的方法来引人注目。

3. 虚荣心产生的原因

拥有表演型人格倾向的个体常常表现出过强的虚荣心。表演型人格倾向的个体与人交往以自我为中心，缺乏理性，感情用事，考虑问题肤浅，情绪起伏大，用夸张的言行吸引他人的注意。他们过分地关注于事物的表面而忽略内涵。表演型人格倾向的个体在童年时期是缺乏关注和呵护的，他们认为所有的爱和关怀都是有条件的，需要自己努力去争取。因此，他们会用浮夸的方式去取悦他人，得到别人的肯定而忽略自己的需要。除此之外，虚荣心强的人多存在过度自卑的心理根源，他们利用虚荣来掩饰和补偿对自己的否定。

4. 虚荣心的危害

虚荣心过强的人会否认自己的缺点，表现出一种过度的攀比行为，希望别人拥有的自己也能获得，但是又不愿意脚踏实地地去实现，而是通过自吹自擂、大放厥词，甚至是欺骗的方式获得。比如有的女生会向同学吹嘘自己被很多男生追求，自己不仅不放在眼里，而且会果断地拒绝；与女生交流也总是趾高气扬，摆出一副别人巴结她，自己满不在乎的姿态。这样的行为如果不能够得到及时的纠正，发展下去会严重影响到人际关系，更有甚者会影响到事业的发展和生活的幸福。

5. 虚荣心的防治

（1）改变认知，确立正确的荣辱观

所谓正确的荣辱观，就是要对荣誉、面子、地位、得失等持有正确的态度。每个人都有试图追求和达到目标的驱动力，在心理学上称为成就动机，它驱使着人们去争取一定的荣誉和地位，推动着人们获得成功。但是成就动机需要符合现实状况，与个人的能力相一致，适度的成就动机使得同学们在学习中刻苦努力，在工作中认真负责，但如果过度就会让使人格扭曲。过高的成就动机会表现出“打肿脸充胖子”“过度炫耀”的行为，这样的行为使得个体无法接受失败和挫折，活在虚假之中。然而，所谓“失败是成功之母”，只有正视失败，并且从失败当中吸取经验教训，才能够以自信、自强的态度迎接新的挑战，获得真正的成功。

（2）养成适度的好胜心，把握攀比尺度

成就动机不仅促使个人不断地朝目标前进，也会促使个体与周围人比较。这种比较是正常的社会心理，只要将其控制在适度的方向、范围和程度上，就能够起到积极作用。“比较”并非盲目的攀比，比如在班级中比较对于班级建设的贡献、对于同学的帮助、学习的刻苦程度等，而不是去比较家庭背景、吃穿住行等。

（3）学习不图虚名的榜样

榜样作用能够很好地控制过度的虚荣心。从大众媒体、名人传记中，或者是现实生活中寻找那些认真踏实、不图虚名、努力进取的名人为榜样，有意地让自己在耳濡目染之中养成实事求是、脚踏实地的态度。

当然，想要从根源上克服虚荣心，还需不断地充实自己，完善自己的人格，提高自己的能力和自信心，发现并且悦纳独一无二的自己。

（三）浮躁心理

1. 浮躁心理测试

题　目	是	否
1. 你是否经常心神不宁和焦虑不安？		

（续表）

题　　　目	是	否
2. 你是否好高骛远，不切实际，经常更换学习目标？		
3. 你是否总是渴望和力求结识比自己优越的人，希望从结识的人那里获得好处，而对不如自己的人则爱答不理？		
4. 你是否遇到事情好着急，不能控制感情？		
5. 你是否做事没有恒心，经常见异思迁？		
6. 你是否成天无所事事，总想投机取巧且脾气大？		
7. 你是否在恋爱时把恋爱当成好玩的游戏，经常见异思迁，寻找异样的刺激，打发自己的空虚和无聊？		
8. 你是否经常头脑发热，有盲从心理，比如对于出国留学、参加兴趣班等？		

结果分析：如果上述8个问题中至少有5个回答“是”，那么你就有浮躁心理了。

2. 浮躁的定义

浮躁是一种冲动、盲目、情绪化的心理状态或人格特质。浮躁状态中的个体做事轻浮、没有恒心、不安稳、总是见异思迁，无法脚踏实地、认真踏实地工作和学习。

大学新生刚刚踏进大学校园，脱离了以往规律充实的学习生活，极易出现浮躁心理。具体表现有以下几个方面：

(1) 心神不宁

刚入大学，新的环境有很多的变数出现，给人不确定的感觉，再加上大一课程较少，目标不够明确，因此同学们容易表现出无所适从、不知所谓，对前途没有信心的状态。

(2) 焦躁不安

对于现状的不适应和前途的迷茫使得有浮躁心理的同学表现出急功近利、焦躁不安的心态，极易表现出攀比行为，但是由于没有真才实学，因此在与他人的攀比中更显出焦虑的情绪。

(3) 冲动的冒险行为

情绪长久的不稳定会使得个体在行动之前没了理智，冲动、盲目地做事。很多有浮躁心理的大学生过分地追求功名，常表现出考试中的作弊行为。而这种非公平竞争的行为和浮躁的病态心理如果不能得到及时的重视和纠正，常会促发社会违法乱纪的行为。

在当今竞争激烈的社会氛围当中，人人都会有倦怠的时候，因此浮躁心理的出现是很正常的，但是对多数人来讲这只是一时的念头，念头出现之后能够冷静下来，重新回到生活的正轨上。然而，被严重的浮躁心理驱使的人会被浮躁蒙蔽了双眼，失去对自己的准确定位，做事虎头蛇尾，奢望坐享其成，很容易做出随波逐流，对社会、家人、朋友和自己造成伤害的决定和行为。

3. 浮躁的原因

虽然浮躁心理会因竞争激烈的外在环境影响，但是并非所有的人都会出现浮躁心理。浮躁心理的出现还是有其内部原因的，易形成浮躁心理的个体往往表现出意志力薄弱、缺乏耐心、急躁冒进和自我克制能力差等人格特征。此外，家庭中家长急功近利、不安于现状、频频跳槽的心理也会影响到孩子，孩子长大后面对学校和社会以结果、功效衡量和评价人才的氛围时就会促使浮躁心理的产生。

4. 浮躁的克服方法

(1) 培养务实精神

所谓务实，就是要实事求是、谦虚谨慎、勤勤恳恳地做好每件事情。浮华的表象也许可以在一时迷惑人的双眼，但是人生并不是简单地应付检查，需要实打实地度过。只有脚踏实地才能获得人生的丰收。浮躁心理出现时，可以不断地进行自我暗示："不要急、急躁地做事只会让事情更糟，做得快不一定做得好，慢工才能出细活儿。"

(2) 确立明确的目标，做事有始有终

被浮躁心理影响的个体，多数是因为没有明确的目标，甚至找不到自己的爱好和兴趣。所做之事都是为了应付别人的安排。比如一些大学生选择了自己不喜欢的专业，上课只是为了应付老师的点名，考试只是为了应付大学毕业，自然不会用心学习。因此，发现自己的兴趣，明确每一阶段所要完成的目标，是克服浮躁心理的重要一环。当你发现了自己的兴趣所在时，自然会全新的投入其中，有始有终地完成学习任务。

(3) 善于思考，将问题细化

不论完成什么任务，将问题细化是克服浮躁心理的好方法。一个人出门旅行，总要先决定好自己的日程安排和路线，这样在旅行的过程当中才能感觉到踏实、安稳。同样的，在完成一项学习任务或者工作任务时，也需要合理地规划每一步所要完成的任务量，多向自己提问，如"这一步为什么这么做?""我要分几步完成这个任务?""这一阶段有几种解决办法，哪种最好?"每一个问题都做具体的回答，这样可以让你在完成任务的过程当中掌握发展进程，做到胸有成竹。

(4) 知己知彼后再比较

很多有浮躁心理的人是因为在同别人一起工作时，认为别人比自己能力强、效率高，因此不管三七二十一地去追赶别人的步伐。虽然与他人比较能够激励自己，促进自我的提高，但是比较要在"知己知彼"的情况下才能真正起到积极的效果，否则只会导致心理失衡、心神不定、无所适从、盲目跟风。

（四）挫折心理

1. 挫折心理测试

题目	选项		
	A	B	C
1. 当在工作中感到疲劳时，你会：	总想着疲劳，大脑不听使唤	休息一段时间，便忘了疲劳	介于A、B之间
2. 当工作环境不好时，你会：	工作不下去	能克服困难做好工作	介于A、B之间
3. 当领导交给你一项很难完成的工作时，你会：	想尽办法推掉此事	想办法做好	介于A、B之间
4. 当某项工作进展缓慢时，你会：	万分焦躁	冷静地考虑解决方法	介于A、B之间
5. 当有困难落到自己头上时，你会：	非常讨厌	认为自己有一个锻炼机会	介于A、B之间
6. 当出现担心的事情时，你会：	什么工作都做不下去	调整心态，不务工作	介于A、B之间
7. 当碰到令人讨厌的对手时，你会：	不知道如何应对	应付自如，如鱼得水	介于A、B之间
8. 当你碰到一个难题时，你会：	自己没有信心	为解决问题而想办法	介于A、B之间

（续表）

题　目	选　项		
	A	B	C
9. 当你在工作中有自卑感时，你会：	再也不想工作了	立即振奋精神去工作	介于A、B之间
10. 当面临失败时，你会：	破罐子破摔	想办法转败为胜	介于A、B之间
11. 当你遇到问题时经常采取的办法是：	迎难而上	寻求帮助	介于A、B之间
12. 当你每次遇到挫折时：	大部分能自己解决	能解决一部分	大部分不能解决
13. 你对自己能力的自信程度是：	相当自信	比较自信	不太自信
14. 在过去的一年中，你自认为遭受挫折的次数是：	0～2次	3～4次	5次以上

计分方法：1～10题，选择A、B、C分别得0、1、2分。11～14题，选择A、B、C分别得2、1、0分。

如果总分在19分以上，表明抗挫折能力较强；

如果总分在9～18分，表明有一定抗挫折能力，但是对某些挫折的抵抗力较弱；

如果总分在8分以下，表明抗挫折能力很弱，需要进行自我调适。

2. 挫折心理的定义

心理学中狭义的挫折是指人们面对失败产生的一种失落、消极、悲观的情绪体验。

从广义上讲，挫折包括三方面的涵义：挫折情境、挫折认知和挫折反应。其中挫折情境是客观因素，挫折认知是核心因素，挫折反应的性质和程度由挫折认知所决定。一般而言，挫折情境越严重，挫折反应越强烈；而挫折情境的严重程度是由挫折认知进行判断的，只有当挫折情境被主体所感知，才会产生挫折反应。因此，同样的挫折情境并不一定造成相同的挫折反应，挫折认知的不同会造成截然相反的结果。对有些人来说挫折是财富，而对另一些人来讲挫折是灾难。

挫折心理会造成焦虑、消沉、沮丧、悲观、绝望的情绪体验，若这些消极的情绪体验得不到及时的解决和缓解，就会直接损害心理健康，让人变得一蹶不振、抱怨人生、痛恨社会。长此以往，严重的会导致心理疾病、精神问题，甚至犯罪、自杀行为的产生。

3. 挫折产生的原因

引起大学生挫折心理的原因可以概括为两个方面，即客观因素和主观因素。

(1) 客观因素

所谓客观因素也就是外在环境因素。其中个人能力无法克服的自然环境因素，如天灾地变、生老病死等称为实质环境，而个体在社会中遭受的人际关系、生活环境、学习环境、政治、道德及社会风俗习惯等都属于社会环境。

(2) 主观因素

所谓主观因素就是个体的内在因素，这一因素是形成挫折心理的主要原因。针对大学生，形成挫折心理的主观因素主要包括个人生理条件、自我认知偏差、人际交往不适、生活环境不适应及动机冲突等多个方面。所谓个人生理条件主要指个人的身材、样貌、能力、智力、性格条件，如身高不够就无法成为模特。自我认知偏差是指大学生由于缺乏社会经验，往往对自己的认识不够全面，当遇到挫折时容易一蹶不振、怀疑自己、否定自己。如一个大一新生在不知道班级同学能力、奖学金获得条件时就盲目地认为自己是班里第一，最优秀的人，当未能获得奖学金时就容易感受到挫折心理。人际交往不适是指大学生在校园里的人际关系好坏是大学生确定自我价值感的重要一环，人际冲突极易产生挫折心理。如一个三好学生如果没有关系要好的同学，甚至是与同学疏远，成天形单影只也会否定自己在学业上的成绩，产生挫折心理。动机冲突则是指在日常生活中，个体往往同时产生两个或两个以上的动机，当两个动机指向的目标相反时，一个动机的满足会造成另一个动机的受挫，产生难以抉择的心理状态。如一个既想考取年级第一，又想拥有美好恋情的大学生就极容易因为其中一个愿望无法满足，产生未完成感，进而遭受挫折心理。

4. 挫折心理的调适

对抗挫折心理，就是要培养自己的挫折承受力。心理学研究发现，人们对挫折的耐受性受生物学因素的影响，如遗传素质、神经类型、体质状况等。一个体格健壮、神经系统功能强并且均衡的人，就比体弱多病、神经脆弱的人更能够承受压力、对抗挫折。同时，个体的承受力也会因为个人生活经历及所受教育而有所差异。生活中历尽艰辛、饱经风霜的人，比没有遭受过挫折的人更能经受挫折的打击。这是因为他们在磨炼中，自己克服困难、摆脱困境的信心和能力得到了提高。因此我们要通过后天的努力提高自己对抗挫折的承受力。首先要认识到挫折是现实生活中的正常现象，没有谁的一生是一帆风顺的。既然挫折是现实生活中不可避免的，就不如面对现实，承认问题所在，分析挫折产生的原因，在可能的范围内解决问题。其次要看到挫折的积极面。挫折的出现是磨炼意志的绝好机会，没有什么成功可以一蹴而就。所谓“没有挫折，就没有成长”，挫折就像一把双刃剑，大学生在成长过程中遇到的危机和挫折不仅会给大家带来压力和负担，同时也是大家成长的契机。在克服挫折的过程中，人们会发现自身的不足，进而发挥潜力，弥补自我的缺点，逐步完善自我。因此要将目光放在挫折的积极面，坚信坚定的意志要在生活实践中培养与获得，一个没有经受过磨炼、遭受过苦难的人，很难对生命有深刻的认识，很难拥有幸福的人生。

(1) 提高自制力

提高自制力，也就是提高面对困难情境临危不惧的能力。自制力的提高可以减少挫折的发生，让我们游刃有余地面对困境。武松在景阳冈面对老虎时的英勇就源于高自制力。自制力包括自识力、自省力、自控力等。其中，自识力是指对自我的认识和评价。如果不能正确评价自己，错估自己的能力是很容易导致失败产生的；只有正确评估自己，才能够选择适合自己的任务和行动，并且获得成功。自省力是指自我反省和监督。通过自省，可以让我们更深刻地了解自己，及时地纠正和克服思想深处存在的问题，调整策略，保证行动的成功。自控力主要是指对情绪的控制力。它决定了我们对待危险、苦难的态度和方式，也决定了事情最终的结果。良好的情绪控制力可以保证行动的稳定以促进问题的解决。

(2) 保持乐观心态

半杯清水让乐观者感到满足，让悲观者觉得遗憾。乐观的心态是我们面对挫折时不可或缺的心理素质，乐观可以让我们看到结果的积极一面，并重振旗鼓。

培养乐观心态就要发现自己的优点、肯定自己的能力，面对挫折时保持微笑。人是否能够保持乐观，在于我们能否保持身心的和谐，能否驱除破坏心境的仇敌。在面对挫折时，请相信这只是一次的失败，不代表永远的失败，而且木已成舟，为了一个不可以改变的结果闷闷不乐，困扰自己是欠缺智慧的行为。痛苦、沮丧的念头不仅于事无补，而且会再一次地消耗我们的能量，让我们感到疲惫。因此，我们所要做的是面对镜子向自己微笑，乐观的思想和微笑的表情会使我们充满精力而且永不懈怠，相信自己一切都可以从头再来，用乐观来改变心境、改变现在、创造未来。

(3) 学会心理调节

当挫折心理出现时，逃避只会让负面情绪加重，陷入到恶性循环当中，因此要尝试去调节自己的挫折心理。现在介绍几种调节挫折心理的方法：

①倾诉法。又称为发泄法，即将自己内心的痛苦、不安向信赖的人倾诉。很多自尊心高的人会认为向别人倾诉自己失败的负面情绪是懦弱的表现。其实，倾诉的过程恰恰证明了你能够面对自己的失败，接受自己的不足，是自我强大的表现。适度的倾诉可以将积压在内心的不良情绪转化出体外，帮助机体早日恢复正常状态。不仅如此，如果你的倾诉对象能够完全地理解、支持你，并且给予你一些指导，就可以帮助你重新燃起奋发的勇气。

②发现自己的优势。当挫折出现时，除了及时向他人倾诉，获得别人的帮助外，更重要的是自己的激励。面对挫折情境的个体往往会出现以偏概全的错误认知，认为失败意味着自己的一败涂地、一事无成。因此，调整认知、发现自己的优势、强化自己的优势感是摆脱挫败感的重要一环。在心情平复的情况下，将自己的优势一一列举，大声地诵读，哪怕是曾经获得的小奖项，或者朋友的一句赞美，都可以在这一刻给予个体巨大的能量，帮助个体重新确立自我价值感。

③重新确立目标。挫折意味着原有目标的破灭，这必然会让人产生绝望感。而挫折发生后，新目标的确立，可以让个体重新获得行动的信念和意志力，它标志着个体开始了争取新的成功的历程，又鼓起战胜困难的勇气。

【课堂练习】

测测你的社会支持系统

所谓社会支持系统，指的是个人在自己的社交网络中所获得的、来自他人物质和精神上的帮助和支援。一个完善的社会支持系统包括亲人、朋友、同学、同事、邻里、老师、领导、合作伙伴等，还包括由陌生人组成的各种社会服务机构。社会支持系统中不同的角色会满足我们不同的需要。对于陷入困境的人而言，社会支持系统起着至关重要的作用，它能够带给陷入困境的人温暖、安全以及重振生活的勇气、信心和力量。而一个社会支持系统匮乏的人，一旦陷入困境，极易陷入孤立无援的状态当中。因此我们需要了解并且确立良好的社会支持系统。下面这个测试将看看你的社会支持系统是否完善。

题　　目	分别是(人名)
1. 学校的老师和领导，你最喜欢谁？	
2. 为商讨一个新观念，你找谁？	
3. 郊游消遣，谁可与你为伴？	
4. 经济拮据时，你向谁开口？	
5. 被困孤岛，你渴望谁在身边？	
6. 倒在病床，你喜欢谁照顾？	
7. 当你恋爱失败，你向谁倾诉？	
8. 若你与家人吵架，你向谁倾诉？	

（续表）

题　　目	分别是(人名)
9. 当你获得某项成功,你会与谁分享?	
10. 若你考试成绩不理想,你向谁诉说?	
11. 当你在功课上有问题时,去向谁请教?	
12. 当你面临选择,去向谁征求意见?	
13. 如果你长期外出,你的物品托谁照管?	
14. 搬家时你找谁帮忙?	
15. 为完成一个重要使命,你找谁?	

看看上面列出的问题中,你列出多少个人。

如果少于3人,你的支持系统很不完善;

如果3～5人,你的支持系统不大完善;

如果5～8人,你的支持系统比较完善;

如果8人以上,你的支持系统非常完善。

第二节　大学生常见心理障碍——神经症

小故事

小微是某高校大三的女生。出生于农村家庭的她是家中的骄傲,全家人辛辛苦苦就为了供她一个人上大学。家人对她寄予厚望,自然会经常询问她的学习情况,叮嘱她要好好学习。这给她造成很大压力。由于思想包袱大,常常担心自己不能够实现父母的心愿,所以上课很容易开小差,注意力无法集中,经常担心"学不好怎么办?"她整天都在焦虑该怎样学习才能学出好成绩。除了加班加点,拼命学习外,下了晚自习,别人都休息了,她还会读书到凌晨一两点。周末大家都出去放松放松,她从不出去玩,继续待在寝室看书。后来,她时常出现头昏、头痛的症状。即使这样她还是不休息,因为怕耽误了时间而比别人考得差,因此继续学习,可是学习效率却不断地下降。特别是临考试前,"怕比其他人考得差"的念头总在头脑里不断闪现。因为考前的紧张感加剧,所以每次考试成绩都不理想,这令她更加的焦虑。甚至没有办法专心看书,考试当天,小微因为整夜未眠,精神萎靡,四肢瘫软,未能参加考试。

【分享感悟】

案例中的小微是典型的考试焦虑症,它属于神经症中的一种。社会就业的压力、家长的过高期望、学校激烈的竞争,让考试焦虑症普遍存在于大学校园当中。过高的动机和期待,反而使事与愿违,严重地影响到学习效率和身体状况。除了考试焦虑症外,抑郁症、疑病症、神经衰弱等神经症也常常发生在大学生中,严重影响同学们的心理健康和成长。本节通过大学生常见神经症的介绍,希望能够给同学们一些指导,帮助同学们克服心理障碍,重新获得阳光灿烂的心情和青春美好的生活。

知识讲堂

神经症又称为神经官能症。现实生活中的压力和环境因素会影响个体的心理状态,而心理状态的不良适应便是引发神经症的直接因素。当然，不是人人都会在相同环境和压力条件下引发神经症的，这其中个体的人格类型是神经症发生的基础。不同的人格倾向或者人格障碍在遇到现实刺激时会引起不同的症状。

日常生活当中，个体会对某种特殊的情境产生难以应付的感受，这种情境被个体觉知为困境或者危险，并且由此产生负面的情绪体验，其中最常见的是恐惧和焦虑情绪。而对什么样的情境产生负性情绪，主要由早年经验所决定。比如一个从小被父母溺爱、"衣来伸手、饭来张口"的学生在开始大学生活时会有慌乱、焦虑等痛苦的情绪。

当危机出现时，个体会尝试运用一贯的应对策略去面对危机，但是往往不能奏效。因此个体不得不采取一些极端的防御方式。这些防御方式在一定程度上能够暂时缓解紧张的应激情绪，但是同时也会带来很多的负面影响，对个体带来身心上的损害，引起异常的行为反应和更强烈的焦虑或者恐惧情绪。

大学生常见神经症的类型

（一）焦虑症

1. 焦虑症测试

焦虑自评量表（SAS）

本量表包含20个项目，分为4级评分，请您仔细阅读以下内容，根据最近一星期的情况如实回答。

选项：A. 没有或很少时间；B. 小部分时间；C. 相当多时间；D. 绝大部分或全部时间。

题项	选项			
1. 我觉得比平时容易紧张或着急	A	B	C	D
2. 我无缘无故在感到害怕	A	B	C	D
3. 我容易心里烦乱或感到惊恐	A	B	C	D
4. 我觉得我可能将要发疯	A	B	C	D
*5. 我觉得一切都很好	A	B	C	D
6. 我手脚发抖打颤	A	B	C	D
7. 我因为头疼、颈痛和背痛而苦恼	A	B	C	D
8. 我觉得容易衰弱和疲乏	A	B	C	D
*9. 我觉得心平气和，并且容易安静坐着	A	B	C	D
10. 我觉得心跳得很快	A	B	C	D
11. 我因为一阵阵头晕而苦恼	A	B	C	D
12. 我有晕倒发作，或觉得要晕倒似的	A	B	C	D
*13. 我吸气呼气都感到很容易	A	B	C	D
14. 我的手脚麻木和刺痛	A	B	C	D
15. 我因为胃痛和消化不良而苦恼	A	B	C	D
16. 我常常要小便	A	B	C	D
*17. 我的手脚常常是干燥温暖的	A	B	C	D
18. 我脸红发热	A	B	C	D
*19. 我容易入睡并且一夜睡得很好	A	B	C	D
20. 我做噩梦	A	B	C	D

评分标准：正向计分题 A、B、C、D 按 1、2、3、4 分计；反向计分题（标注 * 的题目题号：5、9、13、17、19）按 4、3、2、1 分计。总分乘以 1.25 取整数，即得标准分。低于 50 分者为正常；50～60 分者为轻度焦虑；61～70 分者为中度焦虑，70 分以上者为重度焦虑。

2. 什么是焦虑症

案例：考研临近，小王在紧张复习、迎接考研的氛围中常常感到心烦意乱。近一个月来，他焦虑、紧张、睡眠不好，总是担心考研失败，无法有效复习。他自小努力学习，从小学到高中，成绩一直都很好，进入大学后，选择了思想政治教育专业，成绩一般。大三下学期，感觉这一专业的就业前景不好，没有出路，并且自己不喜欢这一专业，于是决定考取自己向往的文学方向的研究生。大三、大四一直努力复习，考研总成绩优异，高出国家线 40 多分，但是英语单科成绩受限，止步于初试。事后感觉非常遗憾、懊恼，看到很多学习不如自己的同学都考上研了，觉得很丢脸。于是下定决心，再次考研。父母也很支持，故毕业后在家复习考研。还有一个月就要考试了，个人认为虽然努力复习，但是因为在家复习，考研信息闭塞，英语也没有长足的进步，所以心里发虚、没底，感觉紧张、焦虑，晚上睡不着觉。白天复习的时候无法集中精力，总是感觉心跳加速、头脑发胀、昏昏沉沉，觉得自己复习了两年都没复习好是个"笨蛋"，考研是"唯一的出路"，考不上就代表着一事无成、前途渺茫。不良的生理反应和消极的念头导致了学习效率越来越低，恶性循环。

案例中的小王的情况是对于考试"焦虑"的典型表现。

焦虑是个体在担心会面临威胁、困境或者不良后果时产生的一种负面情绪反应。体验焦虑时的感受是紧张不安、害怕、焦躁、忧虑、担心等。值得一提的是焦虑与害怕是不同的，害怕是现实事件发生时产生的，涉及当前存在的问题；而焦虑是无明显原因的恐惧和紧张发作，涉及将来的问题，并且伴有自主神经功能障碍和躯体症状，如心跳加速、呼吸困难、肢体震颤，同时感到疲惫、口干、胸闷，会恶心呕吐、流汗、腹泻，身体姿势紧张，处于警觉状态。

焦虑可以分为现实焦虑、道德性焦虑和神经症性焦虑。所谓现实焦虑主要是由现实生活中的威胁和困难所引起，每个人都会体会到。道德性焦虑则多出现在道德观念强、自我要求严格的人身上，他们会因为自己而产生负罪感和内疚感，进而对目标的达成产生焦虑感。现实焦虑和道德性焦虑都属于正常的情绪体验，而神经症性焦虑则属于病理性的，即焦虑症患者所出现的焦虑。患者因为不明原因的害怕而坐立不安，出现持续性紧张或者发作性惊恐状态。

由此可见，焦虑可由任何威胁个体身心的情况所引起。在日常生活中，人们通常会在实现目标的过程当中，因为目标不易实现，内在心理状态或是外在因素的影响而导致一些焦虑情绪的产生。因此焦虑是普遍存在的，每个人都在不同程度上体验过这种情绪。焦虑虽然是一种负面情绪，但它对我们的生活并非只有负面作用。在实现目标的过程中，成就动机会引起焦虑，如果焦虑程度适度，能够激发潜能，调动工作的热情，促进目标的实现。比如考试前的焦虑情绪有助于我们抓住最后机会集中精力复习。设想如果在生活中感受不到一点焦虑情绪，那么人就容易停留在自满自足的状态，不可能实现人生的飞越。当然，焦虑的积极作用要维持在适度水平上，如果焦虑情绪过重则会起到负面作用。就如考试前如果焦虑情绪过度，过分担心考试成绩，就会导致烦躁不安、注意力不集中、无法专心准备，最后导致考试的失败。因此要将焦虑情绪控制在一定的范围之中。

3. 焦虑产生的原因

焦虑情绪人人都会体验到，但是焦虑症的产生则有其特殊的原因。

（1）成长因素

童年时期父母的教养方式不当会导致焦虑症的产生。一方面，父母对于子女的溺爱和过分保护会削弱孩子的独立性、主见，让孩子习惯于依赖父母，以致成年后依然表现出依赖的特质，倘若失去"靠山"，就会出现严重的焦虑情绪。很多大一新生在入学时的适应障碍也是焦虑症的一种体现。另一方面，父母过分严厉和专制的教养方式，会让孩子过分的注意细节和追求完美，成年之后在工作和生活方面稍有不尽如人意的地方就会心烦意乱、过分担心后果，产生焦虑情绪。

(2) 人格因素

童年经历和遗传因素会使个体产生易感焦虑症的人格。这类个体表现出敏感、脆弱、自卑等特征，他们常表现出疑神疑鬼、杞人忧天的一面，认为生活中的陷阱无处不在，要时刻提防才能避开灾难。当困难出现的时候便会紧张不安、提心吊胆，无法集中精力去解决问题。

(3) 环境因素

易患焦虑症的个体当然有其特殊的人格特征，但是重大生活事件的发生也是焦虑症产生的重要原因之一。曾经遭受过突如其来的天灾人祸或者不可抗拒的危机事件会使得易患焦虑症的个体在经历之后产生紧张、焦虑和失落感，无法用积极的心态对待生活，甚至认为一切都完了，惶惶不可终日。

4. 焦虑症的自我调节

焦虑状态不仅仅是焦虑症的临床表现，也是抑郁症、强迫症、疑病症等神经症的临床表现。长期处在焦虑状态也会引发诸多身心疾病，如高血压、糖尿病、神经性皮炎等，因此应重视并及时调整自己的焦虑状态。

(1) 自我放松训练

心理状态总是与生理状态相关联的。强烈的焦虑感会引起肌肉紧张感等生理不适，相反如果肌肉得到放松，也会使得精神振奋。如果能够进行有规律的放松训练，那么焦虑感也就不会一直萦绕于心了。

放松训练有很多种，如肌肉放松、短时放松、渐进式放松等。其中，渐进式放松是最简单易行的一种放松方法，只要按照规范的引导语进行自我暗示，便可感受到松弛、宁静的感觉。

渐进式放松引导语：

现在请轻轻地闭上眼睛并开始想象，你全身的肌肉就要开始放松了。现在深呼吸，吸气、呼气，吸气、呼气。从现在开始，每呼吸一次，想象有股气流通过胸腔，放松身体。

现在，从脸上的肌肉开始放松，接着到你的头皮、你的额头、你的眉毛、你的眼睛；想象你的眼皮像抹了层胶水一般无法分开，很沉重，放松你的鼻子、你的脸颊；想象你的嘴巴附近的肌肉以及你的嘴唇开始放松，确定你的牙齿没有紧闭在一起，放松你的下巴，上颚下颚和脸上的肌肉，放松。

现在放松你的脖子，渐渐下移，将会感受到肩膀也开始放松，摆脱任何可能在你肩膀上的压力，放松是一种很棒的感觉。

现在放松你的手臂，你的上臂、你的手肘、你的小臂，这种放松的感觉延伸到你的手腕和你的手掌，一直延伸到你的十个手指头，你的整条手臂感觉到完全的放松，你的手臂变得很沉重、很无力，就像洗过的湿毛巾。

现在让自己舒畅地呼吸，注意自己的呼吸变得比之前还要深，还要规律，感觉你的呼吸，感觉呼吸的节奏，感觉胸腔完全的放松，一直向下放松到你的胃部，胃部的肌肉开始放松，感觉胃的压力减小，身体进入了一种放松的愉悦状态。

现在放松你的背肌，感觉你背肌上的肌肉开始放松，这种放松的感觉从你的脊椎骨进入你的下背肌，现在你的臀部也开始放松了，你的大腿放松了，你的膝盖放松了，你的小腿放松了，你的脚踝放松了，这种放松的感觉一直延伸到你的十个脚趾头，此时你的全身肌肉已经都放松了，身体进入了深层次的放松状态，你会感觉到一种彻底的放松。

完成以上步骤之后，你只需要安静地闭着眼睛，心平气和地体会这种感觉，这时候你会感到心情也像身体一样感觉到放松和平静。

(2) 增强自信心

自信心的增强是神经性焦虑缓解的必要前提。之所以会焦虑，很大程度上因为对自己完成和应对事物的能力持怀疑态度，总是会夸大失败的可能性，也就是没有自信的表现。因此，要承认自己每一次的成功，给自己正面的暗示，相信自己的能力，克服自卑感，并且学会恰当地表达自己的焦虑情绪。焦虑情绪人人都会有，要正视它而非刻意压抑，不予宣泄。只有这样，才能最终摆脱长久的焦虑情绪。

(3) 提高自我觉察力

焦虑症患者感受到的焦虑是不明原因的，但实际上没有一种情绪是找不到根源的。广泛性的焦虑是指患者对某些情绪体验或者欲望被病理性地压抑到了无意识中，它们虽不浮在表面之上被意识察觉，但却实实在在地存在于潜意识当中并未消失。因此，在面对原因不明的焦虑情绪时，要进行自我觉察和自我反省，努力去寻找那些被你压抑了的事件。这些事件大多是让人痛苦不堪的，但是只有将它挖掘出来，直面它，诉说它，才能真正地摆脱焦虑症状。

(4) 转移注意力

所谓转移注意力是指把注意力集中在与目前焦虑情绪无关的事物上，让自己不会沉浸在忧虑未发生的灾难事件上。比如，当开始胡思乱想时，看喜欢的电影，听轻松的音乐并跟着哼唱，从事紧张的体力劳动。如果你现在走在公园里，空旷的环境让你觉得紧张不安，那么请放慢步调去观察一株美丽的花草，或是端详公园里一处别致的雕塑，让美景代替那些焦躁不安的感觉，渐渐地你会忘却痛苦的事情，感觉到心旷神怡。

除此之外，太极拳、瑜伽、冥想等有益于身心的活动都可以安抚焦虑的心情，而安静、和睦、协调的人际氛围也能够帮助患者减轻焦虑感。

(二) 抑郁症

1. 抑郁症测试

抑郁自评量表(SDS)

填表注意事项：请仔细阅读每一条，把题目的意思看明白，然后按照自己最近一周以来的实际情况，在适当的方格里画一个勾。

题　　目	偶尔	有时	经常	持续
1. 我觉得闷闷不乐，情绪低沉				
2. 我觉得一天之中早晨最好				
3. 我一阵阵地哭出来或是想哭				
4. 我晚上睡眠不好				
5. 我的胃口跟以前一样				
6. 我跟异性交往时像以前一样开心				
7. 我发现自己体重下降				

（续表）

项　　　　目	偶尔	有时	经常	持续
8. 我有便秘的烦恼				
9. 我的心跳比平时快				
10. 我无缘无故感到疲劳				
11. 我的头脑像往常一样清楚				
12. 我觉得经常做的事情并没有困难				
13. 我感到不安，心情难以平静				
14. 我对未来抱有希望				
15. 我比以前更容易生气激动				
16. 我觉得决定什么事很容易				
17. 我觉得自己是个有用的人，有人需要我				
18. 我的生活过得很有意思				
19. 假如我死了别人会过得更好				
20. 平常感兴趣的事情我照样感兴趣				

评分标准：正向计分题 A、B、C、D 按 1、2、3、4 分计；反向计分题按 4、3、2、1 分计。反向计分题号：2、5、6、11、12、14、16、17、18、20。总分乘以 1.25 取整数，即得标准分。按照中国常模，SDS 标准分的分界值为 53 分：其中 53～62 为轻度抑郁；63～72 为中度抑郁；72 以上为重度抑郁；低于 53 分属正常群体。

2. 什么是抑郁症

案例：小惠是一名 21 岁的大三女生，是由同学陪伴来到咨询室的。她缩在沙发一角，一言不发地看着地板，年轻的脸庞暗淡无光。

不久前，小惠跟母亲去逛街，母亲在替她买冷饮时不小心被车撞到，住进了医院。虽然母亲并无大碍，现在已经能够下床自理，但是小惠仍然陷在深深的自责当中。她眼角湿润地向我诉说着对母亲的愧疚，她认为一切都是她导致的，如果当时她自己去买冷饮，如果她事先看到车子过来叫住妈妈，如果那天她不跟妈妈去逛街……一切就都不会发生了。她还想到小时候曾经因为自己的疏忽大意让弟弟跌下椅子，因为自己的粗心弄丢钥匙……这样的念头不停地出现，泪水也止不住地涌出，小惠觉得自己是个只会制造麻烦的人，让自己和身边的人受到伤害。她觉得所有的错误都是不可饶恕的，似乎只有死掉才能够赎罪。最近这样的想法攻占了她的脑海，让她无法专注地去学习和生活，而麻烦依然接连不断地发生。她觉得再这样下去，所有人都会讨厌自己，看不起自己，远离自己。半夜她会被噩梦惊醒，早上醒来时总是有气无力，好像从未休息过，并且为如何度过一天感到痛苦不堪。

小惠的症状是抑郁症较典型的表现，其中情绪低落是本病的核心症状。

简单来讲，抑郁症可以看成是严重的情绪低落。从抑郁情绪的出现到抑郁症是一个渐变的过程。具体地说，抑郁是一种普遍存在的复合性情绪，处在抑郁状态的人通常体会到消沉、失望、无助、悲观、冷漠等负面体验。遇到重大的挫折或失败时，几乎每个人都会感受到抑郁，这种感受是具有情景性和弥散性的，程度上也是相对微弱的，80%左右的人在 3～6 个月后会随着现实情境的改变不治而愈。但是如果抑郁情绪体验持续时间长、程度深，并且伴有睡眠障碍、饮食不良、便秘的躯体问题以及丧失自尊、负罪感、注意力不集中、自杀等想法的心理症状，则属于抑郁性神经症，需要引起高度的警惕，并采取必要的干预措施。

3. 抑郁产生的原因

并不是所有人都会被挫折打倒，也不是所有人都会陷入到抑郁情绪之中。"阳光总在风雨后"大多数大学生在面对挫折时都能够及时地调整心态，投入到新的学习生活当中，那么抑郁这种不良情绪为何一直困扰一部分人呢？一般而言，可以从三个方面阐明抑郁产生的主观原因。

(1) 错误认知

导致抑郁情绪的错误认知主要有非此即彼、极端思维、以偏概全等。比如我们常常听到有人说"完了，一切都完了。"或者"如果他跟我分手了，我这辈子就不结婚了。"诸如此类的错误认知在脑海中挥之不去，使得个体在面对挫折时不能全面审视挫折，产生彻底失败的感觉，进而不能看到积极一面，总是考虑消极一面，就像戴了副有色眼镜，觉得整个世界都是暗淡无光的、没有色彩的。

(2) 悲观主义

悲观主义者会用消极的思维看待这个世界，遇到问题时相信事情只会越来越糟糕，每况愈下。这样的人生观让个体无端猜疑、杞人忧天，并且把自己的不良感觉当做事实的根据。比如"这件事情我肯定干不好，我是个笨蛋""大一成绩就这样，我毕业绝对成问题了。"这样的角度面对生活，往往会让生活中的亮点被轻易地忽视，取而代之的是盲目地自我批判和大祸临头的紧张感。

(3) 自卑心理

生活中总是频繁地评价自己，过度夸大自己的缺点和不足会让人产生自卑的心理，而自卑会让个体在面对挫折时不能客观分析失败的原因，反而将一切都归结于自己的过失或者无能。比如，面对恋人的抛弃，会认为"我本来就很差，他跟我分手也是正常的"，或者在看到别人的成功时，会认为"他比我厉害，我不能跟他比"。这样的自罪自责会形成恶性循环，自卑和内疚的心理加重，个体变得自暴自弃，进而深陷到抑郁情绪当中。

总之，错误的认知结构、悲观的价值观念和自卑的人格倾向是引起抑郁情绪的重要原因。作为一种危及生命的神经症，勇敢地面对和自我调节是非常重要的。

4. 抑郁症的自我心理调节

很多人称抑郁症是"情绪的感冒"，这种说法我认为是极其贴切的，它不仅表现了抑郁情绪的普遍性，也提醒我们抑郁症并非是天大的灾难，我们可以依靠外界的力量去克服它，就如同我们感冒时去诊所拿药一样。只要及时调适，恢复正常、快乐的生活并非难事。

(1) 改变思维模式，调整悲观心态。

尝试去调整那些让自己苦不堪言的错误认知，客观地评价自己和他人，努力去发现自己的闪光点。自我价值感并不能完全通过与别人的比较建立起来，更重要的是发现自己独一无二之处，探索自己的兴趣所在。遇到失败和挫折时要勇于面对，并且用微笑面对痛苦。正如一部电影里所说"现在让你痛苦的事情，总有一天你会笑着说出来"。2011 年中国达人秀的冠军刘伟用双脚弹奏的钢琴曲感动了全中国。他残损的双臂并没有阻碍他实现自己梦想的步伐。相信困境总会过去，再痛苦的记忆都意味着成功的起点。

(2) 制定合适的目标

目标的制定往往能够决定成败，不合理的目标会导致挫败感，所以根据人生不同阶段树立适合自己的目标是极其重要的。我国著名的体操运动员桑兰在全身瘫痪后并未深陷在体操生涯结束的痛苦中，而是成为了中国慈善事业中的"微笑天使"。对于她来说，合理的生活目标使她重振旗鼓，踏上崭新的人生之路。相反，如果她仍然坚持曾经的体操之梦，那么一定会因为梦想无法实现而感到非常的忧虑，无法更好地生活下去。当然，合理目标的制定并非一蹴而就的，只有定期回顾自己的人生之旅，才能让目标的制定适合当下的环境和自己的心境。回顾和分析自己的人生经历，不仅能够重新审视曾经的目标，让你重新看待每个阶段的成败，更能够帮助你清晰地规划接下来的人生道路，避免失败和挫折。

(3) 合理地宣泄情绪

"月有阴晴圆缺"，人不可能总是处在积极情绪当中。出现抑郁情绪时，不要拘泥于自己的世界当中，应该创造机会让自己身处集体之中，将抑郁情绪及时向家人和朋友诉说，得到他们的支持和鼓励，尤其是与那些乐观开朗、精力充沛的人相处，他们能够渲染气氛，让你感受到事物的光明和美好。当然宣泄并不意味着发泄，负面情绪需要排解，但是切不可无休止地沉溺于发泄中，这只会让情绪无限放大。适度的哭泣、写日记、给自己写信，都有助于消除内心的紧张，缓解抑郁。如果你发现身边没有可以支持的人或事，就请及时地进行心理咨询，这可以帮助你尽快从抑郁情绪中走出来。

(4) 规律的生活状态

抑郁症患者极易沉溺于消极情绪中不能自拔，因此他们需要有规律的生活，按时起床、睡觉、吃饭、学习和工作可以简化他们的生活，不至于让生活中的琐事影响本就不阳光的心情，而有更多的时间去做自己喜欢的事情，培养自己的兴趣爱好，保持愉悦的心情。

户外锻炼对抑郁症患者是非常有益的，因为阳光可以减少脑中褪黑色素的分泌。褪黑色素分泌过多是导致抑郁情绪的生理机制，冬季抑郁症多发就是因为冬季光照时间少，褪黑色素分泌增多导致的季节性抑郁。因此，抑郁症患者需要多晒太阳，让身体放松，让心情得到改善。

(三) 神经衰弱

1. 什么是神经衰弱

案例：小米是某高校文学院大三的学生，在校杂志社担任编辑一职，她的写作极具文采，工作认真负责，是学校出了名的才女。可是最近不知道为什么，她变得不像之前那般积极了，总是一副没精打采的样子。

这样的状态持续了很长一段时间，让小米苦恼万分。每天晚上，她的脑海中总是一个念头接着一个念头地闪现，辗转难眠。好不容易睡着了，宿舍里一点动静就会把她吵醒，再想入睡就更难了。到了白天，却又精神不振，觉得浑身酸痛、疲乏没有力气。后来发展到学习工作没多久就会头晕、头痛，脊背感到僵硬、麻木，头皮发紧，心里有种说不出的难受。开始时她怀疑自己的大脑出了毛病，因此做过很多的检查，但是并没有异样。如今失眠、精神萎靡、记忆困难、学习时注意力不集中的症状越来越严重，已经让她无法正常生活。

神经衰弱定义：

神经衰弱通常是由于长期的压力环境下导致情绪紧张，使得大脑活动能力减弱，进而表现出易激动、烦恼、焦虑、苦恼的情绪症状，伴有紧张性头痛和肌肉痛的身体症状以及入睡困难、易惊醒、多梦的睡眠障碍。神经衰弱是最常见的一种神经症，也是最易被患者所接受的一类神经症。

神经衰弱症患者多发生在16～40岁年龄段，脑力工作者占大多数。青少年期是神经衰弱的发病高峰期，因为青少年阶段个体的生理心理发育旺盛但是极不稳定，加上生活经验较少，人际交往能力和处理问题的技巧不成熟，对环境的适应力不强，容易产生内心冲突并且难以解决。

大学生作为青少年的特殊群体，面对新鲜的校园环境，需要脱离家庭去独立应对学校中的各种问题，这时候如果不能很好地自我调节，就极易造成心理冲突，引起情绪问题，进而导致神经衰弱症。

2. 神经衰弱产生原因

(1) 性格特点

易患神经衰弱症的个体大都表现出没有自信、敏感、依赖性强、内向、胆怯的性格特征。若长期处于不利的环境下，就容易引起神经功能失调，出现神经衰弱症。

(2) 环境因素

神经衰弱患者往往长期处在超负荷的脑力或体力劳动下，96%以上的患病者都是脑力劳动者，这是因为过重的脑力或者体力劳动容易引起大脑皮层兴奋和抑制功能紊乱。在经历了重大的创伤事件后，如亲人逝世、失恋、失业等，也很容易引起内心冲突、情绪的剧烈起伏。如果得不到科学的调节，过分压抑或者是沉浸在痛苦之中，就会导致神经衰弱的发生。

3. 神经衰弱的自我心理调节

神经衰弱症会导致很多的躯体症状和脑力衰弱性症状，因此自我调节可以从身体的调节入手，以达到身心平衡。

(1) 放松疗法

神经衰弱症的患者长期处在紧张情绪中，会伴有长期的紧张性疼痛，患者常常感到头痛、头胀、脊背僵硬，甚至是腰酸背痛或者四肢肌肉疼痛。因此可以用肌肉放松疗法来帮助患者放松身体。

肌肉放松指导语：

平躺在床上，轻轻地闭上眼睛，将注意力集中在你的头部，咬紧牙关，让两颊感到紧张，然后松开牙关，感受两颊肌肉的松弛感，并且感受头部其他部位肌肉的松弛感；现在将注意力转移到你的脖子，让颈部的肌肉紧张，然后放松，感受颈部肌肉放松的感觉；现在将注意力集中在你的手臂和双手上，紧握双手，感受手臂和手部发麻、酸痛的感觉，松开双手，感受双手的松软无力、沉重的感觉；现在将注意力集中在胸部，深呼吸，用鼻子吸气，停顿几秒后，张开嘴将气吐出，再吸气，再吐气，反复几次直到感受胸部的轻松为止；现在将注意力集中在你的下半身，感受你的腰部、臀部、腿部的肌肉紧张，几秒之后放松，感受全身轻松的状态，保持2～3分钟。每天，当你感到紧张疲惫的时候，就用这样的方式让自己放松，身体放松之后，心理也自然而然会有轻松的感觉。

(2) 自我按摩法

通过按摩，一方面可以舒筋活血，使得肌肉酸痛的症状得到减轻；另一方面可以使得神经中枢的兴奋和抑制过程恢复平衡，改善头痛、失眠的症状，进而减轻精神衰弱症状。

按摩头部：临睡前半小时将手掌搓热，然后将手掌贴于两颊上，利用中指进行按摩，从迎香穴开始向上经过睛明穴、攒竹穴推到发际，然后两手分开向两侧到额角，食指按摩“耳门”返回到起点完成，按照此法反复按摩30～40次。

按摩胸部：盘腿而坐，右手从右肋部向左上方揉搓至左肩部；左手从左肋部向右上方揉搓至右肩部。照此法，左右分别30～40次。

按摩腹部：盘腿而坐，一只手掌叠于另一只手上，按于腹部，以肚脐为中心，顺时针方向揉30次，逆时针方向揉30次。

按摩腰部：盘腿而坐，两手放到背部交叉沿脊柱从上往下按摩到臀部，共30次，如果发现有疼痛的地方，就用手指在此处按压半分钟左右。

按摩膝部：将双膝撑起，双手按在双膝膑骨上，先由外向内按摩 30 次，然后再由内向外按摩 30 次。按摩时要轻柔，膝部感到舒适就可以了。

按摩脚掌：左手握住左脚踝关节，右手来回揉搓左脚掌 30 次，然后右手握住右脚踝关节，用左手揉搓右脚掌 30 次。

（四）疑病症

1. 什么是疑病症

案例：晓刚在高中毕业前夕的体检时正好在感冒发烧，咳嗽很严重。检查心音时，检查的医生一句自言自语让晓刚很紧张，心尖区有点风吹样杂音。晓刚立即询问了医生，医生解释这是正常现象，不影响身体。但晓刚却始终放心不下。他想到自己的爷爷就是因为心脏病去世的，而且想起电视上曾经演过心脏病的一个病症就是杂音。因此，他坚信自己得了心脏病，到医院去检查。检查后，医院里的大夫也说他的心脏没有问题。但他不相信大夫的诊断，认为大夫的水平太低，检查不出来。就这样，他辗转了十多家医院，但是大夫都认为他心脏正常，没有问题。他觉得这些大夫都不负责任，可能是自己的心脏病已经治不好了，所以他们不想接收自己住院。后来，他甚至离开所居住的城市，四处求医。然而诊断结果都显示他没有毛病，医生都认为这是他自己的心理猜疑造成的。他为此感到很生气，说："我的确觉得难受，不仅心脏跳得快，我还老心慌、两腿发软、头昏脑涨、站都站不稳了。你们还说我没病，我怎么可能没病？"最终，他去看了心理医生，医生说他的确病了，但不是心脏病，而是疑病症。

疑病症是以疑病症状为主要症状的神经症。主要表现在患者自认自己患有严重的躯体疾病，这种观念坚定、持久，因此反复检查身体，寻求医治。就算医生的检查结果证明患者并没有躯体病症，也不能消除患者的疑虑或者对自身健康固有的看法。医院的检查结果不仅不会消除患者的恐惧还会增强患者的焦虑或者抑郁情绪。

疑病症患者的共同特点是患者将自己的注意力集中在身体健康上，总是认为自己的身体不健康，怀疑自己身体不如以前或者患了严重疾病，而这些都跟身体的实际情况不相符合。

2. 疑病症产生的原因

（1）继发于其他精神或躯体疾病

疑病症大体可以分为两类，原发性疑病症和继发性疑病症。所谓继发性疑病症是指疑病症状继发于其他器质性疾病或者精神疾病，如药物或者酒精依赖、精神分裂症、神经衰弱、抑郁症、焦虑症、强迫症等。患者在患病中，尤其是脑损害的情况下，身体处在虚弱状态，容易诱发疑病症状。

（2）不正确的医学知识和不恰当的治疗经验

疑病症常会由于医源性因素导致，因为掌握了不明确的医学知识，医生不良的言语、态度、行为，甚至是对患者病症的错误诊断会对患者产生不良的心理影响。由于患者在长期反复检查的过程中始终不能确诊，因此使患者产生了对自己身体状态的过分关注和担心，误以为自己得了疑难杂症，进而引发疑病症。

（3）人格因素

疑病症患者常表现出完美主义人格或者偏执型人格，他们大多拥有过分追求完美，个性敏感多疑、以自我为中心、受暗示强、固执、内向、孤独、自控力差、吝啬等人格特征。他们的关注点总是放在自己身上，当自己的身体出现不舒适的感觉时就会过分担心，如果周围出现患病的人就会将他人的病症与自己相联系，进行自我暗示，夸大自己的不良感受，引发疑病症。

(4) 环境因素

儿童的疑病症多是由于儿童对外在压力的一种不良防御，通过患病去回避压力源。而成人也往往是因为过度紧张、疲劳或者遭受到生活中的重大变故后进入患者角色。因为这可以让患者摆脱掉社会责任和义务，享受到一些特权，有利于患者达到一时的心理平衡。

3. 疑病症的自我心理调节

疑病症大多为继发性的，因此对于疑病症不宜于过分简单的解释，要努力探索其中的深层次根源。针对疑病症症状，我们可以从以下几个方面去调节。

(1) 转移注意力，改变生活方式

被疑病症困扰的一个重要原因是过分关注自身，所以如果能将注意力从身体上的病情转移出去，便会减轻疑病症状。疑病症患者常常会将自己困在为“病情”而设的生活方式上，他们天天围绕在看病、检查、吃药的恶性循环当中。因此，要想缓解疑病症，患者要学会对自己“冷漠”，将注意力转移到其他感兴趣的事情上，建立一种全新的生活方式，比如培养新的兴趣和爱好，积极参加集体活动，结交新的朋友。这样就没有太多的时间去关注自己的病情，从而减轻疑病症状。

(2) 正确对待不适感

疑病症患者过分追求完美、敏感的特质让他们专注于自己身体上的微小的变化。有些患者甚至会每天记录自己排便的时间，仔细观察自己排泄物的形状和颜色，稍有异样就会紧张不安。但实际上我们的身体会有自己的生理周期，不同时期身体有变化是正常的，而且疼痛感或者疲惫感都是重要的保护机制，因此躯体不适不一定就是患病。另一方面，患者也需要明确自己的病症并非生理上的，而是心理上的。只有这样才能正确地面对不适感，减轻疑病症状。

(五) 强迫症

1. 什么是强迫症

案例：芳芳是金融系大二女生。她做事严谨、一丝不苟，因此刚上大二就担任了学生会秘书长一职，她认真的工作态度不仅受到老师的肯定，也受到了同学的敬佩。然而最近一段时间，芳芳的工作效率越来越不如从前了，她每起草完一份活动计划，总是要逐字逐句地检查很多遍，不停地修改措辞，总觉得有不尽如人意的地方，总觉得会错漏标点符号或者写错字，甚至晚上躺在床上也很难安睡，脑海中依然浮现着活动计划中的一字一句。有几次，芳芳睡到半夜从床上爬起来阅读工作计划直到天亮。芳芳的“仔细”不仅仅体现在工作上。在平常生活中，芳芳也总是反复地检查和确定自己的生活细节：刚把手机放进手袋就要重新打开手袋确定手机是不是在里面；关好门下楼之后又要回来检查门是否关好；只要一闲下来就不停地洗衣服、洗手，甚至一洗就是几个小时停不下来。这种状态持续时间长了，让芳芳很是苦恼，她知道自己没必要这么“较真儿”，可是却控制不了自己，如果克制自己不去检查和阅读就会觉得心里不踏实，像有“小虫子在心上爬一样”。只有反复检查才能觉得心里舒服一些。

强迫症是以长时间反复出现不以主观意志所控制的强迫观念、强迫意向和强迫行为为主要症状的神经症。其中，强迫观念是脑海中重复出现的想法或者画面，比如“我要拥有苗条的身材”；强迫意向是患者被某些欲望或冲动纠缠而产生的冲动，如有人站在高处就想跳下去；强迫行为是指反复出现的仪式动作或者刻板行为，如患者强迫性地计数、反复地洗手等。强迫观念、强迫意向和强迫行为的共同点是刻板性、仪式性和重复性。强迫症的实质是患者无法用意志力和理智去摆脱自己的这些想法和行为，越想控制越是出现，从而使得内心冲突强烈。严重的强迫症会伴有失眠、情绪紧张、焦虑不安，甚至是抑郁的情绪体验，进而影响学习、工作和正常的生活。

强迫症测试

请仔细阅读下面每一条，然后根据最近一周的情况和感觉，进行选择。0为没有，1为很轻，2为中等，3为偏重，4为严重。

题　　目	选　　择
1. 头脑中有不必要的想法和字句盘旋	
2. 忘性大	
3. 担心自己的衣饰整齐及仪态的端正	
4. 感到难以完成任务	
5. 做事必须反复检查	
6. 难以做出决定	
7. 做事必须做得很慢以保证做得正确	
8. 反复想些无意义的事	
9. 不能集中注意力	
10. 必须反复洗手、点数目或触摸某些东西	

评分标准：将各条目的分值相加，总分超过20分，就应该考虑有强迫症的可能性，但是需要专业的心理咨询或者精神科进一步检查，并且进行调整。

2. 强迫症产生的原因

(1) 遗传因素

与强迫症相关的研究发现，强迫症与血型相关，A型发生率较高而O型的发生率较低。另有研究发现，强迫症双亲中大约有5%～7%患有强迫症，比一般人口的患病率要高。由此可见强迫症是由一定的遗传因素所致的。

(2) 人格特征

强迫症患者多有完美主义的人格倾向，他们习惯于制定些不切合实际的目标，并且要求自己不惜一切代价去完成这一目标，但是由于目标过高不易实现，因此会在目标和现实之间徘徊、挣扎，找不到平衡点。另一方面，完美主义的人格倾向会表现在高度的道德水平上，他们若有不道德的想法和行为，如因为受到别人的伤害而有报复他人的想法时就会一直耿耿于怀，并且不敢向他人倾诉，而是认为自己犯了滔天大罪，感到恐惧、不安。这时就极易出现强迫行为以获得内心的平静。

(3) 环境因素

环境因素是强迫症的主要诱因。幼时家庭高度严格的家教或者重大的变故都会让儿童过分紧张、恐惧地成长。成年后遇到生活环境的变迁或者竞争激烈、要求严格的生活环境都容易产生紧张感，担心自己无法适应而急躁、焦虑，这种情况下就容易产生强迫症。

3. 强迫症的典型症状

(1) 洁癖

"洁癖"这个词相信大家并不陌生，生活中我们常会听到有人因为特别爱干净而被形容成"洁癖"。但是真正患有"洁癖"这一心理障碍的患者不是爱干净而已。他们往往表现为不必要地反复洗涤日常生活用品、衣服或是身体的一部分。"洁癖"患者的住处一般不太欢迎客人光临。客人来时会他们会感觉到焦虑，客人走后会立即清理客人碰过的东西或者反复地拖地。“洁癖”是强迫症的一种典型表现，又称为强迫洗涤，它是强迫症中发生率最高的，占到强迫症患者的一半之多。“洁癖”患者总是担心不干净，因此反复地洗涤。强迫症状严重时会每日不停地洗涤，甚至造成手部皲裂或者皮炎，但是即使如此患者仍然会强忍痛苦继续洗涤。长时间的洗涤必然会影响到正常的工作和生活，让患者痛苦不堪。“洁癖”患者深知自己的洗涤行为是没有必要的，但是不能控制；他们的脑海中一边评价自己的行为是没有必要的，一边仍然在不停地洗涤。如果控制洗涤行为就会焦虑不安、无法忍受。实际上，尽管他们很注重洗涤，但是并不一定意味着他们有明确的卫生观念，讲究干净卫生。因为很多案例中的“洁癖”患者都会表现出频繁的洗手但是衣服很脏、长期不换的情况。

因此，生活中我们应尽量避免将爱干净的生活习惯与“洁癖”这一强迫症混为一谈。二者最显著的区别在于个体的自身感受。卫生习惯好的人在打扫卫生或者进行洗涤时是没有内心冲突出现的，而“洁癖”患者则会因反复的洗涤造成严重的心理困扰和情绪起伏。

（2）强迫检查

强迫检查也是强迫症的一个典型症状，这类患者约占强迫症患者的四分之一。他们最大的特点是担心和怀疑，出门时明明锁了门却担心门没有锁好，因此要反复地检查门有没有锁好；睡觉时担心灯没关或者水龙头没关严，于是反复检查电灯开关或者水龙头等；案例中的芳芳也属于强迫检查的一类，总是担心自己的任务没有完成，事情没有做好，因此反复、多次地自己检查，甚至去询问他人以明确自己的表现。患者明知道自己的行为没有必要，但是却不能控制，一旦制止检查行为就会感到焦虑紧张、内心不安。严重的强迫检查行为甚至会毁坏门窗、水龙头等生活设施，不仅给自己带来不便也会使周围的人感到厌烦。

（3）强迫仪式动作

强迫仪式动作表现在患者将某一行为的步骤安排好，必须按照安排按部就班地完成，如有患者进门时要先进两步，再后退一步，才能进门；又有患者将一天的日常生活都安排好，如早上起床先穿上衣，再穿裤子、袜子、鞋子，下床后必须先刷牙才能洗脸、梳头，而且顺序也是从左边开始。这样的仪式不仅非常复杂，而且必须按照程序来做，如果不小心打断就必须重头做一边，否则会感到焦虑不安，整日不得安宁。

强迫仪式动作还表现在强迫计数这一典型症状上。如有患者会毫无意义地去计算路灯的数目或者是马路上砖块的数目，如果某次所计数目与之前不同就会重新计数。患者虽然知道这样做毫无意义，但是却忍不住去做，否则便会无心工作、焦虑紧张。

4. 强迫症的自我心理调节

（1）培养安全感

强迫症患者常会怕脏、怕病，但是同样的环境其他人却没有不安全感，因此这种感觉并非单单源于当下的环境，而是源于患者内心深处的不安全感。这种不安全感还表现在不自信上，他们总觉得自己的事情做得不够好，有不完美的感觉，所以才会反复去重复某项工作以达到自己的要求。因此，强迫症患者要努力走出自己原有的人际交往模式，用开放的心态面对新的人际交往环境，提高对环境和他人的信任感、安全感，同时提高自信心。

（2）凡事顺其自然

所谓顺其自然，就是凡事不强求，尊重其事物本身的发展规律，主动去顺应这样的自然规律。比如我们在完成一项任务时难免会出现一些细节上的错误；面对竞争激烈的环境我们也会有　些漫不经心的态度，这都是人之常情，不需要去过分地苛求完美，不容忍自己半点差错，当任务做完就去迎接新的任务，不需过分的评判和担忧，评判和担忧并不能改变事情的结果，只会让自己平添不必要的烦恼。

(3) 及时转移注意力，用兴趣爱好进行自我调节

尽可能地把自己的时间安排妥当、紧凑，不给自己留下空余的时间去做反复、刻板的强迫行为，如通过户外锻炼来充实生活。强迫症患者都是做事认真的人，而中国的毛笔字多需要一笔一画地认真完成，因此可以通过练习书法来转移强迫症状。中国书法当中的行书多有笔画省略之处，练习行书时要注意行书笔画省略的方法，让用笔的线路少而简练，因此练习行书有利于缓解强迫症状。此外，唱歌、跳舞、下棋等灵活的业余活动都有利于强迫症状的减轻。

当然以上的方法要循序渐进地进行，让强迫症患者在逐渐适应的条件下缓解症状。

【课堂练习】

1. 抑郁症的发病原因是什么？自我调节方法有哪些？
2. 焦虑症的表现有哪些？如何进行自我心理调节？
3. 强迫症主要有哪些典型症状？
4. 调节神经衰弱的放松疗法如何进行？

第三节　大学生常见心理行为障碍

小 故 事

案例一：小梅是艺术系的大一女生，1.72米的高挑身材却只有40千克。身边的同学和亲人都为她过于消瘦的身材担忧，可是小梅依然觉得自己太胖。她不仅一天三顿饭能减则减，还偷偷地尝试各种减肥药、减肥茶、减肥膏等瘦身产品。小梅体重不断减轻的同时，成绩也是一落千丈，本是花季年龄，却形容枯槁，甚至常常晕倒在课堂上。

案例二：小西，25岁，是某高校的大四男生。他性格内向、老实，初中时父母的离异让他的内心极为苦闷，也因此对自己的前途很担忧。一次学校组织看电影，与他邻座的女生很漂亮。电影开始后，电影院灯光昏暗，小西有一股很强烈的露出阴茎的冲动，并且情不自禁地将阴茎露出，但是由于害怕所以手淫后没有射精，女同学看到后很惊慌但是并没有声张。事后他感到后悔但是很满足。之后，他常常在街上看到漂亮女生时就控制不住地露出阴茎，每次这样做的时候都感到快感，可是事后总会感到后悔、难堪，认为自己无药可救，学习成绩一落千丈。

【分享感悟】

案例中的两位同学都属于典型的行为障碍。行为障碍主要是各种心理障碍的结果，它表现为个体不受意志控制和支配而出现了不恰当的外在行为。行为障碍比其他心理障碍更容易影响到同学们的日常生活和人际交往，甚至有生命危险。行为障碍所表现出的异常行为是一种病态行为，它给患者带来巨大的痛苦，因此大家不应该鄙视和谩骂有行为障碍的人。本节将向大家介绍几类常见的大学生行为障碍，旨在让读者了解很多日常生活中所谓的"变态行为"实则为心理问题，也有其发生的难以言喻的苦衷，同样应该得到理解和帮助。

知识讲堂

一、进食障碍

进食障碍主要是指厌食症和由此变形的贪食症。案例中小梅的行为是厌食症的典型表现，患者有意的节食造成体重减轻、食欲减退，进而引起营养不良、内分泌失调及躯体功能的紊乱。严重的厌食症可能会进一步引发贪食症，表现为反复发作性暴食，而后用诱吐、利尿剂、导泻的方式将大量食物排出体外。这两种病症的共同点为过分关心体重和体型而使个体无法适度进食。

进食障碍多发生在高中和大学阶段，女性患病率高于男性。较之初高中阶段，大学阶段的人际氛围使得女生对自己的外形有了更多的关注，加之社会媒体的宣传和诱导，很多大学女生都有强烈的愿望要使自己如同海报上的模特一样保持苗条的身材。除此之外，个体的性格因素也是引起该心理障碍的重要原因。一般来讲，做事追求完美、自我中心、敏感、依赖的性格特点更易引起进食障碍，他们通过节食或者暴饮暴食来寻求心理上的慰藉，通过控制饮食来获得一时的安全感。

大学阶段正是身心发育的关键时期，进食障碍不仅会造成个体的焦虑、忧郁、睡眠障碍等心理困扰，更重要的是他会造成严重的新陈代谢问题，甚至危及生命。因此大学女生普遍存在的"减肥现象"需要在一定程度上引起重视。追求身材匀称无可非议，采取健康的运动锻炼或是合理的饮食结构都可以在身心健康的基础上保持身材。但是如果个体的减肥方式过于极端，就应该给予关注并且求助于专业的心理咨询机构加以制止和矫正。

二、恋物癖

恋物癖是指通过收集和依赖特殊物品来引起性兴奋，获得性满足的性心理障碍。恋物癖行为常有极端的偷窃或者抢劫表现，主要通过私下闻舔摸嗅物品的方式来满足性兴奋。此问题主要存在于男性中。

患者恋物行为所导致的偷窃行为与普通偷窃行为在本质上是不同的，他们一般品行良好、内向、道德感强、与异性交往有障碍。恋物行为发作时往往不受控制，常伴有焦虑的冲动，不顾一切地在人前进行偷窃，甚至是抢劫，被发现后常感到后悔和自责，使得异性交往更加受挫。

恋物癖患者多在童年期心理发育受阻，不恰当的家庭教养方式和性行为教育是促使恋物癖形成的重要原因。他们在早年成长中往往与父亲交流少，与母亲过分亲昵。恋物行为出现时得不到及时、适当的制止。也有部分恋物癖患者是由于性格内向，性观念保守，很少与异性有正常的交往，过分的性压抑导致了畸形的性宣泄方式。

通过主动参加积极健康的社会交往活动，避免接触引起性兴奋的物品以及色情内容的影音文件，大多数恋物癖患者不良行为是能够得到纠正的，当然这需要恋物癖患者的决心和毅力，也需要人际环境的支持力量。

三、异装癖

异装癖是指反复出现穿戴异性装饰的强烈愿望，通过穿戴异性服饰可引起性兴奋或性满足，抑制此行为会引起强烈情绪不安，此症主要见于男性，多始于童年或青春期。

异装行为不同于同性恋，此性心理障碍的典型行为是穿上异性服装后对镜自赏，进行手淫，或者发生异性性行为。这些人无性别认同障碍，其性取向依然为异性恋者，多数人有正常的异性恋爱关系。

异装癖往往是强迫性神经症或者强迫型人格障碍的某种表现。不同的心理学理论对异装癖的成因有不同的解释。行为学派认为患者是因为在童年有穿着异性服装的经历，并且因此体验到性兴奋，导致患者反复穿着形成条件反射；精神动力学认为患者在童年时期经历过不良的客体关系，母亲多表现出侵犯性，他们通过身着异性服装来认同母亲以克服“阉割焦虑”等。

异装癖的异装行为多表现在私下进行，虽然不会造成不良社会影响，但会造成伴侣的反感，因此长此以往会影响到恋爱婚姻关系，因此也需要进行及时的治疗。异装癖的心理治疗多以精神动力学为主，行为治疗和厌恶疗法也有一定的疗效。

四、露阴癖

露阴癖是指长期在异性面前暴露自己的性器官，以引起性激动，达到性满足，并且以此作为满足性欲的唯一方式。这一性心理障碍多发生于男性，女性很少。15～30 岁是露阴癖发生的高峰期。

性压抑的成长环境或是早年不恰当的性经历是露阴癖产生的主要原因。患者每次露阴前都会有强烈的欲望和紧张感，露阴之后会获得满足和轻松。一般来讲，女性对于露阴行为越是表现得惊慌失措，越会引起患者兴奋。露阴癖患者大都为害羞、内向、社交能力较差的男性，在露阴行为出现时多有清晰的意识，行为过后多后悔万分，但是难以自控。因此，及时发现并且进行心理治疗是非常重要的。通过改变患者认知以及探寻早期生活经历的动力学心理治疗能够起到较好的疗效。

【课堂练习】

1. 进食障碍主要有哪两种类型，分别有什么样的症状表现？
2. 恋物癖患者的发病原因有哪些？
3. 异装癖与同性恋有何不同之处？

第十章　做人生道路不朽的拓荒者

——大学生的自我潜能与创新意识的培养

案例介绍

约翰尼·德普，被称作是“这个时代最具才华的天才演员”。7 岁那年爷爷因病去世，德普回忆道：“那是我人生中遇到的第一件大事，真正的亲人就这样永远消失了，我不知道除了哭还能做什么。”之后的日子不管对约翰尼个人还是对整个家庭来说，都是一场慢性阵痛。小德普经常要和家人搬家。对德普来说，最让他愤怒的莫过于这样两件事情：一是在家里每次搬家，老妈总会把他的玩具扔掉；二是他才刚和邻居家的小孩认识不久，转眼就要说“拜拜”。短短四年时间，德普搬家的次数累计有 20 多次，发展到最后，德普干脆足不出户，窝在家里，等着收拾行李。“在我该死的学校里，学生分成三等：有钱孩子、聪明孩子和乡下孩子，我的出现突然开辟了第四等——怪孩子，所以从来没有一个女孩正眼瞧过我。”德普 15 岁那年，他的父母离婚了。

随后，德普随母亲搬到洛杉矶，很快，母亲便嫁给了另一个男人。这期间，没有人关心德普，没有人在意他的生活，因此他总是在酒吧寻欢至深夜。对于这段在放纵和无聊中熬过的灰色记忆，德普只能自嘲：“我对任何事情都深感好奇，但追逐某些好奇的方式却是极不正当的，可惜那时没人管得了我。于是我 12 岁学会了抽烟，13 岁就不再是处男，14 岁品尝了大麻的滋味，15 岁纹身，16 岁敢在超市里顺手牵羊……但你能说我是个彻头彻尾的坏种吗？——不！”

16 岁时德普决定退学，他想要成为摇滚巨星。对于那段年少轻狂的岁月，他在访问中提到：“我没有办法从记忆中拼凑出家的样子，因为不断地搬家，青春期的我，非常迷惘，因此我把自己关在房间里勤练吉他。”当时，德普组了一个乐团，担任吉他手，不过后来，乐团很快解散，德普开始依靠做电话销售谋求生计。

后来，在组乐队时期友人的介绍下，德普认识了当时已经小有名气的演员尼古拉斯·凯奇。凯奇认为德普有着特殊的演员气质，十分赏识德普的才华，并将他介绍给自己专门的经纪人。从此约翰尼·德普开始踏入影视圈，走上了此后星光熠熠的道路。

【案例分析】

如今在银幕上才华横溢并热衷慈善的德普和当年颓废茫然的他早已判若两人，就像他自己所说：“你能说当时的我是个彻头彻尾的坏种吗？”当然不是，那只是没有人生目标，没有发现自身潜能时极端错误的表现。自身潜能的发掘能让自己找到毕生奋斗的事业，也能治愈从前的伤痛，让不良行为远离。可以说，德普是幸运的，最初追求的梦想并非自己蕴藏最大潜能的地方，但也正是不懈地追求，才让那个真正的机会降临。现在的德普，在自己的每一部作品中淋漓尽致地展现着与生俱来的演艺才华，用自己独具创意的表现方式刻画出诸如《剪刀手爱德华》中机器人爱德华，众所周知的《加勒比海盗》中杰克船长这样常人难以驾驭的经典角色。他作为演员的潜能似乎无穷无尽，带给我们的惊喜也远远没有结束。

自我认知：

霍兰德兴趣岛测试

测试目的：通过进行“选择岛屿”小测试，了解自己真正的职业兴趣，进而确定自己真正喜爱和不愿意接受的职业，以此来把握职业定位时的方向。

测试题目：

下面，我们依次参观六个完全不同的职业兴趣岛屿。

A岛——美丽浪漫岛

这座岛屿弥漫着浓烈的艺术文化气息，四处可见的是美术馆、音乐厅，岛上的岛民们传承着传统的舞蹈、绘画和音乐，这里的文艺气息吸引着来自各地的文艺界人士，这里是他们灵感的源泉。

C岛——现代井然岛

遍地高耸着的摩天大楼，浓郁的现代气息标志着这里是一个进步的、发达的、都市形态的岛屿。岛上的金融管理、地政管理和户政管理等都十分健全和发达，岛民们也有着现代沉稳的气质，善于组织和规划，个性冷静保守，处事有条不紊。

E岛——显赫富庶岛

这里的经济高度发达，岛上处处都是高级饭店、恢宏的高尔夫球场、顶级俱乐部。岛民们十分热情爽朗，善于经营企业和组织贸易活动。来往该岛的，大多是世界各地的经理人、知名企业家、政治家、律师等，这些金字塔顶端的商界名流和上层阶级人士在岛屿上享受着高品质的生活。

I岛——深思冥想岛

这个岛平畴绿野、人少僻静，适合夜观星象。岛上分布有许多天文馆、科学图书馆、科技博物馆，岛民们大多沉稳，最喜欢窝在自己的小房间里，成天沉浸在学问中，刻苦钻研、沉思冥想，探究真理和科学的真知。哲学家、心理学家和科学家们常在这里举办沙龙，他们讨论学术，交流思想。

R岛——自然原始岛

这是个纯天然的绿色之岛，自然生态十分优良。岛上不仅保留有热带雨林等原始生态系统，而且还拥有一批颇具规模的天然植物园、动物园和各种水族馆。岛民们最擅长手工制造。他们自己种植花草树木，栽培蔬菜花果，自己动手修缮房屋营造家园，就连日常的工具和器物也是自己打造。

S岛——温暖友善岛

在这里，随处可见性情温和的岛民，他们乐于助人，十分友善。岛民们互助合作，重视子孙后代的教育，每一个社区都能自成一个互动密切、频繁的服务网络。在这个岛上，处处充满着人文关怀气息。

参观完六座岛屿了，现在，你有15秒钟的时间来回答以下几个问题：

1. 如果你必须在这六个岛屿中选择一个，成为岛民中的一员，并在这个岛上生活一辈子，你的第一选择是哪个岛？

2. 你的第二个选择会是哪一座岛屿？

3. 如果有第三选择，你会选择哪一个岛？

4. 哪一个岛是你十分厌恶、打死也不会选择的？

回答完四个问题,请依次记下每个问题的答案。

测试分析:

A、C、E、I、R、S 6个岛事实上分别代表了6种Holland职业类型,它们的描述以及矛盾关系如下:

A岛——艺术型(Artistic),C岛——常规型(Conventional)

E岛——企业型(Enterprising),I岛——研究型(Investigative)

R岛——实用型(Realistic),S岛——社会型(Social)

问题1的答案体现了你最显著的职业性格特征、最喜欢的活动类型以及最喜欢(很可能是最适合)的大致职业范围。反之,问题4的答案则是你最不喜欢的活动等。具体内容如下:

类型	总体特征	喜欢职业
A岛——艺术型(Artistic)	属于理想主义者,具有独创的思维方式和丰富的想象力,直觉强烈、感情丰富。喜欢进行创造和表达自我的活动,譬如音乐、写作、戏剧、美术等艺术类活动	喜欢"非精细管理的创意"类和创造类的职业。如:作曲家、乐队指挥、音乐家、美术家、漫画家、舞蹈家、演员、戏剧导演、广告设计师、室内装潢设计师、作家、诗人等
C岛——常规型(Conventional)	追求秩序感,自我抑制,顺从,防卫心理强,追求实际,回避创造性活动。通常喜欢固定的活动,喜欢有组织性、有秩序的行为,比如组织工作、处理数据等等,十分乐意在一个大的机构或团体中处于从属地位,同时希望能够确切地了解工作的标准和要求	喜欢有清楚的规范和要求的工作,倾向于精打细算、按部就班、追求效率的职业。如:税务专家、会计师、银行出纳、簿记、行政助理、秘书、档案文书、计算机操作员
E岛——企业型(Enterprising)	为人乐观,喜欢冒险,行事冲动,对自己充满自信,精力旺盛,喜好发表意见和见解。喜欢领导别人、影响别人,喜欢为达到个人或组织的目的而说服别人进而成就一番事业	更倾向于那些需要综合运用领导能力、说服能力和人际能力,来达成某种组织目标的职业。如:营销人员、采购员、投资商、公关人员、商业管理者、电视制片人、市场或销售代理、政治运动领袖、律师、保险代理等
I岛——研究型(Investigative)	自主独立,好奇心强烈,敏感,并且慎重,重视分析与内省,爱好抽象推理等智力活动。喜欢独立的活动,喜欢独自进行探索和研究,独自思考、理解一些需要严谨分析和思维逻辑的抽象问题,喜欢独自分析、处理信息,独自处理理论和观点	喜欢以观察、学习、探索、分析、评估或解决问题为主要内容的职业。如:化学家、物理学家、生物学家、程序设计员、工程师、实验室工作人员、社会学家
R岛——实用型(Realistic)	个性平和稳重,看重物质,追求实际效果,喜欢实际动手进行操作实践。愿意从事事务性活动,如户外劳作或操作机器,而不喜欢呆在办公室里	喜欢与户外、动植物、实物、工具、机器打交道的职业。如:农业、林业、渔业、野外生活管理业、制造业、机械业、技术贸易业、特种工程师、军事工作
S岛——社会型(Social)	洞察力强,乐于助人,善于合作,重视友谊,热情关心他人的幸福,有强烈的社会责任感,总是关心自己的工作能对他人及社会做多大贡献。喜欢与别人合作的活动,帮助别人解决困难	喜欢帮助、支持、教导类职业。如:牧师、心理咨询员、社会工作者、教师、辅导员、医护人员、各种服务性行业人员

第一节　每个人都有潜能

小常识

在人类的大脑中，总共有两千亿个细胞，可以储存的信息高达1 000条，平均每天可产生4 000种想法，大脑中信息传递的速度更是惊人，超过150千米/时。

人类的大脑十分发达，这一点毋庸置疑，但是，为什么除了极少数智商超群的天才外，大部分人的智商仅在85～115之间，只比智商接近80的黑猩猩高不了多少呢？

答案是让人遗憾的。著名心理学家詹姆斯曾指出：一个普通的人仅仅开发运用了他本身能力的10%，而剩余90%的潜能尚未被利用。后来，社会心理学家米德研究发现：每个人只用了他的能力的6%，还有94%的潜能未被利用。1980年，心理学家奥托曾说："据我最近发现，一个人所发挥出来的能力，只占他全部能力的4%。"当今鼎鼎大名的控制论奠基人维纳则说："每一个人，即使他是作出了辉煌成就的人，在他一生中利用他自己的大脑潜能还不到百亿分之一。"

这些科学数据清晰地表明这样一个趋势：随着社会的进步、科学的不断发展，对于人类潜能的研究会更加深入，因此人类的潜能将会面临一场根本性的改革。

所以，每个人的脑袋都大有潜力可挖！这可不是一句用来鼓舞人心的空洞口号，它是有根有据、真实可信的科学结论。

潜能理论强调：人与人之间的差距并不是脑袋的聪明与否，关键在于对脑部潜能的开发。一旦找到合适的用脑方式，普通人也能成为一名伟大的科学家。

知识讲堂

著名心理学家赫胥黎说："编撰20世纪人类历史的时候，可以这样写：我们最大的悲剧不是恐怖的地震，不是连年的战争，甚至不是将原子弹投向广岛，而是千千万万的人们生活着然后死去，却从未意识到存在于他们自身的人类从未开发的巨大潜能。"已经走在21世纪的我们还要重蹈这样的覆辙吗？我们必须更多地关注蕴藏在我们每个人身体里的那神秘而又不可及的潜能。

一、什么是潜能

（一）涵义

潜能是蕴含在一个心智健全的社会人的智能"仓库"中的还没有被开发出来的智慧总和。也可定义为：潜能是存储在每个人身上尚未被释放出来的各类能量。

（二）特点

潜能这一涵义集中反映在一个"潜"字上。潜者，藏于物；潜者，为现也。因此潜能的特点有三个：一是其存在的状况所表现出的潜藏性，即还没有表现在外；二是其存在事实表现出的现实性，即潜能确实人人都有；三是潜能的可开发性，即潜能并没有那么神秘，只要肯努力、方法得当是可以开发出来的。

人的能量就好比茫茫大海中的一座冰山，露出水面的一角即是已经发挥出来的智能，水下的部分则是尚待开发的潜能。美国当代著名潜能理论研究专家安东尼·罗宾认为：大自然赠予每个人巨大的潜能，由于未进行各种训练，每个人的潜能才没能得到淋漓尽致的发挥。虽然，大多数的人命中注定不能成为爱因斯坦式的人物，但任何一个平凡的个人都可以成就一番惊天动地的事业。未必人人都能成为天才，至少天才身上的特质都可以在普通人身上找到萌芽。

（三）潜能来自哪里

我们的潜能无疑蕴藏在大脑之中，人类的大脑无疑是世界上最神奇的东西。大脑两半球的解剖结构基本上是对称的，但其功能又是不对称的，这种不对称性叫做"单侧化"。大脑两半球的分工和生活中用手的习惯有关，惯用右手的人，左半球言语功能占优势，和言语有关的，像概念形成、逻辑推理、数学运算这些活动，左半球也占优势；右半球是不需要语言参加的空间知觉和形象思维，像音乐、美术能力、情绪的表达和识别能力等占优势。

人类的潜在能力想要发挥，需要左脑和右脑相互促进，同时激活大脑的全部区域。为此了解导致潜力发挥的大脑活动区域，对进一步发掘利用我们的潜能来说是很有帮助的，也能让我们更加坚信每个人都拥有潜能这一事实。

几千年来四书五经八股文的教育方式，强化了我们左脑逻辑分析、信息处理、抽象思维之类的能力，却也几乎完全扼杀了负责形象思维的右脑的活力。一只眼睛看东西总不是那么清楚，一只脚走路也不会那么迅速，那么只用一边大脑思考的我们，又怎么聪明得起来？美国奥·恩斯坦教授说，人脑两个半球如果积极配合，人脑的总能力和工作效率就会成倍提升，那么，反过来说，习惯用左脑思考的我们，能力和效率就是在应有水平上成倍地减少。所以，本可能拥有同样智力的我们，却只能仰视爱因斯坦、达·芬奇等右脑能力得以充分使用的幸运儿，然后对着自己平凡无奇的智商无计可施。

左脑和右脑最大的不同在于，左脑是意识脑，而右脑是无意识脑。所以左脑主要控制意识类的活动，这类活动指的就是受意愿支配的活动。右脑则是控制无意识类活动的主要脑区，这类活动指的是不受个体意愿支配，个体不曾察觉到的心理活动。左脑具有意识性的五感，而右脑另具有潜意识性的五感，分别构成两种感觉体系。人们通常运用左脑的感觉体系，而让右脑的感觉体系处于休眠状态。例如，在日本明治时期，有位叫做山崎辩荣的人，曾因种种神奇轶事为人所熟知。那时他有个随从叫渡边信孝，平时伺候在他左右。有一次山崎待在紧闭的屋里突然对渡边说："某某先生马上就要来了"，并吩咐渡边赶快去准备一下。于是渡边不解地问："您怎么知道的?"山崎回答说："他正骑马赶到，马上就要下马朝这儿走来了。"不多久，那人就真的到门口了。这其实就是一种直觉，我们每个人多少都具有，只是不知道用什么方法可以引导出这些能力而已。人们通常只是依赖左脑的感觉和意识，而不能运用右脑所拥有的另一种类型的感觉和更深层次的意识。

二、潜能包罗万象

随着研究的深入，能力的界定范围越来越宽，相应的，潜能作为人类身体里潜藏的能力，包含的范围自然也越来越宽。这从描绘能力结构的理论的日益发展可以很清楚地看出：

最早的时期，人们认为能力只包含两个因素，最著名的是斯皮尔曼的二因素论，在20世纪初，这位英国心理学家利用因素分析的方法，分析了大量与能力有关的因素，并提出了能力的二因素论。在斯皮尔曼的观点里，一般因素G和特殊因素S这两个部分共同构成了能力，其中G体现在各种活动中，是人人都拥有的，但是各人的G的量值是有差异的，而G的量值的大小决定了一个人的聪明程度。特殊因素S则对应各种比较特殊的能力，因此，S实际上因人而异。每一种S只对应参与特定的一种能力活动，比如，运算能力由G和某种S构成，语言表达能力又由G和另一种S构成。这个理论让人们重视一般因素G，而忽略了对特殊因素S的探索。

之后，人们开始认为有多重能力因素，并且彼此间都具有不相上下的重要性，就像是塞斯顿的群因素理论中所描述的，任何智力活动都是由许多原本独立的因素相互作用形成的。通过大量实验，他找到了7种因素，这7种因素即词的理解、词的流畅性、推理、计数、记忆、空间知觉以及知觉速度。塞斯顿把这7种因素作为原始能力，七者之间彼此独立。

随着研究进一步的深入，人们发现其实所谓相互独立的因素仍是有一定的联系的，因此存在一些支配所有智力活动的核心智力因素，但是各因素间的地位已经没有高低之分了。

接下来，能力的范围再一次被拓宽，不仅仅是智力活动受到重视，其他领域的能力也被囊括其中，最具代表性的就是美国心理学家加德纳的多元智能理论。加德纳认为，个体身上相对独立存在着的、与特定的认知领域和知识领域相联系的8种智能为：语言智能、节奏智能、数理智能、空间智能、动觉智能、自省智能、交流智能和自然观察智能。

1. 言语——语言智能，指听、说、读和写的能力，表现为个人能够顺利而高效地利用语言描述事件、表达思想，并与人交流的能力。

2. 音乐——节奏智能，指感受、辨别、记忆、改变和表达音乐的能力，表现为个人对音乐包括节奏、音调、音色和旋律的敏感，以及通过作曲、演奏和歌唱等表达音乐的能力。

3. 逻辑——数理智能，指运算和推理的能力，表现为对事物间各种关系如类比、对比、因果和逻辑等关系的敏感，以及通过数理运算和逻辑推理等进行思维的能力。

4. 视觉——空间智能，指感受、辨别、记忆和改变物体的空间关系并借此表达思想和感情的能力，表现为对线条、形状、结构、色彩和空间关系的敏感，以及通过平面图形和立体造型将它们表现出来的能力。

5. 身体——动觉智能，指运用四肢和躯干的能力，表现为能够较好地控制自己的身体、对事件能够做出恰当的身体反应，以及善于利用身体语言来表达自己的思想和情感的能力。

6. 自知——自省智能，指认识、洞察和反省自身的能力，表现为能够正确地意识和评价自身的情绪、动机、欲望、个性、意志，并在正确的自我意识和自我评价的基础上形成自尊、自律和自制的能力。

7. 交往——交流智能，指与人相处和交往的能力，表现为觉察、体验他人情绪、情感和意图，并据此做出适宜反应的能力。

8. 自然观察智能，指个体辨别环境(不仅是自然环境，还包括人造环境)的特征并加以分类和利用的能力。

发展到此，对能力范围的研究还没有停下，美国心理学家吉尔福特(J. P. Guilford，1897—1987)提出了智力三维结构理论。在这个理论中，一般智力活动所共有的操作内容、操作方式，以及操作的产物作为智力的三个维度，并把这三个维度分别用作长、宽、高，构成一个智力的三维立体结构模型。在这个结构模型中，操作内容包括四种因素，分别是图形、符号、语义和行为；操作方式包括认知、记忆、发散思维、聚合思维、评价5个因素；操作产物则包括单元、类别、关系、系统、转换、蕴含等6个因素。三个维度可以组合为120种能力因素。吉尔福特根据这种智力结构的模型去寻找每一种能力因素，并声称已经找到了一百多种。

我们平时感觉到的意识和完全感觉不到的无意识之间隔着一扇很坚固的门。无论我们怎样努力，绞尽脑汁地想办法，始终无法开启这扇门。然而大脑中产生快感的化学物质掌握着这扇门的钥匙。如果讨厌所做的事情，大脑就会分泌出另一种化学物质。尤其是当人处于不满和恐怖的情感状态时，大脑会分泌出大量这种化学物质。一旦有这种物质被分泌出，意识和无意识之间的门就关闭了。在这种状态下，无论怎么努力，我们也只能在意识中活动，无法发挥出自己的潜能。

如果你非常愉快地投入到所做的事情中去，大脑则会大量分泌出使你产生快感的化学物质。在这种化学物质的刺激下，意识和无意识之间的大门就会自动开启，你也就会想出非常新颖的主意，甚至会发挥出连自己都难以置信的才能。高尔夫球超级明星泰格·伍兹曾在赛后的记者招待会上这样说："我获得胜利的时候，就是对高尔夫球感到乐趣的时候。只要感受到乐趣，我就会取胜。"

所以，做自己觉得有趣的事情是最容易发挥出潜能的。不争的事实已经告诉我们，不同的领域需要不同的能力去驾驭，每一处都有潜能等待我们去发掘，我们不再会局限于某处而一筹莫展，总有一处是我们兴趣的乐园，有无限的空间让我们大展身手，只要我们有心去发现。

三、开发潜能从何做起

（一）自我审查，探索潜能

"如果我能像别人那样善于表达该多好！"

"如果我能像别人那样会控制自己的情绪该多好！"

如果，这两个字我们每天不晓得要说多少次，这是多么万能的字眼啊！有了它我们可以将想象无限延伸，凡是做不到的事情都可以拿它来当做借口，拿它来逃避责任。

可是，它又是多么不必要的字眼啊！毕竟想象再贴切在现实面前都是那么无力。尤其是当你用这个字眼来和别人比较时，明知自己和他人各不相同，又何苦欺骗自己呢？

1. 自我盘点

每个人作为一个独立的个体，都具有区别于他人的特长之处。如果能够在自己的特别之处尽情发挥，一定会成就一番大事业。只是有些人在这点认知不正确，一味地模仿别人，最终也只不过得到一个最佳模仿的称号罢了。扮演好自己的角色，这才是最重要的。世界各地模仿迈克尔·杰克逊的人成千上万，再相似别人也只当他们是迈克尔的替身而已，没有人会注意他们各自究竟有什么样的特点，他们被统称为模仿者。当然，我们虽然不能一味地模仿，但是我们可以学习借鉴才华出众的人身上的优点，加速自己的成长，但不要因为学习和模仿掩藏了自己真正的才能，堵住了属于自己的更广阔的发展空间。

所以，每个人都应该正确评估一下自己，客观地进行自我检查，找到自己的长处和缺点。只有走对了自己的路，才能最有效地发挥自己的潜能 。下面我们不妨盘点一下自己：

（1）不管做任何事，自己是不是都能做得很好？或是马马虎虎地混过？都是些什么性质的事情呢？

（2）什么样的事曾使你获得过目前为止最大的成功？这种成功对于你的能力及做事的技巧究竟有什么帮助呢？

（3）你在做什么事情的时候失败过？去年发生的最大的三次失败是哪些事？为什么会遭受这些失败呢？为了要避免这类失败再次发生，你采取了哪些措施？

（4）目前所遭受的困难是哪些？其中最大的困难是什么？

（5）我的人生使命是什么？

（6）我有什么才能？我合适做什么样的工作？

（7）我到底做了哪些有价值的事？我到底做了哪些没价值的事？

冷静地思考上面几个问题，你可以了解自己的长处和短处，这一系列问题不只要作答一次，必须定期而且长期地去做，不仅是现在，在人生的不同阶段都需要对自己进行评估，了解当下的自己。

2. 了解自己

了解你自己最好的方法是站在一旁，像陌生人一样来评估你自己，可能有人认为这是一种毫无意义的行为，但我们都有自欺欺人的弱点，很多人有怀才不遇的感慨，很多人缺乏自信，畏畏缩缩。其实我们都是在竭力回避这样的事实：我们缺乏行动，故意拖延，推卸责任，逃避义务。做的技艺出自做的过程，就像你不开口永远也不能说你会唱歌。尝试是认识你自己的最主要途径。只有在行动的氛围中，一个人才能够发现充分表现自己的才能和天分的天地，才能明了发挥自己潜能的途径。

敢于表达自己，不要怕自己的意见流于空泛或是和别人没什么两样。因为你的智慧、经验绝对不会跟别人一模一样，由此而来的逻辑思考就会不同，经过思考后的结论因此也不会落入他人的俗套，而是有你的独到之处。当然，你只有表达出自己的观点后，才能和别人的进行比较，闷在心里的想法永远没有实际的价值。

行动之后，你的行为才会产生效果；表达之后，你的观点才会产生反响。有了实际的结果之后，你才能像一个旁观者一样客观地评价自己，不然一切，只是主观的想象，你也只能一直在自己的世界里，而不能真正地了解自己。

3. 独一无二的你

尽管世界上从来没有完全相同的人存在过，我们还是习惯于拿自己和别人比较。我们把他人作为标准来衡量自己成功与否。不断地和他人比较，只能对你的自信以及取得成功的能力的发展产生负面的影响。我们只应该向一个人请教，请教他我们的能力是否得到了充分的发展，这个人就是你自己。把自己和别人相比从来都是毫无意义的，因为你根本不知道别人在生活中的目标、动力以及独一无二的能力。

每个人都是独一无二的。使我们独一无二的，是我们通过思想的作用而在自己内部带来变化的能力。我们对自己的认识、对自己的定位以及我们想要实现的目标决定着我们在这个世界上的独特位置，决定着我们潜能所能发挥的程度。

婴儿阶段我们受到了极大的赞美和喜爱，这种积极强化的信息促进了我们幼小心灵的发展，但是，随着年龄的增长，这种过程被慢慢地抑制了。当受到别人的赞美时，我们不再理所应当地接受，谦虚变成了顺其自然的第一反应，久而久之，这种过程深入了我们的潜意识，并与婴儿期对赞美全盘接收的感受进行了协调，最终，我们不愿使自己突出于人群，在生活中停留在这种形象的界限之内。我们忘却了去寻找自己特有的能力，无意中压抑了自己潜能。如果按照下面的话去做，你或许能认识到自己的独特之处：首先列举出自己的长处，可以请老师、同学和其他确实能给你意见的人一起讨论，接着在列举出的每个长处下面分别写上三个虽然事业或学业成功但在此方面不如你的人。通过这张表，你至少可以发现，自己有长处优于比自己成功的人，因此，你可以认为自己的本领可能比原先想象的要大。

4. 发现另一个自己

“不识庐山真面目，只缘身在此山中”。人想要有自知之明并不容易，想要正常地生活，我们必须学会应付各种各样的命令、各种各样的规矩，适当地迎合各种各样的人的眼色。也许我们早就把别人想要的和自己想要的混为一谈，要做到真正的自知，则需要我们更用心地发现自己，从另一个角度发现真实的自己，了解自己不同的一面，尝试自我对话，这样才能明白自己真正在乎的是什么，真正缺少的是什么。

每一个人的内心之中都有一个英雄，我们所生长的社会却让我们失去了与他的联系，让他处于休眠的状态。英雄是什么样的人呢？英雄是敢于去做他本性上感到害怕之事的人，是充满勇气、绝对相信自己能取得成功的人。成功不仅仅是取得的成绩，更是你摔倒后再次站起来的能力，相信你无论摔倒多少次，你都能再一次站起来的决心和意志。有时候，赢家只不过是爬起来的次数比摔倒的次数多一次而已。

潜意识总是趋向于你所持有的包括自我目标在内的自我形象。如果你坚信能实现目标，你便能创造帮助你前行的条件；同样，如果你坚信有不好的事要发生，当你遇到突如其来的挑战时，你便会心灰意冷，失去信心，你会把这些当做是你预料中的失败加以认同和接受。一旦习惯于失败，人在精神上就会有一种难以逆转的挫折感，在潜意识中随即形成了不会成功的信念，并使自己的行动在无意识中遵循这种观念。相反，相信自己能够成功的人常常在潜意识中就确立了自己成功者的形象，在行动中给予了自己积极的暗示。发现另一个自己，唤醒心中沉睡着的英雄，你离成功将不再遥远。

（二）拥有自信，推动潜能

信心是成功的秘诀。拿破仑曾经说过："我成功，是因为我志在成功。"没有这样的自信，成功或许也就与他无缘了。

一个人最大的敌人是自己。外来的挑战虽然残酷，但不管你能不能克服，总有过去的时候，现在让你一筹莫展的事情以后未必还会存在。唯有内心的自我永远不会消失。因此，假如缺乏自信心，无时无刻你都无法摆脱由此带来的困扰。

每个人都是独一无二的，你能做的事情，别人未必做得来。你之所以成为你，肯定有你自身的特质，这都是别人没办法完全模仿的，你应该相信自己。

1. 寻找自信

信心对于立志成功者具有重要意义。人一旦拥有了成功的信心并经由自我暗示和潜意识的激发，就会转化成一种积极的情感。信心一旦与思考相结合，就能激发潜意识来激励人们表现出无限的智慧和力量。如果你的信心正昏睡不醒，唤起这成功的种子而且付诸行动，就可能会给你带来从未想过的成就。

自信是一种无形的品质，不是吃片药就能得到的东西，但是它可以被开发出来。一个人充满信心或是缺乏信心我们都是可以识别出来的，很难通过伪装骗过别人，也很难自欺欺人。我们需要对自己诚实，明白自己是不是真的有自信。自信心能直接反映出你对自己的态度。你和自己的关系是你一生中所要处理的最重要的一种关系，是你建立其他关系的基础。没有它，我们不应该气馁，更不用伪装，因为它是可以获取的。我们可以开发它、增强它、利用它来创建自己美好的未来。

开发自信心有法可依，关键在于制定并实现一些小的目标。在实现小目标的过程中，"我能做到"的自信会慢慢在你内心深处扎根。这有利于逐步塑造有能力的自我形象，使自己一步步感到并且真正明白自己是可以掌控局面的。

2. 相信自己，你就能行

企业家亨利·福特说过："如果你认为自己行或不行，你常常是正确的。"当你回首往事时，你会发现做成的事情几乎都是觉得自己能做好的，你认为不会发生的事就很少发生。为什么会这样呢？因为当我们在头脑中设计了未来的结果时，我们在潜意识中就会朝那个方向努力，通常在我们还未知觉的情况下，潜意识已经悄悄为我们的行为定了基调。当你觉得自己能行时，那你就会产生积极的意识——一种我可以成功的意识；如果你觉得自己不行，你就会产生消极的意识——一种我估计会失败的意识。

在经历了无数次失败之后，1953 年终于有人征服了喜马拉雅山。而现在如果你有向导，经过适当的训练，又付得起钱，很容易就能如愿以偿。第一次的成功，打破了关于极限的概念，因此在攀登之前，我们的潜意识里已经认为可以成功了。

但是，即使面对一件事情我们尽了全力，并且保持绝对的自信，担心和害怕有时也是难免的，没人能够一直肯定自己做每件事都百分之百成功，生活中不会都是如此确定的事情，失败和成功的念头都是你脑子里存在的思想，你偏向于坚信哪一个，哪一个念头就会在主导你行为的过程中占据上风，让事情朝着不一样的轨迹发展。

3. 恐惧是自信的敌人

当你对某事感到恐惧时，朋友们常会好意地安慰你说："不要担心，那只是你的幻想，其实没有什么可怕的。"这种老套的安慰性话语是假定恐惧的内容根本不存在而言的，然而，恐惧并不是幻想，而是真实的。我们在克服它之前，先要承认它的存在。这也正是这类话语根本起不了作用的原因。

说恐惧是信心的敌人，是因为我们认为它会阻止人利用机会，会损耗精力，削弱身体功能，使人游移不定，它会用各种方式阻止人们获取他们想要的事物。所以使我们能够敞开胸怀拥抱信心的一项重要工作就是驱除心中的恐惧感。如前所说，在克服恐惧感之前，我们先要承认它的存在。只有承认它，才敢于去了解它，人总是害怕未知的事物，对于某种事物充分了解之后，让我们面对它时不会显得不知所措，而是有了心理准备。一旦这样，这些事物带给我们的负面情绪就大大缓解了，我们就能更加冷静地去处理它，而不是被它吓倒。

其实，人不时感到恐惧本身是一种很正常的反应，正是由于这份恐惧感让我们的祖先能够警惕猛兽的袭击，从而生存至今。如果恐惧不再有明确的对象并且延长成为一段时间内的心境，会使我们对任何将要做的事情感到害怕，这才是最令人烦恼的，我们把这样的情绪状态叫做焦虑。焦虑让我们不由自主地，仅仅因为担忧而担忧，严重的焦虑使我们长期处在不安的状态中无法自拔。如果只凭自己不能做到不去理会焦虑、不受它的影响，可以求助于心理咨询，在咨询老师的引导下，激发自己的潜力从而摆脱它的困扰。一切阻碍信心建立的因素，我们都要敢于面对，借助自己和他人的力量与之抗衡，当你战胜它的那一刻，也会让你的自信生根发芽。

4. 训练自己，正确树立自信

首先，你要有这样一个认识：信心是可以训练出来的，并不只是天生获得。你所熟知的那些泰然自若，充满自信的人，多数是磨炼出来的。

对自己能力的信心和你基本的价值观应该和谐一致，这对你获得持久的成功和满足至关重要，你的基本价值观是你借以进行自我评判的标准，与它作对，实际上就是在和自己作对。所以明了自己的价值观、了解自己为训练自信心提供了方向。

下面列举几种训练自信的方法，相信你也会从中提升自己的信心，萌生一股新的力量：

第一，构建一幅自己成功的蓝图，不断强化。虽然时间流逝，可是这幅蓝图却依然在脑海里清晰存在。切勿设想失败，也不要怀疑此蓝图实现的可能性。意大利音乐家科雷利说："假使我们把自己视为泥块，则我们将真的成为被人践踏的泥块。"一个人若能够给予自己很高的评价，那么他在做事时气势必定所向披靡，刚一开始就获得大于别人的胜算了。

第二，每天重复说 10 次这句强有力的话："谁也无法阻挡我成功！"说的时候不要迟疑，用坚决的口吻刺激你的潜意识。你成就大小永远不会超出你的自信大小。

第三，寻找对你了如指掌且愿意提供忠告的家人和朋友，了解自己不能消解的自卑感和焦虑感的问题所在。这些问题往往是在少年时期便已存在，了解它们的来源将加深你对自己的认知，帮助你走出阴影。

（三）积极行动，引爆潜能

每当你希望做成一件事之前，是否总是会考虑很多，各种疑问变成犹豫拖延着我们的行动，我们早就不是在考虑这件事可不可行的问题，稀奇古怪的想法都跑出来阻碍我们做决定。或许一次有勇气的行为，可以消除所有的疑虑。不要总在行动之前告诉自己非要完美不可，对于这时的你，"去做"比做好这件事更重要，再完美的设想也没有一点点的实际进展有说服力。

著名哲学家伏尔泰也说："人生来是为行动的，就像火花总向上腾，石头总往下落。对人来说，一无行动，也就等于他并不存在。"

1. 养成行动的习惯

有能力的人非常多，他们才华各异，在不同的领域闪耀着自己的光芒，但在这些人成功的背后，都有一个不可或缺的要素，就是行动的能力。一个人若只是制定了人生目标但不去行动，那这样的目标等同虚设。在脑中画饼永远不可能充饥，行动才是化目标为现实的关键，行动才是引爆潜能的导火索。

行动的最好方法，就是要马上去做、立刻去做，只是规划明天、计划后天是没有意义的；一时的心血来潮多数不能将激情延续到你计划开始的那一刻，就已经消失殆尽了。平时要养成一种习惯，用"立即行动"这样的话语督促自己，让自己对任何一件小事都迅速做出有效的反应，养成雷厉风行的习惯之后，当有机会到来时，你才能及时抓住、立即反应，而不让自己的拖延贻误了时机。"立即行动"可以应用在人生的每一个阶段，帮助你做应该做而不想做的事、喜欢做而不敢做的事，抓住稍纵即逝的宝贵时机，实现梦想。

2. 冲破情绪的阻隔

你是否有过这样一种感觉，自己体内总有些东西阻止你去完成一项工作？刚刚着手去做一件事，尽管不复杂却觉得自己不能胜任？当你要做一件重要的事，这关系到你的一生你却仍然无法动手？这种情绪上的阻碍很多时候支配着我们的行为，使我们明知立即行动的重要性却迈不开步伐，想出无数的理由拖延而不开始。问题就出在潜意识中我们对行动目标的达成欲望不够高。

很多时候，成功与失败之间的差别就在于欲望的强弱而已。对目标的追求少一份急迫，行动时自然多一份犹豫。什么样的目标会让我们充满欲望、欲罢不能？首先是适合自己的目标，适合表现在是自己的兴趣所在，最好也是目前自己的优势所在。其次是明确的目标，大目标里有小目标，步步为营、环环相扣，才能让目标的指引细化到每一次行动，让自己在每次行动的成功中都感到向目标靠近的成就感，这也是下一次行动最直接、最有效的动力。

3. 寻找伙伴互相激励

一滴水只有融在大海里，才能永远不会干。我们常说，人多力量大，再有能力的人也需要他人的帮助才能成就一番事业。不光如此，志同道合的伙伴不仅会在成功的过程中助你一臂之力，更重要的是，他们能化解你的犹豫，让你的行动变得更坚决。

大学里常会有这样的情景出现：早上醒来，起身一看，发现室友们还在睡，自己也容易立即躺下，继续安心地睡去。由此可见，伙伴的力量是巨大的，他们的行为无形中影响着你的行为。若是碰见想法相似的伙伴，相互讨论之间，将想法化为行动的激情会成倍地提升，思维的瓶颈也会被拓宽。在朋友中自由地表达你的想法吧，表达之前自己先不要否定它，敢于大声地说出来，或许某一刻，你就能引起他人的共鸣，你们就将成为对方将理想化为现实的动力，从而更加坚定、充满力量地踏上自我实现的旅途。

（四）善用时间，发展潜能

老是觉得时间不够用，想做事却挪不出时间？琐琐碎碎的事情一大堆，总是有做不完的感觉？处理一件事的时候，心里还惦记着另一件事以致拖拖拉拉、心不在焉？还有时间总是被切割得支离破碎，总是觉得利用得不够充分？

问题不在于时间，它对每个人来说都是一样的，只是你还不会利用它。不能很好地利用时间，怎能彻底地发挥潜能？

1. 把握当下

虽然我们都知道生活中能够把握的只有现在，但我们却同时活在昨天、今天、明天之中。为什么这么说呢？想想自己是不是总在回忆以往的种种？是不是总在幻想今后的自己会变得如何？是不是总会说想当年自己怎样？是不是也常常想我要是哪天有钱了就会怎么做？很多人在现在、过去和将来里迷失自我，他们对于自己想做的事要做的事情十分迷茫。很多触手不可即的事情占据着我们的大脑，无疑会影响我们做事的效率，使我们难以全力以赴。

昨天早已过去，明天只不过是一种期待，过分花精力流连过去或者憧憬将来，不敢用当下的行动来弥补过去的遗憾或复制当年的辉煌，不敢用当下的行动来完成自己的使命或接近自己的梦想，可以说是一种逃避现实的表现，我们不可能通过思想来改变过去和将来，只能利用当下的时间，完成当下的事情从而修正对过去的看法，调整对未来的规划。

我必须学着一次只过一天，因为只有今天才是我们真正拥有的，其他的时间要么已经逝去，要么还不肯定。以往的一切或是值得珍惜或是有些许遗憾，但因为它们才造就了今天的你；过去的一切都在身上留有印迹，珍惜了此刻也就是珍惜着过去的回忆，努力在此刻也是在弥补当初的遗憾，过去不会因为你不去纠结于它而烟消云散。同样，当下你所做的事也会融入明天，今天不去努力，到了明天，今天就会变成过去，只有所作的成果能够带到明天，如果不抓住每一个今天，未来的明天就什么也不会出现了。

2. 做一个效率专家

想要能更有效地利用时间，最重要的莫过于先评价自己使用时间的方法，在这其中，首先要做的是了解自己活动的内容和发展趋势，我们可以把一段时间内需要做的事全部写出来，先不要理会它们的重要性和先后顺序，只需注意不要遗漏，这样就形成了一份工作记事簿。之后对写下的各件事情根据重要性进行排序，每当举棋不定时就问自己："假如我在一个时间段只能做一项工作，我应该选择哪个？"期间也可征求了解情况的同学、朋友的意见，他们或许会从不一样的角度给予你帮助。一般的排序是先把与你的主要目标无关的或是使自己得益最少的事情选出来，其次将那些虽然很有价值但需要他人帮忙完成的事情挑出，最后剩下的就是比较紧急的任务了。传统的时间管理一味地要求在最短的时间做最多的事情，却忽略了依照自身对事情的重视程度来安排做事顺序，后者也许不能在一定的时间内完成最多的事，但一定能在一定的时间内给自己带来最大的益处。

其次，我们要对需要做的事列一个长期的计划。提前幻想未来的成果是不切实际，提前做出合适的计划则是未雨绸缪，先一步让我们弄清了做事的顺序，安排了我们做事的时间分配，虽说计划赶不上变化，但是计划无疑能让我们更迅速地开始工作，减少迟疑。

再者，要学会授权，不是每个目标都能靠个人的力量完成，将所有的事情都扛在自己肩上，当你做完了确实会很有成就感，但肯定要比那些喜欢合作的人们花更多时间。授权并不是去把自己不愿意做的事情让别人替自己完成，而是要根据伙伴的特点安排他们特定的任务，这样的分工才是最有效率的，同时伙伴们分配到自己擅长的工作，不仅得心应手而且会增加自己与伙伴间的凝聚力，使大家的关系更融洽，也更有利于大家朝着同样的目标努力。

3. 合理利用闲暇时光

著名短篇小说家莫泊桑曾说:“世界上真不知有多少可以建功立业的人,只因为把难得的时间轻轻放过而默默无闻。”

作为大学生,与以往学习模式最大的不同之处就在于课余时间十分充裕。在大学里,这种课后时间多过课上的状态,提醒着每一个学生必须好好规划自己的闲暇时光。第一,不管是用来休息补充精力,还是用来充电扩展知识,不管是沉思,还是行动,我们都应该为自己的这段时间确立一个主题,从而围绕这一主题进行一系列活动,这样才能避免消耗时间之后却不知做了什么的尴尬发生,浪费时间实在是一件奢侈的事情。第二,我们需要对这段时间进行计划,就算是休闲放松,也最好为之制订计划。这一来可以延续我们做计划的好习惯,培养我们做事的条理性和组织能力,二来也有助于达成我们此前制定的计划。完成计划的本身,也是成就感获得的过程,有时甚至与你的计划内容无关。第三,闲暇时光既然是自己做主,就应该跟随兴趣的脚步,让兴趣做自己的老师,做自己最感兴趣的事件的时候,才是你最有效率的时候。

【课堂练习】

经过霍兰德兴趣岛测试,发现自己有兴趣从事的职业类型是什么?与原先对自己的了解相一致吗?认为自己还有多少潜能可以发掘,就此谈谈自己的看法。

第二节　任何人都能创新

小故事

篮球运动刚刚盛行的时候,篮网其实是一个篮子,每当有打球的人投进篮时,都需要专门有人踩上梯子,把篮球从篮子里拿出来。因此,每当篮球比赛正在如火如荼地进行时,总是要被捡球打断,使得人们常常不能尽兴。有一个科学家甚至发明了一种机器,用绳子控制篮筐,在下面一拉就可以把球拿出来,但是即使这样做还是不能将篮球比赛很好地进行下去。

终于有一天,一位父亲带着他的儿子来看球赛。小男孩不明白大人们为什么总是要自己去捡球,他拉着爸爸问:“爸爸,为什么叔叔们不直接把篮筐的底去掉呢?”真是一语惊醒梦中人,大人这才反应过来,于是才有了今天我们看到的篮网样式。

【分享感悟】

仅仅是去掉篮筐的底这么简单,然而很多有识之士甚至是学者都没有想到这样的方法,由此可以看出,就像那个结实的篮子一样,无形的思维定式禁锢了我们的头脑,我们的思维无法拓展和延伸,所以在篮网诞生前,无数人盲目又效率低下地搬动梯子、制造机器……

生活中许多时候,我们就需要这样一把剪刀,去剪掉那些缠绕我们的“篮筐”,生活原本并没有那么复杂。

知识讲堂

一、创新能力

对于什么是创新能力,一般认为是指建立新的理论,产生新的发明,塑造新的艺术形象的思维活动的能力。其中,强调思维成果是独创的、前所未有的,而且是得到社会认可并有巨大社会效益的。听起来创新能力似乎深不可测,离我们大学生很遥远,其实并不是这样,以上只是创新能力的一个狭义上的概念。

广义上的创新能力，就是指思考自己不熟悉的问题，不能完全依靠经验解决的问题，进行各种没有现成思路可以完全套用的思维活动的能力。这里强调的是，所思考的问题对于思考者来说是相对陌生的，思考活动的进行没有旧的思维模式可以完全照搬照抄。这样一说，创新能力包括的范围可就广了，不仅包括企业员工对于技术革新和管理模式改进的建议、医务人员对疑难杂症的诊断治疗、广告工作人员想出新的广告创意、教师提出新的教学方法等，还包括大学生的课程设计、论文写作，别出心裁的组织活动，中小学生灵活地解题，不循常理地编故事，甚至可以包括幼儿园小朋友撇开图纸凭想象搭出的积木图案。虽然不同的人思考着不同类型的问题，各人的思维水平、质量、影响范围也参差不齐，但每个人都有属于自己的创新能力，用自己的创意点缀着自己的生活。

毫无疑问狭义的创新能力可以创造具有重大价值的发明成果，能为社会发展作出客观的贡献，因此更得到全社会的重视、尊重和钦佩。同时，有广义的创新能力的存在才能使社会成员乐意并最广泛地参与到创新活动中来，让创新不仅是一种目标，而且成为一种生活方式。这不仅能提高大家投入创新的积极性，而且丰富了我们的生活，也为进行狭义上的创新能力做了有意义的积累和准备。

创新能力的表现在于提出新的看法、新的设想，而这些必须以已有的知识作基础。因此创新能力的实质也就是给已有的知识建立起新的联系，或者是说对已有的知识进行新的组合。有关研究人员都认为，一个人创新能力的强弱，主要表现在其创新能力的流畅性、灵活性和独创性上，这也是创新能力的三个基本特征。创新能力的流畅性指的是能够敏锐快捷地给已有的知识建立起新的联系，表现的是创新能力的速度；创新能力的灵活性指的是能在广泛的范围内给已有的知识建立起新的联系，表现的是创新能力的广度；创新能力的独创性指的是能与众不同地给已有的知识建立起新的联系，表现的是创新能力的深度。

二、创新能力的基本要素

想要拥有创新能力，需要具备一些要素，看过下面的内容，你会发现拥有创新能力的条件并不苛刻。

（一）生理要素

构成创新能力的生理要素是指想要拥有创新能力，人的生理方面的机能所要具备的条件。主要包含大脑和体能两个方面：

1. 大脑。一般是指有一个健康的大脑，可以正常工作的大脑，这是最主要的生理因素，对产生创新能力起决定性的作用。

2. 体能。一般是指有一个健康的身体，拥有正常的操作行为能力的身体。如果这个条件不满足，可能会导致某些创新能力设想无法转变为现实成果。

（二）心理要素

构成创新能力的心理要素是指想要拥有创新能力人的心理能力方面所要具备的条件。主要包括智力能力和非智力能力两大部分。

1. 智力能力。指每个人的知识和基本认知能力，知识指的是个人现有的知识和经验，基本认知能力包括健全的注意力、感知觉能力、记忆力和思维能力。这是决定创新能力水平的最主要条件，此方面水平越高的人，表现出的创新能力的水平也就越高。

2. 非智力能力。指由于人们个性倾向性和人格方面的差异而派生出的不同能力，包括先天形成的气质、后天培养的性格、兴趣、爱好、意志等都属于这一类。这类能力决定了形成创新能力的方向、强烈程度和稳定性。

（三）环境要素

人们生活、学习、工作环境的不同，与人的创新能力的生成和表现也有着密切的关系。环境要素主要包括社会环境要素、工作环境要素、学校环境要素和家庭环境要素四部分。由于大学生生活环境的特殊性，学校环境因素对于大学生创新能力的发展起到了比其他三种环境因素更重要的作用。因此，学校对于学生创新能力的培养是需要长期重视并坚持的。

三、创新能力的基本属性

创新能力有着以下五个基本属性，结合这五个方面表现出创新能力对于人类的特殊性和重要性。

1. 创新能力的主体性

主体性指的是创新能力只有人类才拥有，创新活动是人类的专有行为。从另外一个角度看，具有创新能力和参与创新活动是人类所具有的本质特征，动物是没有创新能力的。

2. 创新能力的普遍性

普遍性指的是人人都有创新能力，而且在一定条件下都能够或多或少地发挥其创新能力。据有效统计显示，在人群中具有不同创新能力的人的数量是呈正态分布的，即绝大多数的人具有中等水平的创新能力，创新能力很高或很低的人都是极少数。

3. 创新能力的无限性

无限性指的是人类的创新能力是无穷无尽的，永远不可能完全发挥出来，且永远都在进步，不会一直停留在某一个水平上。这其中包含了三层含义：

(1) 对于一个人而言，人的一生所能发挥出来的创新能力和他所拥有的创新能力相比，只是其中的一小部分，就如同露出水面的冰山一角，整个冰山的大小代表一个人的全部创造能力，而露出水面的部分代表一生中人所表现出的创新能力，这一部分只占到个体所拥有能力的很小一部分，有资料显示，甚至不足5%。

(2) 对于个体来说，创新能力是彼此相异的，若不同的个体集合成一个群体，创新能力可以互相补充，取长补短，从而发挥更大的作用。

(3) 人类社会的发展进程证明，社会是在不断发展的，不同的时代总会有新的发明、新的创造、新的观点、新的思想，永远不会长时间停滞不前，永远不会走向终点。

4. 创新能力的后天性

后天性指的是人的创新能力虽然与其先天禀赋有关，但主要是靠后天学习养成的。许多资料都显示，即使是一对双胞胎，若他们在一出生便生活在截然不同的环境中，长大以后他们的智力也可能会相差很大，创新能力更是容易差距悬殊。

5. 创新能力的开发性

开发性指的是人潜在的创新能力可以通过开发和培养从而表现出来。前面提到，潜在创新能力几乎不可能全部表现出来，因为有许多原因制约着。开发人们的创新能力就是通过分析制约创新能力发展的因素，找到摆脱制约的途径，从而促进潜在创新能力更快更有效地表现出来。

四、增强创新能力的非逻辑思维方法

长期以来，许多人一直认为，逻辑思维方法是人类所掌握和运用的唯一一种思维方法，所谓逻辑思维方法，是指一个思维过程得出的结果不超出原有知识涉及范围的思维方法，以概念为基本元素，判断和推理作为思维的主要手段，抽象概括出事物的物质属性为特征的思维方法，有分析、综合、归纳和演绎四种基本形式。人们认为在人类的生活实践中，通过运用逻辑思维方法能在已有知识的基础上，不断推出一个又一个新的知识来。随着社会的发展，人们逐渐发现想要创新，仅仅运用逻辑思维是不够的。爱因斯坦也说："物理学家的最高使命，是要得到那些普遍的基本定律，由此世界体系就能用单纯的逻辑思维方法建立起来。但是，要通向这些定律，并没有逻辑的道路。"所以为了更加有效地发挥我们的创新能力，我们开始寻求非逻辑的思维方法。

与逻辑思维方法相对应，非逻辑的思维方法是指一个思维过程得出的结果超出了原有知识所涉及范围的思维方法。这类思维方法在思维的根据和结果之间不具有必然的联系，难以用公式这样准确的表述方式来描述，也没有确定的思维程序和步骤，没有必须遵守的规则，并且容易受思考者动机、意志、兴趣、感情等个人因素的影响。我们已经越来越深入地认清了这类思维方法的重要性，来看看它们都有哪些吧。

（一）与思维过程有关的非逻辑方法

从思维过程来看，主要有以下两种：

1. 直觉思维

直觉思维是人们思考各种问题都经常会用到的一种常见的思维方法。比如，当你在读一篇文章时，察觉到某个句子不通顺，很少是通过对这个句子进行语法分析后得出结论的，而是一下子就感觉到它有毛病。这种察觉不同于感觉系统所提供的像是视觉、听觉、触觉、味觉等一般意义上的感觉，它是一种思维活动，可又不同于一般的逻辑思维活动。可以直接察觉句子不通顺的人，可能根本没有学过语法，仅仅凭着语言习惯就找出问题所在。这种觉察往往是"知其然而不知其所以然"，虽然结果正确，却说不出根据。

直觉思维是一种非逻辑思维方法，思维主体对于思维对象做总体观察时给出一种直观感受，自认为正确同时也存在一些对其实际正确性的疑惑的一种判定。

直觉思维是人类自古以来就一直普遍运用的认识事物、思索问题的一种思维方法。远在石器时代，人类正是依靠这样的思维工具，才得以在险恶的环境中生存、繁衍并不断磨炼提升自身的思维能力，并逐步建立起精确严密的逻辑思维体系。在这之后，直觉思维日渐显露出了它的弱点和局限性，在处理大多数问题时，与逻辑思维相比，稳定性不免相形见绌。但是在如今日益复杂的社会环境和不断加速的生活节奏下，直觉思维仍可以大显身手，它过程迅速的特性越来越有用武之地。爱因斯坦的名言："我相信直觉和灵感"，早已为人们熟知，另一方面他也一直强调："根据直接观察所得出的直觉思维的结论并不是常常可靠的。"杨振宁教授在谈及氢弹之父泰勒博士讲课的特点时也曾这样说过："泰勒的物理学有一个特点，他有许多直觉的见解，这些见解不一定都对，恐怕90％都是错的。不过没关系，只要有10％是对的就行了。"看来这就是我们对待直觉思维应该抱有的态度。

灵感可以说是一种特殊的直觉思维形式，它是创造者调动自己全部智力，注意力高度集中，使精神处于极度紧张状态，突然出现的对问题解答的领悟。它不同于一般直觉思维的地方在于，灵感的使用者必须在某个问题上积累了足够的知识，并对这个问题经过深思熟虑之后，才能在逻辑思维解决不了问题的时候迎来灵感的出现。换句话说，灵感是直觉思维的高级形式。

哈利·波特的创造者J. K. 罗琳小时候就爱听故事，也爱自己编故事自己讲。比她小两岁的妹妹就是她最早的忠实读者和听众。长大后罗琳一直怀揣着创作的梦想，构思着自己的故事。1990年，25岁的罗琳从曼彻斯特坐火车回伦敦，途中火车晚点。在长达几个小时的漫长等待中，一个小男孩的形象突然闯进她的脑海，他是个黑黑的头发，戴着眼镜，身材瘦小，骑着扫把的小巫师。罗琳一阵欣喜，赶紧将这个形象记录下来。这也就是日后我们熟知的哈利·波特的原型，凭借这一灵感，罗琳不仅摆脱了单亲妈妈的生活困境，还成为了英国最富有的女人之一。

2. 形象思维

形象思维与抽象思维，也与我们平常所说的逻辑思维的基本区别在于，它不是以概念、判断和推理作为思维的基本元素和手段，不以舍弃事物的形象、抽象概括出事物的物质属性为特征，而是以具体生动的事物“形象”作为思维的基本元素和手段，以保留和呈现事物的感性直观的外壳为特征。

作为形象思维基本元素的“形象”，泛指一切物体在一定空间和时间内存在并表现出来的各个方面的具体形态。它既包括事物的外部表现，也包含事物的内部结构。当然这些形象不会是指客观世界中存在的事物本身，我们的脑袋很小，不可能将它们放进来当做思维的材料。这些形象只能是指客观事物在人脑中的反映，我们称之为表象。所以，确切地说，形象思维是以表象为操作的基本元素的。

表象是人和外界事物接触时产生的，脱离接触后，外表并不消失，而是储存在我们的记忆中，供形象思维反复使用。表象储存在大脑的过程中，已经经过了人脑的筛选和修改，与它所代表的客观事物形象已有了一定程度上的差异，可以说同样的事物在每个人脑中形成的表象都是各不相同的。

所以，形象思维就是用表象作为基本元素，通过操作加工，并以此反映现实、解决问题的思维活动。

在人类没有发明语言之前，形象思维是当时最主要的思维方式。当我们还是孩子的时候，形象思维也先于逻辑思维主导着我们的大脑，成为我们认识世界最强有力的工具。看到这里，有人会说，形象思维就是些低级的、小儿科的东西啊。其实不然，在艺术创作中，形象思维不管在哪个时代，都是艺术家最依赖的工具，音乐、美术，甚至文学作品的创作都离不开它，因此，形象思维又被称作“艺术思维”。不止这些，像是化学家设想复杂的分子结构，天文学家观测繁星点点的夜空，外科医生为患者做手术，建筑工程师设计建筑物，刑侦人员勘察犯罪现场，企业管理者对企业形象的塑造，家里做菜对火候的掌握，怎样搭配衣服会更好看……从科学技术研究，到日常生活琐事，人们在各个方面的时间活动中都需要运用形象思维来解决问题。

想象是形象思维的高级形式，指的是人对头脑中已有的表象进行加工改造而产生新形象的过程。按照哲学家培根的分类，可以是否有目的为标准将想象分为无意想象和有意想象。后者还可以根据创造性成分的多少进一步再分为再造想象和创造想象。再造想象指自己根据别人的描述，想象出他人已经创造出的形象，比如，我们读《西游记》后在头脑中想象出孙悟空、猪八戒等形象的过程。创造想象指的是，在没有借鉴他人思维成果的情况下，自己通过加工改造脑中的表象创造出新形象的过程，比如施耐庵创造出孙悟空、猪八戒等形象的过程。所以说，创造想象是最具创造性的形象思维形式。

（二）与思维方式有关的非逻辑方法从思维方式来看，以下两种较有代表性：

1. 逆向思维

人们想问题，一般都是顺着自己所熟悉的思路去思考。这里说的“熟悉的思路”，指的是以下两类：一类是这种思路反映着在所思考的问题上一般人的共同看法。就像是“人之常情”中的“常情”，“约定俗成”中的“约定”，“明文规定”中的“规定”之类，表达的是人们的某种共识。另一类则反映着思考的问题所涉及的客观事物的某种规律。就像人总有生老病死，夏天一定比冬天热，地球上万物都会受重力影响之类，表达的是客观事物不以人的意志为转移的自身规律。

按照这两类“熟悉的思路”进行思考，我们称之为顺向思维。由此可知，逆向思维指的是从与人们的“共识”，事物的“规律”相违背的角度人手，进行思考的过程。

首先，运用顺向思维让我们很容易找到考虑问题的切入点，无需绞尽脑汁，很快就能明确该从哪儿开始思考。这样一来效率会比较高，省去了慢慢试探摸索的时间。再者，人多少都有获取归属感的需要，在不同程度上的从众在所难免。运用顺向思维，大家在思路上很少会存在差异，容易相互理解和沟通，尽可能地避免冲突，让个体更好地融入集体。因此，顺向思维一直是人们通常首先选用的思维方式。

但是正因为如此，顺向思维会把我们限制在一个框架中，难以产生区别于他人的观点，一旦碰上需要有所突破、有所创新的问题，往往束手无策、举步维艰。逆向思维让我们从问题的另一个角度入手，使我们注意到顺向思维容易忽略的方面，发现新线索，从而避开不可逾越的障碍。

孙子兵法有云："百战百胜，非善之善者也"。普通的人会认为百战百胜正是一种战斗的好状态。然而孙武却从反面考虑，出人意料地提出："不战而屈人之兵，善之善者也。"这一思维方式受到了历代兵家的高度推崇，可见人类对于逆向思维的运用源远流长。到了今天，这样的例子在我们的生活中也随处可见，比如，一般的厂商做广告宣传都习惯于挑选外表光鲜的明星或是青春靓丽的美女，而有一家洗衣机厂商却选择一位上了年纪的老妇人在广告中亲自演示，准确传达了简易方便的产品信息，收到了格外好的宣传效果。

毋庸置疑，逆向思维有其合理性，任何事物都有其对立面。

2. 迂回思维

当我们思考某个问题遇到了困难，特别是面临了难以克服的巨大障碍时，一般会有两种做法：其一我们称为直线前进，就是直面困难，尽力消除。这也是人们对待障碍经常采取的做法，简单直接，但并非战无不胜。这样做必须具备足够的力量和必要的条件，力量不够或条件不足只会徒劳无功、大伤元气。其二我们称为曲线前进，就是寻找支点，避开障碍。这样做，虽然看着没有前者那么畅快淋漓，甚至会让有些人觉得是缺乏勇气的表现，但是不用和困难碰个头破血流，就像围魏救赵的故事一样，能轻松地解决困难。当问题解决之时，便会迎来更多的称赞和肯定。后者所运用的，就是我们要说的迂回思维。

所谓迂回思维，就是指不总是正面、直接地面对要解决的目标问题，而是根据实际情况，以解决其他问题为手段，来降低解决目标问题的难度，最终达到解决目标问题的目的。

客观事物的发展过程，总体上都是由简单到复杂，由低级到高级，不断前进、不断上升的。但在整个过程中的某些阶段，则有可能是后退或下降的。由此看来，事物的发展实际上是前进运动和后退运动的结合，也是上升运动和下降运动的结合，但总的趋势是前进和上升的，正如列宁所说："事物的发展过程是螺旋式的上升运动。"

既然任何事物的发展都并非始终笔直向前，人们的思路仅仅作为客观事物发展规律的反映，自然也不能总是直来直去，有时也得转转弯，绕绕道。美国曾有一对夫妇在乡下的一条公路边开了一家药店。由于地方偏僻，生意一直很清淡。后来他们竖起了一块牌子，写着："各位过往客人注意，本店免费供应饮用水。"之后，路过这里的大量路人纷纷进到店里喝水，特别在天气炎热时，进来的更多。对于来喝水的客人，店主都笑脸相迎，热情接待，也不借机推销药品。一来二去，前来喝水的人自然感到要在店里买些什么才不辜负店主的一番盛情。就这样，药店的生意渐渐好起来了，发展成了有许多家分店的大药店。药店主人通过助人，间接让自己得益，而不是直接在销售商品上想办法，是运用迂回思维的典型例子。

（三）与思维意识有关的非逻辑方法

从思维意识来看，主要有机遇思维。

每个人在各项实践活动中会碰到各种机遇。机遇很多，却不是人人都能够发现和利用的。

发现并且合理地利用好机遇，是受到多种因素制约的，包括人的思维能力、思维方法、知识经验、兴趣爱好、需要、意志等主观因素。马克·吐温说过："每一个人的一生中，幸运女神都来敲过门，可是许多人却在屋里听不见她敲门的声音。"拿破仑也说过："利用良机对于庸才来说，永远都是一个秘密，而这正是比一般水平的人高出一筹的主要力量所在。"

机遇作为一个让人垂涎却又捉摸不定的现象，有着以下一些特点：

(1) 时间的短暂性。俗话说：机不可失，失不再来。机遇作为事物发展过程中一种偶然性的表现，存在的时间往往都不长，有的甚至可用转瞬即逝来形容。

(2) 空间的有限性。不同领域中的机遇，一般只出现于某个特定的范围、某些特定的人群面前，而不可能普遍存在。

(3) 条件的特殊性。机遇也是在满足一定条件之后才有可能出现的，或是某些特殊条件相结合之后的产物，想要机遇出现，条件缺一不可。

(4) 产生的偶然性。机遇何时何地出现，根据条件的符合程度，人们可以进行估计，但是想要精确地预测出来，几乎是不可能的，因为总有条件会被忽略，这造成了机遇产生的偶然性。

(5) 表现的多样性。不同领域、不同的条件相结合，会产生不同的机遇，它们的表现形式各不相同，没有统一模式。

(6) 发现的意外性。由于机遇的产生具有偶然性，自然也没那么容易被人及时发现，所以发现机遇，很多时候就变成了出乎意料的惊喜。

了解机遇的特点后，我们发现人虽然不能左右机遇的出现，但可以努力去识别和捕捉它。按照自己所从事的创新活动的需要，对可能出现的机遇时刻保持一种敏感和警觉，注重补充相关领域的知识，加强对机遇的预测和识别能力，使自己能够有效地把握机遇，找到创新的突破口。这就是我们所谓的机遇思维，一种重视创新、把握创新机遇的意识。

【课堂练习】

1. 你认为什么是创新？在你的生活中做过最有创意的事情是什么？
2. 选用本节所述的一种非逻辑思维方法解决生活中的一个问题，并写出解决问题的过程。

第三节　大学生创新意识能力的培养

小 故 事

2003年秋，哈佛大学的天才学生马克·扎克伯格不幸被女友甩掉了。愤怒之际，马克利用黑客手段入侵了学校的系统，盗取了校内所有女生的资料，并制作名为"Facemash"的网站供同学们对辣妹评分。他的举动引起了轰动，一度令哈佛大学的服务器几近崩溃，马克因此遭到校方的惩罚。正所谓因祸得福，马克的举动引起了温克莱沃斯兄弟的注意，他们邀请马克加入团队，共同建立一个社交网站。借助他们的创意，马克和室友爱德华多·萨维林建立了自己的社交网站。令他们没有想到的是，他们的软件竟然带来了全球性网络社交的革命。他们创立的名为 facebook 的网站，在短短6年时间内就聚集了5亿用户，马克成为了历史上最年轻的亿万富翁，彻底改变了他和他身边人的生活。

【分享感悟】

也许你会说，马克是一时冲动才成就了今天的辉煌业绩，但我们也可以看到，敢于去做才能一步步迈向成功。创新总是源自于我们的需要，是为了让生活更便利，获得资源更轻松，可能只需要小小的改变，就能带来翻天覆地的变化。

知识讲堂

一、大学生创新意识与创新能力的基本特点

1. 有创新意识，但不善于利用资源

大学生一般创新动机、创新意识较强，思维活跃，善于开动脑筋进行发明创造。但是大部分大学生只懂得一个人闭门造车，羞于向经验丰富的老师请教问题，不善于利用大学校园里的图书馆资源和优秀的教师团队。这样的做法必然会使得自己创新意识和创新能力受到很大的限制。

2. 想象力丰富，但缺乏创新性想象

大学生知识和经验不断积累，其想象力十分丰富，但大多数受到思维定式的影响，很难有自我突破，很难独立地产生新形象、新概念、新理论和新方法，这标志着他们还缺乏创新想象。

3. 思维敏捷，但不善于掌握创新性思维方式

大学生的思维能力在大学时期有了极大的提高，但是受到知识面狭窄、社会经验不足的限制，他们的思维方式往往是单一的、直达的和垂直的。虽然思维敏捷，但考虑问题缺乏灵活性和全面性，脱离实际。

4. 有灵感，但不善于捕捉

经过长期的脑力劳动，在大脑皮层会留下一些暂时神经联系，在某种特殊因素的引发下，这些暂时神经联系往往会接通，继而产生灵感。但许多大学生往往对这些灵感不够敏感，常常是失去先前的灵感时才追悔莫及。

二、大学阶段培养自我创新意识的方法

改善思维方式可以提高我们的创新能力，有了能力没有意识，仍然不会有创新的成果产生，甚至连创新的行动都不会开始。不要畏惧创新，它从来都不是高不可攀的，努力做好以下几点的同时，创意或许就正在发芽。

1. 充分接触新事物。新朋友和经历会给人以广阔的眼界、焕然一新的观点；接触同样的人和事则意味着一成不变的视角。大学的魅力或许正在于此，四面八方的学子汇聚一堂，各种地方文化在一处汇聚，大学应该是各种思维碰撞最激烈的地方，灵感火花最闪耀的场所，这是我们有生以来第一次独自面对如此多彩广阔的画面。去踏遍校园的每一寸土地，感受校园的每一项活动吧，总会遇到你为之着迷的地方，你将从这里出发。

2. 多读书更要广读书。创新，便是将所知所解匠心独运，用不同的办法解决同样的问题。书籍是我们获取知识的最佳途径，也蕴含着无数解决各类问题的方法。图书馆是书的海洋，但只是我们的限时可用资源，四年对于读书这项终身事业来说并不算长，但毕业后要想如此便利地读书就没那么容易了，读过多少本书，读过多少类书，会成为你今后的思维素材最大比重的积累。

3. 像孩子一样好奇。别以为万事都理所应当这样。视其所以，观其所由，多问为什么。儿童总是有着强烈的好奇心和求知欲，对一切事物都渴望了解，脑中的思维定式很少，即使是被成年人视为天真幼稚的问题，也敢于提出。长大后的我们，渐渐变得保守了，思考问题不再那么漫无边际；各种明文规定、各种评价眼光，让我们的思路越来越窄、越来越统一。在大学这个脱离家长管束，没有上司压力的环境中，让我们的思维像孩子一样自由，质疑一切，思考一切，领悟一

切吧！

4. 明察秋毫，敏于行。凡事都从观察开始。观察周遭的世界，想想怎样做得更好。做事不要只抱着完成就好的态度。试着把东西做出来，如果行不通，就换条路子。敏感于可以做得更好的线索，执著于没有解决不了的问题的信念，敢于失败、敢于改变。

三、学校对大学生创新意识与创新能力的培养

目前，我国在校大学生的年龄，一般在 18～23 岁，这一时期是他们创造性发展的关键时期，也是创新能力培养的关键时期，学校对此也是责无旁贷。

1. 创设有利于创新教育的环境和氛围。罗杰斯认为，至少有两个条件对于创新性活动是必要的，那就是心理安全和心理自由。因此，形成整个学校轻松活泼的校风和人际关系，是形成有利于学生创新能力培养的适宜的气候和土壤。具体措施是：

(1) 鼓励和培养冒险精神，帮助学生树立“敢为天下先”的思想。

(2) 使学生感到被人承认和理解，受人尊重和信任。

(3) 使学生有表达、思维、感觉的自由，有塑造自我的自由。鼓励学生进行自我决定、自我控制、自我指导。

(4) 避免消极式的和谴责式的评价。

2. 改变传统的教学模式，提倡综合的教学模式。高等教育中，以传统的分科为中心，实行分科教学，学生所学的只是确定的、系统化的，甚至是陈旧过时的知识。传统教学中重知识的传授，忽视对学生能力的培养，特别是创新能力的培养。实际教学中，教师的主导性与学生的主体性位置没摆正，教师注重讲解，学生被动地学习，其主体性和积极性受到很大限制。传统教学中不注重学生的个性发展，实行统一的大纲、统一的教材、统一的考试，在这种统一的规范下，培养出来的学生的知识结构和思维方式也容易雷同，缺乏个性、缺乏创见。想改变这种状况具体可以采取以下模式：

(1) 以学生自主性学习为主，教师解惑为辅的模式和以问题为中心的教学新模式。学生的自主性学习是通过教师的指导来实现的，教师要由讲转向导，使学生由他主学习转向自主学习。例如：学生在教学前进行自主性超前学习；教师根据学生提出的和存在的问题进行深化教学；学生学会自己质疑，自己提出问题，自己解决问题；学生学会自我评价和自我控制。

(2) 以课题为中心的教学新模式。它是让学生在学习基本知识、基本技能的同时，以课题为主线贯穿于大学教学全过程，由课题工作来贯通各门课程的学习。在这种模式中，教师的地位和作用发生了变化，教师的职责也须做相应的调整，除讲课外，还要和学生一道确定主题，并为实施以主题为核心的教学计划做准备。

(3) 教学方法。可采用潜科学教学法、社会探究法、内容不完全教学法、发展教学法和多角度教学法等等。潜科学教学法指教师在课堂上向学生展示自己的讨论疑问或尚未定论的问题，使学生看到教师创造性思维和想象活动的过程。社会探究法指教师提出社会中存在的某个问题，由学生开展调查、提出假设、搜集证据，教师指导学生分析概括、得出结论。内容不完全教学法是将所讲的内容制造一定的空白地带，让学生自己去推测可能的结果。发展教学法指教师在学生解答了某一问题后，要求学生对所提出的问题加以变化和发展，并编出发展题，然后由师生共同解答。多角度教学法是教师在指导学生解决问题时启发学生，尽量从不同角度来认识同一问题的性质和解决方法。

3. 构建多元评价体系。对学生的评价常常成为大学生学习的指挥棒。那种只重学生成绩、不重能力的评价方法已给高等教育的发展带来了很不利的影响。为培养学生的创新意识和创新能力,要求构建多元评价体系。具体包括：

(1) 评价要有弹性,答案不能限制太死。

(2) 必须避免消极式和谴责式的评价。

(3) 不仅评价活动结果,而且要评价活动过程,要对活动中学生的积极参与、发挥的主观能动性及表现出的良好个性品质给予评价和鼓励。

(4) 将学生从评价的客体变为评价的主体,不仅教师评价,学生也要自评或互评。

4. 多层次、全方位地开展大学生第二课堂活动。这一措施不仅可使大学生能有更多的接受新知识和发展创新能力的机会,还可使大学生的右脑得到开发,促使脑力协调发展。例如:大力开展大学生科技活动,提供锻炼的园地;举办各种学术讲座、学术沙龙和大学生科技报告会,出版大学生论文集;组织学术、艺术、实践、体育等各类社团活动,丰富校园文化生活;设立大学生科技成果创新奖和创新活动基金,鼓励学生开展创新活动。

5. 尊重和培养大学生的创造性个性。有的心理学家把创造力和创新能力比喻为架在才能和个性之间的桥梁。因此,激发学生的创新意识,调动其创新的勇气,最根本的是要尊重学生的个性和想象力,尊重其人格和个性。具体办法如下：

(1) 激发求知欲和创新欲。提供相应的信息,诱发创新需要;组织竞争活动,激发创新动机,引导学生发现新关系。

(2) 注重创新情感的培养。采取各种措施,使学生对创新产生热爱的情感;让学生学习发明的方法,体会到发明的喜悦,从而提高对发明的欲念;经受挫折时,教育学生不因失败和欲望不能满足而消极悲观,养成耐受挫折的能力。

(3) 锻炼创造意志。教育学生树立远大的理想和坚定正确的信念;加强社会实践锻炼,提高大学生的挫折容忍力;正确对待苦与乐、顺境和逆境。

【课堂练习】

谈谈培养创新意识,学生自己和学校分别应该做些什么？

知识链接

文化创意产业

近几年来,“文化创意产业”成了十分热门的话题,但大部分时候,大家对此的讨论仅仅停留在概念层面,到底“文化创意产业”是什么,围绕文化创意产业的不同侧面,国内理论界众多学者提出了各自的不同观点。有的人认为文化产业主要是创造一些文化产品,可以吸引人的眼球如电视节目、影像制品等,因此称之为“眼球经济”。有些人则认为,文化创意产业的竞争主要是围绕如何争夺受众的注意力,然后围绕受众的注意力展开多种经济附加值服务,因此称之为“注意力经济”。也有人根据伴随中国汽车数量急遽增长而出现的交通广播类节目盈利模式提出了“耳朵经济”的概念,这些说法都不全面,都没有点出文化创意产业的核心本质。

在发达国家,不管它叫“文化产业”或者叫“创意产业”,这个行业本身发展的历史已经比较漫长。称“创意产业”的有英国、韩国。欧洲其他国家有人称之为“文化产业”。在美国没有“文化创意产业”的概念。美国是一个高度法治的国家,一切创造力产生的产品都是有知识产权的,比如绘画、歌曲、舞蹈、电视节目、广播节目都是有版权的,未经授权其他人不能抄袭。因此他们把相关行业基本叫做“版权产业”。由此看来,在发达国家文化创意产业的概念叫法也不完全一样。

实际上这个产业最核心的东西就是“创造力”。也就是说，文化创意产业的核心其实就在于人的创造力，以及最大限度地发挥人的创造力。“创意”是产生新事物的能力，这些创意必须是独特的、原创的，以及有意义的。在“内容为王”的时代，无论是电视影像这样的传统媒介产品，还是数码动漫等新兴产业，所有资本运作的基础都是优良的产品，而在竞争中脱颖而出的优良产品恰恰来源于人的丰富的创造力。因此文化创意产业其本质就是一种“创意经济”，其核心竞争力就是人自身的创造力。由原创激发的“差异”和“个性”是“文化创意产业”的根基和生命。“文化创意产业”的高速发展，无疑也告诉我们，创新源于生活，创新无处不在。

参考文献

[1] [美]Alan Carr. 积极心理学——关于人类幸福和力量的科学[M]. 郑雪，译. 北京：中国轻工业出版社，2008.

[2] [美]B. E. Gilliland，R. K. James. 危机干预策略[M]. 肖水源，译. 北京：中国轻工业出版社，2000.

[3] [美]J. L. 弗里德曼，D. O. 西尔斯，J. M. 卡尔史密斯. 社会心理学[M]. 高地，译. 哈尔滨：黑龙江人民出版社，1984.

[4] [美]Jerry M. Burger. 人格心理学[M]. 陈会昌，译. 北京：中国轻工业出版社，2004.

[5] [美]R. A. 巴伦，D. 伯恩. 社会心理学[M]. 杨中芳，译. 上海：华东师范大学出版社，2004.

[6] [美]S. E. Taylor，L. A. Peplau，D. O. Sears. 社会心理学[M]. 谢晓非，谢冬梅，张怡玲，等，译. 北京：北京大学出版社，2005.

[7] [美]埃利奥特·阿伦森. 社会性动物[M]. 郑日昌，译. 北京：新华出版社，2001.

[8] [美]芭芭拉·弗雷德里克森. 积极情绪的力量[M]. 王珺，译. 北京：中国人民大学出版社，2010.

[9] [美]贝弗莉·恩格尔. 尊重你的愤怒：转变你的愤怒方式足以改变你的一生[M]. 吕亚萍，译. 上海：上海三联书店，2008.

[10] [美]大卫·格里芬. 后现代精神[M]. 王成兵，译. 北京：中央编译出版社，1998.

[11] [美]戴维·L. 德克尔. 老年社会学[M]. 沈建，译. 天津：天津人民出版社，1986.

[12] [美]戴维·波普诺. 社会学[M]. 李强，译. 北京：中国人民大学出版社，2000.

[13] [美]戴维·迈尔斯. 社会心理学[M]. 8版. 张智勇，乐国安，侯玉波，译. 北京：人民邮电出版社，2006.

[14] [美]雷蒙德·塔弗雷特，霍华德·卡西洛. 不生气的活法：七种技巧让你心平气和[M]. 梁海英，译. 北京：中信出版社，2010.

[15] [美]理查德·格里格，菲利普·津巴多. 社会心理学[M]. 王垒，王甦，译. 北京：人民邮电出版社，2006.

[16] [美]罗伯特·A. 达尔. 现代政治分析[M]. 王沪宁，陈峰，译. 上海：上海译文出版社，1987.

[17] [美]玛格丽特·米德. 萨摩亚人的成年[M]. 周晓虹，李姚军，译. 杭州：浙江人民出版社，1986.

[18] [美]墨顿·亨特. 心理学的故事[M]. 李斯，译. 海口：海南出版社，1999.

[19] [日]诧摩武俊. 嫉妒心理学：人际关系的隐秘因素[M]. 胡一夫，译. 长沙：湖南人民出版社，1987.

[20] [日]荫山庄司. 现代青年心理学[M]. 邵道生，译. 上海：上海翻译出版公司，1985.

[21] [苏]科恩. 青年心理学[M]. 史民德，译. 北京：人民出版社，1983.

[22] [德]雅斯贝尔斯. 什么是教育[M]. 邹进，译. 北京：生活·读书·新知三联书店，1991.

[23] 蔡秀玲，杨智馨. 情绪管理[M]合肥：安徽人民出版社，2001.

[24] 曾凡龙. 大学生心理健康[M]. 上海：上海交通大学出版社，2004.

[25] 冯俊科. 西方幸福论[M]. 长春：吉林人民出版社，1992.

[26] 何金彩，唐文捷. 大学生心理健康与发展[M]. 杭州：浙江大学出版社，2005.

[27] 贺淑曼，蔺桂瑞. 健康心理与人才发展[M]. 北京：世界图书出版公司，1999.

[28] 胡剑锋,钟志宏.大学生心理健康教程[M].武汉:武汉大学出版社,2007.
[29] 黄承之,周振明.城市社会心理学[M].上海:同济大学出版社,1988.
[30] 黄红,张佩珍.大学生心理行为指导[M].上海:上海大学出版社,2003.
[31] [美]霍兰德.社会心理学:原理与方法[M].冯文侣,译.广州:广东高等教育出版社,1988.
[32] 教师资格考试研究中心.教育心理学[M].上海:华东师范大学出版社,2010.
[33] 刘鲁蓉.大学生心理卫生[M].北京:科学出版社,2006.
[34] 刘晔.后汉书[M].上海:上海古籍出版社,1986.
[35] 马克思,恩格斯.马克思恩格斯选集(第3卷)[M].北京:人民出版社,1995.
[36] 毛佩贤.人性的畸变:人格障碍漫谈[M].北京:北京出版社,2000.
[37] 欧阳辉,王宝森.大学生健康心理学[M].长春:辽宁教育出版社,2001.
[38] 申荷永.社会心理学原理与应用[M].广州:暨南大学出版社,1999.
[39] 施索华.施说心语——大学生的心灵花园和成长驿站[M].上海:上海交通大学出版社,2009.
[40] 吴汉德.大学生心理健康[M].南京:东南大学出版社,2003.
[41] 夏新颜,杜智娟,赵辉.大学生健康心理学[M].南京:南京大学出版社,2011.
[42] 邢莹,吴敏.大学生心理健康教育[M].郑州:郑州大学出版社,2002.
[43] 徐嵩龄.环境伦理学新进展:评论和阐释[M].北京:社会科学文献出版社,1999.
[44] 薛德钧,田晓红.大学生心理与心理健康[M].北京:中国林业出版社,北京大学出版社,2007.
[45] 杨眉.与焦虑同行:社交焦虑与考生焦虑的调节[M].北京:北京出版社,2001.
[46] 叶素贞,曾振华.情绪管理与心理健康[M].北京:北京大学出版社,2007.
[47] 余琳.大学生心理健康[M].武汉:武汉大学出版社,2007.
[48] 俞国良,王青兰,杨治良.环境心理学[M].北京:人民教育出版社,2000.
[49] 俞志慧.韩非子直解[M].杭州:浙江文艺出版社,2000.
[50] 张成扬.善待嫉妒[M].杭州:浙江教育出版社,2007.
[51] 张春兴.青年的认同迷失[M].北京:世界图书出版公司,1993.
[52] 张道祥.当代普通心理学[M].长春:吉林大学出版社,2006.
[53] 张雪琴.大学生心理发展与调适[M].北京:中央编译出版社,2011.
[54] 章劲元,郭晓丽.大学心事——心理咨询师与你聊成长[M].武汉:华中科技大学出版社,2010.
[55] 章明明,冯清梅.大学生心理发展与教育[M].广州:暨南大学出版社,2004.
[56] 郑雪.幸福心理学[M].广州:暨南大学出版社,2004.
[57] 周谦.学习心理学[M].北京:科学出版社,1992.
[58] 周晓虹.现代社会心理学史[M].上海:上海人民出版社,1997.
[59] 周运清.新编社会学大纲[M].武汉:武汉大学出版社,2004.
[60] 朱少华.人的社会化[M].上海:上海人民出版社,1993.
[61] [苏]A.乌列多夫.社会心理学的方法论问题[J].常文,译.国外社会科学,1982(6).
[62] 艾晓丽.大学生恋爱特点分析及教育对策[J].廊坊师范学院学报,2007(5).
[63] 查颖.论大学生思想政治教育与心理健康教育的结合[J].浙江师范大学学报(社会科学版),2002,27(3):91—93.

[64] 柴素芳，刘懿冰.幸福涵义三解[J].思想教育研究，2012(6).
[65] 崔景贵.大学生心理危机与专业干预策略[J].思想理论教育，2001(17)：71—75.
[66] 崔景贵.我国学校心理教育的研究困境与变革[J].教育研究，2001(5)：33—36.
[67] 代俊.大学生心理危机干预机制本土化探析[J].思想理论教育，2008(13)：84—86.
[68] 戴金辉.大学生课余时间利用调查及思考[J].现代商贸工业.2009(7).
[69] 丁超，郭荣梅.中学生不良心理特征成因及疏导探析[J].教育探索，2000(11).
[70] 董小燕，王健.当代大学生心理健康教育模式初探[J].中国成人教育，2008(14)：39—40.
[71] 樊浩."生态文明"的道德哲学形态[J].天津社会科学，2008(5).
[72] 方霁晗，戚萍，朱杰.大学生课余时间利用情况调查报告[J].职业圈.2007(8).
[73] 郭晓飞.自我控制行为研究概述[J].绍兴文理学院学报(哲学社会科学版).2002(2).
[74] 胡凯.试论"生理—心理—伦理—社会"相结合的大学生心理健康教育模式[J].医学与哲学，2005(5)：57—58.
[75] 黄建榕，陈建新.论我国大学生的心理危机及其干预系统的建构[J].华南理工大学学报(社会科学版)，2004，6(5)：73—77.
[76] 蒋长好，赵仑.悲伤及其应对的研究进展[J].心理学研究，2006(2).
[77] 匡促联.大学生心理失衡的道德调节[J].当代青年研究，2005(6)：1—4.
[78] 李群.女大学生人际关系失调的心理探析与调适[J].辽宁教育行政学院学报，2006(4).
[79] 李世芬.论大学生心理障碍的成因与排除[J].思想理论教育导刊，2003(7)：71—73.
[80] 李淑兰，赵文阁.大学生性心理现状的分析及健康性心理的塑造[J].继续教育研究，2005(12).
[81] 李锡英，史秉强，王庆位.大学生心理健康教育模式研究[J].河北青年管理干部学院学报，2003，58(2)：34—35.
[82] 林琳，柯晓扬.积极心理学视野下大学生心理危机干预的构想[J].教育探索，2013(2)：125—126.
[83] 刘超.大学生极端心理危机事件影响因素及干预对策研究[J].河北工业大学学报(社会科学版).2012，4(1)：54—57.
[84] 刘华山.试论学校心理辅导与德育工作的区别及联系[J].教育研究与实验.1994，(3)：1—5.
[85] 刘敏岚，刘康.幸福的解读与实现[J].经济导刊，2012(2)：90—91.
[86] 刘秀兰.思想政治教育与心理健康教育的异同[J].呼伦贝尔学院学报，2005，13(5)：60—61.
[87] 刘艳，李艳.如何全面提升大学生思维能力[J].群文天地，2011(5).
[88] 刘正英.恋爱的心理障碍及其调整[J].家庭科技，2000(11).
[89] 卢兵.心理健康教育与政治思想教育：沟通与融合[J].学海，2005(6)：190—193.
[90] 马喜亭，刘立新.大学生心理危机干预体系中的转介机制[J].教育与职业，2012(2)：70—71.
[91] 缪冬霞.谈学习疲劳的克服[J].高中生之友.2003(6).
[92] 牛庆燕.人性观的困惑与生态困境的历史演绎[J].中州学刊，2012(4).
[93] 强成文，钱婷婷.从存在危机到意义澄明：文化语境下大学生心理危机干预探究[J].广西社会科学，2013(5)：165—168.

[94] 任重.全球化视阈下的生态伦理学研究述论[J].生态环境学报,2012,21(6).
[95] 石伟,黄希庭.内隐自尊研究[J].心理科学,2003.
[96] 苏玉琮.肖云忠,刘萍.研究生心理危机的多元分析与应对策略[J].思想教育研究,2008(5):64—66.
[97] 孙晨宇,刘从云,朱华庆.大学生恋爱现状及其心理因素[J].中国校医,2009(6).
[98] 唐静.大学生课余时间管理的调查与分析[J].中国健康心理学杂志,2010(9).
[99] 王蕾,唐利平.一般情绪攻击性模型述评[J].宁波大学学报(教育科学版),2005(6).
[100] 王树立.大学生学习适应性的心理解读与纠偏[J].长春金融高等专科学校学报,2006(2).
[101] 王先达.论心理健康教育与思想政治教育的关系[J].贵州教育学院学报(社会科学版)2000,16(3):17—20.
[102] 吴江霖.马克思主义社会心理学的展望——庆祝中国社会心理学研究会成立[J].广州师范学院学报,1982(3,4).
[103] 吴远,姚飞.文化价值观视野下的心理危机解读[J].马克思主义与现实,2005(6):135—137.
[104] 闫华,曲巍.发挥心理健康教育在思想政治工作中的补偿功能[J].沈阳航空工业学院学报,2005,22(6):138—139.
[105] 杨丽珠,宋辉.幼儿自我控制能力发展的研究[J].心理与行为研究,2003(1).
[106] 姚本先.我国学校心理健康教育:现状、问题、展望[J].课程·教材·教法,2003(2):41—44.
[107] 张华玲,葛明贵.大学生学习适应不良的表现及其对策[J].煤炭高等教育,2007(4).
[108] 张晓雷、张才.试论高校学生思想政治教育与心理健康教育[C].内蒙古工业大学思想政治教育研究会2009年会,2009.
[109] 赵旭东,钱铭怡,樊富珉.心理—社会干预系统在突发性事件中的意义和作用[J].中国心理卫生杂志,2003(8):581—583,564.
[110] 郑东辉,孙黎明.大学生心理健康教育途径探析[J].宁波大学学报(教育科学版),2001,23(5):45—47.
[111] 郑长波,李晓毅.大学生恋爱动机调查与分析[J].沈阳师范大学学报(自然科学版),2004(8).
[112] 周文霞,郭桂萍.自我效能感:概念,理论和应用[J].中国人民大学学报,2006(1).
[113] 周友泉,王琦.大学生恋爱状况及心理特征的调研[J].安徽农业大学学报(社科版),2002(2).
[114] 朱美燕.大学生心理危机干预的发展趋向[J].教育评论,2011(2):70—73.
[115] 朱政.高校研究生心理危机预警和干预体系探析[J].学位与研究生教育,2010(9):51—55.
[116] 丁长清.大学生心理危机预测与干预研究[D].武汉科技大学,2008.
[117] 耿晓伟.自尊、自我概念对主观幸福感影响的内隐社会认知研究[D].浙江大学,2005.
[118] 佘丹丹.大学新生适应性调查及适应不良群体的干预研究[D].河北大学,2011.
[119] 施晓红.体育教育专业学生健美操表现力培养的实验研究[D].苏州大学,2013.
[120] 肖晓鸿.当代大学生恋爱特点及发展趋势[D].华中师范大学,2006.

[121] 张赫男.高水平武术套路运动员气质类型、赛前焦虑与运动成绩的关系研究[D].沈阳体育学院,2010.

[122] 张金钟.中蒙蒙汉青少年气质分布及其影响因素的比较研究[D].内蒙古师范大学,2008.

[123] Atkins M, Adil J, Jackson M, et al. An Ecological Model for School-based Mental Health Services [M]. Tampa: University of South Florida, 2001.

[124] Chinman M, Imm P, Wandersman A. Getting to Outcomes 2004: Promoting Accountability through Methods and Tools for Planning, Implementation, and Evaluation (no. TR-101-CDC)[R]. Santa Monica: RAND, 2004.

[125] Evans S W, Langberg J, William J, et al. Achieving generalization in school-based mental health. //M. D. Weist, S. W. Evans, & N. A. Lever (Eds.). Handbook of School Mental Health: Advancing practice and Research [M]. New York: Kluwer/Plenum,2003:35-348.

[126] Fixsen D L, Naoom S F, Blase K A, et al. Implementation Research: A synthesis of the literature [M]. Tampa: University of South Florida, Louis de la Parte Florida Mental Health Institute, The National Implementation Research Network,2005.

[127] Foster S, Rollefson M, Doksum T, et al. School Mental Health Services in the United States, 2002—2003 [M]. DHHS pub. no. (SMA) 05—4068. Rockville, MD, USA: Center for Mental Health Services, Substance Abuse and Mental Health Services Administration,2005.

[128] Hadderman M. Charter schools. ERIC Document Reproduction Service No ED422600 [M]. Eugene: ERIC Clearinghouse on Educational Management,1998.

[129] Marzano R J, Marzano J S, Pickering D J. Classroom Management That Works [M]. Alexandra: ASCD,2003.

[130] Mulholland L A. Charter Schools: The Reform and the Research [M]. Tempe: Morrison Institute for Public Policy,1996.

[131] Kutash K, Duchnowski A. J,Lynn N. School-based mental health: An empirical guide for decision makers [M]. Tampa: University of South Florida, The Louis de la Parte Florida Mental Health Institute, Department of Child and Family Studies, Research and Training Center for Children's Mental Health,2006.

[132] Perry A, Schwam Baird M. The New Orleans Index at Five: Reviewing Key Reforms after Hurricane Katrina [M]. School by school: The transformation of New Orleans public education,2010.

[133] Weist, M D, Evans S W , Lever N A. Handbook of School Mental Health: Advancing Practice and Research [M]. New York: Kluwer/Plenum,2003.

[134] Ysseldyke J,Burns M, Dawson P, et al. School Psychology: A Blueprint for Training and Practice Ⅲ[M]. Bethesda: National Association of School Psychologists,2006.

[135] Andis P, Cashman J, Praschil R, et al. A strategic and shared agenda to advance mental health in schools through family and system partnerships[J]. International Journal of Mental Health Promotion,2002, 4:28-35.

[136] Atkins M S, Hoagwood K E, Kutash K,et al. Toward the integration of education and mental health in schools [J]. Administration and Policy in Mental Health and Mental Health

Services Research,2010,37(1/2):40-47.
[137] Bradshaw T, Butterworth A, Mairs H,et al. Does structured clinical supervision during psychosocial intervention education enhance outcome for mental health nurses and the service users they work with? [J]. Journal of Psychiatric and Mental Health Nursing,2007,14(1):4-12.
[138] Chinman M, Hunter S B, Ebener P,et al. The getting to outcomes demonstration and evaluation: An illustration of the prevention support system [J]. American Journal of Community Psychology,2008,41(3/4): 206-224.
[139] Cohen J, Jaycox L, Walker D, et al. Treating traumatized children after Hurricane Katrina: Project Fleur－de Lis[J]. Clinical Child and Family Psychology Review,2009,12(1):55-64.
[140] Cohen J A, Berliner L, Mannarino A. Trauma focused CBT for children with co-occurring trauma and behavior problems [J]. Child Abuse and Neglect,2010,34(4):215-224.
[141] Cooke M. The dissemination of a smoking cessation program: Predictors of program awareness, adoption and maintenance [J]. Health Promotion International, 2000, 15(2): 113-124.
[142] Dean K, Langley A, Kataoka S, et al. School-based disaster mental health services: Clinical, policy, and community challenges [J]. Professional Psychology: Research and Practice, 2008, 39(1):52-57.
[143] Flaspohler A B, Wandersman A. Supporting implementation of expanded school mental health services: Application of the interactive systems framework in Ohio [J]. Advances in School Mental Health Promotion,2008,1(3):38-48.
[144] Frick P J. Providing the evidence for evidenced-based practice [J]. Journal of Clinical Child and Adolescent Psychology, 2007,36(1):2-7.
[145] Gottfredson D C, Gottfredson G D. Quality of school-based prevention programs: Results from a national survey [J]. Journal of Research in Crime and Delinquency,2000,39: 3-36.
[146] Griva K, Joekes K. UK teachers under stress: Can we predict wellness on the basis of characteristics of the teaching job? [J]. Psychology and Health,2003,18(4):457.
[147] Honawar V. Depleted New Orleans teachers' union vows to rebuild [J]. Education Week,2006,25(36): 7.
[148] Husain S, Allwood M A, Bell D J. The relationship between PTSD symptoms and attention problems in children exposed to the Bosnian war [J]. Journal of Emotional and Behavioral Disorders,2008,16(1): 52-62.
[149] Jaycox L H, Tanielian T L, Sharma P, et al. Schools' mental health responses after Hurricanes Katrina and Rita [J]. Psychiatric Services, 2007,58:1339-1343.
[150] Jaycox L H, Cohen J A, Mannarino A P, et al. Children's mental health care following Hurricane Katrina: A field trial of trauma-focused psychotherapies [J]. Journal of Traumatic Stress, 2010,23:223-231.
[151] Kane T J, Rockoff J E, Staiger D O. What does certification tell us about teacher effec-

tiveness? Evidence from New York City [J]. Economics of Education Review,2008,27(6):615-631.

[152] Kataoka S, Nadeem E, Wong M, et al. Improving disaster mental health care in schools: A community-partnered approach [J]. American Journal of Preventive Medicine, 2009,37(6):225-229.

[153] Kyriacou C. Teacher stress: Directions for future research [J]. Educational Review, 2001:53(1):27-35.

[154] Livet M, Courser M, Wandersman A. The prevention delivery system: Organizational context and use of comprehensive programming frameworks [J]. American Journal of Community Psychology, 2008,41(3/4):361-378.

[155] Manno B V, Finn C E, Vanourek G, et al. Beyond the schoolhouse door: How charter schools are transforming US public education? [J]. Phi Delta Kaplan,2000,81:736-744.

[156] Morse T E. New Orleans's unique school reform effort and its potential implications for special education [J]. Education and Urban Society, 2010,42(2):168-181.

[157] Munsey C. Katrina's continuing upheaval: Financial difficulties force New Orleans institutions to cut psychologists' jobs [J]. Monitor on Psychology, 2006,37:44.

[158] Norris F, Stevens S, Pfefferbaum B, et al. Community resilience as a metaphor, theory, set of capacities, and strategy for disaster readiness [J]. American Journal of Community Psychology,2008, 41(1/2):127-150.

[159] Osher D, Hanley T V. Implementing the SED national agenda: Promising programs and policies for children and youth with emotional and behavioral problems [J]. Education and Treatment of Children, 2001,24:374-403.

[160] Overstreet S, Salloum A, Badour C. A school-based assessment of secondary stressors and adolescent mental health 18 months post-Katrina [J]. Journal of School Psychology, 2010,48(5): 413-431.

[161] Perry B, Pollard R, Blakely T, et al. Childhood trauma, the neurobiological adaptation and "usedependent" development of the brain: How "states become traits"? [J]. Infant Mental Health Journal, 1995,16(4):271-291.

[162] Saigh P A, Yasik A, Halamandaris P, et al. Self-reported anger among traumatized children and adolescents [J]. Journal of Psychopathology and Behavioral Assessment, 2007, 29(1): 29-37.

[163] Salloum A, Overstreet S. Evaluation of individual and group grief and trauma interventions for children post-disaster [J]. Journal of Clinical Child and Adolescent Psychology, 2008,37(3): 495-507.

[164] Schoenwald, S K, Hoagwood K. Effectiveness, transportability, and dissemination of interventions: What matters when? [J]. Psychiatric Services, 2001,52(9):1190-1197.

[165] Splett J, Maras M A. Closing the gap in school mental health: A community-centered model for school psychology [J]. Psychology in the Schools, 2011,48(4):385-399.

[166] Vail K. Rebuilding New Orleans schools after Katrina [J]. Education Digest,2006, 71(9):36-39.

[167] Wandersman A, Duffy J, Flaspohler P, et al. Bridging the gap between prevention research and practice: The interactive systems framework for dissemination and implementation [J]. American Journal of Community Psychology, 2008, 41(3):171-181.

[168] Weems C, Pina A, Costa N, et al. Predisaster trait anxiety and negative affect predict posttraumatic stress in youths after Hurricane Katrina [J]. Journal of Consulting and Clinical Psychology,2007,75(1): 154-159.

[169] Weems C F, Taylor L K, Costa N M, et al . Effect of a school-based test anxiety intervention in ethnic minority youth exposed to Hurricane Katrina[J]. Journal of Applied Developmental Psychology,2009,30(3):218-226.

[170] Weems C F, Scott B G, Taylor L K,et al. Test anxiety prevention and intervention programs in schools: Program development and rationale [J]. School Mental Health, 2010,2(2): 62-71.

[171] Weems C, Taylor L K, Cannon M, et al. Posttraumatic stress, context, and the lingering effects of the Hurricane Katrina disaster among ethnic minority youth [J]. Journal of Abnormal Child Psychology, 2010,38(1):49-56.

[172] Weist M D. Fulfilling the promise of school-based mental health: Moving toward a public mental health promotion approach [J]. Journal of Abnormal Child Psychology, 2005, 33(6):735-741.

[173] Weist M D, Murray M. Advancing school mental health promotion globally [J]. Advances in School Mental Health Promotion, 2007,1(Inaugural Issue):2-12.

[174] Weist M D, Sander M A, Lever N, et al. School mental health's response to terrorism and disaster[J]. Journal of School Violence,2002,1(4):5-31.

[175] Weist M D, Lever N, Stephan S, et al. Formative evaluation of a framework for high quality, evidence-based services in school mental health [J]. School Mental Health, 2009,1 (3):196-211.

[176] Weist M D, Stephan S, Lever N, et al. Quality in school mental health[J]. //Evans Moore E Flaspohler, P, Maras, M, Weist M D, Serpell Z (Eds.). Advances in School-based Mental Health Interventions. New York: Civic Research Institute,2007,4:1-20.

[177] Osher D, Sprague J, Weissberg R P, et al. A comprehensive approach to promoting social, emotional, and academic growth in contemporary schools [M]. // Thomas A, Grimes J (Eds.). Best Practices in School Psychology. Bethesda: National Association of School Psychologists,2007,5(5):1263-1278.

[178] New Freedom Commission on Mental Health. Achieving the promise: Transforming mental health care in America. Final report (DHHS pub. no. SMA—03—3832). Rockville: Author,2003.

[179] Granziano C,Greenhalgh T, Robert G, Macfarlane, F et al. Diffusion of innovations in service organizations: Systematic review and recommendations[J]. Milbank Quarterly. 2005, 82(4):581-629.